工业和信息化部"十二五"规划教材

21 世纪高等院校电气工程与自动化规划教材

21 century institutions of higher learning materials of Electrical Engineering and Automation Planning

Principle and Design of Intelligent Instruments

智能仪表原理与设计

凌志浩 王华忠 叶西宁 编著

吴勤勤 主审

U0234288

人民邮电出版社

北 京

图书在版编目（CIP）数据

智能仪表原理与设计 / 凌志浩，王华忠，叶西宁编
著. -- 北京：人民邮电出版社，2013.6（2020.1重印）
21世纪高等院校电气工程与自动化规划教材
ISBN 978-7-115-31460-4

Ⅰ. ①智… Ⅱ. ①凌… ②王… ③叶… Ⅲ. ①智能仪
器－高等学校－教材 Ⅳ. ①TP216

中国版本图书馆CIP数据核字（2013）第080850号

内　容　提　要

本书系统介绍了智能仪表的原理和设计技术。内容包括智能仪表的基本构成和设计思想，支持各类智能仪表设计所需的单片机和嵌入式系统，组成过程 I/O 通道的新颖 A/D 和 D/A 转换器，实现人机交互的液晶驱动芯片、点阵显示装置、传统串行接口、现场总线、工业以太网通信技术和 ZigBee 等短程无线通信技术，智能仪表的硬件电路设计和软件设计等。教材注重新颖性、实用性，对典型器件、典型电路及智能仪表设计实例的剖析深入浅出，主次分明。

本书可作为高等学校测控技术与仪器、自动化、电子信息工程、机电一体化和计算机应用等专业的教材，亦可作为从事智能仪表设计、制造、使用的工程技术人员的参考书。

◆ 编　著　凌志浩　王华忠　叶西宁

主　审　吴勤勤

责任编辑　武恩玉

责任印制　彭志环

◆ 人民邮电出版社出版发行　　北京市丰台区成寿寺路 11 号
邮编 100164　电子邮件 315@ptpress.com.cn
网址 http://www.ptpress.com.cn

涿州市京南印刷厂印刷

◆ 开本：787×1092　1/16

印张：23.25　　　　　　　　　　2013 年 6 月第 1 版

字数：574 千字　　　　　　　　2020 年 1 月河北第 5 次印刷

定价：49.00 元

读者服务热线：(010)81055256　印装质量热线：(010)81055316
反盗版热线：(010)81055315
广告经营许可证：京东工商广登字 20170147 号

微电子技术的发展促进了智能仪表的变革，现场总线的问世和无线传感器网络的工业应用给智能仪表带来了新的生机，单片机技术和嵌入式系统的应用为智能仪表的设计提供了灵活的实施手段；目前，ZigBee 短程无线通信技术为智能仪表的数据通信提供了新的方式，工业以太网技术又为测控系统的网络化提供了强有力的支持。上述技术均为智能仪表注入了新的活力。

近年来，各仪表研究所、高等院校、仪表制造商均在开发带有单片机或嵌入式系统的智能仪表，包括现场总线智能仪表和无线智能仪表等,并将其应用于相关行业的自动测控系统中。为了学习和掌握智能仪表的基本原理和设计方法，研究性价比高的新型智能仪表，工科学生和广大从事仪器仪表研制、制造的工程技术人员，迫切需要一本能反映当今先进技术、结合业内热点的教材或参考书。

本教材力求紧密结合现代科技发展和业内热点，牢牢把握教材内容的新颖性和学以致用的实用性。内容包括智能仪表的基本构成和设计思想，嵌入式系统、新颖 A/D 和 D/A 转换器、液晶驱动芯片、点阵显示装置、传统串行接口、现场总线、工业以太网通信技术、ZigBee 短程无线通信技术对智能仪表的支持，智能仪表的设计方法、实施技术、硬件电路设计原理和软件设计过程，力求将一些最新技术和科研成果融入教材之中，既能详细阐述智能仪表的组成原理和设计技术，又能体现出对智能仪表设计和实现所提供的最新技术支持。

本教材共分 9 章。第 1 章扼要介绍仪器仪表的分类、发展趋势，以及智能仪表的基本功能和组成结构、支持智能仪表设计的技术、智能仪表设计梗概。第 2 章介绍由单片机和嵌入式系统实现的智能仪表（包括现场总线智能仪表、无线智能仪表）主机电路。第 3 章介绍智能仪表与现场信息的传输通道：包括模拟量、开关量等输入输出通道，以及所需的接口电路、调试软件和辅助电路。第 4 章介绍人机接口电路：包括智能仪表中的操作、显示、记录所需的接口电路，接口软件设计及设备配置。第 5 章介绍智能仪表的通信原理和接口电路设计：包括 RS-232 异步通信、现场总线通信、基于工业以太网的通信、ZigBee 短程无线通信等。第 6 章分别从硬件和软件方面介绍智能仪表的抗干扰措施。第 7 章介绍智能仪表的监控程序，包括智能仪表监控软件的设计方法及各类程序设计实例。第 8 章介绍智能仪表的基本算法，包括测量算法中的滤波、校正、工程量变换等算法，以及控制算法中的 PID 算法、模糊控制算法、人工神经网络技术等。第 9 章介绍智能仪表的设计准则和调试方法，并通过对若干智能仪表设计实例的剖析，详尽探讨单片机、为支持现场总线仪表和无线仪表所设计的嵌入式系统的应用方法、实施技术和注意事项，讨论其硬件和软件的设计原理和实现过程。

在内容安排上，以创新教育理念为指导，选材具有实践性和探究性。力求通过一些案例阐明智能仪表设计中的实际问题，注重基本技能训练和对实例的剖析和引导，体现原理与工程、软件与硬件、设计与应用的结合，让读者全面掌握各类智能仪表的共性和特性，学会用基本原理指导各类智能仪表的设计及应用，真正体现教材的先进性和实用性。

本教材的编著工作由凌志浩负责，吴勤勤主审。第 1 章、第 2 章、第 3 章、第 4 章、第 9 章由凌志浩编写，第 5 章由王华忠编写，第 6 章、第 7 章、第 8 章由叶西宁编写。教材编著过程中，为吸取各家之长，编者们参阅了大量资料，对书末所列参考文献的所有作者的辛勤劳动和贡献致以真诚的谢意。本教材得到了华东理工大学教材建设与评审委员会的资助，在此表示诚挚的感谢！

本教材可作为高等学校测控技术与仪器、自动化、电子信息工程、机电一体化和计算机应用等专业的教材，也可作为从事智能仪表设计、制造、使用的工程技术人员的参考书。

由于编者的水平和教学经验所限，教材中难免会有错漏和不当之处，欢迎广大师生和读者批评指正。

编 者

2012 年 11 月于上海，华东理工大学

目　录

第 1 章 概述

计算机技术、网络技术和通信技术的发展，使人们开始考虑如何将各类仪器设备变得更加智能化、数字化、网络化，从而使改进后的仪器设备轻巧便利、易于控制或具有联网等某些特定的功能。为了实现人们对仪器设备提出的新要求，嵌入式技术（Embedded Technology）提供了一种灵活、高效和高性价比的解决方案，成为目前 IT 领域发展的主力军。

微型计算机技术和嵌入式系统的发展，引起了仪器仪表结构的根本性变革，以单片机等嵌入式系统为主体，代替传统仪表的常规电子线路，成为新一代的具有某种智能的灵巧仪表。这类仪表的设计重点，已经从模拟和逻辑电路的设计转向专用的微机模板或微机功能部件、接口电路和输入输出通道的设计，以及应用软件的开发。传统模拟式仪表的各种功能是由单元电路实现的，而在以单片机或嵌入式系统为主体的仪表中，则由软件完成众多的数据处理和控制任务。

在测量、控制仪表中引入单片机或嵌入式系统，不仅能解决传统仪表无法解决或不易解决的问题，而且能简化电路、增加功能、提高精度和可靠性、降低售价、加快新产品的开发速度。由于这类仪表已经可实现四则运算、逻辑判断、命令识别等功能，具有自校正、自诊断能力，以及自适应、自学习能力，因此人们习惯上将其称为智能仪表。当然，它们的智能水平高低不一，目前所见的大部分这类产品，其智能化程度还不是很高，有待进一步改进和完善。相信随着科学技术的不断发展，这类仪表所具有的智能水平将会不断提高。

MCU（微控制器或单片机）、DSP（数字信号处理器）、SoC（片上系统）等嵌入式系统的问世和性能的不断改善，大大加快了仪器仪表微机化和智能化的进程。它们具有体积小、功耗低、价格便宜等优点，另外用它们开发各类智能产品周期短、成本低，在计算机和仪表的一体化设计中有着更大的优势和潜力。事实上，嵌入式系统在应用数量上已远远超过各种通用计算机。如一台通用计算机的外部设备中就可能包含 5～10 个嵌入式微处理器，键盘、鼠标、软驱、硬盘、显示卡、显示器、Modem、网卡、声卡、打印机、扫描仪、数字相机、USB 集线器等均是由嵌入式处理器控制的。制造工业、过程控制、通信、仪器、仪表、汽车、船舶、航空、航天、军事装备、消费类产品等均是嵌入式计算机的应用领域。

1.1 仪器仪表的技术发展

1.1.1 现代仪器仪表的分类

根据国际发展潮流和我国的现状，现代仪器仪表按其应用领域和自身技术特性大致划分为如下 6 大类。

（1）工业自动化仪表与控制系统：主要指工业，特别是流程产业生产过程中应用的各类检测仪表、执行机构与自动控制系统装置。

（2）科学仪器：应用于科学研究、教学实验、计量测试、环境监测、质量和安全检查等各个方面的仪器仪表。

（3）电子与电工测量仪器：主要指低频、高频、超高频、微波等各个频段测试计量的专用和通用仪器仪表。

（4）医疗仪器：主要指用于生命科学研究和临床诊断治疗的仪器。

（5）各类专用仪器：指应用于农业、气象、水文、地质、海洋、核工业、航空、航天等各个领域的专用仪器。

（6）传感器与仪器仪表元器件及材料。

现代仪器仪表虽然有了大致的分类，实际上存在着许多交叉，并且它们都与嵌入式系统密切相关。

1.1.2 现代仪器仪表的发展趋势

近年来，国际仪器仪表发展极为迅速，其主要趋势是：数字技术的出现把模拟仪器的精度、分辨率与测量速度提高了几个量级，为实现测试自动化打下了良好的基础；计算机的引入，使仪器的功能发生了质的变化，从个别参量的测量转变成测量整个系统的特征参数，从单纯的接收与显示转变为控制、分析、处理、计算与显示输出，从用单个仪器进行测量转变成用测量系统进行测量；计算机技术在仪器仪表中的进一步渗透，使电子仪器在传统的时域与频域之外，又出现了数据域测试；仪器仪表与测量科学技术突破性进展又使仪器仪表智能化程度得到提高；DSP 芯片的问世，使仪器仪表的数字信号处理能力大大加强；微型机的发展，使仪器仪表具有更强的数据处理能力和图像处理能力；现场总线技术的迅速发展，提供了一种用于各种现场自动化设备与其控制系统的网络通信技术，并将 Internet 和 Intranet 技术融入了控制领域；工业无线通信技术和无线传感器网络的发展和应用，不仅对有线通信进行了延伸和补充，而且为实现泛在感知、更新信息获取模式、推动工业测控模式变革提供了现实可行性，为一些由于环境、成本等因素不能进行实时在线测控的应用提供了解决方案。

现代仪器仪表产品将向着计算机化、网络化、智能化、多功能化的方向发展，跨学科的综合设计、高精尖的制造技术，使它能更高速、更灵敏、更可靠、更简捷地获取被分析、检测、控制对象的全方位信息。而更高程度的智能化应包括理解、推理、判断与分析等一系列功能，是数值、逻辑与知识结合分析的结果，智能化的标志是知识的表达与应用。嵌入式系统已成为真正实现光、机、电、算（计算机）一体化、自动化的结构，是走向更名副其实的智能系统（带有自诊断、自控、自调、自行判断决策等高智能功能）的基本保证。

从上述仪器仪表的国际发展趋势中可以清楚地看出，现代仪器仪表发展具有以下主要特点：

（1）技术指标不断提高。提高检测、控制技术指标一直是仪器仪表永远的追求，包括仪器仪表和测量控制的技术范围指标、测量精度指标，以及测量的灵敏度、可靠性、稳定性和产品的环境适应性等。

（2）率先应用新的科学研究成果和高新技术。现代仪器仪表是人类认识物质世界、改造物质世界的第一手工具，也是人类进行科学研究和工程技术开发的最基本工具。人类很早就懂得"工欲善其事，必先利其器"的道理，新的科学研究成果和重大发现（如信息论、控制论、系统工程理论），以及微观和宏观世界研究成果及大量高新技术（如微弱信号提取技术，计算机软、硬件技术，网络技术，激光技术，超导技术，纳米技术等）均已成为仪器仪表和测量控制科学技术发展的重要动力，不仅现代仪器仪表本身已成为高技术的新产品，而且利用新原理、新概念、新技术、新材料和新工艺等最新科学技术成果集成的装置和系统也层出不穷。

（3）单个装置微小型化、智能化，可独立使用、嵌入式使用和联网使用。测量控制仪器仪表大量采用新的传感器、大规模和超大规模集成电路、计算机及专家系统等信息技术产品，不断向微小型化、智能化发展，从目前出现的"芯片式仪器仪表"、"芯片实验室"等看，单个装置的微小型化和智能化将是长期的发展趋势。从应用技术看，微小型化和智能化装置的嵌入式连接和联网应用技术必将得到重视。

（4）测控范围向有关工作方式立体化、全球化扩展，测量控制向系统化、网络化发展。随着测量控制仪器仪表所测控的既定区域不断向立体化、全球化甚至星球化发展，仪器仪表和测控装置已不再仅仅局限于单个装置形式，它必将向测控装置系统、网络化方向发展。

（5）便携式、手持式乃至个性化仪器仪表大量涌现并飞速发展。随着生产方式的发展和人民生活水平的提高，人们对自己的生活质量和健康水平日益关注，检测与人们生活密切相关的各类商品、食品质量的仪器仪表，预防和治疗疾病的各种医疗仪器将是今后发展的一个重要方向。科学仪器的现场、实时在线化，特别是家庭和个人使用的健康状况监测和疾病警示仪器仪表，将有较大的发展空间。

1.1.3 现代仪器仪表发展的关键技术

根据现代仪器仪表科学技术的发展趋势和特点，可以列出如下一些反映仪器仪表发展的关键技术。

（1）传感技术。传感技术不仅是仪器仪表实现检测的基础，也是仪器仪表实现控制的基础。这不仅因为控制必须以检测输入的信息为依据，而且控制所达到的精度和状态必须可以感知，否则不明确控制效果的控制仍然是盲目的控制。

广义而言，传感技术必须感知3方面的信息，它们是客观世界的状态和信息，被测控系统的状态和信息，以及操作人员需了解的状态信息和操控指示。在这里应注意到客观世界无穷无尽，测控系统对客观世界的感知主要集中在与目标相关的客观环境（简称既定目标环境），而既定目标环境之外的环境信息可通过其他方法采集。狭义而言，传感技术主要是对客观世界有用信息进行检测的技术，它包括有用的测量敏感技术，涉及各学科工作原理、遥感遥测、新材料等技术；信息融合技术，涉及传感器分布、微弱信号提取（增强）、传感信息融合、成像等技术；传感器制造技术，涉及微加工、生物芯片、新工艺等技术。

（2）系统集成技术。系统集成技术直接影响仪器仪表和测量控制科学技术的应用广度和水平，特别是对大工程、大系统、大型装置的自动化程度和效益有决定性的影响。它是系统级层次上的信息融合控制技术，包括系统的需求分析和建模技术、物理层配置技术、系统各部分信息通信转换技术、应用层控制策略实施技术等。

（3）智能控制技术。智能控制技术是人类以接近最佳方式通过测控系统，以接近最佳方式监控智能化工具、装备、系统达到既定目标的技术，是直接涉及测控系统效益发挥的技术，是从信息技术向知识经济技术发展的关键。智能控制技术可以说是测控系统中最重要和最关键的软件资源，包括仿人的特征提取技术、目标自动辨识技术、知识的自学习技术、环境的自适应技术、最佳决策技术等。

（4）人机界面技术。人机界面技术主要是为方便仪器仪表操作人员或配有仪器仪表的主设备、主系统的操作员，操作仪器仪表或主设备、主系统服务的。它使仪器仪表成为人类认识世界、改造世界的直接操作工具。仪器仪表，甚至配有仪器仪表的主设备、主系统的可操作性与可维护性主要由人机界面技术实现。仪器仪表具有一个美观、精致、操作简单、维护方便的人机界面，往往成为人们选用仪器仪表及配有仪器仪表的主设备、主系统的一个重要条件。

人机友好界面技术包括显示技术、硬拷贝技术、人机对话技术、故障人工干预技术等。考虑到操作人员从单机单人向系统化、网络化情况下的许多不同岗位的操作人员群体发展，人机友好界面技术正向人机大系统技术发展。此外，随着仪器仪表的系统化、网络化发展，识别特定操作人员、防止非操作人员介入的技术也日益受到重视。

（5）可靠性技术。随着仪器仪表和测控系统应用领域的日益扩大，可靠性技术在一些军事、航空航天、电力、核工业设施、大型工程和工业生产中起到提高战斗力和维护正常工作的重要作用。这些部门一旦出现故障将导致灾难性的后果，因此仪器仪表装置和测控系统的可靠性、安全性、可维护性显得尤为重要。通常，测控装置和测控系统的可靠性包括故障的自诊断与自隔离技术、故障自修复技术、容错技术、可靠性设计技术、可靠性制造技术等。

（6）现场总线技术。现场总线技术的推出，使测控系统采用现场总线这一开放的、可互联的网络技术，实现将现场的各种控制器和仪表设备相互连接，把控制功能彻底下放到现场，形成一种开放的、可以互连的、低成本的、彻底分散的分布式测控系统，构成企业信息化建设的底层工程网络，并可降低安装成本和维护费用。

（7）工业无线通信技术。随着计算机网络技术、无线技术以及智能传感器技术的相互渗透、结合，基于无线技术的网络化智能传感器的全新概念产生了。这种基于无线技术的网络化智能传感器，使得工业现场的数据能够通过无线链路直接在网络上传输、发布和共享。无线通信技术能够在工厂环境下，为各种智能现场设备、移动机器人以及各种自动化设备之间的通信，提供高带宽的无线数据链路和灵活的网络拓扑结构，在一些特殊环境下有效地弥补了有线网络的不足，无疑进一步完善了工业控制网络的通信性能。

（8）网络技术已成为测控技术满足实际需求的关键支撑。以 Internet 为代表的计算机网络的迅速发展及相关技术的日益完善，突破了传统通信方式的时空限制和地域障碍，使更大范围内的通信变得十分容易，Internet 拥有的硬件和软件资源正被应用在越来越多的领域中，如远程数据采集与控制，高档测量仪器设备资源的远程实时调用，远程设备故障诊断等。与此同时，高性能、高可靠性、低成本的网关、路由器、中继器及网络接口芯片等网络互联设备的不断进步，又方便了 Internet、不同类型测控网络、企业网络间的互联。利用现有 Internet 资源而不需建立专门的拓扑网络，使组建测控网络、企业内部网络以及它们与 Internet 的互联都十分方便，这就为测控网络的普遍建立和广泛应用铺平了道路。

计算机技术、传感器技术、网络技术与测量及测控技术的结合，使网络化、分布式测控系统的组建更为方便。以 Internet 为代表的计算机网络技术的迅猛发展及相关技术的不断完善，使得计算机网络的规模更大，应用更广。国防、通信、航空、航天、气象、制造等领域将对大范围的网络化测控提出更迫切的需求，网络技术也必将在测控领域得到广泛的应用；网络化仪器很快会发展并成熟起来，从而有力地带动和促进现代测量技术（即网络测量技术）的进步。把 TCP/IP 作为一种嵌入式的应用，嵌入现场智能仪器（主要是传感器）的 ROM 中，使信号的收/发都以 TCP/IP 协议族进行。如此，测控系统在数据采集、信息发布、系统集成等方面都以企业内联网（Intranet）为依托，将测控网和企业内联网及 Internet 互联，便于实现测控网和信息网的统一。在这样构成的测控网络中，传统仪器设备充当着网络中独立节点的角色，信息可跨越网络传输至所及的任何领域，实时、动态（包括远程）的在线测控成为现实，将这样的测量技术与过去的测控、测试技术相比不难发现，今天，测控能节约大量现场布线并能扩大测控系统所及的地域范围。系统扩充和维护都极大便利的原因，就是在这种现代测量任务的执行和完成过程中，网络发挥了不可替代的关键作用，即网络实实在在地介入了现代测量与测控的全过程。"网络就是仪器"的概念确切地概括了仪器的网络化发展趋势。

1.2 智能仪表的功能和组成

1.2.1 智能仪表的主要功能

将单片机、数字信号处理器（DSP）、嵌入式系统引入仪表中后，能解决许多方面的问题，至少可实现如下功能。

（1）自动校正零点、满度和切换量程。自校正功能大大降低了因仪表零漂和特性变化造成的误差，而量程的自动切换又给使用带来了方便，并可提高读数的分辨率。

（2）多点快速检测。能对多个参数（模拟量或开关量信号）进行快速、实时检测，以便及时了解生产过程的瞬变工况。

（3）自动修正各类测量误差。许多传感器的特性是非线性的，易受环境温度、压力等参数变化的影响，从而给测量带来误差。在智能仪表中，只要掌握这些误差的变化规律，就可依靠软件进行修正。常见的修正有测温元件的非线性校正，热电偶冷端温度补偿，气体流量的温度压力补偿等。

（4）数字滤波。通过对主要干扰信号特性的分析，采用适当的数字滤波算法，可抑制各种干扰（例如低频干扰、脉冲干扰等）的影响。

（5）数据处理。能实现各种复杂运算，对测量数据进行整理和加工处理，例如统计分析、查找排序、标度变换、函数逼近和频谱分析等。

（6）各种控制规律。能实现 PID 及各种复杂控制规律，例如可进行串级、前馈、解耦、非线性、纯滞后、自适应、模糊等控制，以满足不同控制系统的需求。

（7）多种输出形式。输出形式有数字（或指针）显示、打印记录、声光报警，也可以输出多点模拟量或数字量（开关量）信号。

（8）数据通信。能与其他仪表和计算机进行数据通信，以便构成不同规模的计算机测量控制系统。

（9）自诊断。在运行过程中，可对仪表本身各组成部分进行一系列测试，一旦发现故障即能告警，并显示出故障部位，以便及时正确地处理。

（10）掉电保护。仪表内装有后备电池和电源自动切换电路，掉电时，能自动将电池接向RAM，使数据不致丢失。也可采用 Flash 存储器来替代 RAM 存储重要数据，以实现掉电保护的功能。

在一些不带微机的常规仪表中，通过增加器件和变换电路，也能或多或少地实现上述的某些功能，但往往要付出较大的代价；另外，性能上的略微提高，便会使仪表的成本增加。而在智能仪表中，性能的提高、功能的扩充是相对比较容易实现的，低廉的微机芯片可以使这类仪表具有较高的性能价格比。

为对传统仪表更新换代，近年来，国内各仪表研制和使用单位正致力于智能仪表的开发和应用研究工作。例如开发出能自动进行温度、压力补偿的节流式流量计，能对测量元件、检测装置或执行机构进行快速测试和校核的各种校验设备，能对各种谱图进行分析和数据处理的色谱数据处理仪，能进行程序控温的多段温度控制仪，以及能实现 PID 和复杂控制规律的数字式调节器、智能式控制器等。

与此同时，一些厂家也从国外引进了新的产品。例如美国 Honeywell 公司的 DSTJ-3000系列智能式变送器，它在半导体硅单晶片上配置了差压、静压和温度 3 种传感元件，以进行差压值状态的复合测量，可对温度、静压实现自动补偿，从而获得较高的测量精度（±0.1%FS）。该变送器还可用遥控操作器进行远距离的零位校正、阻尼调整、测量范围的变更以及线性或平方根的选择，使用和维护都十分方便。近年来，该公司又推出了一批现场总线智能仪表和无线智能仪表。

日本横河（Yokogawa）公司的模拟数字混合式记录仪，采用开环扫描的测量方法，省去了伺服放大器、平衡电机、滑线电阻等部件。测量信号经多路开关扫描输入后，进行前置放大和 A/D 转换，再在微机控制下，发出相应的脉冲数驱动步进电机，带动打印头做横向移动从而画出模拟曲线，也可打印出数据和表格，其测量精度比传统记录仪高。这种记录仪除能进行模拟或数字显示外，还具有自诊断、自校正、求差、报警等功能，并带有通信接口。

美国 Foxboro 公司的数字化自整定调节器，能自动计算 PID 参数，并使过程的恢复时间减到最小值。该调节器具有人工智能式的控制方法，采用"专家系统"技术，像有经验的控制工程师那样，能运用操作经验来整定调节器，工作迅速且正确率高。自整定调节器组态灵活、操作方便，节省了控制系统的投入时间，特别当对象特性变化频繁或在非线性系统中，由于它能自动改变参数，并始终保持系统品质最佳，因此大大提高了系统运行的经济效率。

1.2.2　智能仪表的基本组成

通常，智能仪表由硬件和软件两大部分组成。

硬件部分包括主机电路、过程输入/输出通道（模拟量输入/输出通道和开关量输入/输出通道）、人机联系部件、其他接口电路以及数据通信接口（如 RS-232 异步串行通信接口、IEEE-488 并行通信接口、现场总线通信接口、无线射频通信接口）等，见图 1.1。主机电路用来存储数据、程序，并进行一系列运算处理，它通常由微处理器、ROM、RAM、I/O 接口和定时/计数电路等芯片组成，或者它本身就是一个单片机或嵌入式系统。模拟量输入/输出通道（分别由 A/D 和 D/A 转换器构成）用来输入/输出模拟量信号；而开关量输入/输出通道则用来输入/输出开关量信号。人机联系部件的作用是确保操作者与仪表之间的联系。通信接口则用来实现仪表与外界交换数据，进而实现网络化互连的需求。

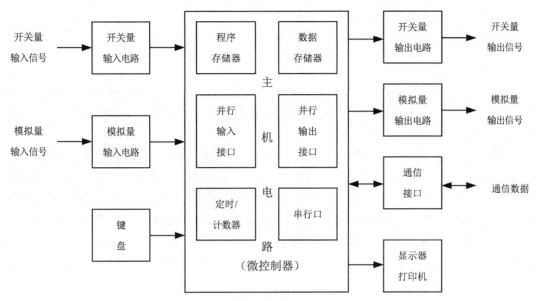

图 1.1　智能仪表的基本组成

由图 1.1 可知，输入信号先在过程输入通道的预处理电路中进行变换、放大、整形、补偿等处理。对于模拟量信号，尚需经模拟量输入通道 A/D 转换器转换为数字信号，再通过接口送入缓冲寄存器，以保存输入数据；然后由 CPU 对输入数据进行加工处理、计算分析等一系列工作，并将运算结果存储在 RAM 中；同时可通过接口由输出缓冲器送至显示器或打印机，也可输出开关量（数字）信号和经模拟量输出通道 D/A 转换器转换成的模拟量输出信号，还可通过各种通信接口实现数据通信，完成更复杂的测量、控制任务。智能仪表的整体工作是在软件控制下进行的，工作程序应预先编制好，写入非易失性存储器（如 EPROM、Flash 存储器等）中。必要的参数、命令可由键盘输入，存于可读写的存储器（如 RAM、Flash 存储器等）中。

智能仪表的软件通常包括监控程序、中断处理（或服务）程序以及实现各种算法的功能模块。监控程序是仪表软件的中心环节，它接收和分析各种命令，管理和协调全部程序的执行；中断处理程序是在人机联系部件或其他外围设备提出中断申请，并为主机响应后直接转去执行的程序，以便及时完成实时处理任务；功能模块用来实现仪表的数据处理和控制功能，包括各种测量算法（例如数字滤波、标度变换、非线性校正等）和控制算法（PID 控制、前馈控制、纯滞后控制、模糊控制等）。

以上只是智能仪表的大致组成，至于仪表内部的具体硬件、软件设计方法，将在以后各章节中详细阐述。

1.3　智能仪表的设计思想和研制步骤

研制一台智能仪表是一个复杂的过程，这一过程包括分析仪表的功能需求和拟定总体设计方案，确定硬件结构和软件算法，研制逻辑电路和编制程序，以及对仪表进行调试和性能测试等。为保证仪表质量和提高研制效率，设计人员应在正确的设计思想指导下进行仪表研制的各项工作。

1.3.1　智能仪表的基本设计思想

1．模块化设计

根据仪表的功能要求和技术经济指标，自顶向下（由大到小、由粗到细）地按仪表功能层次把硬件和软件分成若干个模块，分别进行设计和调试，然后把它们连接起来，进行总调，这就是设计智能化仪表的思想。

如前所述，通常把硬件分成主机、过程通道、人机联系部件、通信接口和电源等几个模块；而把软件分成监控程序（包括初始化、键盘和显示管理、中断管理、时钟管理、自诊断等）、中断处理程序以及各种测量和控制算法等功能模块。这些硬、软件模块还可继续细分，由下一层次的更为具体的模块来支持和实现。模块化设计的优点是：无论是硬件还是软件，每一个模块都相对独立，故能独立地进行设计、研制、调试和修改，从而使复杂的工作简化。模块间的相对独立也有助于研制任务的分解和设计人员之间的分工合作，这样可提高工作效率和仪表的研制速度。

2．模块的连接

上述各种软、硬件模块的研制调试完成之后，还需要将它们按一定的方法连接起来，才能构成完整的仪表，以实现数据采集、传输、处理和输出等各项功能。软件模块的连接，一般通过监控主程序调用各种功能模块，或采用中断的方法实时地执行相应的服务模块来实现，并且按功能层次继续调用下一级模块。模块之间的联系是由数据接口（数据缓冲器和标志状态）来完成的。

硬件模块（模板）的连接有两种方法：一种是以主机模块为核心，通过设计者自行定义的内部总线（数据总线、地址总线和控制总线）连接其他模块；另一种是采用标准总线（例如 ISA 总线、PCI 总线）来连接所有模块。第一种方法由设计人员自行研制模板，电路结构简单，硬件成本低；第二种方法是设计人员选购商品化的模板（当然也可自行研制开发），其配接灵活方便，研制周期更短，但硬件成本稍高。DSP 芯片和嵌入式系统的推出为智能仪表的设计提供了更好的开发平台和更简洁的实现手段。

1.3.2　智能仪表的设计研制步骤

设计、研制一台智能仪表大致上可以分为图 1.2 所示的 3 个阶段：确定任务、拟定设计方案阶段；硬件、软件研制及仪表结构设计阶段；仪表总调、性能测试阶段。以下对各阶段的工作内容和设计原则作一简要的叙述。

1．确定任务、拟定设计方案

（1）确定设计任务和仪表功能

首先确定仪表所完成的任务和应具备的功能。例如仪表是用于过程控制还是数据处理，其功能和精度如何；仪表输入信号的类型、范围和处理方法如何；过程通道为何种结构形式，通道数需要多少，是否需要隔离；仪表的显示格式如何，是否需要打印输出；仪表是否需要通信功能，若需要的话，则采用并行方式还是串行方式；仪表的成本应控制在多少范围之内，等等。以此作为仪表软、硬件的设计依据。另外，对仪表的使用环境情况及制造维修的方便性也应给予充分的注意。设计人员在对仪表的功能、可维护性、可靠性及性能价格比综合考虑的基础上，提出仪表设计的初步方案，并将其写成"仪表功能说明书（或设计任务书）"的书面形式。功能说明书主要有以下 3 个作用：

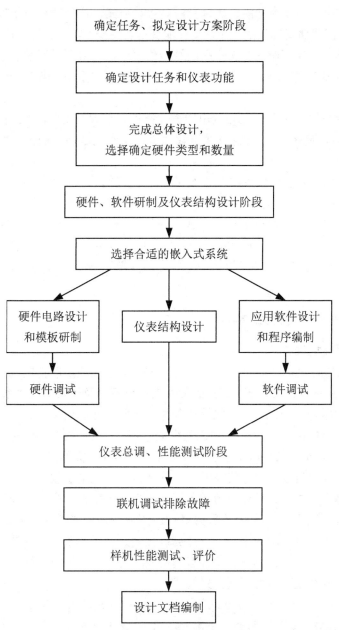

图 1.2 设计、研制智能仪表的基本过程

① 作为用户与研制单位之间的合约，或研制单位设计开发仪表的依据；
② 规定仪表的功能和结构，作为研制人员设计硬件、编制软件的基础；

③ 作为验收的依据。

（2）完成总体设计，选择确定硬件类型和数量

通过调查研究对方案进行论证，以完成智能仪表的总体设计工作。在此期间应绘制仪表系统总图和软件总框图，拟定详细的工作计划。完成了总体设计之后，便可将仪表的研制任务按功能模块分解成若干课题（子任务），再去做具体的设计。

主机电路是智能仪表的核心，为确保仪表的性能指标，在选择单片机、DSP 芯片或嵌入式系统时，需考虑字长和指令功能、寻址范围与寻址方式，位处理和中断处理能力，定时计数和通信功能，内部存储器容量的大小、硬件配套是否齐全，以及芯片的价格和开发平台等。在内存容量要求不大、外部设备要求不多的智能仪表中，一般可采用 8 位单片机；若要求仪表运算功能强、处理精度高、运行速度快，则可选用嵌入式系统；若有一些特殊要求，也可选择 DSP 芯片。

在智能仪表所需的硬件中，输入/输出通道往往占有很大的比重，因此在估计和选择输入/输出所需的硬件时，应考虑输入/输出通道数、串行操作还是并行操作、数据的字长、传输速率和方式等。

由于硬件和软件具有互换性，设计人员要反复权衡仪表硬件与软件的比例。适当多用硬件可简化软件的设计工作，并使装置的性能得到改善。然而，这样会增加元器件数，成本会相应提高。若采用软件来代替一部分硬件功能，虽可减少元器件数，但将增加编程的复杂性，并使系统的响应速度降低。所以，应当从仪表性能、器件成本、软件费用、研制周期等多方面综合考虑，对硬件、软件的比例做出合理的安排，从而确定硬件的类型和数量。

2. 硬件、软件研制及仪表结构设计

（1）嵌入式系统的选择

嵌入式系统（Embedded System）是一种用于控制、监测或协助特定机器和设备正常运转的计算机。它通常由嵌入式处理器、相关的硬件支持设备以及嵌入式软件系统等 3 部分组成。其中，嵌入式处理器是嵌入式系统中的核心部件。按照功能和用途可进一步细分为嵌入式微控制器（Embedded Microcontroller）、嵌入式微处理器（Embedded Microprocessor）和嵌入式数字信号处理器（Embedded Digital Signal Processor）等几种类型。

嵌入式系统是计算机技术、通信技术、半导体技术、微电子技术、语音图像数据传输技术，甚至传感器等先进技术和具体应用对象相结合后的更新换代产品。嵌入式系统不仅与一般 PC 上的应用系统不同，而且针对不同的具体应用而设计的嵌入式系统之间的差别也很大。嵌入式系统被定义为：以应用为中心，以计算机技术为基础，软件、硬件可裁剪，适应应用系统对功能、可靠性、成本、体积、功耗有严格要求的专用计算机系统。

有人认为嵌入式系统可运用下列公式描述：

ES=3C（Computer + Communication + Consumer electronics）+ Internet

+ WAP + GBS + UPS + Sensors + IP + ★★★★ ————►ESoC

由上述公式表达内容组成的芯片装配成的系统，可以称为嵌入式系统。应用"嵌入式片上系统"（ESoC，Embedded System on Chip）芯片而组成的系统更是嵌入式系统。

因此，嵌入式系统是现代科学的多学科相互融合的，以应用技术产品为核心，以计算机

技术为基础，以通信技术为载体，以消费类产品为对象，引入各类传感器，进入 Internet 网络技术的连接，并且适应应用环境的产品。

由此可知，嵌入式系统是整个智能仪器的核心部件，它直接影响整机的硬件和软件设计，它对智能仪表的功能、性能价格比以及研制周期起决定性作用。因此在设计任务确定之后，首先应对嵌入式系统进行选择。目前流行的微控制器（MCU）、微处理器（MPU）、数字信号处理器（DSP）、混合处理器和片上系统（SoC）等嵌入式系统，均是设计智能仪表时可供选择来制作主机电路的核心部件。下面对嵌入式系统的概念、体系结构及其适用性等内容作一简单介绍。

① 嵌入式系统。嵌入式系统是计算机的一种应用形式，通常指嵌入在宿主设备中的微处理机系统。它所强调的要点是：计算机不为表现自己，而是辅助它所在的宿主设备，使宿主设备的功能智能化、网络化。据此，通常把嵌入式系统定义为一种以应用为中心，以计算机为基础，软硬件可以剪裁，适用于系统对功能、可靠性、成本、体积、功耗有严格要求的专用计算机系统。因此在嵌入式系统中，操作系统和应用软件常被集成于计算机硬件系统之中，使系统的应用软件与硬件一体化。这样，嵌入式系统的硬件与软件需要高效率地协同设计，以做到量体裁衣、去除冗余，在相同的系统配置上实现更高的性能。

② 嵌入式系统的体系结构。嵌入式系统是集软硬件于一体的可独立工作的"器件"，主要包括嵌入式微处理器、外围硬件设备、嵌入式操作系统以及应用软件系统等 4 个部分。根据应用方式的不同，可将嵌入式系统分为 IP（Intellectual Property，知识产权核）级、芯片级和模块级 3 种不同的体系结构形式，它们均采用"量体裁衣"的方式，把所需的功能或模块嵌入到各种应用系统或 IT 产品中。

嵌入式系统是面向用户、面向产品、面向应用的，其在功耗、体积、成本、可靠性、速度、处理能力、电磁兼容性等方面均受应用要求的制约。由嵌入式系统组成的应用系统，其最明显的优势就是可将其嵌入到任何微型或小型仪器、设备中。

a. IP 级：IP（Intellectual Property）是目前电子技术中的一个新技术，其含义是"知识产权"，是对专门硬件核或软件和固件的知识、专长和革新的拥有，应用这些核可以完成某种系统功能。这里的"核"意指用于芯片中的一个子模块（或子系统）。通常，IP 核不仅指数字 IP 核，同时也包括模拟 IP 核；同时，IP 核还分为硬核、软核和固核。硬 IP 核有 16/32/64 位 RISC/CISC 结构的 MPU（微处理器）核、8/16/32 位 MCU（微控制器）核、16/32/64 位 DSP（数字信号处理器）核、存储器单元、标准逻辑宏单元、特殊逻辑宏单元、模拟器件模块、MPEG/JPEG 模块、网络单元、标准接口单元（如 USB）等；软 IP 核有图像 CODEC、声音 CODEC、软 MODEM 单元、软 FAX 单元等。因此，上述提及的核可能是芯片设计者选取的某一过程中所使用的软核，也可能是针对原创者为保证技术需求而设定的专门过程的硬核。根据应用需求将不同的 IP 核集成在一块芯片上，就形成了系统级芯片 SoC（System on Chip）的形式。随着 EDI 的推广、VLSI 设计的普及化以及半导体工艺的迅速发展，在一个硅片上实现一个更为复杂的系统的时代已来临，这就是 System on Chip（SoC）。各种通用处理器内核将作为 SoC 设计公司的标准库，与许多其他嵌入式系统外设一样，成为 VLSI 设计中的一种标准器件，用标准的 VHDL 等语言描述，存储在器件库中。用户只需定义出其整个应用系统，仿真通过后就可以将设计图交给半导体工厂制作样品。这样除个别无法集成的器件以外，嵌入式系统的大部分均可集成到一块或几块芯片中去，应用系统的电路板将变得十分小巧，对于减小体积和功耗、提高可靠性非常有利。SoC 也可以译为"系统集成芯片"，意指它是一个产品，是一个有专用目标的集成电路，其中包含完整系统并有嵌入软件的全部内容；SoC 技术可以实现从确定系统功能开始，到软件、硬件划分，并完成设计的整个过程。

SoC 可以分为通用和专用两类。通用系列包括 Siemens 的 TriCore、Motorola 的 M-Core、某些 ARM 系列器件、Echelon 和 Motorola 联合研制的 Neuron 芯片等。专用 SoC 一般专用于某个或某类系统中，不为一般用户所知。一个有代表性的产品是 Philips 的 Smart XA，它将 XA 单片机内核和支持超过 2048 位复杂 RSA 算法的 CCU 单元制作在一块硅片上，形成一个可加载 Java 或 C 语言的专用 SoC，可用于公众互联网（如 Internet）安全方面。

SoC 的核心技术是 IP 核（Intellectual Property Kernel，知识产权核）模块。IP 核有硬核、软核，还有固件核。硬核直接给的是版图或网表，对用户来讲没有灵活性，但是可靠；软核有灵活性，但是会因用户使用不当而降低可靠性；固件核则介于硬核与软核两者之间。

另外，各种嵌入式软件也可以 IP 的方式集成在芯片中。这样 SoC 就成了一个最终产品，是一个有专用目标的集成电路，其中包含完整系统所需的硬件和嵌入式软件的全部内容。采用 IP 核的集成复用技术，使用类似于积木式的部件——IP 核来设计 SoC 芯片，不仅能大幅度减轻设计者的负担，帮助设计者方便快捷地开发出完整的系统（包括硬件和软件），而且对缩短设计周期、提升产品的市场竞争力有利。SoC 这种软硬件无缝结合的趋势证明，后 PC 时代的智能设备已经逐渐地模糊了硬件与软件的界限。

b．芯片级：根据各种应用系统或 IT 产品的要求，人们常会选用相应的处理器（如嵌入式微控制器 MCU、数字信号处理器 DSP、RISC 型的 MPU 等）芯片、存储器（RAM、ROM、Flash Memory 等）芯片、输入/输出接口（并行接口、串行接口、定时/计数器、键盘/显示接口等）芯片组成嵌入式系统，并将相应的系统软件/应用软件以固件形式固化在非易失性的存储器芯片中。目前，这或许还是嵌入式系统应用的主要形式，其中的核心由相应的处理器构造。根据其发展现状，常见的嵌入式芯片可以分成下面几类。

（a）嵌入式微处理器（EMPU）：嵌入式处理器的基础是通用计算机中的 CPU。在应用中，将微处理器装配在专门设计的电路板上，并配上必不可少的 ROM、RAM、总线接口、各种外设等器件，仅保留与嵌入式应用有关的功能，以大幅减小系统的体积和功耗。

（b）嵌入式微控制器（EMCU）：又称单片机，它将整个计算机系统集成到一块芯片中，一般以某一种微处理器内核为核心，并在芯片内部集成 ROM、EPROM、RAM、总线、总线逻辑、定时/计数器、WatchDog、I/O、串行口、脉宽调制输出 PWM、A/D、D/A 等部件。微控制器是目前嵌入式系统工业的主流，微控制器的片上外设资源比较丰富，尤其适合于仪器仪表与控制方面的应用。

（c）嵌入式 DSP 处理器：DSP 处理器对系统结构和指令进行了专门设计，其更适合于执行 DSP 算法，编译效率更高、指令执行速度更快。数字滤波、FFT、频谱分析等领域正在大量引入嵌入式系统。目前，DSP 应用正从用通用单片机以普通指令实现 DSP 功能，过渡到采用嵌入式 DSP 处理器来实现的阶段。

c．模块级：将以 x86 处理器构成的计算机系统模块嵌入到应用系统中，这样可充分利用到目前常用的 PC 的通用性和便捷性。此种方式的嵌入式系统要求缩小体积、增加可靠性，并把操作系统改造为嵌入式操作系统，把应用软件固化在固态盘中。尤其适用于工业控制和仪器仪表的应用中。目前，由研华、研祥等提供的嵌入式 PC 以 PC 104 总线为系统架构，在 90×96mm 大小的模板上集成了微型计算机最基本的功能，去掉了 PC 底板及 ISA（PCI）总线等的卡槽式结构，以节省空间；同时因全部使用 CMOS 器件并减少了元器件的数量，使整个模板的功耗更低。PC 104 总线也是专为嵌入式系统应用而设计的总线规范，系统设计以功能模板为基本组件，通过 PC 104 总线完成 PC 104 功能模块之间任意搭接，以灵活实现系统功能的扩充。另外，它与 PC 的硬件、软件相兼容，用户基础广泛，软硬件资源丰富。

d．现场可编程外围芯片：现场可编程外围芯片 PSD 是一种特别适用于单片机系统的器件，芯片中集成了 EPROM、SRAM、通用 I/O 口和诸如译码 PLD、通用 PLD、外设 PLD 等多种可编程逻辑器件，还集成了电源管理、中断控制、定时器等功能部件，它能与当今流行的 8/16 位单片机总线直接连接，可支持 Motorola、Intel、Philips、TI、Zilog、National 等系列微控制器，采用 PSD 组成应用系统会大大简化硬件电路，使系统的设计、修改和扩展变得十分灵活方便，常被广泛应用于计算机的硬盘控制、调制解调器、图像系统和激光打印机控制；应用于远程通讯的调制解调器、蜂窝电话、数字语音和数字信号处理系统；应用于各种控制系统、便携式工业测量仪器和数据记录仪。

这样，智能仪表的设计者可根据实际需求综合考虑，合理选择适当的嵌入式系统作为智能仪表主机电路的核心部件，从而可简化硬件和软件设计过程，缩短开发周期，优化系统结构和性能，提高系统的可靠性。

（2）硬件电路设计、研制和调试

硬件电路的设计主要包括主机电路、过程输入/输出通道、人机接口电路和通信接口电路等功能模板。为提高设计质量并缩短研制周期，通常采用计算机辅助设计（CAD）方法绘制电路逻辑图和布线图。设计电路时，尽可能采用典型的线路，力求标准化；电路中的相关器件性能须匹配；扩展器件较多时须设置总线驱动器；为确保仪表能长期可靠运行，还须采取相应的抗干扰措施，包括去耦滤波、合理走线、通道隔离等。

完成电路设计、绘制好布线图后，应反复核对，待确认线路无差错后才可加工印刷电路板。制成电路板后仍须仔细核对，以免发生差错，导致器件损坏。

主机部分是通过各种接口与键盘、显示器、打印机等部件相连接的，并通过输入/输出通道，经测量元件和执行器直接连至被测和被控对象。因此，人机接口电路和输入/输出通道的设计是研制仪表的重要环节，力求可靠实用。

如果逻辑电路设计正确无误，且印刷电路板加工完好，那么功能模板的调试一般来说是比较方便的。模板运行是否正常，可通过测定一些重要的波形来确定。例如可检查单片机及扩展器件若干控制信号的波形是否与硬件手册所规定的指标相符，由此可断定其工作正常与否。

通常采用开发装置来调试硬件，将其与功能模板相连，再编制一些调试程序，即可迅速排除故障，方便地完成硬件部分的查错和调试任务。

（3）应用软件设计、程序编制和调试

应用软件设计其实就是将软件总框图中的各个功能模块具体化，逐级画出详细的流程框图，以此作为编制程序的依据。编写程序可以用机器语言、汇编语言，甚至是高级语言。究竟采用何种语言则由程序长度、仪表的实时性要求及所具备的研制工具或开发平台而定。对于规模不大的应用软件，大多数采用汇编语言来编写，这样可减少存储容量、降低器件成本、节省设计时间、提高实时性能。研制复杂的软件且运算任务较重时，可考虑采用高级语言来编程，这样编程方便，软件可读性强，易于修改和扩充。

软件设计要注意结构清晰、存储区域划分合理、编程规范化，以便于调试和移植。同时，为提高仪表可靠性，应实施软件抗干扰措施。在程序编制过程中，还必须进行优化工作，即仔细推敲、合理安排，利用各种程序设计技巧，使编制的程序时空效率高，即占内存空间小，执行时间短。

编制和调试应用软件同样需要开发工具，利用开发工具提供的丰富资源和便利条件，可大大提高工作效率，并可提升应用软件的质量。

（4）仪表结构设计

结构设计是研制智能仪表的重要内容，包括仪表造型、壳体结构、外形尺寸、面板布置、模板固定和连接方式等，应尽可能做到标准化、规范化、模块化。若采用 CAD 方法进行仪表结构设计，则可取得较好的效果。此外，对仪表使用的环境情况以及制造维护的方便性也应给予充分的注意，使制成的产品既美观大方，又便于用户操作和维护。

3. 仪表总调、性能测试

研制阶段只是对硬件和软件进行了初步调试和模拟试验。样机装配好后，还必须进行联机试验，识别和排除样机中硬件和软件两方面的故障，使其能正常运行。待工作正常后，便可投入现场试用，使系统处于实际应用环境中，以检查其可靠性。在总调中还必须对设计所要求的全部功能进行测试和评价，以确定仪表是否符合预定性能指标，并写出性能测试报告。若发现某一项功能或指标达不到要求时，则应变动硬件或修改软件，重新调试，直到满足要求为止。

研制一台智能仪表大致需要经历上述几个阶段。实践经验表明，仪表性能的优劣和研制周期的长短同总体设计是否合理，硬件选择是否得当，程序结构的优劣，开发工具完善与否以及设计人员对仪表结构、电路、测控技术和微机硬、软件的熟悉程度等众多因素有关。在仪表开发过程中，软件设计的工作量往往比较大，而且容易发生差错，应当尽可能采用结构化设计和模块化方法编制应用程序，这对调试、查错、增删程序十分有利。实践证明，设计人员如能在研制阶段把住硬、软件的质量关，则总调阶段将能顺利进行，从而可及早制成符合设计要求的样机。

在完成样机之后，还要进行设计文档的编制。这项工作十分重要，因为这不仅是仪表研制工作的总结，而且是以后仪表使用、维修以及再设计所需要的。因此，人们通常把这一技术文档列入智能仪表的重要软件资料。

设计文档应包括：设计任务和仪表功能描述；设计方案的论证；性能测定和现场使用报告；使用者操作说明；硬件资料（包括硬件逻辑图、电路原理图、元件布置和接线图、接插件引脚图和印刷线路版图）；程序资料（包括软件框图和说明、标号和子程序名称清单、参量定义清单、存储单元和输入/输出口地址分配表以及程序清单）。

1.4 智能仪表的开发工具

单片微机本身无开发能力，必须借助开发工具来研制、调试智能仪表的硬件和软件。开发工具性能的优劣将影响仪表的设计水平和研制工作效率。开发工具一般由主处理机、显示器、键盘、在线仿真器、编程器、打印机以及开发用软件组成为一个系统，因而又称为开发系统。

1.4.1 开发系统的功能

开发系统具有如下基本功能。

（1）编程能力。开发系统配备有编辑、汇编、反汇编、编译等软件，用户可方便地用各种语言（机器语言、汇编语言、高级语言）编制源程序，并且自动生成目标码，也可将目标程序转换成汇编语言程序。

（2）调试、运行能力。开发系统有调试、排错（包括符号化调试）的功能和控制程序运行的能力，可单步运行、设置断点运行及全速运行。在程序运行过程中，还能监视样机中存储器、输入/输出端口和总线上信息的变化。

（3）仿真功能。仿真就是"真实"地模拟被开发的样机系统（目标系统）的运行环境。在线仿真时，开发系统将仿真器中的单片机完整地出借给样机，使样机在联机仿真时同脱机运行时的环境完全一致。这样，用户可在开发的实际硬件环境下调试程序。

1.4.2 嵌入式系统的软件技术和开发工具平台

1. 嵌入式系统的软件技术

嵌入式系统作为计算机的一种应用形式，其最主要的特征又表现在网络嵌入功能方面。这不仅对互联网时代的嵌入式产品开发展现了美好前景，注入了新的生命，而且对嵌入式系统技术，特别是软件技术提出了新的挑战。这主要包括：支持日趋增长的功能密度、灵活的网络联接、轻便的移动应用和多媒体的信息处理，此外还需应对更加激烈的市场竞争。

（1）嵌入式软件技术面临的挑战

① 嵌入式应用软件的开发需要强大的开发工具和操作系统的支持。随着因特网技术的成熟、带宽的提高，互联网信息服务商（ICP）和应用服务提供商（ASP）在网上提供的信息内容日趋丰富，应用项目多种多样。像电话手机、电话座机及电冰箱、微波炉等嵌入式电子设备的功能不再单一，电气结构也更为复杂。为了满足应用功能的升级，设计师们一方面采用更强大的嵌入式处理器（如 32 位、64 位 RISC 芯片）或信号处理器 DSP 增强处理能力；同时还采用实时多任务编程技术和交叉开发工具技术来控制功能复杂性，简化应用程序设计，保障软件质量和缩短开发周期。

② 联网成为必然趋势。为适应嵌入式分布处理结构和上网应用需求，面向 21 世纪的嵌入式系统要求配备一种（或多种）标准的网络通讯接口。针对外部联网要求，嵌入设备必需配有通讯接口，相应需要 TCP/IP 协议栈和软件支持；由于家用电器相互关联（如防盗报警、灯光能源控制、影视设备和信息终端交换信息）及实现现场仪器的协调工作等要求，新一代

嵌入式设备还需具备 IEEE1394、USB、CAN、Bluetooth 或 IrDA 通讯接口，同时也需要提供相应的通讯组网协议软件和物理层驱动软件。为了支持应用软件的特定编程模式（如 Web 或无线 Web 编程模式），还需要相应的浏览器（如 HTML、WML 等）。

③ 支持小型电子设备实现小尺寸、微功耗和低成本要求。为满足这种要求，嵌入式产品设计者要相应降低处理器的性能，限制内存容量并复用接口芯片。这就相应提高了对嵌入式软件设计技术要求，如选用最佳的编程模型和不断改进算法，采用 Java 编程模式，优化编译器性能等。因此需要软件人员有丰富经验，更需要发展先进的嵌入式软件技术（如 Java、Web 和 WAP 等）。

④ 提供精巧的多媒体人机界面。嵌入式设备之所以为亿万用户所接受，重要因素之一是它们与使用者之间的亲和力、自然的人机交互界面。人们与信息终端交互要求以 GUI 屏幕为中心的多媒体界面。手写文字输入、语音拨号上网、收发电子邮件以及彩色图形、图像已取得初步成效。目前一些先进的 PDA 在显示屏幕上已实现汉字写入、短消息语音发布，但离掌式语言同声翻译还有很大距离。

（2）影响未来的若干软件新技术

目前，嵌入式系统设计师们已利用现行嵌入式软件技术和 PC 积累的技术迎接新一代嵌入式应用；同时，他们还在不断发展影响深远的一些新的软件技术，如行业性编程接口 API 规范、无线网络操作系统、IP 构件库和嵌入式 Java 等。

① 日趋流行的行业性开放系统和备受青睐的自由软件技术。为了对付日趋激烈的国际市场竞争态势，设计技术共享和软件重用、构件兼容、维护方便和合作生产是增强行业性产品竞争能力的有效手段。近几年，一些地区和国家的若干行业协会纷纷制定嵌入式产品标准，特别是软件编程接口 API 规范。我国数字产业联盟也在制定本行业的开放式软件标准，以提高中国数字产品的竞争能力。看来，走行业开放系统道路是加快嵌入式软件技术发展的捷径之一。

此外，值得指出，国际上自由软件运动的顺利发展，GPL 概念正对嵌入式软件产生深远影响。嵌入式 Linux 多种原型的提出，以及 GNU 软件开发工具软件的实用化进展，正为我国加快发展嵌入式软件技术提供了极好的机遇和条件。

② 无线网络操作系统初见端倪。未来移动通讯网络不仅能够提供丰富的多媒体数据业务，而且能够支持更多功能和更强的移动终端设备。为了有效地发挥第三代移动通讯系统的优势，许多设备厂商正针对未来移动设备的特点努力开发无线网络操作系统。

③ IP 构件库技术正在造就一个新兴的软件行业。嵌入式系统实现的最高形式是单一芯片系统 SoC，而 SoC 的核心技术是 IP 核构件。IP 核有硬件核、软件核和固件核，硬件核主要指 8/16/32/64 位 MPU 核或 DSP 核。硬件提供商以数据软件库的形式，将其久经验证的处理器逻辑和芯片版图数据供 EDA 工具调用，从而在芯片上直接配置 MPU/DSP 功能单元；而软件核则是软件提供商将 SoC 所需的 RTOS 内核软件或其他功能软件（如通讯协议软件、FAX 功能软件等构件）以标准 API 方式和 IP 核构件形式供 IDE 和 EDA 工具调用，以制成 Flash 或 ROM 可执行代码单元，加速 SoC 嵌入式系统定制或开发。目前一些嵌入式软件供应商已纷纷把成熟的 RTOS 内核和功能扩展件以软件 IP 核构件形式出售。正在兴起的 IP 构件软件技术正为一大批软件公司提供新的发展机遇。

④ J2ME 技术将对嵌入式软件的发展产生深远影响。众所周知，"一次编程、到处使用"的 Java 软件概念原本就是针对网上嵌入式小设备提出的。几经周折，目前 SUN 公司已推出了针对信息家电使用的 Java 版本——J2ME（Java 2 Platform Micro Edition），其技术日趋成熟，

开始投入使用。SUN 公司 Java 虚拟机（JVM）技术的有序开放，使得 Java 软件真正实现跨平台运行，即 Java 应用小程序能够在带有 JVM 的任何硬、软件系统上运行。这对实现"瘦身"上网的信息家电等网络设备十分有利。这一技术的动向势必会对其他嵌入式设备（特别是需要上网的设备）软件编程技术产生重大影响，更值得业界人士关注。

2. 嵌入式系统的开发工具平台

通用计算机具有完善的人机接口界面，在其上面只需增加一些开发应用程序和环境即可进行对自身的开发。而嵌入式系统本身不具备自举开发能力，即使设计完成以后用户通常也不能对其中的程序功能进行修改，必须借助一套开发工具和环境才能进行开发，这些工具和环境一般是基于通用计算机上的软硬件设备以及各种逻辑分析仪、混合信号示波器等。

从事嵌入式开发的往往是非计算机专业人士，面对成百上千种处理器，选择是一个问题，学习掌握处理器结构及其应用更需要时间，因此以开发工具和技术咨询为基础的整体解决方案是迫切需要的。好的开发工具除能够开发出处理器的全部功能以外，还应当是用户友好的。目前，嵌入式系统的开发工具平台主要包括下面几类。

（1）实时在线仿真系统 ICE（In-Circuit Emulator）

尽管今天的计算机辅助设计非常发达，然而实时在线仿真系统（ICE）仍是进行嵌入式应用系统调试最有效的开发工具。ICE 首先可以通过实际执行，对应用程序进行原理性检验，排除以人的思维难以发现的逻辑设计错误。ICE 的另一个主要功能是在应用系统中仿真微控制器的实时执行，发现和排除由于硬件干扰等引起的异常执行行为。此外，高级的 ICE 带有完善的跟踪功能，可以将应用系统的实际状态变化、微控制器对状态变化的反应以及应用系统对控制的响应等以一种录像的方式连续记录下来，以供分析，在分析中优化控制过程。很多机电系统难以建立一个精确有效的数学模型，或是建立模型需要大量人力，这时，采用 ICE 的跟踪功能对系统进行记录和分析是一种快而有效的方法。

嵌入式应用的特点是和现实世界中的硬件系统有关的，存在各种事先未知的变化，这就给微控制器的指令执行带来了各种不确定性，这种不确定性只有通过 ICE 的实时在线仿真才能发现，特别是在分析可靠性时，需要在同样条件下多次仿真，以发现偶然出现的错误。

ICE 不仅是软、硬件排错工具，而且也是提高和优化系统性能指标的工具。高档 ICE 工具（如美国 NOHAU 公司的产品）是可根据用户投资裁剪功能的系统，亦可根据需要选择配置各种档次的实时逻辑跟踪器（Trace）、实时映像存储器（Shadow RAM）以及程序效率实时分析功能（PPA）。

① 简易型开发系统:这种开发系统通常为单板机形式，其单片机类型与被开发样机中的单片机相同，所配置的监控程序能满足开发硬、软件的基本要求，即能输入程序、单步或设断点运行、修改程序，并能查询各寄存器、存储器单元、输入/输出端口的状态和内容。

简易型开发装置结构简单、价格便宜，但一般只能在机器语言水平上进行开发，故操作不方便，开发效率低。若在单板机上配置通信接口，与通用微机相连，则可在通用机上编程，汇编成目标码后再输入单板机进行调试。

② 通用型开发系统:通用型开发系统由通用微机系统、在线仿真器、EPROM 或 EEPROM 写入器等部分组成，见图 1.3。这是目前使用较多的一种开发系统，它充分利用计算机的硬、软件资源以及仿真器的在线仿真功能，可方便地进行编程、汇编（或编译）、程序调试和运行

等项工作，操作较方便，开发效率高。如 SUPERICE16 通用仿真器，它将通用仿真器和编程器融为一体，在本系统上可支持对 MCS-51 系列、MCS-96 系列、PIC 系列等单片机芯片的仿真。

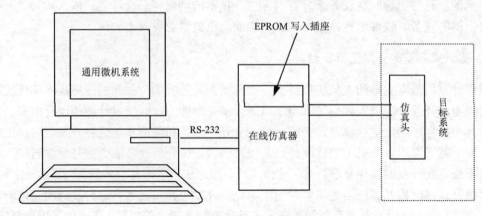

图 1.3　通用型开发系统

通用型开发系统的仿真器具有完善的仿真功能，在线调试用户样机时不占用样机系统的资源和存储器空间。它具有诊断硬件故障的命令和单步、设断点、全速运行用户程序的命令，可方便地排除硬、软件故障。

另外，随着通用微机系统的普及，出现了一种在通用机中加接开发模板的开发系统，开发模板或是插在通用机的扩展槽中，或是以总线连接方式安装在外部。如 ARM DVK-S3C44B0X（以下简称 DVK）开发板是一款以 S3C44B0X 为核心的 ARM 系统开发平台。在该平台上开发者可针对智能手持设备、PDA、工控系统、仪器仪表等领域迅速地开发出功能强大、价格低廉、具有竞争力的产品。

③ 专用开发系统：这是专用于开发某一类单片机或微处理器的计算机系统，该系统配置齐全，仿真功能完善，能高效率地完成开发任务。典型的开发系统有 E51/L/T/S 系列 51 专用仿真器，它可仿真 51 全系列，覆盖 Intel、ATMEL、LG、Winbond（8X5X、97C5X、89C5X、78E5X、89C/97CX051）等；其软件支持 Windows95/98/2000 及 DOS 双平台，实现真正 32 位运行操作方式；支持 ASM、PLM、C 语言多模块混合源程序调试；将仿真器、跟踪仪（Tracer）、逻辑分析仪、计时器、电源融为一体，既能高效地进行仿真调试，又能便捷地进行在线检测分析；源程序可在线直接修改、编译、调试、执行；能够对错误准确定位，并指出错误类型；具有单步、跟踪、断点管理、全速运行等功能。

④ 单片机的在线编程技术：通常进行单片机的实验或开发时，编程器是必不可少的。仿真、调试完的程序需要借助编程器烧到单片机内部或外接的程序存储器中。另外，在开发过程中，程序每改动一次就要拔下电路板上的芯片编程后再插上，也比较麻烦。

随着单片机技术的发展，出现了可以在线编程的单片机。这种在线编程目前有两种实现方法：在系统编程（ISP）和在应用编程（IAP）。ISP 一般是通过单片机专用的串行编程接口对单片机内部的 Flash 存储器进行编程；而 IAP 技术是从结构上将 Flash 存储器映射为两个存储体，当运行一个存储体上的用户程序时，可对另一个存储体重新编程，之后将控制从一个存储体转向另一个。ISP 一般需要很少的外部电路辅助实现，而 IAP 的实现更加灵活，通常可利用单片机的串行口接到计算机的 RS-232 口，通过专门设计的固件程序来对内部存储器编程。例如：ATMEL 公司的单片机 AT89S8252 就提供了一个 SPI 串行接口对内部程序存储器编程（ISP），而 SST 公司的单片机 SST89C54 内部包含两块独立的存储区，通过预先编程在其中一块存储区中的程序就可以通过串口与计算机相连，使用 PC 上专用的用户界面程序直接将程序代码下载到单片机的另一块存储区中。

ISP 和 IAP 为单片机的实验和开发带来了很大的方便和灵活性，也为广大单片机应用开发者带来了福音。利用 ISP 和 IAP，开发人员不需要编程器就可以进行单片机的实验和开发，单片机芯片可以直接被焊接到电路板上，调试结束即成为成品，甚至可以远程在线升级或改变单片机中的程序。

（2）高级语言编译器（Compiler Tools）

C 语言作为一种通用的高级语言，大幅提高了嵌入式系统工程师的工作效率，使之能够充分挖掘出嵌入式处理器日益提高的性能，缩短产品进入市场的时间。另外，C 语言便于移植和修改，使产品的升级和继承更迅速。更重要的是，采用 C 语言编写的程序使不同的开发者之间易于交流，从而促进了嵌入式系统开发的产业化发展。

与一般计算机中的 C 语言编译器不同，嵌入式系统中的 C 语言编译器需要进行专门优化，以提高编译效率。优秀的嵌入式系统 C 编译器代码长度和执行时间仅比以汇编语言编写的同样功能程序长 5～20%。编译质量是评价嵌入式 C 编译器工具的重要指标。而 C 编译器与汇编语言工具相比的 5～20%效率差别，完全可以由现代微控制器的高速度、大存储器空间以及产品提前进入市场的优势来弥补。

新型的微控制器指令及 SoC 速度不断提高，存储器空间相应加大，已经达到甚至超过了目前的通用计算机中的微处理器，为嵌入式系统工程师采用过去一直不敢问津的 C++语言创造了条件。C++语言强大的类、继承等功能更便于实现复杂的程序功能。但是，C++语言为了支持复杂的语法，在代码生成效率方面难免有所下降。为此，1995 年初在日本成立的 Embedded C++技术委员会经过几年的研究，针对嵌入式应用制订了减小代码尺寸的 EC++标准。EC++保留了 C++的主要优点，提供对 C++的向上兼容性，并满足嵌入式系统设计的一些特殊要求。

将 C/C++/EC++引入嵌入式系统，使得嵌入式开发与个人计算机、小型机等之间在开发上的差别正在逐渐消除，软件工程中的很多经验、方法乃至库函数可以移植到嵌入式系统中。在嵌入式开发中采用高级语言，还使得硬件开发和软件开发可以分开进行，从事嵌入式软件开发不再必须精通系统硬件和相应的汇编语言指令集。

（3）源程序模拟器（Simulator）

源程序模拟器是在广泛使用的、人机接口完备的工作平台上（如小型机和 PC），通过软件手段模拟执行为某种嵌入式处理器内核编写的源程序测试工具。简单的模拟器可以通过指令解释方式逐条执行源程序，分配虚拟存储空间和外设，供程序员检查；高级的模拟器可以利用计算机的外部接口模拟出处理器的 I/O 电气信号。

模拟器软件独立于处理器硬件，一般与编译器集成在同一个环境中，是一种有效的源程序检验和测试工具。但值得注意的是，模拟器毕竟是以一种处理器模拟另一种处理器运行，在指令执行时间、中断响应、定时器等方面很可能与实际处理器有相当大的差别。另外，它无法像 ICE 那样，仿真嵌入式系统在应用系统中的实际执行情况。

源程序模拟器是一种完全依靠软件进行开发的系统。它利用模拟开发软件在通用微机上实现对单片机的硬件模拟、指令模拟、运行状态模拟，从而完成应用软件开发的全过程。该开发系统不需要附加硬件，在开发软件的支持下，可方便地进行编程、单步或设断点运行、修改程序等软件调试工作。在调试过程中，各寄存器及端口的状态和内容都可以在 CRT 指定的窗口区域显示出来，以确定程序运行正确与否。

模拟开发软件的成本不高，但该开发系统不能进行硬件系统的诊断和实时在线仿真。

（4）实时多任务操作系统（Real Time multi-tasking Operation System，RTOS）

RTOS 是针对不同处理器优化设计的高效率实时多任务内核，优秀商品化的 RTOS 可以面对几十个系列的嵌入式 MPU、MCU、DSP、SoC 等提供类似的 API 接口，这是 RTOS 基于设备独立的应用程序开发基础。因此，基于 RTOS 上的 C 语言程序具有极大的可移植性。据专家测算，优秀 RTOS 上跨处理器平台的程序移植只需要修改 1～5% 的内容。在 RTOS 基础上，可以编写出各种硬件驱动程序、专家库函数、行业库函数、产品库函数，可以与通用性的应用程序一起作为产品销售，促进行业内的知识产权交流。不但如此，RTOS 还是一个可靠性和可信性很高的实时内核，它将 CPU 时间、中断、I/O、定时器等资源都包装起来，留给用户一个标准的 API，并根据各个任务的优先级，合理地在不同任务之间分配 CPU 时间。

RTOS 中最关键的部分是实时多任务内核，它的基本功能包括任务管理、定时器管理、存储器管理、资源管理、事件管理、系统管理、消息管理、队列管理、旗语管理等，这些管理功能是通过内核服务函数的形式交给用户调用的，也就是 RTOS 的 API。RTOS 的引入解决了嵌入式软件开发标准化的难题。随着嵌入式系统中软件比重不断上升、应用程序越来越大，对开发人员、应用程序接口、程序档案的组织管理成为一个大的课题。引入 RTOS 相当于引入了一种新的管理模式，对于开发单位和开发人员都是一个提高。因此，RTOS 又是一个软件开发平台。

习题与思考题

1-1　智能仪表的特点是什么？嵌入式系统在智能仪表中的作用是什么？简述智能仪表的发展趋势。

1-2　画出智能仪表的典型结构，简述各组成部分的作用。

1-3　简述智能仪表的设计思路和研制步骤。

1-4　嵌入式系统的发展为智能仪表提供了哪些方面的技术支持？

1-5　简述嵌入式系统的基本架构体系和软件特征。

1-6　影响和促进智能仪表发展的关键技术有哪些？

1-7　简述用于智能仪表研发的常用开发工具。

第2章 构成智能仪表的主机电路

针对智能仪表的功能和性能要求，选择合适的单片机芯片（或嵌入式系统模块）是至关重要的。设计时往往要根据所选的单片机芯片（或嵌入式系统模块）及其外围芯片进行硬件电路的设计、研制，而主要涉及的硬件电路包括主机电路、过程输入/输出信道、人机接口电路、通信接口电路，同时还有抗干扰技术等方面的内容。

主机电路是智能仪表硬件部分的核心。设计这一电路的主要任务是将单片机（或嵌入式系统）与扩展芯片正确地连接起来，从而组成一个智能部件，以实现仪表所需的数据采集、处理和控制等要求。本章将分别介绍 AT89C52 单片机、支持现场总线仪表设计的 Neuron 芯片以及支持无线仪表设计的 CC2430 芯片。

2.1 AT89C52 单片机

2.1.1 AT89C52 的主要特性和内部总体结构

MCS-51 单片机是 Intel 公司 1980 年推出的 8 位系列机种，是当前应用中最为流行的单片机之一，它包括 8031、8051 和 8751。其中，8051 内部有 4KB 的 ROM、128B 的 RAM、2个 16 位的定时/计数器、4 个并行 I/O 端口和 1 个全双工的串行 I/O 端口。片中的 ROM 通常是由用户编制程序后交给厂方特制，因此 8051 是一种适用于批量生产的专用单片机。而 8751与 8051 的主要区别在于，其内部具有的是 4KB 的 EPROM，用户可将工作程序固化在 EPROM中，但由于 8751 的价格相对较贵，一般仅用于样机研制和特殊应用的场合。8031 内部没有ROM，使用时需要外接 EPROM。由于其价格低、扩展方便，得到了广泛的应用。MCS-52单片机是 MCS-51 系列产品的改进型。8052 的电路结构与 8051 基本相同，它的 ROM 容量为 8KB，RAM 容量为 256B，且有 3 个定时/计数器。

AT89C52 是一个低电压，高性能 CMOS 8 位单片机，片内含 8KB 的可反复擦写的 Flash只读程序存储器和 256B 的随机存取数据存储器（RAM），器件采用 ATMEL 公司的高密度、非易失性存储技术生产，与标准 MCS-51 指令系统及 8052 产品引脚兼容，片内置有通用 8 位中央处理器（CPU）和 Flash 存储单元，AT89C52 单片机适合于许多较为复杂的控制场合应用。

AT89C52 具有如下功能特性。

（1）面向控制的 8 位 CPU，与 MCS-51 产品指令和引脚完全兼容；

（2）1 个片内振荡器和时钟产生电路，振荡频率为 0～24MHz；

（3）片内 8KB 可反复擦写（>1000 次）Flash ROM 程序存储器；

（4）256B 的片内数据存储器；

（5）具有可寻址 64KB 的片外程序存储器和片外数据存储器的控制电路；

（6）3 个 16 位可编程定时/计数器；

（7）4 个并行 I/O 口，共 32 条可单独编程的 I/O 线；

（8）6 个中断源，2 个中断优先级；

（9）1 个全双工的异步串行口；

（10）27 个特殊功能寄存器；

（11）具有低功耗空闲和掉电模式。

图 2.1 所示为 AT89C52 单片机的基本结构，它由 8 个部件组成，即中央处理器（CPU）、片内数据存储器（RAM）、片内程序存储器、输入/输出接口（Input/Output，简称 I/O 口，分别为 P0 口、P1 口、P2 口和 P3 口）、可编程串行口、定时/计数器、中断系统及特殊功能寄存器（SFR），各部分通过内部总线相连。其基本结构依然是通用 CPU 加上外围芯片的结构模式，只是在功能单元的控制上采用了特殊功能寄存器（SFR）的集中控制方法。

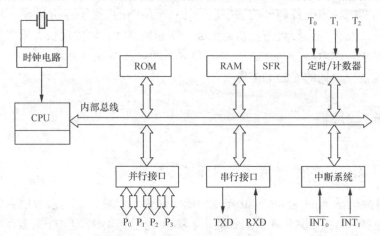

图 2.1 AT89C52 单片机的基本结构

2.1.2 AT89C52 单片机的引脚功能

为适应不同产品的应用需求，AT89C52 提供有 PDIP、PQFP/TQFP 及 PLCC 等 3 种封装形式，图 2.2（a）和图 2.2（b）所示为 44 脚 PLCC 和 40 脚 PDIP 两种封装形式，它们的引脚完全一样，只是排列顺序不同，PLCC 方形封装芯片的 4 个边的中心位置为空脚（依次为 1 脚、12 脚、23 脚和 34 脚），左上角为标志脚，上方中心位置为 1 脚，其他引脚按逆时钟依次排列。

下面以图 2.2（b）所示的 PDIP 封装为例说明其 40 条引脚的功能。其中有 2 条主电源引脚、2 条外接晶体引脚、4 条控制或与其他电源复用的引脚、32 条 I/O 引脚。

1. 电源引脚 GND 和 V_{CC}

（1）GND（20 脚）：接地端。

（2）V_{CC}（40 脚）：电源端。正常操作及对 Flash ROM 编程和验证时接+5V 电源。

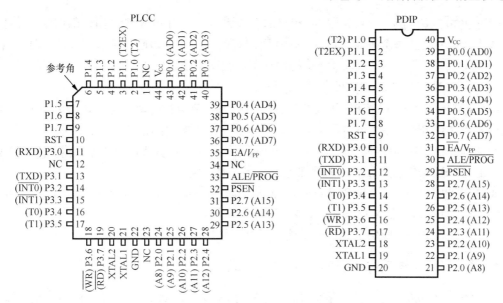

（a）44 脚 PLCC 封装　　　　　　　　　　　　（b）40 脚 PDIP 封装

图 2.2　89C52 单片机的封装与引脚

2．外接晶体引脚 XTAL1 和 XTAL2

（1）XTAL1（19 脚）：接外部晶体和微调电容的一端。在 AT89C52 片内，它是振荡电路反向放大器的输入端及内部时钟发生器的输入端，振荡电路的频率就是晶体的固有频率。当采用外部振荡器时，此引脚输入外部时钟脉冲。

（2）XTAL2（18 脚）：接外部晶体和微调电容的另一端。在 AT89C52 片内，它是振荡电路反向放大器的输出端。在采用外部振荡器时，此引脚应悬浮。

3．控制信号引脚 RST、ALE/$\overline{\text{PROG}}$、$\overline{\text{PSEN}}$ 和 $\overline{\text{EA}}$/V_{PP}

（1）RST（9 脚）：复位信号输入端，高电平有效。当振荡器工作时，在此引脚上出现两个机器周期以上的高电平，就可以使单片机复位。

（2）ALE/$\overline{\text{PROG}}$（30 脚）：地址锁存允许信号。当 AT89C52 上电正常工作后，ALE 端不断向外输出正脉冲信号，此信号频率为振荡器频率的 1/6。

AT89C52 在并行扩展外部存储器（包括并行扩展 I/O 口）时，P0 口用于分时传送低 8 位地址和数据信号。当 ALE 信号有效时，P0 口传送的是低 8 位地址信号；ALE 信号无效时，P0 口传送的是 8 位数据信号。在 ALE 信号的下降沿，锁定 P0 口传送的低 8 位地址信号。这样，可以实现低 8 位地址与数据的分离。

ALE 信号可以用作对外输出的时钟或定时信号。需注意的是，每次访问外部数据存储器时将跳过一个 ALE 脉冲。

ALE 端可以驱动（吸收或输出电流）8 个 TTL 门电路。

在对 AT89C52 片内 8KB Flash ROM 编程（固化）时，此引脚用于输入编程脉冲 $\overline{\text{PROG}}$。

（3）$\overline{PSEN}$（29 脚）：外部程序存储器的读选通信号。当 AT89C52 由外部程序存储器取指令（或常数）时，每个机器周期内 $\overline{PSEN}$ 两次有效输出。当访问外部数据存储器时，这两次有效的 $\overline{PSEN}$ 信号将不出现。$\overline{PSEN}$ 端同样可以驱动 8 个 TTL 门电路。

（4）$\overline{EA}/V_{PP}$（31 脚）：内/外 ROM 选择端。

当 $\overline{EA}$ 端接高电平时，CPU 访问并执行内部程序存储器的指令；但当 PC（程序计数器）值超过 8KB（1FFFH）时，将自动转去执行外部程序存储器中的程序。当 $\overline{EA}$ 端接低电平时，CPU 只访问并执行外部程序存储器中的指令，而不管是否有内部程序存储器。需要注意的是，如果保密位 LB1 被编程，复位时在内部会锁存 $\overline{EA}$ 端的状态。

在对 AT89C52 片内 Flash ROM 编程（固化）时，此引脚用于施加编程电源 V_{PP}。高电压编程时，V_{PP} 为+12V；低电压编程时，V_{PP} 为+5V。

对 4 个控制引脚，应熟记其第一功能，了解其第二功能。

4. 输入/输出引脚 P0 口、P1 口、P2 口、P3 口

（1）P0 口（P0.0～P0.7 共 8 条引脚，即 39～32 脚）：是双向 8 位三态 I/O 口，也即地址/数据总线复用口。在访问外部数据存储器或程序存储器时，可分时用作低 8 位地址线和 8 位数据线；在 Flash ROM 编程时，P0 口接收（输入）指令字节；而在验证程序时，P0 口输出指令字节。P0 口能驱动 8 个 TTL 门电路。

（2）P1 口（P1.0～P1.7 共 8 条引脚，即 1～8 脚）：P1 是一个带内部上拉电阻的 8 位双向 I/O 口，P1 的输出缓冲级可驱动（吸收或输出电流）4 个 TTL 逻辑门电路。对端口写"1"，通过内部的上拉电阻把端口拉到高电平，此时可作输入口。作输入口使用时，因为内部存在上拉电阻，某个引脚被外部信号拉低时会输出一个电流（I_{IL}）。与 8051 不同之处是，P1.0 和 P1.1 还可分别作为定时/计数器 2 的外部计数脉冲输入端（P1.0/T2）和捕捉方式时的外部输入端（P1.1/T2EX），见表 2.1。

Flash 编程和程序校验期间，P1 接收低 8 位地址。

表 2.1　　　　　　　　　　　　　　P1.0 和 P1.1 的第二功能

引 脚 号	功 能 特 性
P1.0	T2（定时/计数器 2 外部计数脉冲输入），时钟输入
P1.1	T2EX（定时/计数 2 捕获/重装载触发和方向控制）

（3）P2 口（P2.0～P2.7 共 8 条引脚，即 21～28 脚）：P2 是一个带有内部上拉电阻的 8 位双向 I/O 口，P2 的输出缓冲级可驱动（吸收或输出电流）4 个 TTL 逻辑门电路。对端口 P2 写"1"，通过内部的上拉电阻把端口拉到高电平，此时可作输入口。作输入口使用时，因为内部存在上拉电阻，某个引脚被外部信号拉低时会输出一个电流（I_{IL}）。

在访问外部程序存储器或 16 位地址的外部数据存储器（例如执行 MOVX @DPTR 指令）时，P2 口送出高 8 位地址数据。在访问 8 位地址的外部数据存储器（如执行 MOVX @RI 指令）时，P2 口输出 P2 锁存器的内容。

Flash 编程或校验时，P2 亦接收高位地址和一些控制信号。

（4）P3 口（P3.0～P3.7 共 8 条引脚，即 10～17 脚）：P3 口是一个带有内部上拉电阻的 8 位双向 I/O 口。P3 口能驱动 4 个 LSTTL 门电路。在单片机中这 8 个引脚都有各自的第二功能，而在实际工作中，大多数情况下都使用 P3 口的第二功能，表 2.2 所示为 P3 口的第二功能。

口　线	第 二 功 能	名　称
表 2.2	**P3 口的第二功能**	
P3.0	RXD	串行数据接收端
P3.1	TXD	串行数据发送端
P3.2	$\overline{INT0}$	外部中断 0 申请输入端
P3.3	$\overline{INT1}$	外部中断 1 申请输入端
P3.4	T0	定时器 0 计数输入端
P3.5	T1	定时器 1 计数输入端
P3.6	$\overline{WR}$	外部 RAM 写选通
P3.7	$\overline{RD}$	外部 RAM 读选通

此外，P3 口还可接收一些用于 Flash 编程和程序校验的控制信号。

2.1.3　AT89C52 单片机的主要组成部分

无论什么型号的微型计算机，一般都由中央处理器、存储器和 I/O 接口组成，AT89C52
单片机也是如此。图 2.3 所示为 AT89C52 单片机的内部结构，可分为为 4 大部分：内核 CPU
部分、存储器部分、I/O 接口部分和特殊功能部分（如定时器、计数器、外中断控制模块等）。

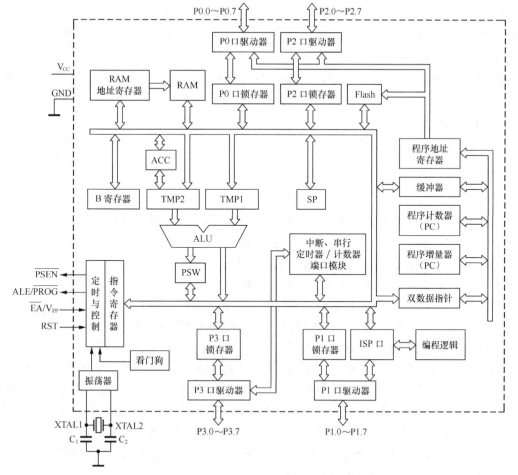

图 2.3　AT89C52 单片机内部结构图

1. AT89C52 单片机的 CPU

AT89C52 单片机的 CPU 是 8 位字长，主要包括运算器和控制器两部分。

（1）运算器

运算器的功能主要是进行算术、逻辑运算、位处理操作和数据的传送。它主要包括算术/逻辑运算单元、累加器 ACC、寄存器 B、暂存器 TMP1 和 TMP2、程序状态字寄存器 PSW 等。

① 算术/逻辑运算单元。算术/逻辑运算单元（ALU）是运算器的核心部件，用来完成基本的算术运算、逻辑运算和位处理操作。AT89C52 单片机具有"位"处理功能，为用户提供了丰富的指令系统和极高的指令执行速度，除了可以进行基本的加、减、乘、除运算外，还可以进行与、或、非、异或、左移、右移、半字节交换、BCD 码运算、位处理、位检测等运算和操作。

② 暂存器 TMP1、TMP2。从图 2.3 中可以看到，运算器中包括的两个暂存器 TMP1、TMP2，作为 ALU 的两个输入，暂时存放参加运算的数据。

③ 累加器 ACC。累加器 ACC 是一个 8 位寄存器，是 CPU 工作过程中使用频率最高的寄存器。ACC 既是 ALU 运算所需数据的来源之一，同时 CPU 的数据传送大多数通过 ACC 实现，因此 ACC 又是数据传送的中转站。

④ 寄存器 B。执行乘法和除法指令时，使用寄存器 B。执行乘法或除法指令前，寄存器 B 用来存放乘数或除数，ALU 的另外一个输入来自于 ACC。乘法或除法指令执行完成之后，寄存器 B 用来存放乘积的高 8 位或除法的余数。不执行乘法或除法指令时，寄存器 B 可以作为一般用途的寄存器使用。

⑤ 程序状态字寄存器 PSW。程序状态字寄存器 PSW 是一个 8 位的标志寄存器，用来存放当前指令执行后的有关状态，为以后指令的执行提供状态数据，因此一些指令的执行结果会影响 PSW 的相关状态标志。程序状态字寄存器 PSW 各位的状态标志定义如下。

地址位	D7H	D6H	D5H	D4H	D3H	D2H	D1H	D0H
PSW	CY	AC	F0	RS1	RS0	OV	—	P

其中：

CY：进位标志。若当前执行指令的运算结果产生进位或借位，则 CY=1；否则 CY=0。在执行位操作指令时，CY 作为位（布尔）累加器使用，指令中使用 C 代替 CY。

AC：辅助进位标志位，又称为半字节进位标志位。在执行加减指令时，如果低半字节向高半字节产生进位或借位，则 AC=1；否则 AC=0。

F0：用户标志位。由用户根据需要进行置位、清 0 或检测操作。

RS1、RS0：工作寄存器选择位。AT89C52 内部数据存储器的容量为 256B，其中有 4 组工作寄存器，占据了 00H～1FH 的 32B 存储单元，每组有 8 个工作寄存器，对应符号 R0～R7，每个工作寄存器既可以用其名称寻址，又可以使用每个工作寄存器的直接字节地址寻址。当使用工作寄存器的名称寻址时，由 PSW 中 RS1 和 RS0 两位给出待寻址工作寄存器所在的组，因此改变 PSW 中 RS1 和 RS0 的内容，便可以选择不同的工作寄存器组。注意，不同组的 8 个工作寄存器均为 R0～R7，但其对应的片内 RAM 单元的地址不同。

用户用软件改变 RS1 和 RS0 的组合，就可选择片内 RAM 中的 4 组工作寄存器之一作为当前工作寄存器组，其组合关系见表 2.3。

表 2.3　　　　　　　　　　　　　　RS1、RS0 与工作寄存器组的关系

RS1	RS0	当前寄存器组	对应的 RAM 地址
0	0	第 0 组	00H～07H
0	1	第 1 组	08H～0FH
1	0	第 2 组	10H～17H
1	1	第 3 组	18H～1FH

OV：溢出标志位。所谓溢出是指运算结果超出其所能表示的数值范围，该标志位用来表示带符号数运算时是否产生了溢出。执行运算指令时，如果运算结果超出了累加器 A 所能够表示的符号数范围（-128～+127），硬件自动置位溢出标志位，即 OV＝1；否则 OV＝0。该标志位的意义在于执行运算指令后，可根据该标志位的值判断累加器中的结果是否正确。

—：保留位，无定义。

P：奇偶校验标志位。用来指示累加器中内容的奇偶性，该位始终跟踪指示累加器中 1 的个数，硬件自动置 1 或清 0。若运算后累加器中 1 的个数为偶数，则 P=0；否则 P=1。常用于校验串行通信中数据传送是否正确。

（2）控制器

CPU 中控制器是控制读取指令、识别指令并根据指令的性质协调、控制单片机各组成部件有序工作的重要部件，是 CPU 乃至整个单片机的中枢神经。

控制器由程序计数器 PC、指令寄存器 IR、指令译码器 ID、堆栈指针 SP、数据指针 DPTR、定时及控制逻辑电路等组成。控制器的重要功能是控制指令的读入、译码和执行，并对指令的执行过程进行定时和逻辑控制。根据不同的指令协调单片机各个单元有序工作。

① 程序计数器 PC。AT89C52 单片机中的程序计数器 PC 是一个 16 位计数器，存放下一条将要执行指令的地址，寻址范围为 0000H～FFFFH，可以对 64KB 的程序存储器空间进行寻址，是控制器中最重要和最基本的寄存器。所谓程序跑飞故障就是程序计数器 PC 的内容忽然受到干扰改变了，没有按正常的顺序指向下一条指令。

系统复位时，PC 的内容为 0000H，表示程序必须从程序存储器 0000H 单元开始执行。

② 指令寄存器 IR。指令寄存器 IR 是专门用来存放指令代码的专用寄存器。从程序存储器读出指令代码后，被送至指令寄存器中暂时存放，等待送至指令译码器中进行译码。

③ 指令译码器 ID。指令译码器 ID 的功能是根据送来的指令代码性质，通过定时逻辑和条件转移逻辑电路产生执行此指令所需要的控制信号。

④ 堆栈指针 SP。堆栈是一组编有地址的特殊存储单元，其栈顶的地址由堆栈指针 SP 指示。AT89C52 单片机在片内数据存储器 RAM 中开辟堆栈区，允许用户通过软件定义片内 RAM 的某一连续区域单元作为堆栈区域。

堆栈指针 SP 是一个 8 位的增量寄存器，所能够指示的深度为 0～255 个存储单元。堆栈工作按照"先进后出"或"后进先出"的原则进行。数据进栈时 SP 首先自动加 1，然后将欲进栈的数据压入由 SP 指示的堆栈单元；数据出栈时，将 SP 所指示的堆栈存储单元的数据弹出堆栈，然后 SP 自动减 1。

上电或复位后，堆栈指针 SP 的初始值为 07H。由于堆栈指针 SP 的初始值 07H 与工作寄存器组第 1 区重叠，须通过软件对 SP 重新进行定义，在内部数据存储器 RAM 中开辟一个合适的堆栈区域。

⑤ 数据指针寄存器 DPTR。在 AT89C52 单片机中，内含 1 个 16 位的数据指针寄存器 DPTR。DPTR 是一个独特的 16 位寄存器，既可以作为 16 位的数据指针使用，也可以作为分开的两个 8 位寄存器 DPL、DPH 单独使用。

2．AT89C52 单片机的存储器

单片机中的存储器被分为程序存储器 ROM 和数据存储器 RAM，并且两个存储器是独立编址的，其存储器结构和通用计算机不同。

AT89C52 单片机芯片内配置有 8KB（0000H～1FFFFH）的 Flash 程序存储器和 256B（00H～FFH）的数据存储器 RAM，根据需要可以外扩到最大 64KB 的程序存储器和 64KB 的数据存储器。因此，AT89C52 的存储器结构可分为 4 部分：片内程序存储器、片外程序存储器、片内数据存储器和片外数据存储器。如果以最小系统使用单片机则不需扩展，此时 AT89C52 的存储器结构就较简单，只有单片机自身提供的 8KB Flash 程序存储器和 256B 的数据存储器 RAM。

图 2.4 所示为 AT89C52 单片机的存储空间分布图。除单片机自身提供的 8KB Flash 程序存储器和 256B 的数据存储器 RAM 外，因 AT89C52 单片机的地址总线是 16 条，故可允许扩展 64KB 的程序存储器 ROM 和 64KB 的数据存储器 RAM。

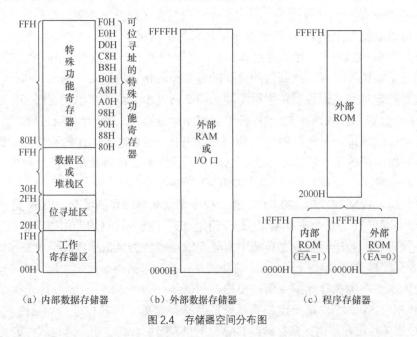

图 2.4　存储器空间分布图

（1）AT89C52 单片机的程序存储器

AT89C52 单片机出厂时片内已经带有 8KB Flash 程序存储器，使用时引脚 $\overline{EA}$ 要接高电平（5V）。这时，复位后 CPU 从片内 ROM 区的 0000H 单元开始读取指令代码，允许其一直读到 1FFFH 单元。如外部扩展有程序存储器 ROM，则 CPU 会自动移到片外 ROM 空间 2000H～FFFFH 读取指令代码。

在程序存储器中，有 7 个单元具有特殊功能。

0000H～0002H：是所有程序执行的入口地址，AT89C52 复位后，CPU 总是从 0000H 单元开始执行程序。

0003H：外部中断 0 入口。

000BH：定时器 0 溢出中断入口。

0013H：外部中断 1 入口。

001BH：定时器 1 溢出中断入口。

0023H：串行口中断入口。

002BH：定时器 2 溢出中断入口。

使用时，通常在这些入口地址处存放一条绝对跳转指令，使程序跳转到用户安排的中断程序起始地址，或者从 0000H 起始地址跳转到用户设计的初始程序上。

（2）AT89C52 单片机的数据存储器

AT89C52 有 256 B 的内部 RAM，地址为 00H～FFH。其中，地址为 80H～FFH 的高 128 B 与特殊功能寄存器（SFR）地址是重叠的，也就是高 128B 的 RAM 和特殊功能寄存器的地址是相同的，但在物理上它们是分开的。

AT89C52 内部 256B RAM 的应用最为灵活，可用于暂存运算结果及标志位等。按其用途还可以将其分为 3 个区域，如图 2.5 所示。

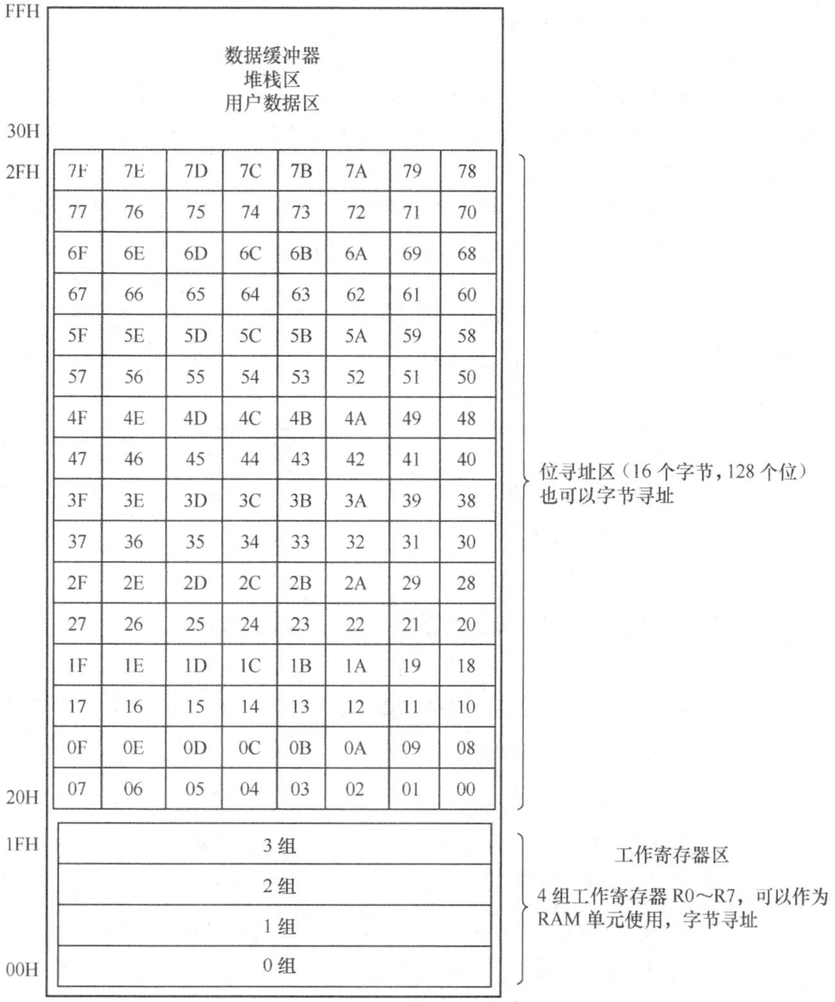

FFH								
	数据缓冲器 堆栈区 用户数据区							
30H								
2FH	7F	7E	7D	7C	7B	7A	79	78
	77	76	75	74	73	72	71	70
	6F	6E	6D	6C	6B	6A	69	68
	67	66	65	64	63	62	61	60
	5F	5E	5D	5C	5B	5A	59	58
	57	56	55	54	53	52	51	50
	4F	4E	4D	4C	4B	4A	49	48
	47	46	45	44	43	42	41	40
	3F	3E	3D	3C	3B	3A	39	38
	37	36	35	34	33	32	31	30
	2F	2E	2D	2C	2B	2A	29	28
	27	26	25	24	23	22	21	20
	1F	1E	1D	1C	1B	1A	19	18
	17	16	15	14	13	12	11	10
	0F	0E	0D	0C	0B	0A	09	08
20H	07	06	05	04	03	02	01	00

位寻址区（16 个字节，128 个位）也可以字节寻址

1FH	3 组
	2 组
	1 组
00H	0 组

工作寄存器区

4 组工作寄存器 R0～R7，可以作为 RAM 单元使用，字节寻址

图 2.5　内部 RAM 分配及位寻址区域

① 工作寄存器区。从 00H～1FH 安排了 4 组工作寄存器，每组占用 8 个 RAM 字节，记为 R0～R7。在某一时刻，CPU 只能使用其中的一组工作寄存器，工作寄存器组的选择则由程序状态字寄存器 PSW 中 RS1、RS0 两位来确定。工作寄存器的作用就相当于一般微处理器中的通用寄存器。

② 位寻址区。占用地址 20H～2FH，共 16 个字节，128 位。这个区域除了可以作为一般 RAM 单元进行读写之外，还可以对每个字节的每一位进行操作，并且对这些位都规定了固定的位地址，从 20H 单元的第 0 位起到 2FH 单元的第 7 位止共 128 位，用位地址 00H～7FH 分别与之对应。对于需要进行按位操作的数据，可以存放到这个区域。

③ 用户 RAM 区。地址为 30H～FFH，共 208 个字节。这是真正给用户使用的一般 RAM 区，用户对该区域的访问是按字节寻址的方式进行的。该区域主要用来存放随机数据及运算的中间结果，另外也常把堆栈开辟在该区域中。

当一条指令访问 7FH 以上的内部地址单元时，指令中使用的寻址方式是不同的，也即寻址方式决定是访问高 128B RAM 单元，还是访问特殊功能寄存器。

如果指令采用直接寻址方式，则为访问特殊功能寄存器。例如下面的直接寻址指令访问特殊功能寄存器 0A0H（即 P2 口）地址单元。

```
MOV    0A0H, #data
```

如果指令采用间接寻址方式，则为访问高 128B RAM。例如下面的间接寻址指令中，R0 的内容为 0A0H，则访问数据字节地址为 0A0H，而不是 P2 口（0A0H）。

```
MOV    @R0, #data
```

堆栈操作也是间接寻址方式，所以高 128B 的数据 RAM 亦可作为堆栈区使用。

表 2.4 所示为特殊功能寄存器 SFR 的名称、符号和地址。

表 2.4 特殊功能寄存器 SFR

特殊功能寄存器	功 能 名 称	物 理 地 址	是否位寻址
B	寄存器	F0H	Y
A	累加器	E0H	Y
PSW	程序状态字寄存器	D0H	Y
TH2	T2 计数器高 8 位寄存器	CDH	N
TL2	T2 计数器低 8 位寄存器	CCH	N
RCAP2H	T2 捕获/重装载高 8 位寄存器	CBH	N
RCAP2L	T2 捕获/重装载低 8 位寄存器	CAH	N
T2MOD	定时/计数器 2 方式控制寄存器	C9H	N
T2CON	定时/计数器 2 控制寄存器	C8H	Y
IP	中断优先控制寄存器	B8H	Y
P3	P3 口锁存器	B0H	Y
IE	中断允许控制寄存器	A8H	Y
P2	P2 口锁存器	A0H	Y
SBUF	串行数据缓冲器	99H	N
SCON	串行接口控制寄存器	98H	Y

特殊功能寄存器	功 能 名 称	物 理 地 址	是否位寻址
P1	P1 口锁存器	90H	Y
TH1	T1 计数器高 8 位寄存器	8DH	N
TH0	T0 计数器高 8 位寄存器	8CH	N
TL1	T1 计数器低 8 位寄存器	8BH	N
TL0	T0 计数器低 8 位寄存器	8AH	N
TMOD	定时器/计数器方式控制寄存器	89H	N
TCON	定时器控制寄存器	88H	Y
PCON	电源控制寄存器	87H	N
DPH	数据指针高 8 位	83H	N
DPL	数据指针低 8 位	82H	N
SP	堆栈指针寄存器	81H	N
P0	P0 口锁存器	80H	Y

在程序设计中，都可直接使用寄存器名作为该寄存器的符号地址使用，如下面两句汇编语言是等效的：

```
MOV P1, A          ;P1 口输出累加器 A 的值
MOV 90H, A         ;P1 口输出累加器 A 的值
```

3. AT89C52 单片机的 I/O 接口和相关特殊功能寄存器

（1）AT89C52 单片机的 I/O 接口

AT89C52 单片机内部集成了 4 个可编程的并行 I/O 接口（P0～P3），每个接口电路都具有锁存器和驱动器，输入接口电路具有三态门控制。P0～P3 口同 RAM 统一编址，可以当做特殊功能寄存器 SFR 来寻址。AT89C52 单片机可以利用其 I/O 接口与外围电路直接相连，在实际使用中要注意，P0～P3 口在开机或复位时均为高电平。

（2）AT89C52 单片机的特殊功能部分

AT89C52 单片机内部集成有计数器/定时器、串行通信控制器、外部中断控制器等特殊功能部件，从而使 AT89C52 单片机具有计数/定时功能、全双工串行通信功能、实现对外部事件实时响应的中断处理功能。

4. 并行 I/O 口

AT89C52 中有 4 个 8 位并行输入/输出端口，记作 P0、P1、P2 和 P3，共 32 根线。实际上它们就是特殊功能寄存器中的 4 个。每个并行 I/O 口都能用作输入和输出，所以称它们为双向 I/O 口。但这 4 个通道的功能不完全相同，所以它们的结构也设计得不一样。在此将详细介绍这些 I/O 口的结构，以便于读者掌握它们的结构特点，在使用中采取合适的策略。

（1）P0 口的结构

P0 口有两个用途，第一是作为普通 I/O 口使用，第二是作为地址/数据总线使用。当用其第二个用途时，在这个口上分时送出低 8 位地址和所传送的 8 位数据，这种地址与数据共用一个 I/O 口的方式，被称为总线复用方式，由它分时用作地址/数据总线。

图 2.6 所示为 P0 口某一位的结构图。它由一个锁存器、两个三态输入缓冲器 1 和缓冲器 2、场效应管 T_1 和 T_2、控制与门、反相器和转换开关 MUX 组成。当控制线 C=0 时，MUX 开关向下，P0 口作为普通 I/O 口使用；当 C=1 时，MUX 开关向上，P0 口作为地址/数据总线使用。

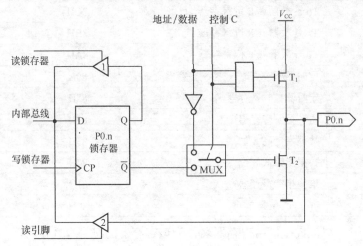

图 2.6　P0 口线逻辑电路图

① P0 口作为普通 I/O 使用。当控制线 C=0 时，MUX 开关向下，P0 口作为普通 I/O 口使用。这时与门输出为 0，场效应管 T1 截止。

a．P0 口作为输出口。当 CPU 在 P0 口执行输出指令时，写脉冲加在锁存器的 CP 端，这样与内部数据总线相连的 D 端数据经锁存器 Q 端反相，再经场效应管 T2 反相，在 P0 端口出现的数据正好是内部数据总线的数据，实现了数据输出。值得注意的是，P0 作为 I/O 口使用时场效应管 T1 是截止的，当从 P0 口输出时，必须外接上拉电阻才能有高电平输出。

b．P0 口作为输入口。当 P0 口作为输入口使用时，应区分读引脚和读端口两种情况。所谓读引脚，就是读芯片引脚的数据，这时使用缓冲器 2，由读引脚信号将缓冲器打开，把引脚上的数据经缓冲器通过内部总线读进来；所谓读端口，则是指通过缓冲器 1 读锁存器 Q 端的状态。为什么要有读引脚和读端口两种输入呢？这是为了适应对 P0 口进行"读—修改—写"类指令的需要。例如，执行指令"ANL P0，A"时，先读 P0 口的数据，再与 A 的内容进行逻辑与，然后把结果送回 P0 口。不直接读引脚而读锁存器是为了避免可能出现的错误，因为在端口处于输出的情况下，如果端口的负载是一个晶体管基极，导通的 PN 结就会把端口引脚的高电平拉低，而直接读引脚会使原来的"1"误读为"0"。如果读锁存器的 Q 端，就不会产生这样的错误。

由于 P0 口作为 I/O 使用时场效应管 T1 是截止的，当 P0 口作为 I/O 口输入时，必须先向锁存器写"1"，使场效应管 T2 截止（即 P0 口处于悬浮状态，变为高阻抗），以避免锁存器为"0"状态时对引脚读入的干扰。这一点对 P1、P2、P3 口同样适用。

② P0 口作为地址/数据总线使用。在实际应用中，P0 口大多数情况下是作为地址/数据总线使用的。这时控制线 C=1，MUX 开关向上，使地址/数据线经反相器与场效应管 T2 接通，形成上下两个场效应管推拉输出电路（T1 导通时上拉，T2 导通时下拉），大大增加了负载能

力。而当输入数据时，数据信号仍然从引脚通过输入缓冲器 2 进入内部总线。

（2）P1 口的结构

P1 口只用作普通 I/O 口，所以它没有转换开关 MUX，其结构见图 2.7。

P1 口的驱动部分与 P0 口不同，内部有上拉电阻，其实这个上拉电阻是两个场效应管并在一起形成的。当 P1 口输出高电平时，可以向外提供拉电流负载，所以不必再接上拉电阻；当输入时，与 P0 口一样，必须先向锁存器写"1"，使场效应管截止。由于片内负载电阻较大（约 20～40kΩ），所以不会对输入数据产生影响。

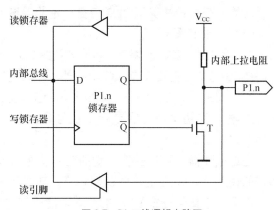

图 2.7　P1 口线逻辑电路图

（3）P2 口的结构

P2 口也有两种用途：一是作为普通 I/O 口，二是作为高 8 位地址线。其结构见图 2.8。

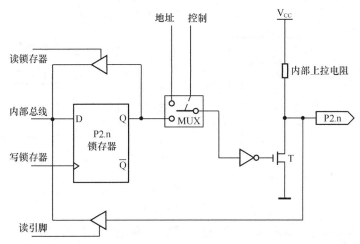

图 2.8　P2 口线逻辑电路图

P2 口的位结构比 P1 口多了一个转换控制部分。当 P2 口作为通用 I/O 口时，多路开关 MUX 倒向锁存器输出 Q 端，其操作与 P1 口相同。

在系统扩展片外程序存储器时，由 P2 口输出高 8 位地址（低 8 位地址由 P0 口输出）。此时 MUX 在 CPU 的控制下，转向内部地址线的一端。因为访问片外程序存储器的操作往往连续不断，P2 口要不断送出高 8 位地址，所以这时 P2 口无法再用作通用 I/O 口。

在不需要外接程序存储器而只需扩展较小容量的片外数据存储器的系统中，使用"MOVX @Ri"类指令访问片外 RAM 时，若寻址范围是 256B，则只需低 8 位地址线就可以实现。P2 不受该指令影响，仍可做通用 I/O 口。若寻址范围大于 256B，又小于 64KB，可以用软件方法只利用 P1～P3 口中的某几根口线送高位地址，而保留 P2 中的部分或全部口线作为通用 I/O 口。

若扩展的数据存储器容量超过 256B，则使用"MOVX @DPTR"指令，寻址范围是 64KB，此时高 8 位地址总线由 P2 口输出。在读/写周期内，P2 口锁存器仍保持原来端口的数据，在访问片外 RAM 周期结束后，多路开关自动切换到锁存器 Q 端。由于 CPU 对 RAM 的访问不是经常的，在这种情况下，P2 口在一定的限度内仍可用作通用 I/O 口。

（4）P3 口的结构

P3 口是一个多功能端口，其结构见图 2.9。与 P1 口相比，P3 口增加了与非门和缓冲器 3，它们使 P3 口除了有准双向 I/O 功能外，还具有第二功能。

与非门的作用实际上是一个开关，它决定是输出锁存器上的数据，还是输出第二功能 W 的信号。当输出锁存器 Q 端的信号时，W=1；当输出第二功能 W 的信号时，锁存器 Q 端为"1"。

通过缓冲器 3 可以获得引脚的第二功能输入。不管是作为 I/O 口的输入，还是作为第二功能的输入，此时锁存器的 D 端和第二功能线 W 都应同时保持高电平。

不用考虑如何设置 P3 口的第一功能或第二功能。当 CPU 把 P3 口当作专用寄存器进行寻址时（包括位寻址），内部硬件自动将第二功能线 W 置"1"，这时 P3 口为普通 I/O 口；当 CPU 不把 P3 口当作专用寄存器使用时，内部硬件自动使锁存器 Q 端置"1"，P3 口成为第二功能端口。

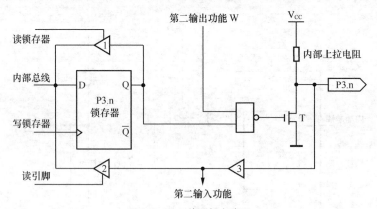

图 2.9　P3 口线逻辑电路图

P3 口为双功能口。P3 口作为第一功能使用时，其变异功能的控制线为高电平，此时 P3 口的结构和功能与 P1 相同。当作为变异功能使用时，相应的口线锁存器必须是"1"状态，此时 P3 口的口线状态取决于变异功能线的电平。P3 口的变异功能定义见表 2.5。

表 2.5　　　　　　　　　　P3 口的第二功能定义

端口引脚	变异功能
P3.0	RXD（串行输入口）
P3.1	TXD（串行输出口）
P3.2	$\overline{INT0}$（外部中断 0 输入）
P3.3	$\overline{INT1}$（外部中断 1 输入）
P3.4	T0（定时器 0 外部输入）
P3.5	T1（定时器 1 外部输入）
P3.6	$\overline{WR}$（外部写脉冲输出线）
P3.7	$\overline{RD}$（外部读脉冲输出线）

P2 口可以作为输入口或输出口使用，其操作与 P1 口相同。P2 口也可以作为扩展系统的地址总线口，输出高 8 位地址 $A_8 \sim A_{15}$。对于 8031 来说，P2 口一般只作为地址总线口使用，而不作为 I/O 端口直接连接外部设备。

P0 既可作为输入/输出口，也可以用作地址/数据总线口。对于第二种情况，P0 口分时输出外部存储器的低 8 位地址 $A_0 \sim A_7$ 和传输数据信息。低 8 位地址在 ALE 信号的负跳变时锁存到外部地址锁存器中。对 8031 来说，P0 口只能作为地址/数据的分时复用总线。

5．三总线结构

单片机的引脚除了电源、复位、时钟接入和用户 I/O 口外，其余引脚都是为了实现系统扩展而设置的。这些引脚构成了三总线结构，见图 2.10。

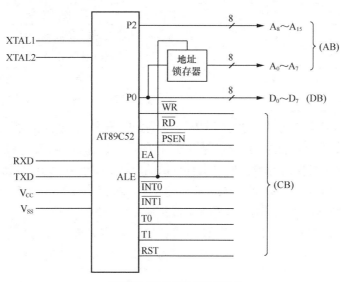

图 2.10　单片机的三总线结构

① 地址总线（AB）：地址总线宽度为 16 位，因此外部存储器直接寻址范围为 64KB。16 位地址总线由 P0 口经地址锁存器提供低 8 位地址（A0～A7），P2 口直接提供高 8 位地址（A8～A15）。

② 数据总线（DB）：数据总线宽度为 8 位，由 P0 口提供。

③ 控制总线（CB）：由 P3 口的第二功能状态和 4 根独立控制线 RST、$\overline{EA}$、$\overline{PSEN}$ 和 ALE 组成。

6．定时/计数器

MCS-51 内部提供两个可编程的 16 位定时/计数器（简称定时器），MCS-52 内部则有 3 个定时器。它们可用于定时和外部事件计数，也可作为串行接口的波特率发生器。

（1）定时器 T0 和 T1 的组成

定时器 T0 由特殊功能寄存器 TL0 和 TH0 构成，定时器 T1 由 TL1 和 TH1 构成。特殊功能寄存器 TMOD 控制定时器的工作方式，TCON 控制定时器的运行。通过对 T0 和 T1 的初始化编程来确定其计数初值；对 TMOD、TCON 进行初始化编程，可选择 T0 和 T1 的工作方式并控制 T0 和 T1 的计数。

① 方式控制寄存器 TMOD。方式控制寄存器的格式如下：

D7	D6	D5	D4	D3	D2	D1	D0
GATE	C/$\overline{\text{T}}$	M1	M0	GATE	C/$\overline{\text{T}}$	M1	M0

T1 方式字段　　　　　　　　　T0 方式字段

低 4 位为定时器 T0 的方式控制字段，高 4 位为 T1 的方式控制字段。定时器的工作方式由 M1、M0 两位状态确定，其对应关系见表 2.6。

表 2.6　　　　　　　　　　　　　　定时器的方式选择

M1	M0	功 能 说 明
0	0	方式 0，为 13 位定时器/计数器
0	1	方式 1，为 16 位定时器/计数器
1	0	方式 2，为常数自动重新装入的 8 位定时器/计数器
1	1	方式 3，仅适用于 T0，分为两个 8 位定时器/计数器

C/$\overline{\text{T}}$ 为定时器或计数器方式选择位。C/$\overline{\text{T}}$＝0 为定时器方式，采用晶振脉冲的 12 分频信号作为计数器的计数信号，亦即对机器周期进行计数。若选择 12MHz 晶振，则定时器的计数频率为 1MHz。从定时器的计数值便可求得计数的时间。C/$\overline{\text{T}}$＝1 为计数器方式，采用外部引脚（T0 为 P3.4，T1 为 P3.5）的输入脉冲作为计数脉冲，当 T0（或 T1）输入发生由高到低的负跳变时，计数器加 1。最高计数频率为晶振频率的 1/24。

GATE 为门控位。GATE＝1 时，定时器、计数器的计数受外部引脚输入电平的控制（$\overline{\text{INT0}}$ 控制 T0 运行，$\overline{\text{INT1}}$ 控制 T1 运行）。GATE＝0 时，定时器、计数器的运行不受外部输入引脚的控制。

② 运行控制寄存器。运行控制寄存器的格式如下：

D7	D6	D5	D4	D3	D2	D1	D0
TF1	TR1	TF0	TR0				

TR0 为定时器 T0 的运行控制位，可通过软件实现置位和复位。当 GATE（TMOD.3）为"0"时，TR0 为"1"，允许 T0 计数，TR0 为"0"时则禁止 T0 计数；当 GATE 为"1"时，仅当 TR0 为"1"且 $\overline{\text{INT0}}$（P3.2）输入为高电平时才允许 T0 计数，TR0 为"0"或 $\overline{\text{INT0}}$ 输入为低电平时都禁止 T0 计数。

TF0 为定时器 T0 的溢出标志位。当 T0 被允许计数以后，T0 从初值开始加 1 计数，最高位产生溢出时置 TF0 为 1，并向 CPU 请求中断，当 CPU 响应中断时，由硬件将 TF0 清为 0。TF0 也可以由程序查询和清 0。

TR1 为定时器 T1 的运行控制位，其功能与 TR0 相同。

TF1 为定时器 T1 的溢出标志位，其功能与 TF0 相同。

TCON 的低 4 位与外部中断有关，将在中断部分叙述。

（2）定时器 T0 和 T1 工作方式

① 方式 0。方式 0 为 13 位定时器/计数器，由 TLx 低 5 位和 THx 的 8 位构成（$x=0$、1）。图 2.11 所示为工作方式 0 和方式 1 时的逻辑结构示意图。

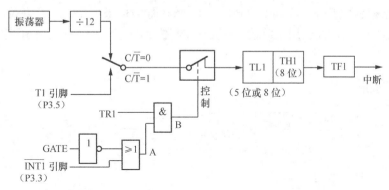

图 2.11　定时器 T1 方式 0 和方式 1 的逻辑结构（方式 0 时 TL1 为 5 位，而方式 1 时 TL1 为 8 位）

图 2.11 中 TL1 低 5 位加 1 计数溢出时，向 TH1 进位，TH1 加 1 计数溢出时，溢出中断标志置 TF1 为"1"。C/$\overline{\mathrm{T}}$ 为"0"时，电子开关打在上面，振荡器的 12 分频信号（$1/12f_{\mathrm{osc}}$）作为计数信号，此时 T1 作为定时器。C/$\overline{\mathrm{T}}$ 为"1"时，电子开关打在下面，计数脉冲为 P3.5 上的外部输入脉冲，当 P3.5 发生高到低跳变时，计数器加 1，这时 T1 作为外部事件计数器。

GATE 为"0"时，A 点电位为常"1"，B 点电位取决于 TR1 状态。TR1 为"1"时，B 点为高电平，电子开关闭合，计数脉冲加到 T1，允许 T1 计数；TR1 为"0"时，B 点为低电平，电子开关断开，禁止 T1 计数。当 GATE 为"1"时，A 点电位由 $\overline{\mathrm{INT1}}$（P3.3）输入电平决定，仅当 $\overline{\mathrm{INT1}}$ 输入为高电平且 TR1 为"1"时，B 点才是高电平，使电子开关闭合，允许 T1 计数。

② 方式 1。方式 1 和方式 0 的差别仅在于计数器的位数不同。方式 1 的 THx 和 TLx 均为 8 位，见图 2.11。有关控制位的作用和功能与方式 0 相同。

③ 方式 2。方式 2 为自动恢复初值（初始常数自动重新装入）的 8 位定时/计数器。TL1 作为 8 位计数器，TH1 作为常数缓冲器。当 TL1 计数溢出时，在溢出中断标志 TF1 置"1"的同时，自动将 TH1 中的常数送至 TL1，使 TL1 从初值开始重新计数。定时器 T1 工作于方式 2 的逻辑结构见图 2.12。

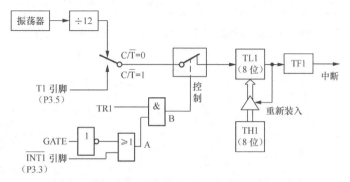

图 2.12　定时器 T1 方式 2 的逻辑结构

④ 方式 3。方式 3 是为了增加一个附加的 8 位定时器/计数器而设置的，它使 MCS-51 具有 3 个定时器/计数器。方式 3 仅适用于 T0，定时器 T1 处于方式 3 时，相当于 TR1＝0 时停止计数。此时 T0 的逻辑结构见图 2.13。T0 分为两个独立的 8 位计数器 TL0 和 TH0，TL0 使用 T0 的状态控制位 C/$\overline{T}$、GATE、TR0、 $\overline{INT0}$，而 TH0 被固定为一个 8 位的定时器（不能用作外部计数方式），并使用定时器 T1 状态控制位 TR1 和 TF1，同时占用定时器 T1 的中断源。

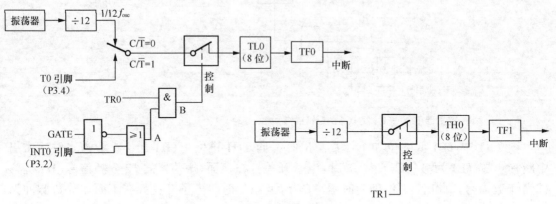

图 2.13 定时器 T0 方式 3 的逻辑结构

一般情况下，当定时器 T1 作为串行口波特率发生器时，定时器 T0 才可被定义为方式 3，以增加一个 8 位计数器。当 T0 定义为方式 3 时，定时器 T1 可定义为方式 0、方式 1 和方式 2。

（3）MCS-52 的定时器 T2

MCS-52 除了有定时器 T0、T1 外，还有一个 16 位的定时器 T2。与 T2 相关的特殊功能寄存器有 TL2、TH2、RCAP2L、RCAP2H 和 T2CON 等。T2 具有 3 种操作方式：捕捉方式（也称陷阱方式）、常数自动装入方式和串行接口的波特率发生器方式。TL2、TH2 构成 16 位的计数器，RCAP2L、RCAP2H 构成 16 位的寄存器。

① 控制寄存器 T2CON。控制寄存器 T2CON 的格式如下：

D7	D6	D5	D4	D3	D2	D1	D0
TF2	EXF2	RCLK	TCLK	EXEN2	TR2	C/$\overline{T2}$	CP/$\overline{RL2}$

定时器 T2 的工作方式由 T2CON 的 D0、D2、D4、D5 控制，见表 2.7。

表 2.7   定时器 T2 的方式选择

RCLK	TCLK	CP/RL2	TR2	方式
0	0	0	1	16 位常数自动装入方式
0	0	1	1	16 位捕捉方式
1	0	×	1	波特率发生器

续表

RCLK	TCLK	CP/$\overline{RL2}$	TR2	方式
0	1	×	1	波特率发生器
1	1	×	1	波特率发生器
×	×	×	0	停止

TF2 为 T2 的溢出中断标志。当 T2 加 1 计数溢出时，TF2 置"1"，该标志须由软件清"0"。当 T2 作为串行口波特率发生器时，TF2 不会被置"1"。

EXF2 为 T2 外部中断标志，当 EXEN2 为"1"且 T2EX（P1.1）引脚发生负跳变时，EXF2 置"1"，该标志也须由软件清"0"。

TCLK 为串行口的发送时钟选择标志。若为"1"，串行口将用 T2 的溢出脉冲作为其方式 1、方式 3 时的发送时钟；若为"0"，T1 的溢出脉冲将作为发送时钟。

RCLK 为串行口的接收时钟选择标志。若为"1"，串行口将用 T2 的溢出脉冲作为其方式 1、方式 3 时的接收时钟；若为"0"，T1 的溢出脉冲将作为接收时钟。

EXEN2 为 T2 的外部允许标志。T2 工作于捕捉方式，EXEN2 为"1"时，T2EX（P1.1）引脚的负跳变信号将 TL2 和 TH2 的当前值自动捕捉到 RCAP2L 和 RCAP2H 中，同时中断标志 EXF2 置"1"；T2 工作于常数自动装入方式，EXEN2 为"1"时，T2EX 引脚的负跳变信号将 RCAP2L 和 RCAP2H 的值自动装入 TL2、TH2 中，同时中断标志 EXF2 置"1"。EXEN2 为"0"时，T2EX 引脚上的信号不起作用。

C/$\overline{T2}$ 为外部事件计数器/定时器标志位。C/$\overline{T2}$＝1 时，T2 为外部事件计数器，计数脉冲来自 T2（P1.0）；C/$\overline{T2}$＝0 时，T2 为定时器，振荡脉冲的 12 分频信号作为计数信号。

TR2 为 T2 的运行控制位，TR2＝1 时，允许计数；TR2＝0 时，禁止计数。

CP/$\overline{RL2}$ 为捕捉和常数自动装入标志位。CP/$\overline{RL2}$＝1 时，T2 为 16 位捕捉方式；CP/$\overline{RL2}$＝0 时，T2 为 16 位常数自动装入方式。

② 常数自动装入方式。T2 常数自动装入方式的逻辑结构见图 2.14。由 TL2、TH2 构成 16 位计数器，RCAP2L、RCAP2H 组成 16 位常数寄存器。由用户程序把常数装入 TL2、TH2、RCAP2L、RCAP2H 来确定计数初值。

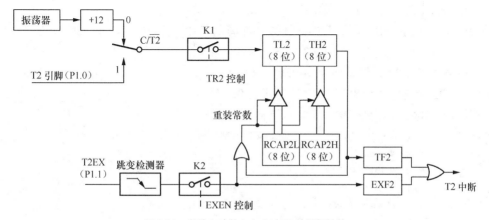

图 2.14 常数自动装入方式时 T2 的逻辑结构

当 C/$\overline{T2}$=0、TR2=1 时，振荡脉冲的 12 分频信号加到 T2，使 T2 以定时器方式计数。当 C/$\overline{T2}$=1、TR2=1 时，T2（P1.0）引脚的输入脉冲加到 T2，T2 作为外部事件计数器。当 T2 加 1 计数器溢出时，将 RCAP2L、RCAP2H 的常数值装入 TL2 和 TH2，使 T2 重新从初值开始计数，同时 TF2 中断标志置"1"，向 CPU 发出中断；当 EXEN2=1 时，除上述功能外，还有一个附加的功能，即当 T2EX（P1.1）发生"1"到"0"的负跳变时，也能将 RCAP2 的常数送至 T2，同时中断标志 EXF2 置"1"，向 CPU 发出中断。

③ 捕捉方式。T2 捕捉方式的逻辑结构见图 2.15。由 TL2、TH2 构成 16 位的计数器，由用户程序置 TL2、TH2 初始值来选择 T2 的计数初值。

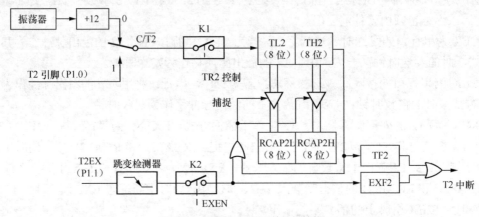

图 2.15　捕捉方式时 T2 的逻辑结构

当 C/$\overline{T2}$=0、TR2=1 时，T2 作为 16 位的定时器；C/$\overline{T2}$=1 时，T2 作为 16 位的外部事件计数器。当 T2 加 1 计数溢出后，TF2 置"1"，向 CPU 发出中断，在这种方式下 T2 的初值必须由程序每次设定。EXEN2 置"1"时，增加了一个附加的功能，当 T2EX（P1.1）发生负跳变时，将 TL2、TH2 的当前计数值捕捉到 RCAP2L、RCAP2H 中，同时中断标志 EXF2 置"1"，向 CPU 发出中断。

（4）编程举例

现以 T0 为例说明定时器的编程方法。设 T0 工作于方式 1，晶振频率 f_{osc}=12MHz，要求 T0 产生 1ms 的定时，并使 P1.0 输出周期为 2ms 的方波。

首先计算 T0 的初始值。定时器的计数脉冲周期 T=12/f_{osc}=10^{-6}s，设 T0 的初值为 x，则

$$(2^{16}-x) \times 10^{-6}=10^{-3}，$$

x=64536（或用 16 进制数表示 x=0FC18H）。

因此，TL0 的初值为 18H，TH0 的初值为 0FCH。

程序如下（略去伪指令 ORG 等，以下同）：

```
START:     MOV  TMOD, #01H          ;定时器初始化
           MOV  TL0, #18H
           MOV  TH0, #0FCH
           SETB TR0                 ;启动 T0
LOOP:      JBC  TF0, CONT           ;查询 TF0
           SJMP LOOP
```

```
CONT:      MOV TL0, #18H          ; 重置 T0 初值
           MOV TH0, #0FCH
           CPL  P1.0              ; 将 P1.0 取反
           SJMP LOOP
```

7. 串行口

MCS-51 内部的串行接口具有两个物理上独立的发送缓冲器和接收缓冲器 SBUF，两个缓冲器共用一个地址。有两个特殊功能寄存器（SCON 和 PCON）控制串行口的工作方式和波特率。定时器 T1 和定时器 T2 可作为波特率发生器。

（1）串行口寄存器

① 串行口控制寄存器 SCON。特殊功能寄存器 SCON 包含串行口的方式选择位、接收/发送控制位以及串行口的状态标志，格式如下：

D7	D6	D5	D4	D3	D2	D1	D0
SM0	SM1	SM2	REN	TB8	RB8	TI	RI

SM0、SM1 为串行口的方式选择位，见表 2.8。

表 2.8　　　　　　　　　　串行口工作方式

SM0	SM1	功　能　说　明
0	0	移位寄存器方式（用于 I/O 口扩展）
0	1	8 位 UART，波特率可变（T1 溢出率/n）
1	0	9 位 UART，波特率为 f_{osc}/64 或 f_{osc}/32
1	1	9 位 UART，波特率可变（T1 溢出率/n）

SM2 为方式 2、方式 3 时的多机通信控制位。在方式 2 或方式 3 中，若 SM2 置 "1"，则接收到的第 9 位数据（RB8）为 "0" 时不激活 RI。在方式 1 中，若 SM2 置 "1"，则只有收到有效的停止位时才会激活 RI。方式 0 时，SM2 应该为 "0"。

REN 为允许串行接收位。由软件置位以允许接收，由软件清 "0" 来禁止接收。

TB8 在方式 2 和方式 3 时，为发送的第 9 位数据，需要时由软件置位或复位。

RB8 在方式 2 和方式 3 时，为接收到的第 9 位数据；在方式 1 时，若 SM2 置 "0"，RB8 是接收到的停止位；在方式 0 时，不使用 RB8。

TI 为发送中断标志。由硬件在方式 0 串行发送第 8 位结束时置位，或在其他方式串行发送停止位的开始时置位，必须由软件清 "0"。

RI 为接收中断标志。由硬件在方式 0 接收到第 8 位结束时置位，或在其他方式串行接收到停止位的中间时置位，必须由软件清 "0"。

② 波特率系数控制寄存器 PCON。PCON 的格式如下：

D7			D6			D0	
Smod							

PCON 的最高位为 Smod，它是串行口波特率系数的控制位，Smod 为 "1" 时，波特率加倍。

（2）串行口的工作方式

① 方式 0。串行口以方式 0 工作时，可外接移位寄存器（例如 74LS164、74LS165）以扩展 I/O 口，也可外接同步输入/输出设备。

串行数据由 RXD（P3.0）端输入或输出（接收时 REN=1），而同步移位时钟由 TXD 端输出，波特率固定为振荡频率的 1/12。在接收或发送完 8 位数据时，中断标志 RI 或 TI 置"1"。

② 方式 1。串行口以方式 1 工作时为 8 位异步通信接口，传送一帧信息共 10 位，1 位起始位、8 位数据位和 1 位停止位，波特率为：

$$\frac{2^{S_{mod}}}{32} \times (\text{T1溢出率})$$

通常 T1 设置为工作方式 2，若（TH1）为方式 2 时的初始值，则 T1 溢出率为 $f_{osc}/[12 \times (256-(TH1))]$，此时波特率可按下式求取：

$$\text{波特率} = \frac{2^{S_{mod}}}{32} \times \frac{f_{osc}}{[12 \times (256-(TH1)]}$$

发送时，数据由 TXD 端输出。当数据写入发送缓冲器 SBUF 后，便启动串行口发送器发送，待一帧信息发送完毕，使发送中断标志 TI 置"1"。

接收时，数据从 RXD 端输入。在 REN 置"1"后，接收器就以所选波特率 16 倍的速率采样 RXD 端的电平。当检测到起始位有效时，开始接收一帧的其余信息。当 RI=0，并且接收到的停止位为"1"（或 SM2=0）时，停止位进入 RB8，接收到的 8 位数据进入接收缓冲器，且置位 RI 中断标志，若两个条件不满足，接收的信息将丢失。

③ 方式 2 和方式 3。串行口以方式 2 或 3 工作时为 9 位异步通信接口。传送一帧信息共 11 位，1 位起始位、8 位数据位、1 位可程控为 1 或 0 的第 9 位数据位和 1 位停止位，方式 2 与方式 3 的差别仅在于波特率不同，方式 2 的波特率是固定的：

$$\frac{2^{S_{mod}}}{64} \times (\text{振荡器频率})$$

方式 3 的波特率是可变的（同方式 1）：

$$\frac{2^{S_{mod}}}{32} \times (\text{T1溢出率})$$

发送时，数据由 TXD 端输出，附加的第 9 位数据是 SCON 中的 TB8，当数据写入 SBUF 后，就启动发送器发送，发送完一帧信息，中断标志 T1 置"1"。接收时，从 RXD 端输入数据。当 RI=0，并且 SM2=0 或接收到的第 9 位数据为"1"时，8 位数据装入接收缓冲器，附加的第 9 位数据送入 RB8，且置位 RI 中断标志。若两个条件不满足，接收的信息将丢失。

在以方式 2 和方式 3 工作时，可利用 SCON 中的 SM2 实现多机通信。例如，当主机要向某一个从机发送一组数据时，地址字节第 9 位是"1"，数据字节第 9 位是 0。从机先将 SM2 置"1"，主机向从机发送地址，因第 9 位为"1"，中断标志 RI 置"1"，于是从机中断，执行中断服务程序，判断主机送来的地址是否与本系统地址相符，若为本机地址，则置 SM2 为"0"，准备接收主机的数据，若地址不一致则保持 SM2 为"1"的状态。接着主机发送数据，第 9 位为"0"，只有地址相符的从机（SM2 已为"0"）才能接收数据。其余从机因 SM2=1 则不能进行中断处理，从而可实现主机与从机的一对一通信。

（3）编程举例

要求将片内存储单元 40H～4FH 中的数据块从串行口输出。设串行口工作于方式 2，TB8
作奇偶校验位。在数据写入发送缓冲器之前，先将数据的奇偶位写入 TB8。程序如下：

```
TRT:    MOV  SCON, #80H        ;串行口初始化
        MOV  PCON, #80H
        MOV  R0, #40H          ;置数据指针
        MOV  R7, #10H          ;置字节长度
LOOP:   MOV  A,  @R0           ; 数据 → A
        MOV  C, P              ;P → TB8
        MOV  TB8, C
        MOV  SBUF, A           ;数据 → SBUF, 启动发送
WAIT:   JBC  TI, CONT          ;判发送中断标志
        SJMP WAIT
CONT:   INC  R0
        DJNZ R7, LOOP          ;判发送是否结束
        RET
```

若要求从串行口输入数据，工作方式同上，则接收程序如下：

```
REC:    MOV  SCON, #90H        ;串行口初始化
        MOV  PCON, #80H
        MOV  R0, #40H          ;置数据指针
        MOV  R7, #10H          ;置字节长度
WAIT:   JBC  RI, CONT          ;判接收中断标志
        SJMP WAIT
CONT:   MOV  A, SBUF           ;接收数据
         JNB  PSW.0, CONT1     ;判 P=RB8?
         JNB  RB8, ERR
        SJMP  RIGHT
CONT1:  JB  RB8, ERR
RIGHT:  MOV  @R0, A            ;存数据
        INC  R0
        DJNZ R7, WAIT          ;判接收是否结束
        CLR  PSW.5             ;置正确接收完标志
        RET
ERR:    SETB PSW.5             ;置出错标志
        RET
```

8. 中断系统

MCS-51 允许 5 个中断请求源，提供两个中断优先级，可实现二级中断服务程序嵌套。每
一个中断源可程控为高优先级中断或低优先级中断。与中断系统相关的特殊功能寄存器有中断
优先级控制寄存器 IP、中断允许控制寄存器 IE 以及控制寄存器 TCON 和 SCON 的相应位。

（1）中断请求源

在 MCS-52 中，除了 MCS-51 允许的 5 个中断源以外，定时器 T2 溢出也会将中断标志
（TF2）置"1"，其中断入口地址为 002BH。表 2.9 所示为 6 个中断源的相关信息。

CPU 在每一个机器周期顺序检查各个中断源，并按优先级进行处理，如果没有被下述条

件所阻止，将在下一个机器周期的状态 1 响应最高级中断请求。

① CPU 正在处理相同的或更高优先级的中断；

② 现行的机器周期不是所执行指令的最后一个机器周期；

③ 正在执行的指令是 RETI，或是访问 IE、IP 的指令。换言之，在 RETI 指令及访问 IE、IP 的指令之后，至少需要再执行完一条指令，才会响应新的中断请求。

表 2.9　　　　　　　　　　　　　　6 个中断源的相关信息

中　断　源	入　口　地　址	优　先　权	说　　　　明
外部中断 0	0003H	最高	来自 P3.2 的外部中断请求
定时器 0	000BH		T0 溢出使中断请求标志位 TF0 有效
外部中断 1	0013H		来自 P3.3 的外部中断请求
定时器 1	001BH		T1 溢出使中断请求标志位 TF1 有效
串行信道	0023H		发送/接收一帧信息后使 TI/RI 有效
定时器 2	002BH	最低	T2 溢出使中断请求标志位 TF2 有效

如果存在上述条件之一，CPU 将丢失中断查询的结果。如果不存在上述情况，中断优先查询结果将在此后一个机器周期发生作用，控制转移到相应的入口并开始执行中断服务子程序，直到遇到一条 RETI 指令为止。每个中断入口地址之间有 8 个字节的空间，一般的中断服务子程序都会超过这个长度，所以通常中断入口地址内存放一条跳转指令，跳转到程序存储器中执行中断服务子程序。

下面对控制寄存器 TCON 中同外部中断源有关的几位信息作一说明。TCON 中与中断有关的位为：

D7	D6	D5	D4	D3	D2	D1	D0
				IE1	IT1	IE0	IT0

IT0=1，选择外部中断 0 为边沿触发方式，负跳变有效。采用该触发方式时，外部中断源输入的高电平和低电平时间必须保持在 12 个振荡周期以上，才能保证 CPU 检测到由高至低的负跳变。

IT0=0，选择外部中断 0 为电平触发方式。采用该触发方式时，外部中断源必须保持低电平有效，直到该中断被 CPU 响应，同时在该中断服务程序执行完成之前，外部中断源必须被清除，否则将产生另一次中断。

IT0 可由软件置位或清除。

IE0=1，表示外部中断 0 正在向 CPU 请求中断，当 CPU 响应中断，转向中断服务程序时，由硬件自动将 IE0 清 "0"。

IE0=0，表示外部中断0没有向 CPU 请求中断。

IT1 与 IE1 分别类似于 IT0 与 IE0，只不过它们是针对外部中断 $\overline{\text{INT1}}$ 的。

（2）中断控制

中断允许寄存器 IE 控制 CPU 对中断源的开放或屏蔽，其格式如下：

D7	D6	D5	D4	D3	D2	D1	D0
EA	/	ET2	ES	ET1	EX1	ET0	EX0

EA=1，CPU 开放所有中断，每个中断源的禁止与否直接取决于各自的允许位；

EA=0，禁止所有中断。

ET2、ES、ET1、EX1、ET0 和 EX0 为"1"时，分别允许定时器 2、串行口、定时器 1、外部中断 1、定时器 0 和外部中断 0 中断；当上述位为"0"时，则禁止相应中断。

MCS-51 有两个中断优先级，对于每一个中断请求源可编程为高优先级或低优先级中断，可实现二级中断嵌套，一个正在被执行的低优先级中断服务程序能被高优先级的中断申请所中断，但不能被另一个低优先级的中断源所中断。若 CPU 正在执行高优先级中断服务程序，则不能被任何中断源所中断。只有待中断服务程序执行结束、遇上返回指令 RETI 返回主程序、再执行一条指令后才能响应中断源申请。

优先级由中断优先级寄存器 IP 确定，其格式如下：

D7	D6	D5	D4	D3	D2	D1	D0
/	/	PT2	PS	PT1	PX1	PT0	PX0

PT2、PS、PT1、PX1、PT0 和 PX0 分别为定时器 2、串行口、定时器 1、外部中断 1、定时器 0 和外部中断 0 的优先级控制位。当其中的某位为"1"时，定义该位所对应的中断源为高优先级中断；当此位为"0"时，则定义为低优先级中断。

中断允许寄存器 IE 和中断优先级寄存器 IP 的各位都由软件置位或复位，可用位操作指令或字节操作指令来更新它们的内容。

（3）编程举例

现举一个以定时器 0 为中断源的例子。前述的应用 T0 产生 1ms 定时（f_{osc}=12MHz），并使 P1.0 输出周期为 2ms 方波的程序，也可采用中断方法来实现，此时无需查询 TF0 标志。具体程序如下：

```
START:      MOV   TMOD, #01H      ; 定时器初始化
            MOV   TL0,  #18H
            MOV   TH0,  #0FCH
            MOV   IE,   #82H       ; 允许 T0 中断
            SETB  TR0             ; 启动 T0
LOOP:       SJMP  LOOP            ; 等待中断
000BH:      LJMP  ICONT
中断服务程序：
ICONT:      MOV   TL0, #18H       ; 重置定时器初值
            MOV   TH0, #0FCH
            CPL   P1.0
            RETI
```

2.1.4 主机电路设计

在主机电路设计时，对一些功能单一、规模较小的简单仪表可直接采用 AT89C52 或 MCS-51 单片机的最小系统构成主机电路；而对功能丰富、规模较大、复杂程度较高的仪表，由于单片机内部所提供的存储器和输入/输出接口等资源有限，在研制需要较大存储容量和较多功能需求的智能仪表时需要加以扩展。此时，需要外接 EPROM，这样 P0 口和 P2 口就不能作为 I/O 端口使用了。P3 口往往用于控制功能，一般也不用作 I/O 端口。真正能用于 I/O 端口的只有 P1 口，在许多场合这是不够的。因此，在用 AT89C52 或 MCS-51 单片机作为主

机电路时，通常需要外接存储器和接口电路。

图 2.16 所示为由 MCS-51 系列的 8031 加接其他芯片构成的一种主机电路。由图 2.16 可知，8031 扩展了 1 片 2764、2 片 6116 和 1 片 8155，选片采用线选方式。其中 6116 也可用 EEPROM 2816（引脚和 6116 相同）代换，以防止掉电时数据丢失。

8031 的 P0 口输出的低位地址信号，经 74LS373 锁存送至各存储器的 $A_0 \sim A_7$；P2 口输出的高位地址信号（P2.0～2.4 和 P2.0～P2.2）分别送至 2764 的 $A_8 \sim A_{12}$ 和 6116 的 $A_8 \sim A_{10}$。P2.7、P2.3 和 P2.7、$\overline{P2.3}$ 经与非门输出的信号分别作为 6116（I）和 6116（II）的选片信号。8155 的 $AD_0 \sim AD_7$ 直接连至 8031 的 P0 口，而 $\overline{CE}$ 和 IO/$\overline{M}$ 则分别与 P2.7 和 P2.0 相连。存储器和 8155 的控制信号线分别与 8031 的相应端连接，从而可实现对各器件的读/写操作。

EPROM、ROM 和 I/O 口的地址分配如下：

```
EPROM      XXX0  0000  0000  0000B ~ XXX1  1111  1111  1111B
RAM(2116)  1XXX  0000  0000  0000B ~ 1XXX  1111  1111  1111B
RAM(8155)  0XXX  XXX0  0000  0000B ~ 0XXX  XXX0  1111  1111B
I/O(8155)  0XXX  XXX1  XXXX  X000B ~ 0XXX  XXX1  XXXX  X101B
```

由以上分析可知，由于采用线选控制方式，各芯片的寻址范围有很大的重叠区，对此在编程时必须予以注意。

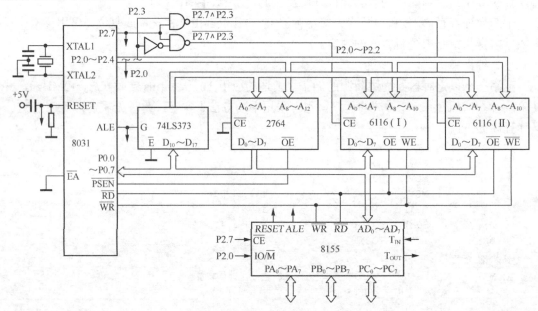

图 2.16 由 8031 等构成的主机电路

2.2 Neuron 芯片

Neuron（神经元）芯片是 LonWorks（局域操作网技术）的核心，它是由美国 Echelon 公司开发、Motorola 和 Toshiba 公司生产的嵌入式系统芯片。Neuron 芯片主要包括 MC143120 和 MC143150 两个系列，它们所对应的芯片封装和管脚见图 2.17。其中 MC143120 芯片中包括 EEPROM、RAM 和 ROM 存储器，可作为一完整的最小系统适用于小型应用需求；而 MC143150 则没有内部 ROM，但拥有访问外部存储器的接口，适合较复杂的应用需求。现以 MC143150 为例，介绍 Neuron 芯片的基本结构和组成。

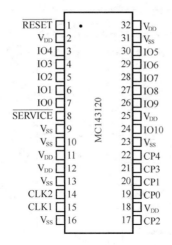

（a）MC143120 芯片管脚图

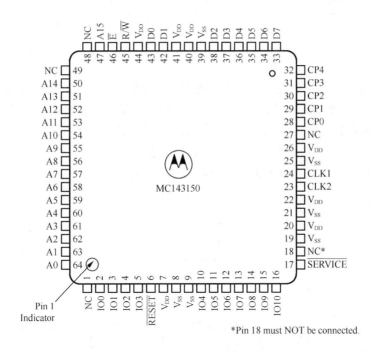

*Pin 18 must NOT be connected.

（b）MC143150 芯片管脚图

图 2.17　神经元芯片的管脚图

　　图 2.18 所示为 Neuron 芯片的基本结构。Neuron 芯片内部集成有 3 个 8 位 CPU，最高工作频率可达 10MHz。它有 11 个可编程输入/输出管脚（IO0～IO10），提供有 34 种可选的不同接口工作方式；片内设有 EEPROM、RAM，并支持有外部扩展多种存储器的接口，最大存储空间允许有 64KB；内部含有两个 16 位定时/计数器，能够由固件产生 15 个软件定时器。Neuron 芯片的优势还在于它的网络通信功能，其引出的 5 个通信管脚（CP0～CP4）可提供单端、差分和特殊应用模式等 3 种网络通信方式，为现场总线智能仪表的设计提供了技术支持和实现手段。

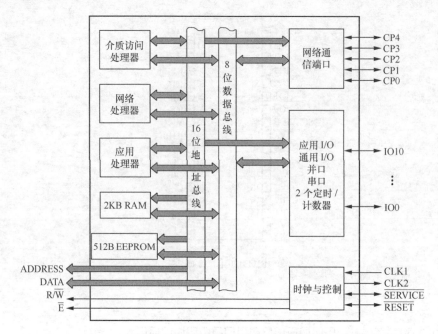

图 2.18　MC143150 芯片的基本结构

　　MC143150 的外扩存储器接口总线中，有 8 位双向数据总线、16 位处理器驱动的地址总线以及用于外部存储器存取访问的两个接口信号线 R/$\overline{\text{W}}$ 和 $\overline{\text{E}}$，总的地址空间为 64KB。其中有 6KB 的地址空间保留在芯片内，在剩余 58KB 的外部地址空间中，16KB 被 Neuron 芯片用于固件、开发系统调试器及保留空间，42KB 的外部存储器空间用于存放用户程序和数据等。MC143150 的存储器映像图（即存储空间分配）见图 2.19。

图 2.19　MC143150 存储器映像图

制造 Neuron 芯片采用的是 CMOS 超大规模集成电路（VLSI）技术，所有型号都是高度集成化。作为一种 SoC 芯片（片上系统），只需最低限度的外部设备就能够制作出低成本现场总线测控仪表，并可组建低成本的测控网络。Neuron 芯片的内部集成了 3 个 8 位处理器，固化有完善的网络通信协议、事件驱度调度程序和算术逻辑等应用程序库，还有灵活的输入/输出配置。每个 Neuron 芯片都同时具备了通信和控制两个功能，可以遵照标准协议，通过双绞线、电力线、射频、红外线或同轴电缆等多种网络介质来传送控制信息。

此外，每个 Neuron 芯片都有一个唯一的 48 位标识码（ID，Identification Code），它表示每个 Neuron 芯片的名字，可以作为 LonWorks 网络节点中的地址，它在芯片制造时被永久性地写入芯片中。

Neuron 芯片提供有 11 个 I/O 管脚的接口，它们均随集成的硬件和固件一起用来连接电动机、阀门、显示驱动器、A/D 转换器、压力传感器、电热调节器、开关、继电器、三端双向可控硅、流速计、其他微处理器或调制解调器等。这些器件能支持许多应用的快速开发，如分布式测控系统、仪器仪表、机器自动化、过程控制、设备诊断、环境监测和控制、能源分配和控制、生产控制、灯光控制、建筑自动化和控制、安全系统、数据收集、机器人技术、家庭自动化、消费电子和汽车电子等。另外，Neuron 芯片用 3 个处理器中的两个通信子系统相互作用，可使分布式控制系统中节点间的信息传输自动进行。

Neuron 芯片能够利用 CP0～CP4 脚的通信端口或 IO0～IO10 脚的应用 I/O 端口收发信息。Neuron 芯片的主要特点如下。

（1）3 个 8 位流水线处理器，输入时钟率可选：625 kHz、1.25 MHz、2.5 MHz、5 MHz、10 MHz。

（2）片内存储器包括：2KB 静态 RAM（MC143150 和 MC143120E2）、1KB 静态 RAM（MC143120/B1DW）、512B EEPROM（MC143150 和 MC143120/B1DW）、2KB EEPROM（MC143120E2）、1KB EEPROM（TMPN3120E1）和 10KB ROM（MC143120）。

（3）11 个可编程 I/O 引脚：提供 34 种可选的操作模式；其中的 IO4～IO7 提供可编程上拉电阻，IO0～IO3 提供 20mA 电流吸收。

（4）两个用于频率和定时器 I/O 的 16 位定时器/计数器。

（5）最多 15 个软件定时器。

（6）在保持操作状态，用于减少电流消耗的睡眠模式。

（7）网络通信端口提供单端模式、差分模式；可选的传输速率为 0.6 kbit/s～1.25 Mbit/s；用于差分驱动双绞线网络，可有 40 mA 电流输出；可选的冲突检测输入；对差分通信不再需要中继器。

（8）固件：符合 OSI 七层参考模型的 LonTalk 协议；采用事件驱动任务调度程序。

（9）用于远程识别和诊断的服务管脚。

（10）唯一的 48 位内部 Neuron ID。

（11）信道能力：560 信息包/秒的固定吞吐量；10MHz 时峰值可达到 700 信息包/秒。

（12）对附加的 EEPROM 保护提供内建低压检测。

2.2.1 处理单元

神经元芯片内部装有 3 个微处理器：媒体访问控制（MAC）处理器、网络（Network）

处理器和应用（Application）处理器，其结构见图 2.20。

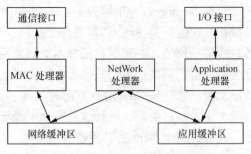

图 2.20 神经元芯片的 3 个处理器

1．媒体访问控制处理器

媒体访问控制处理器完成介质访问控制（MAC，Media Access Control），主要用于驱动通信子系统硬件以及执行冲突回避算法等，也就是 ISO/OSI 模型七层协议的 1、2 层。它使用网络缓冲区与网络处理器进行数据的传递。

2．网络处理器

网络处理器完成 ISO/OSI 模型 3～6 层网络协议，它处理网络变量、寻址、事务处理、报文鉴别、认证、后台诊断、软件定时器、网络管理和路由等进程。网络处理器使用网络缓冲区与媒体访问控制处理器进行通信，使用应用缓冲区与应用处理器进行通信。

3．应用处理器

应用处理器一方面执行用户编写的应用程序代码，另一方面执行由用户代码所调用的操作系统服务。大多数应用程序可采用 Neuron C 语言来编制，使得编程工作真正从汇编语言的繁琐中解脱出来。

这 3 个 CPU 均有各自的寄存器，但是享用共同的数据和地址运算器及存储单元访问电路。

2.2.2 存储单元

Neuron 芯片上集成了 3 种存储器：RAM、ROM 和 EEPROM。MC143120 和 MC143150 两种芯片的存储器各有不同。MC143120 内部有 1KB-RAM、512B EEPROM 和 10KB ROM。其中 10KB-ROM 用于存放 Neuron 芯片的固件，包括 LonTalk 协议编码、事件驱动调度程序和应用函数库；1KB-RAM 用于存放堆栈段、应用程序代码、系统数据以及网络缓存区和应用缓存区，RAM 的状态只要芯片有电就可以保持（包括在休眠状态下），但是当节点被复位（RESET）时，RAM 将被清除；512B 的 EEPROM 用于存放网络结构、地址信息、通信参数、用户编写的应用程序代码和 Neuron 芯片标识码（Neuron ID）。MC143120 芯片由于应用程序空间较小，所以只适用于测控点数较小的应用环境中。

MC143150 内部有 2KB RAM、512B EEPROM，功能与 MC143120 相似，但是没有 ROM，而是提供有外部存储器接口，允许接 58KB 的外部存储器。这 58KB 存储空间除存放 Neuron 芯片的固件外，还为用户保留的 42KB 地址空间用于存放定制开发的应用软件，因此 MC143150 芯片用于测控点多、软件需求量大的环境中。

2.2.3 附加电路及 I/O 接口

1．睡眠唤醒机制

神经元芯片可以通过软件设置进入低电压的睡眠状态。在这种模式下，系统时钟、使用的程序时钟和计数器等会被关闭，但是使用的状态信息（包括神经元芯片内部的 RAM）会被保存。

2. $\overline{\text{Service}}$ 管脚

$\overline{\text{Service}}$ 管脚是神经元芯片里的一个非常重要的管脚，在节点的安装、配置和维护时都要用到该管脚。该管脚既能输入又能输出，输入时，一个逻辑低电平使神经元芯片传送一个含有其 48bit ID 的网络管理信息。

3. Watchdog 定时器

神经元芯片为防止软件失效和存储器错误，配置 3 个 Watchdog 定时器（每个 CPU 一个）。如果应用软件和系统没有定时刷新这些 Watchdog 定时器，整个神经元芯片将被自动复位。Watchdog 定时器的复位周期依赖于 Neuron 芯片的输入时钟频率，例如在输入时钟频率为 10MHz 时，Watchdog 定时器周期在 0.8s 左右。当神经元芯片处于睡眠状态时，所有的 Watchdog 将被禁止。

4. I/O 接口

Neuron 芯片通过其 11 个 I/O 管脚与其他设备连接。这些管脚可以根据不同外部设备 I/O 的要求，灵活配置输入/输出方式。IO4～IO7 可以通过编程设置成上拉；IO0～IO3 带有高电流接收，IO0～IO10 带有与 TTL 电平标准兼容的输入，IO0～IO7 带有低电平检测锁存。

Neuron 芯片带有两个片内定时/计数器。定时/计数器 1 称为多路选择定时/计数器（Multiplexed timer/Counter），它通过一个多路选择开关从 IO4～IO7 中选择一个进行输入，输出到 IO0；定时/计数器 2 称为专用定时/计数器，输入是 IO1，输出为 IO0，见图 2.21。要注意的是 I/O 管脚并非固定分配给定时/计数器。例如，如果定时/计数器 1 仅作为输入信号，那么 IO0 管脚就可以作为其他的 I/O 管脚。定时/计数器的时钟和使能信号可由外部管脚或系统时钟分频得到，且两个定时器/计数器的时钟频率互相独立。外部时钟可选择在输入的上升沿或下降沿有效，也可在上升沿和下降沿都有效。

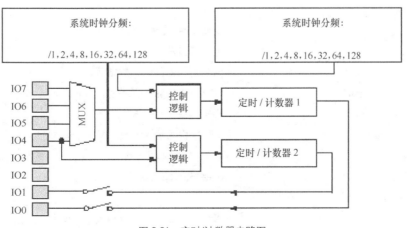

图 2.21　定时/计数器电路图

  Neuron 芯片的专用编程工具 Neuron C 提供了 I/O 定义功能，可以将 11 个 I/O 配置成不同的 I/O 对象，并通过函数 io_in( ) 和 io_out( ) 对被定义的 I/O 进行输入和输出操作。

  神经元芯片的 11 个 I/O 口有 34 种预编程设置，见表 2.10。

表 2.10   **神经元芯片的 34 种 I/O 对象**

I/O 对象	说 明
直接 I/O 对象	
位输入（Bit Input）	0，1 二进制
位输出（Bit Onput）	0，1 二进制
字节输入（Byte Input）	0～255 二进制
字节输出（Byte Onput）	0～255 二进制
电平检测（Level Detect Input）	逻辑 0 电平检测
Nibble Input	0～15 二进制
Nibble Output	0～15 二进制
并行 I/O 对象	
多总线 I/O（Muxbus I/O）	使用总线多路复用技术的并行双向口
并行 I/O 对象（Parallel I/O）	并行双向握手
串行 I/O 对象	
位移输入（Bitshift Input）	最多 16 位的时钟数据
位移输出（Bitshift Onput）	最多 16 位的时钟数据
I2C	最多 255 个字节的双向串行数据
Magcard Input	符合 ISO7811 的磁卡阅读器轨道数据流
Magtrack1	符合 ISO3554 的磁卡阅读器轨道数据流
Neuronwire I/O	最多 256 位的双向串行数据
串行输入（Serial Input）	600、1200、2400、4800bit/s 的 8 位字符
串行输出（Serial Onput）	600、1200、2400、4800bit/s 的 8 位字符
Touch I/O	最多 2048 位的输入输出
Wiegand Input	Wiegand 卡阅读器的编码数据流
定时/计数器输入对象	
Dualslope	Dualslope 转换逻辑比较器
Edgelog	输入转换流
红外输入（Infrared Input）	红外解调器的编码数据流
脉冲输入（Ontime Input）	0.2μs～1.678s 的脉冲宽度
周期输入（Period Input）	周期为 0.2μs～1.678s 的信号
脉冲计数输入（Pulsecount Input）	0.839s 内的输入沿数（范围 0～65535）
Quadrature 输入	1638 二进制 Gray 编码
Totalcount 输入	0～65535 输入沿
定时/计数器输出	
Edgedivide 输出	以用户指定的数除以输入频率作为输出频率

续表

I/O 对象	说　明
频率输出（Frequency Output）	0.3Hz～2.5MHz 的方波
Onshot 输出	脉宽为 0.2μs～1.678s 的脉冲
脉冲计数输出（Pulsecount Output）	0～65535 个脉冲
脉宽输出（Pulsewidth Output）	0～100%负载周期的脉冲序列
Traic 输出	相对于输入沿的输出脉冲延时
Triggeredcount 输出	通过对输入沿计数控制输出脉冲

2.2.4　总线收发器

Neuron 芯片支持多种通信介质，每一种介质都有专用的收发器作为智能节点和通信介质直接相连的接口器件。常用的 LonWorks 收发器见表 2.11。

表 2.11　　　　　　　　　常用的 LonWorks 收发器

收 发 器	功　能	通 信 速 率
FTT-10A	自由拓扑双绞线收发器	78.125kbit/s
LPT-10	信号线供电双绞线收发器	78.125kbit/s
TPT/XF-78	总线型双绞线收发器	78.125kbit/s
TPT/XF-1250	总线型双绞线收发器	1.25Mbit/s
PLT-21	电力线收发器	5kbit/s
PLT-10A	电力线收发器	8～10kbit/s

其中，双绞线收发器是使用最为广泛的收发器，它支持双绞线通信，主要包括 3 种类型的收发器：直接驱动型、EIA-485 型和变压器耦合式。

1．直接驱动型收发器

直接驱动型收发器的接口使用 Neuron 芯片的内部收发器和用来限流及 ESD 保护的外部电阻及二极管。直接驱动对有公共电源的网络节点来讲是很理想的选择，这些电源是安装在设备内部的，以利于不同电路板的相互配合。网络最多可支持 64 个节点，可支持最远达 30m 距离、最高达 1.25Mbit/s 数据传输速率的各种不同情况。

2．EIA-485 型收发器

EIA-485 型收发器可支持多种数据传输速率，并可支持许多接线类型而不用改变各元件的参数值。使用 EIA-485 型收发器时的共模电压范围比使用直接驱动收发器时要好，但比使用变压器耦合式收发器时要稍小些。其共模电压范围为−7～+12V。EIA-485 收发器在使用共用电源情况下工作状态最佳。

3．变压器耦合式收发器

变压器耦合式收发器能满足系统的高性能、高共模隔离条件，同时具有噪声隔离作用。

因此，目前相当多的网络收发器采用变压器耦合的方式。变压器耦合式收发器的型号很多，其中最常用的是 FTT-10 收发器，它内部包含一个隔离变压器、一个 Manchester 编码器，采用厚膜电路集成在一起。它支持无极性、自由拓扑（包括总线、星型、环形、树型等）的互连方式，可以使现场总线的网络布线方便很多。

2.2.5 Neuron 固件

Neuron 芯片的固件主要包括基于 OSI 参考模型的 LonTalk 协议、I/O 驱动程序、事件驱动的多任务调度程序以及函数库等部分。其中的 LonTalk 协议具有通用性，支持多种媒体和多种网络拓扑结构，并提供了多种服务。LonTalk 协议可以使控制信息在各种介质中进行可靠地传输。下面对 LonTalk 与 OSI 七层协议进行比较，见表 2.12。

表 2.12   LonTalk 与 OSI 七层协议的比较

OSI 层		目 的	提供的服务
7：应用层		应用兼容性	LonMark 对象，配置特性标准网络变量类型，文件传输
6：表示层		数据翻择	网络变量，应用消息，外来帧传输
5：会话层		远程操作	请求/响应，鉴别，网络管理，网络接口
4：传输层		端端的可传输	答应消息，非应答消息，双重检查，通过排序
3：网络层		传输分组	点对点寻址，多点之间广播式寻址，路由消息
2：链路层	LLC 子层	帧结构	帧结构，数据解码，CRC 错误检查
	MAC 子层	介质访问	P-坚持 CSMA，冲突避免，优先级，冲突检测
1：物理层		电气连接	介质，电气接口。与介质有关的接口和调制方案（双绞线、电力线、无线射频，同轴电缆、红外线，光缆等）

2.2.6 现场总线智能仪表组成及其所组成的测控网络

LonWorks 技术是一个实现控制网络系统的完整平台。这些网络系统包括现场总线仪表等智能设备或节点，智能设备或节点与它们所处的环境进行交互作用，并通过不同的通信介质与其他节点进行通信，这种通信采用一种通用的、基于消息的控制协议。LonWorks 技术包含所有设计、配置和维护网络所需要的技术，特别是下面这些部分。

（1）MC143150 和 MC143120 Neuron 芯片。

（2）LonTalk 协议。

（3）LonWorks 收发器。

（4）LonBuilder 和 NodeBuilder 开发工具。

Neuron 芯片作为一种超大规模集成电路元件，它实现网络功能并执行节点中特定的应用程序。一个典型的现场智能仪表包含 1 个 Neuron 芯片、1 个电源、1 个通过网络介质通信的收发器及与被监控设备接口的的应用电路。图 2.22 所示为典型现场总线仪表的组成和 Neuron 芯片在其中的

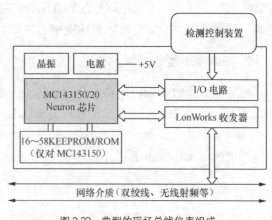

图 2.22   典型的现场总线仪表组成

位置，图 2.23 所示为由现场总线仪表及相关节点通过通信介质组成测控网络和应用系统的结构。

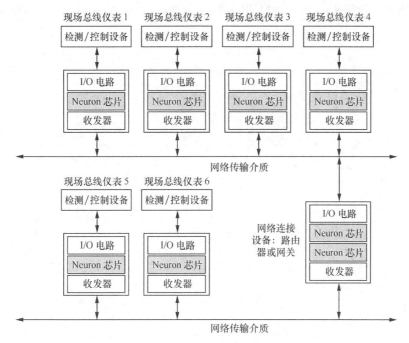

图 2.23　由现场总线仪表组成的测控网络

2.3　CC2430 芯片

CC2430 芯片是美国 TI 公司生产的、符合 ZigBee 技术的一款 2.4GHz 射频的 SoC 芯片，适用于各种 ZigBee 或类似 ZigBee 的无线网络产品，包括调谐器、路由器和诸如仪器、仪表等无线终端设备。CC2430 芯片以强大的集成开发环境作为支持，内部线路的交互式调试符合 IDE 的 IAR 工业标准，得到嵌入式产品研发及应用机构高度认可。它结合先进的 ZigBee 协议栈、工具包和参考设计，展示了完整的 ZigBee 解决方案。其产品被广泛应用于汽车、智能家居、工控系统和无线传感网络等领域，同时也适用于 ZigBee 之外 2.4 GHz 频率的其他设备。

CC2430 芯片作为 ZigBee 无线单片机系列芯片，是一款真正符合 IEEE 802.15.4 标准的片上 SoC ZigBee 产品。在单个芯片上整合了 ZigBee 射频（RF）前端、内存和微控制器。它使用 1 个工业级小巧高效的 8 位微控制器 8051，结合了 8KB 的 RAM 及强大的外围模块，并且有 3 种不同的闪存空间 32K、64K 和 128KB 配置来优化复杂度与成本的组合。外围模块包含模拟数字转换器（ADC）、若干定时器（Timer）、AES128 协同处理器、看门狗定时器（Watchdog timer）、32kHz 晶振的休眠模式定时器、上电复位电路（Power On Reset）、掉电检测电路（Brown Out Detection）以及 21 个可编程 I/O 引脚。CC2430 是 TI 公司推出的符合 IEEE 802.15.4/ZigBee 解决方案的第一块 2.4GHz 片上系统芯片。

2.3.1　MCU 和存储器子系统

针对协议栈、网络和应用软件的执行对 MCU 处理能力的要求，CC2430 内配置了一个增强型工业标准的 8 位 8051 微控制器内核，运行时钟为 32MHz。更短的执行时间并除去被浪费掉的总线状态，使得使用标准 8051 指令集的 CC2430 增强型 8051 内核具有更高的性能。图 2.24 所示为 CC2430 的内部结构组成。

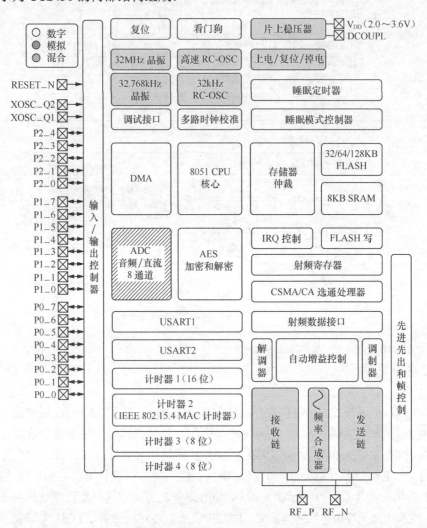

图 2.24　CC2430 的内部结构组成

CC2430 包含一个 DMA 控制器，提供 8KB 静态 RAM（其中的 4KB 是超低功耗 SRAM），还提供有 32K、64K 或 128KB 的片内 Flash 作为可编程非易失性存储器。

CC2430 集成了 4 个振荡器用于系统时钟和定时操作：一个 32MHz 晶体振荡器、一个 16MHz RC-振荡器、一个可选的 32.768kHz 晶体振荡器和一个可选的 32.768kHz RC-振荡器。它还集成了用于用户自定义应用的外设。同时，其内含的一个 AES 协处理器可支持 IEEE 802.15.4 MAC 安全所需的（128 位关键字）AES 的运行，以便其尽可能少地占用微控制器。

中断控制器为 18 个中断源提供服务，他们中的每个中断都被赋予 4 个中断优先级中的某一个。调试接口采用两线串行接口，该接口被用于在电路调试和外部 Flash 编程。I/O 控制器的作用是对 21 个通用 I/O 口进行灵活配置和可靠控制。

CC2430 包括 4 个定时器：1 个 16 位 MAC 定时器，用以为 IEEE 802.15.4 的 CSMA-CA

算法提供定时,并为 IEEE 802.15.4 的 MAC 层提供定时;1 个通用的 16 位和两个 8 位定时器,支持典型的定时/计数功能,如输入捕捉、比较输出和 PWM 功能等。

CC2430 内还集成有其他外设,包括实时时钟、上电复位、8 通道 ADC(8~14 位);可编程看门狗;两个可编程 USART,用于主/从 SPI 或 UART 操作。

为了更好地处理网络和应用操作的带宽,CC2430 集成了大多数对定时要求严格的一系列 IEEE 802.15.4 MAC 协议,以减轻微控制器的负担。这包括:自动前导帧发生器、同步字插入/检测、CRC-16 校验、空闲信道评估(CCA)、信号强度检测/数字 RSSI、连接品质指示(LQI)、CSMA/CA 协处理器等。

2.3.2 射频及模拟收发器

CC2430 的接收器是基于低-中频结构之上的,从天线接收的无线射频(RF)信号经低噪声放大器放大并经下变频(即把特定的频率经过变频器变换成比较低的频率,以利于解调出载有的信息)变为 2MHz 的中频信号。中频信号经滤波、放大,经 A/D 转换器变为数字信号。这样,自动增益控制、信道过滤、解调可在数字域完成,以获得高精确度及空间利用率。集成的模拟通道滤波器可以使工作在 2.4GHz ISM 波段的不同系统良好共存。

发射器部分基于直接上变频。所需发送的数据先被送入 128 字节的发送缓存器中,头帧和起始帧是通过硬件自动产生的。根据 TEEE 802.15.4 标准,所要发送的数据流每 4 个比特被 32 码片的扩频序列扩频后送到 D/A 转换器。然后,经过低通滤波和上变频(即经过变频器变换成更高的适合发射或传输的频率)的混频后的射频信号最终被调制到 2.4GHz,并经过放大后通过发射天线发射出去。

射频的输入/输出端口是独立的,它们分享两个普通的 PIN 引脚。CC2430 不需要外部 TX/RX 开关,其开关已集成在芯片内部。芯片至天线之间电路的构架是由平衡/非平衡器与少量低价电容与电感所组成。集成在内部的频率合成器可去除其对环路滤波器和外部被动式压控振荡器的需要。晶片内置的偏压可变电容压控振荡器工作在一倍本地振荡频率范围,另搭配了二分频电路,以提供四相本地振荡信号供上、下变频综合混频器使用。

2.3.3 CC2430 芯片的主要特点

CC2430 芯片采用 0.18μm CMOS 工艺生产,工作时的电流损耗为 27mA;在接收和发射模式下,电流损耗分别低于 27mA 或 25mA。CC2430 的休眠模式和转换到主动模式所需时间超短的特性,特别适合那些要求电池寿命非常长的应用中。CC2430 芯片的主要特点如下。

(1)高性能、低功耗的 8051 微控制器核。

(2)集成符合 IEEE802.15.4 标准的 2.4 GHz 的 RF 无线收发装置。

(3)较高的接收灵敏度和抗干扰性。

(4)32、64、128KB 片内可编程 Flash。

(5)强大的 DMA 功能。

(6)仅需少量的外围器件就可工作。

(7)低电流供电(RX:27mA,TX:25mA,MCU 运行于 32MHz)

在休眠模式时仅 0.9μA 的流耗,外部中断或 RTC 能唤醒系统;在待机模式时少于 0.6μA 的流耗,外部中断能唤醒系统。

（8）硬件支持 CSMA/CA 功能。

（9）较宽的电压范围（2.0～3.6 V）。

（10）数字化的 RSSI/LQI 支持和强大的 DMA 功能。

（11）具有电池监测和温度感测功能。

（12）8～14 位模/数转换的 ADC。

（13）AES 安全协处理器。

（14）带有 2 个强大的支持几组协议的 USART，以及 1 个符合 IEEE 802.15.4 规范的 MAC 计时器、1 个常规的 16 位计时器和 2 个 8 位计时器。

（15）21 个通用 I/O 脚，2 个有 20mA 沉降电流作用。

（16）强大和灵活的开发工具。

2.3.4　CC2430 芯片的引脚功能

CC2430 芯片采用 7mm×7mm QLP 封装，其芯片管脚见图 2.25。它共有 48 个引脚，分为 I/O 端口线引脚、电源线引脚和控制线引脚 3 类。

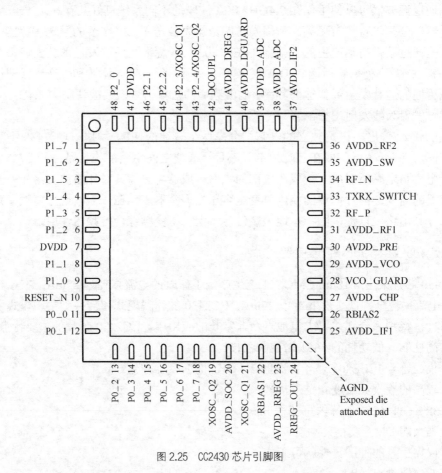

图 2.25　CC2430 芯片引脚图

（1）I/O 端口线引脚功能

CC2430 有 21 个可编程的 I/O 口引脚，P0、P1 口是可完全使用的 8 位口，P2 口只有 5

个可使用的位。通过软件设定 1 组 SFR 寄存器的位和字节，可使这些引脚作为通常的 I/O 口或作为连接 ADC、计时器或 USART 部件的外围设备 I/O 口使用。

I/O 口有以下关键特性。

① 可设置为通常的 I/O 口使用，也可设置为外围 I/O 口使用。

② 在输入时有上拉和下拉能力。

③ 全部 21 个数字 I/O 口引脚都具有响应外部中断的能力。如果需要外部设备，可对 I/O 口引脚产生中断，同时外部的中断事件也能被用来唤醒休眠模式。

各 I/O 引脚功能如下。

1～6 脚（P1_2～ P1_7）： 具有 4 mA 输出驱动能力。

8、9 脚（P1_0，P1_1）： 具有 20 mA 驱动能力。

11～18 脚（P0_0 ～P0_7）： 具有 4 mA 输出驱动能力。

43、44、45、46、48 脚（P2_4、P2_3、P2_2、P2_1、P2_0）：具有 4 mA 输出驱动能力。

（2） 电源线引脚功能

7 脚（DVDD）：为 I/O 提供 2.0～3.6 V 工作电压。

20 脚（AVDD_SOC）：为模拟电路连接 2.0～3.6 V 电压。

23 脚（AVDD_RREG）：为模拟电路连接 2.0～3.6 V 电压。

24 脚（RREG_OUT）：为 25、27～31、35～40 引脚端口提供 1.8 V 稳定电压。

25 脚（AVDD_IF1）：为接收器波段滤波器、模拟测试模块和 VGA 的第一部分电路提供 1.8 V 电压。

27 脚（AVDD_CHP）：为环状滤波器的第一部分电路和充电泵提供 1.8 V 电压。

28 脚（VCO_GUARD）：为 VCO 屏蔽电路的报警连接端口。

29 脚（AVDD_VCO）：为 VCO 和 PLL 环滤波器最后部分电路提供 1.8 V 电压。

30 脚（AVDD_PRE）：为预定标器、Div-2 和 LO 缓冲器提供 1.8 V 电压。

31 脚（AVDD_RF1）：为 LNA、前置偏置电路和 PA 提供 1.8 V 电压。

33 脚（TXRX_SWITCH）：为 PA 提供调整电压。

35 脚（AVDD_SW）：为 LNA/PA 交换电路提供 1.8 V 电压。

36 脚（AVDD_RF2）：为接收和发射混频器提供 1.8 V 电压。

37 脚（AVDD_IF2）：为低通滤波器和 VGA 的最后部分电路提供 1.8 V 电压。

38 脚（AVDD_ADC）：为 ADC 和 DAC 的模拟电路部分提供 1.8 V 电压。

39 脚（DVDD_ADC）：为 ADC 的数字电路部分提供 1.8 V 电压。

40 脚（AVDD_DGUARD）：为隔离数字噪声电路连接电压。

41 脚（AVDD_DREG）：向电压调节器核心提供 2.0～3.6 V 电压。

42 脚（DCOUPL）：提供 1.8 V 去耦电压，此电压不为外电路所使用。

47 脚（DVDD）：为 I/O 端口提供 2.0～3.6 V 电压。

（3）控制线引脚功能

10 脚（RESET_N）：复位引脚，低电平有效。

19 脚（XOSC_Q2）：32 MHz 的晶振引脚 2。

21 脚（XOSC_Q1）：32 MHz 的晶振引脚 1，或用作外部时钟输入引脚。

22 脚（RBIAS1）：为参考电流提供精确的偏置电阻。

26 脚（RBIAS2）：提供精确电阻，43 kΩ，误差±1%。

32 脚（RF_P）：在 RX 期间向 LNA 输入正向射频信号，在 TX 期间接收来自 PA 的输入正向射频信号。

34 脚（RF_N）：在 RX 期间向 LNA 输入负向射频信号，在 TX 期间接收来自 PA 的输入负向射频信号。

43 脚（P2_4/XOSC_Q2）：32.768 kHz XOSC 的 2.3 端口。

44 脚（P2_4/XOSC_Q1）：32.768 kHz XOSC 的 2.4 端口。

2.3.5 无线智能仪表的硬件组成和 CC2430 应用电路

1. 无线智能仪表的硬件组成

无线智能仪表一般由数据采集模块（也称传感器模块）、数据处理和控制模块（也称处理器模块）、通信模块以及能量供应模块（也称电池模块）组成，其硬件结构见图 2.26。通过内置形式多样的传感器，可通过各种传感器的相互协作感知、采集和处理网络覆盖区域的热、红外、声纳、雷达和地震波等各种信号，从而探测众多人们感兴趣的物理现象。微处理器模块可通过 SPI 总线与无线通信模块进行通信。

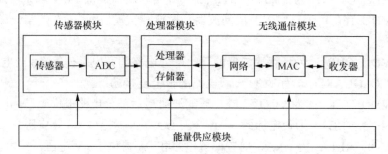

图 2.26　传感器网络节点组成框图

2. CC2430 应用电路

图 2.27 所示为基于 CC2430 的应用电路原理图。电路选用 CC2430 芯片作为无线仪表的核心 CPU。选用 1 个 32.768 kHz 的石英谐振器（X2）和 2 个电容（C441 和 C431）组成 32.768 kHz 的晶振电路；选用 1 个 32 MHz 的石英谐振器（X1）和 2 个电容（C191 和 C211）组成 32MHz 的晶振电路。电压调节器可为所有要求 1.8V 电压的内部电源供电，电容 C241 和 C421 是用作电源滤波的去耦合电容，以提高芯片工作的稳定性。电路中 J1 是 10 引脚 JTAG 仿真器接口，J2 是 3.3V 电源接口，J3 是 CC2430 芯片扩展输出口，在扩展输出口上预留了 SPI 口和整个 P0。电路中设计了 2 个发光二极管指示灯，作为电路调试指示灯。电路中还使用 1 个非平衡天线，为了使天线性能更好，在天线与 CC2430 之间连接了 1 个非平衡变压器。非平衡变压器由电容 C341 和电感 L321、L331、L341 以及 1 个 PCB 微波传输线组成，整个结构满足 RF 输入/输出匹配电阻（50Ω）的要求，内部 T/R 交换电路完成 LNA 和 PA 之间的交换。

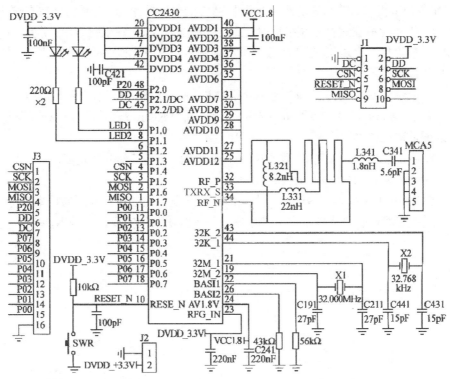

注：图中的引脚标注略有变化，主要是为了直观说明问题。读者可通过引脚序号找到 CC2430 芯片上实际引脚标注。

图 2.27 CC2430 芯片的典型应用电路

由图 2.27 可知，CC2430 只需要极简单的外围射频电路和晶振电路就可以保证其实现基本的功能，即信号的无线收发功能。外围电路的简化，增加了应用该芯片设计的可靠性。

习题与思考题

2-1 AT89C52 单片机包括哪些主要部件？各自的功能是什么？

2-2 在 8031 扩展系统中，片外程序存储器和片外数据存储器共用同一地址空间，为什么不会发生总线冲突？

2-3 AT89C52 单片机内部的 4 个并行 I/O 口在使用上如何分工？有哪些特点？使用时应注意什么？

2-4 什么叫中断源？AT89C52 有哪些中断源？各有什么特点？AT89C52 单片机的中断系统有几个优先级？如何设定？

2-5 AT89C52 单片机中的 T0、T1，其定时器方式和计数器方式的差别是什么？试举例说明这两种方式的用途。

2-6 当使用一个定时器时，如何通过软硬件结合的方法来实现较长时间的定时？

2-7 并行通信和串行通信的主要区别是什么？各有什么优缺点？

2-8 试述 AT89C52 单片机串行口的 4 种工作方式、工作原理、字符格式及波特率的产生方法。

2-9 串行口多机通信的原理是什么？其中 SM2 的作用是什么？与单机通信有哪些区别？

2-10 8031 单片机在进行系统扩展时，需要扩展 1 片 6264（8KB RAM）芯片、1 片 2764（8KB ROM）芯片和 1 片 8155 芯片。分别画出采用线选法或译码法实现的扩展电路逻辑图，写出各芯片的地址范围。

2-11 Neuron 芯片中，简述 MC143120 系列和 MC143150 系列的主要异同点。

2-12 简述 Neuron 芯片中 3 个处理器的作用，说明 Neuron 芯片中 3 个处理器与 OSI 七层协议层之间的对应关系。

2-13 简述基于 Neuron 芯片的智能仪表的基本组成及其各部分的功能。

2-14 为什么说 CC2430 是一款 SoC 芯片？

2-15 CC2430 中集成了哪些资源？为无线仪表开发提供了哪些方面的技术支持？

2-16 无线智能仪表主要包括哪些基本模块？各模块分别实现什么基本功能？

第 3 章　过程输入/输出通道

过程输入/输出通道是智能仪表的重要组成部分。对象的过程参数由输入通道进入仪表，而仪表的控制信息则通过输出通道传递给执行机构。因此，仪表的测量、控制精度也与通道的质量密切相关。设计者应根据仪表的技术要求选择合理的通道结构，恰当选用商品化的大规模集成电路，并将它们与主机电路正确地连接起来。

过程输入/输出通道包括模拟量通道和开关量通道两部分。本章将依次介绍模拟量输入通道、模拟量输出通道和开关量输入/输出通道的电路设计，并配以若干调试程序供读者参考。

3.1　模拟量输入通道

模拟量输入通道（简称模入通道）一般由滤波电路、多路模拟开关、放大器、采样保持电路（S/H）和 A/D 转换器组成，其中 A/D 转换器是实现模/数转换的器件。本节重点叙述不同结构 A/D 芯片的应用方法以及 A/D 转换器同单片微机的接口电路，而对模入通道的其他器件只作一般介绍。

当模入通道的输入信号为较高电平（例如输入信号来自温度、压力等参数的变送器）时，就不必使用放大器；如果输入信号的变化速度比 A/D 转换速率慢的多，则可以省去 S/H。因此，在模入通道中，除了 A/D 转换器外，是否需要使用放大器等部件，取决于输入信号的类型、范围和通道的结构形式。

3.1.1　模拟输入通道的结构

模入通道有单通道和多通道之分。多通道的结构通常又可以分为以下两种。

① 每个通道有独自的放大器、S/H 和 A/D，其结构见图 3.1。这种形式通常用于高速数据采集系统，它允许各通道同时进行转换。

② 多路通道共享放大器、S/H 和 A/D，其结构见图 3.2。这种形式通常用于对速度要求不高的数据采集系统中。由多路模拟开关轮流采入各通道模拟信号，经放大、保持和 A/D 转换后送入主机电路。

如前所述，对于变化缓慢的模拟信号，通常可以不用 S/H，这时模拟输入电压的最大变化率与 A/D 的转换时间有如下关系：

$$\left.\frac{\mathrm{d}V}{\mathrm{d}t}\right|_{\max} = \frac{2^{-n}V_{\mathrm{FS}}}{T_{\mathrm{CONV}}}$$

式中：

V_{FS}——A/D 的满度值；

T_{CONV}——A/D 的转换时间；

n——A/D 的分辨率。

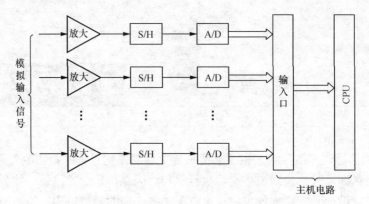

图 3.1　每通道有独自 A/D 等器件的结构

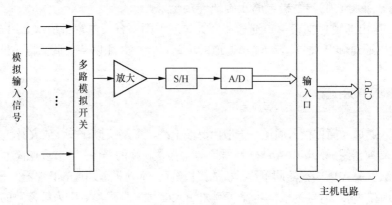

图 3.2　多通道共享 A/D 等器件的结构

3.1.2　A/D 转换芯片及其与单片机的接口

1．A/D 转换芯片的一般描述

（1）主要性能指标

分辨率：是指使 A/D 的输出数码变动 1 个 LSB（二进制数码的最低有效位）时输入模拟信号的最小变化量。在 1 个 n 位的 A/D 中，分辨率等于最大容许的模拟输入量（满度值）除以 2^n。可见，A/D 的分辨率与输出数字位数有直接关系。因此，通常可用转换器输出的数字位数来表示其分辨率。

转换时间（或转换速率）：A/D 从启动转换到转换结束（即完成一次模/数转换）所需的时间称为转换时间。这个指标也可表述为转换速率，即 A/D 在每秒钟所完成的转换次数。

转换误差（或精度）：是指 A/D 转换结果的实际值与真实值之间的偏差，用最低有效位数 LSB 或满度值的百分数来表示。转换误差包括量化误差（因量化单位有限所造成的误差）、偏移误差（零输入信号时输出信号的数值）、量程误差（转换器在满度值时的误差）、非线性误差（转换特性偏离直线的程度）等。

在选择 A/D 时，分辨率和转换时间是首先要考虑的指标，因为这两个指标直接影响仪表测量控制精度和响应速度。选用分辨率高和转换时间短的 A/D，可提高仪表的精度和响应速度，但仪表的成本也会随之提高。在确定分辨率指标时，应留有一定的余量，因为多路开关、放大器、采样保持器以及转换器本身都会引入一定的误差。

（2）类型和品种

A/D 转换器大致上可分为比较型和积分型两种类型，每种类型又有许多品种。比较型中常采用逐次比较（逼近）式 A/D，积分型中使用较多的是双积分式（即电压-时间转换式）和电压频率转换式 A/D。

这两类 A/D 芯片的精度和分辨率均较高。转换误差一般在 0.1%以下，输出位数可达 12位以上。比较型的转换速度要比积分型的转换速度快得多，但后者抗干扰能力则比前者强，价格也比较低廉。几种常用 A/D 芯片的特点和性能见表 3.1（表中"*"为双积分型 A/D，其余均是逐次比较式 A/D）。

表 3.1　　　　几种常用 A/D 芯片的特点和性能

芯片型号	分辨率（位数）	转换时间	转换误差	模拟输入范围	数字输出电平	是否需要外部时钟	工作电压（V_{CC}）	基准电压（V_{REF}）
ADC0801、0802、0803、0804	8 位	100μs	$\pm\frac{1}{2}$LSB $\sim\pm1$LSB	0～+5V	TTL电平	可以不要	单电源+5V	可不外接或 V_{REF} 为 $\frac{1}{2}$ 量程值
ADC0808、0809、0816、0817	8 位	100μs	$\pm\frac{1}{2}$LSB $\sim\pm1$LSB	0～+5V 0808、0809: 8 通道; 0816、0817: 16 通道	TTL电平	要	单电源+5V	$V_{REF}(+)$ $\leqslant V_{CC}$ $V_{REF}(+)$ $\geqslant0$
ADC1210	12 位或（10 位）	100μs（12 位）30μs（10 位）	$\pm\frac{1}{2}$LSB（非线性误差）	0～+5V 0～+10V −5V～+5V	CMOS电平（由 V_{REF} 决定）	要	+5V ～±15V	+5V 或 +15V
AD571	10 位	25μs	±1LSB	0～+10V −5V～+5V	TTL电平	不要	+5V（+15V）和−15V	不需外供
AD574	12 位或 8 位	25μs	±1LSB（非线性误差）	0～+10V 0～+20V −5V～+5V −10V～+10V	TTL电平	不要	±15V 或 ±12V 和 +5V	不需外供
*7109	12 位	$\geqslant30$ms	±2LSB	−10V～+10V	TTL电平	可以不要	+5V 和 −5V	V_{REF} 为 $\frac{1}{2}$ 量程值
*14433	$3\frac{1}{2}$ 位（BCD码）	$\geqslant100$ms	±1LSB	−0.2V～+0.2V −2V～+2V	TTL电平	可以不要	+5V 和 −5V	V_{REF} 为量程值
*7135	$4\frac{1}{2}$ 位（BCD码）	100ms左右	±1LSB	−2V～+2V	TTL电平	要	+5V 和 −5V	V_{REF} 为量程值

设计者应根据仪表设计的要求，从实际出发采用类型合适的 A/D 芯片。例如某测温系统的输入范围为 0～500℃，要求测温的分辨率为 2.5℃，转换时间在 1ms 之内，可选用分辨率为 8 位的逐次比较式 A/D（例如 ADC0804、ADC0809 等）；如果要求测温的分辨率为 0.5℃（即满量程的 1/1000），转换时间为 0.5s，则可选用双积分型 A/D 芯片 14433。

（3）输入、输出方式和控制信号

A/D 转换器的输入、输出方式和控制信号是使用者必须注意的问题。

不同的芯片，其输入端的连接方式不同，有单端输入的，也有差动输入的，差动输入方式有利于克服共模干扰。输入信号的极性也有两种：单极性和双极性。有些芯片既可以单极性输入，也可以双极性输入，这由极性控制端的接法来决定。

A/D 的输出方式有以下两种。

① 数据输出寄存器具备可控的三态门。此时芯片输出线允许与 CPU 的数据总线直接相连，并在转换结束后利用读信号 $\overline{RD}$ 控制三态门，将数据送至总线。

② 不具备可控的三态门，或者根本没有门控电路，数据输出寄存器直接与芯片管脚相连。此时，芯片输出线必须通过输入缓冲器（例如 74LS244）连至 CPU 的数据总线。

A/D 的启动转换信号有电位和脉冲两种形式。设计时应特别注意：对要求用电位启动的芯片，如果在转换过程中将启动信号撤去，一般将停止转换而得到错误的结果。

A/D 转换结束后，将发出结束信号，以示主机可以从转换器读取数据。结束信号用来向 CPU 申请中断后，在中断服务子程序中读取数据。也可以用延时等待和查询 A/D 转换是否结束的方法来读取数据。

2. 几种 A/D 芯片及接口电路

（1）ADC0808、ADC0809

ADC0808/0809 是 8 位 A/D 转换器，转换时间为 100μs，ADC0808 的转换误差为 $\pm\dfrac{1}{2}$ LSB，ADC0809 为 ±1LSB。芯片由 8 路模拟开关、地址锁存和译码电路、A/D 转换电路及三态输出锁存缓冲器组成。转换器由单 +5V 电源供电，模拟量输入电压范围为 0～+5V，无需零点和满刻度调整。

芯片主要引脚见图 3.3。其中，IN0～IN7 是模拟量输入；A、B、C 为通道选择信号，用以选择某一路模拟量进行 A/D 转换；D0～D7 是数字量输出；START 和 ALE 分别为启动转换信号和通道地址锁存信号（该转换器由脉冲启动）；EOC 是转换结束信号，可用来向主机申请中断；OE 为读控制信号，CPU 用写信号启动转换器，用读信号取出转换结果；基准电源（V_{REF}）可与供电电源合用，但在精度要求较高的情况下，要用独立高精度的基准电源；时钟（CLK）频率最高为 500kHz。

ADC0808/0809 与单片机 8031 的接口见图 3.3。A/D 的时钟信号（CLK）由 8031 的 ALE 输出脉冲（其频率为 8031 时钟频率的 1/6），经二分频后得到。8031 的 P0 口输出低 3 位地址信号，经 74LS373 送至 A、B、C。$\overline{WR}$ 和 P2.7 经或非门启动 A/D，$\overline{RD}$ 和 P2.7 经或非门输出作为读出数据的控制信号。A/D 转换结束信号 EOC 经反相后连至 8031 的 $\overline{INT1}$ 端，作为中断请求信号。

8031 的 8 路连续采样程序如下（略去伪指令 ORG 等，以下程序同）：

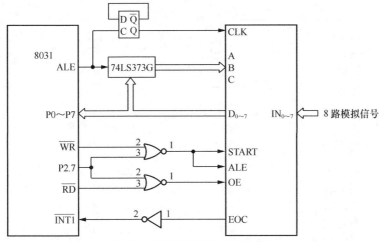

图 3.3 ADC0808/0809 与 8031 的接口

```
        MOV    DPTR, #7FF8H       ; 设置外设（A/D）口地址和通道号
        MOV    R0, #40H           ; 设置数据指针
        MOV    IE, #84H           ; 允许外部中断 1 中断
        SETB   IT1                ; 置边沿触发方式
        MOVX   @DPTR, A           ; 启动转换
LOOP:   CJNE   R0, #48H, LOOP     ; 判 8 个通道是否完毕
        RET                       ; 返回主程序
AINT:   MOVX   A, @DPTR           ; 输入数据
        MOV    @R0, A
        INC    DPTR               ; 修改指针
        INC    R0
        MOVX   @DPTR, A           ; 启动转换
        RETI                      ; 中断返回
```

（2）AD574

AD574 是 12 位的 A/D 芯片，转换时间 25μs，转换误差±1LSB。供电电源＋5V、±12V（或±15V）。片内提供基准电压源，并具有输出三态缓冲器。它可与 8 位或 16 位字长的微处理器直接相连。输出数据时可 12 位一起读出，也可分两次读出。输入模拟信号可以是单极性 0～＋10V 或 0～20V，也可以是双极性±5V 或±10V。

AD574 引脚图见图 3.4。图中 R/$\overline{C}$ 是读/启动转换信号，A0 和 12/$\overline{8}$ 用于控制转换数据长度是 12 位或 8 位以及数据输出格式。它们的功能见表 3.2。

表 3.2　　　　　　　　　　　　AD574 的转换方式和数据输出格式

CE	$\overline{CS}$	R/$\overline{C}$	12/$\overline{8}$	A0	功　　能
1	0	0	×	0	12 位转换
1	0	0	×	1	8 位转换
1	0	1	接＋5V	×	输出数据格式为并行 12 位
1	0	1	接地	0	输出数据是 8 位最高有效位（由 20～27 脚输出）
1	0	1	接地	1	输出数据是 4 位最低有效位（由 16～19 脚输出）加 4 位 "0"（由 20～23 脚输出）

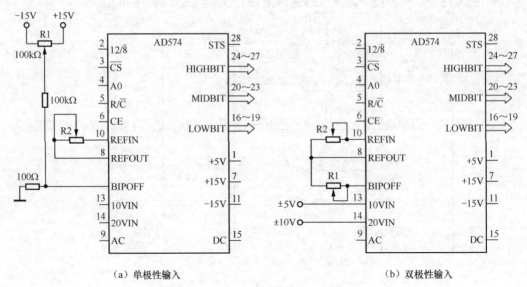

（a）单极性输入　　　　　　　　　　　（b）双极性输入

图 3.4　AD574 单极性和双极性输入

由表 3.2 可知，在 CE＝1 且 $\overline{CS}$＝0（大于 300ns 的脉冲宽度）时，才启动转换或读出数据，因此，A/D 启动或读数可用 CE 或 $\overline{CS}$ 信号来触发。在启动信号有效前，R/$\overline{C}$ 必须为低电平，否则将产生读数据的操作。启动转换后，STS 输出引脚边为高电平，表示转换正在进行，转换结束后，STS 为低电平。

AD574 单极性模拟输入和双极性模拟输入的连线见图 3.4（a）和图 3.4（b）。13 脚的输入电压范围分别为 0～+10V（单极性输入时）或−5V～+5V（双极性输入时），1LSB 对应模拟电压 2.44mV。14 脚的输入电压范围为 0～+20V（单极性输入时）或−10V～+10V（双极性输入时），1LSB 对应 4.88mV。如果要求 2.5mV/位（对于 0～+10V 或−5V～+5V 范围）或者是 5mV/位（对于 0～+20V 或−10V～+10V 范围），则在模拟电压输入回路中应分别串联 200Ω 或 500Ω 的电阻。

图 3.4（a）中，R1 用于零点调整。方法为：调整 R1，使得输入模拟电压为 1.22mV（即对于 0～+10V 范围，是 $\frac{1}{2}$LSB）时，输出数字量从 000000000000 变到 000000000001。R2 用于校准满度，对于 0～+10V 范围，调整 R2，使得对应输入电压为 9.9963V（即电压变化 $1\frac{1}{2}$LSB）时，数字量从 111111111110 变到 111111111111。这时认为零点及满刻度校准好了。

双极性输入时的零点及满度校准见图 3.4(b)。方法为：调整 R1，使得模拟电压变化 $\frac{1}{2}$LSB（即对于−5V～+5V 范围，是−4.9988V）时，输出数字量从 000000000000 变到 000000000001。调整 R2，使得模拟电压变化 $1\frac{1}{2}$LSB（即对于−5V～+5V 范围，是+4.9988V）时，输出数字量从 111111111110 变到 11111111111。

AD574 与 8031 的接口见图 3.5。单片机的读写信号用于控制 AD574 的 CE 和 R/$\overline{C}$ 端，

而 P2.7 和 P2.0 则分别连至 AD574 的 $\overline{CS}$ 和 A0 端。

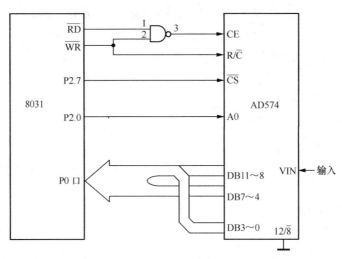

图 3.5 AD574 与 8031 的接口

8031 的调试程序如下：

```
        MOV   DPTR, #7EFFH
        MOVX  @DPTR, A              ; 启动 A/D
        MOV   R7, #20H
LOOP:   DJNZ  R7, LOOP              ; 延时
        MOVX  A, @DPTR
        MOV   R0, A                 ; 读高位数据，存 R0 中
        INC   DPH
        MOVX  A, @DPTR
        MOV   R1, A                 ; 读低位数据，存 R1 中
        RET
```

（3）ADC1143

ADC1143 是 16 位的 A/D 芯片，转换时间为 100μs，非线性误差＜±0.01%。片内提供时钟发生器和低噪声基准电压源，但无三态门，故输出端应加接缓冲电路。该芯片与 8 位外部数据总线的单片机相连时，其 16 位数据分两次读入主机电路。它可输出二进制（或偏移二进制）数据，也可串行输出。

ADC1143 共有 32 个引脚，封装在正方形的芯片内，见图 3.6。有关引脚功能分述如下。

D0～D15：并行数字量输出端。

$\overline{MSB}$：为二进制补码输出符号位，具有数据锁存功能，但无三态控制。

SO：串行输出端，每位保持一个时钟周期。

V_{X1}、V_{X2}、V_{X3}：模拟电压输入端，输入电压范围随不同的连接而异，其关系见表 3.3。

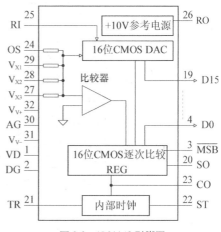

图 3.6 ADC1143 引脚图

表 3.3		ADC1143 模拟输入范围引脚编程表		
输入电压范围	输 出 码 制	模拟电压引入脚	26 脚连接情况	30 脚连接情况
+5V	二进制	27、28、29	开断	2
+10V	二进制	27、28	开断	2、29
+20V	二进制	27	开断	2、28、29
±5V	二进制补码	29	27	2、28
±10V	二进制补码	28	27	2、29

RO：基准电压 10V 输出端。

RI：基准电压输入端，如用内基准电压源，可将 RO、RI 通过 100Ω 精密电位器相连，以便于增益校准。

V_{A+}、V_{A-}：为正负模拟电压端。

V_D：数字电路电压端。

AG、DG：分别为模拟地和数字地，组成系统时，这两种地只能以一点相连。

ST：转换状态输出端，用以判断转换是否结束，也可用作中断请求信号。

TR：启动转换输入端，要求启动脉冲宽度不小于 1μs，其下降沿复位所有内部逻辑。

OS：偏移校正输入端，用于零输入校正。

CO：内时钟输出端。

ADC1143 与 8031 的接口电路见图 3.7。A/D 转换器输出的 16 位数据经两片缓冲器 74LS244 与单片机的数据线相连，并通过 P2.6 和 P2.7 分别选通高位缓冲器和低位缓冲器，读取高低 8 位数据。启动命令由 P1.0 输出，延时 100μs 后输入转换结果。图中 W1、W2 分别为偏移校准和增益校准电位器。模入电压范围编程为 ±10V，在校准偏移时，调整 W1，使得模入端为 −9.999847V 时，输出偏移二进制码由 00…0 变到 00…1；校准增益则调整 W2，使得模入端 +9.99954V 时，偏移二进制码由 11…10 变到 11…11。

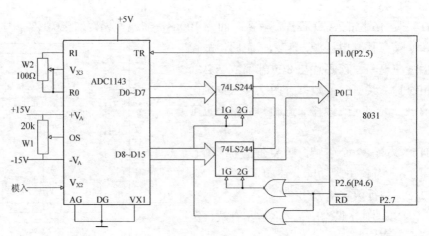

图 3.7　ADC1143 与 8031 的接口电路

8031 的调试程序如下：

```
SETB  P1.0
NOP
```

```
         CLR  P1.0
         MOV  R1, #40H
LOOP:    DJNZ R1, LOOP                   ; 延时
         MOV  DPTR, #0BFFFH
         MOVX A, @DPTR
         MOV  R0, A                      ; 读高 8 位数据, 存 R0 中
         MOV  DPTR, #7FFFH
         MOVX A, @DPTR
         MOV  R1, A                      ; 读低 8 位数据, 存 R1 中
         RET
```

（4）MC14433

MC14433 是 $3\frac{1}{2}$ 位（BCD 码）双积分 A/D 芯片，其分辨率相当于二进制 11 位，转换速率 3～10 次/秒，转换误差是 ±1LSB，输入阻抗大于 100MΩ。该芯片的模拟输入电压范围为 0～±1.999V 或 0～±199.9mV。片内提供时钟发生电路，使用时外接一只电阻；也可采用外部输入时钟，外接晶体振荡电路。片内的输出锁存器用来存放转换结果，经多路开关输出多路选通脉冲信号 DS_1～DS_4 及 BCD 码数据 Q_0～Q_3。芯片主要部分的引脚见图 3.8。

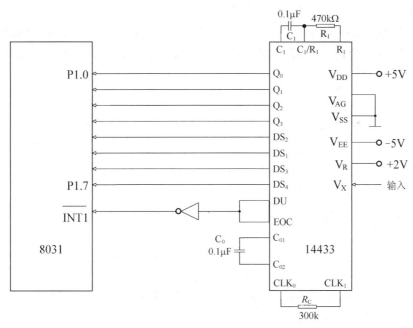

图 3.8　MC14433 与 8031 的接口

引脚功能如下：

V_{DD}、V_{EE}：分别为正、负电源端。

V_{SS}：输出端的低电平基准。当 V_{SS} 接 V_{AG} 时，输出电压幅度为 V_{AG}～V_{DD}；当 V_{SS} 接 V_{EE} 时，输出电压幅度为 V_{EE}～V_{DD}。

V_R：外接基准电压。量程为 1.999V 时，$V_R=2V$；量程为 199.9mV 时，$V_R=200mV$。

R_1、C_1、R_1/C_1：外接积分元件的端子。R_1、C_1 的选取公式如下：

$$R_1 = \frac{V_{\mathrm{XMAX}}}{C_1} \times \frac{T}{\Delta V}$$

式中：

V_{XMAX}——输入电压量程；

ΔV——积分器电容上的充电电压幅度，其值为 $\Delta V = V_{\mathrm{DD}} - V_{\mathrm{XMAX}} - 0.5\mathrm{V}$；

T——常数，$T = 4000 \times \dfrac{1}{f_{\mathrm{CLK}}}$。

若 $C_1 = 0.1\mu\mathrm{F}$，$V_{\mathrm{DD}} = 5\mathrm{V}$，$f_{\mathrm{CLK}} = 66\mathrm{kHz}$，则当 $V_{\mathrm{XMAX}} = 2\mathrm{V}$ 时，$R_1 = 480\mathrm{k\Omega}$（取 $470\mathrm{k\Omega}$）；当 $V_{\mathrm{XMAX}} = 200\mathrm{mV}$ 时，$R_1 = 28\mathrm{k\Omega}$（取 $27\mathrm{k\Omega}$）。

C_{01}、C_{02}：外接失调补偿电容端，$C_0 = 0.1\mu\mathrm{F}$。

CLK_0、CLK_1：外接钟频电阻 R_C 的时钟端。$R_C = 470\mathrm{k\Omega}$ 时，$f_{\mathrm{CLK}} \approx 66\mathrm{kHz}$；$R_C = 200\mathrm{k\Omega}$ 时，$f_{\mathrm{CLK}} \approx 140\mathrm{kHz}$。

EOC：每一转换周期结束，该端输出一正脉冲，脉宽为 1/2 时钟周期。

DU：当向该端输入一正脉冲，则当前转换周期的转换结果将被送入输出锁存器，经多路开关输出，否则输出锁存器中为原来的转换结果。若 DU 与 EOC 连接，则每一次的转换结果都将被输出。

$\overline{\mathrm{OR}}$：溢出标志。平时为高电平，当 $|V_x| > V_R$ 时，输出低电平。

14433 转换输出时序见图 3.9。该芯片在 DS_2、DS_3、DS_4 期间，$Q_0 \sim Q_3$ 端输出 3 个全位 BCD 码，即 0～9 十个数字。DS_1 期间，Q_0、Q_3 端输出千位数的 0 或 1，以及过量程、欠量程和极性标志信号。

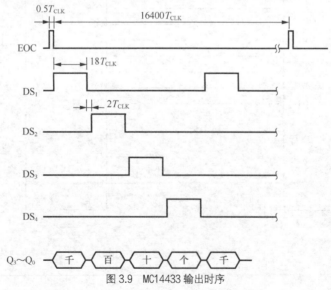

图 3.9　MC14433 输出时序

Q_3：代表千位数的内容，$Q_3 = $ "0"（低电平）时，千位数为 1；$Q_3 = $ "1"（高电平）时，千位数为 0。

Q_2：代表被测电压的极性，"1" 代表正，"0" 代表负。

$Q_0 = $ "1" 表示被测电压在量程之外，用于自动量程转换。当 $|V_x| > V_R$ 时，为过量程，读数为 1999；当输出读数小于等于 179 时，为欠量程。

14433 与 8031 的接口电路见图 3.8。转换器的输出端连至 8031 的 P1 口。EOC 经反相后，作为送给 8031 $\overline{INT1}$ 端的中断请求信号。假设将转换结果存放在缓冲器 20H、21H，其格式为：

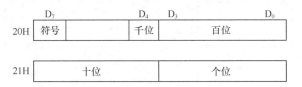

初始化程序（INIT）和中断服务程序（AINT）分别如下。

```
INIT: SETB  IT1              ; 置外部中断 1 为边沿触发方式
      SETB  EA               ; 开放 CPU 中断
      SETB  EX1              ; 允许外部中断 1 中断
      ......
AINT: MOV   A, P1
      JNB   ACC.4, AINT      ; 判 DS₁
      CLR   06H              ; 20H 的 D₆ 和 D₅ 置 "0"
      CLR   05H
      JB    ACC.0, AER       ; 被测电压在量程之外，转 AER
      JB    ACC.2, AI1       ; 极性为正转 AI1
      SETB  07H
      AJMP  AI2
AI1:  CLR   07H              ; 极性为负，20H 单元的 D₇ 置 "0"
AI2:  JB    ACC.3, AI3       ; 千位为 "0" 转 AI3
      SETB  04H              ; 千位为 "1"，20H 单元的 D₄ 置 "1"
      AJMP  AI4
AI3:  CLR   04H              ; 20H 单元的 D₄ 置 "0"
AI4:  MOV   A, P1
      JNB   ACC.5, AI4       ; 判 DS₂
      MOV   R0, #20H
      XCHD  A, @R0           ; 百位数→20H 的 D₃~₀ 位
AI5:  MOV   A, P1
      JNB   ACC.6, AI5       ; 判 DS₃
      SWAP  A
      INC   R0
      MOV   @R0, A           ; 十位数→21H 的 D₇~₄ 位
AI6:  MOV   A, P1
      JNB   ACC.7, AI6       ; 判 DS₄
      XCHD  A, @R0           ; 个位数 → 21H 的 D₃~₀ 位
      RETI
AER:  SETB  10H              ; 置量程错误标志
      RETI
```

（5）ICL7135

7135 是 $4\frac{1}{2}$ 位高精度的双积分 A/D 转换器，分辨率相当于二进制 14 位，转换误差为 ±1LSB，输入电压范围为 0～±1.9999V。同 14433 一样，转换结束后，数据输出端依次送出各位 BCD 码。7135 提供有"忙"（BUSY）、"选通"（$\overline{STB}$）、"运行/保持"（R/$\overline{H}$）等信号端，用于同单片机连接。芯片主要部分的引脚见图 3.10，下面对部分引脚作简要说明。

IN+、IN-：模拟电压差分输入端。输入电压应在放大器的共模电压范围内，即从低于正电源 0.5V 到高于负电压 1V。单端输入时，通常 IN-与模拟地（AGND）连在一起。

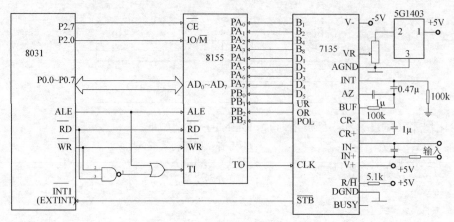

图 3.10 7135 与单片机的接口电路

V_{REF}：基准电压端，其值为 $\frac{1}{2} V_{IN}$，一般为 1V。V_{REF} 的稳定性对 A/D 转换精度有很大的影响，应当采用高精度稳压源。

INT、AZ、BUF：分别为积分电容器的输出端、自动校零端和缓冲放大器输出端。这三个端子用来外接积分电阻、电容以及校零电容。

积分电阻 R_{INT} 的计算公式为：

$$R_{INT} = \frac{满度电压}{20\mu A}$$

积分电容 C_{INT} 的计算公式为：

$$C_{INT} = \frac{10^5 \times \frac{1}{f_{CLK}} \times 20\mu A}{积分器输出摆幅}$$

如果电源电压取±5V，电路的模拟地端接 0V，则积分器输出范围取±4V 较合适，校零电容 C_{AZ} 可取 1μF。

C_{REF-}、C_{REF+}：基准电容端，其电容值可取 1μF。

CLK：时钟输入端。工作于双极性情况下，时钟最高频率为 125kHz，这时转换速率为 3 次/秒左右；如果输入信号为单极性，则时钟频率可增加到 1MHz，这时转换速率为 25 次/秒左右。

R/$\overline{H}$：启动 A/D 转换控制端。该端接高电平时，7135 连续自动转换，每隔 40002 个时钟完成 1 次 A/D 转换；该端为低电平时，转换结束后保持转换结果，若输入 1 个正脉冲（大于 30ns），则启动 A/D 进入新的转换周期。

BUSY：输出状态信号端。积分器在对信号进行积分和反向积分过程中（表示 A/D 转换正在进行），BUSY 输出高电平；积分器反向积分过零后（表示转换已经结束）输出低电平。

$\overline{STB}$：选通脉冲输出端。脉冲宽度是时钟脉冲宽度的 1/2，A/D 转换结束后，该端输出 5 个负脉冲，分别选通高位到低位的 BCD 码输出。$\overline{STB}$ 也可作为中断请求信号向主机申请中断。

POL：极性输出端。当输入信号为正时，POL 输出为高电平；当输入信号为负时，POL

输出为低电平。

OR：过量程标志输出端。当输入信号超过转换器计数范围（19999），该端输出高电平。

UR：欠量程标志输出端。当输入信号小于量程的 9%（1800），该端输出高电平。

B_8、B_4、B_2、B_1：BCD 码数据输出线，其中 B_8 为最高位，B_1 为最低位。

D_5、D_4、D_3、D_2、D_1：BCD 码数据的位驱动信号输出端，分别选通万、千、百、十、个位。

7135 的输出时序见图 3.11。

7135 与单片机的接口可由 8155 来实现，见图 3.10。转换器的输出端 B_1、B_2、B_4、B_8 和 $D_1 \sim D_4$ 接 8155 的 A 口，D_5 及极性、过量程、欠量程标志端接 B 口的 $PB_0 \sim PB_3$。8155 的定时器作为方波发生器，单片机晶振取 12MHz，8155 定时器输入时钟频率为 2MHz，经 16 分频后，定时器输出频率为 125kHz，

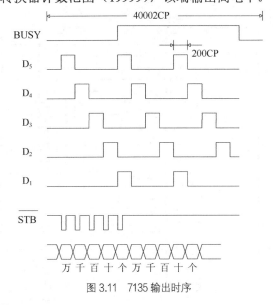

图 3.11　7135 输出时序

作为 7135 的时钟脉冲。7135 的选通脉冲线 $\overline{STB}$ 接至单片机的中断信号输入端，A/D 转换结束后，$\overline{STB}$ 端输出负脉冲信号向主机电路请求中断。

7135 的工作原理与 14433 相仿，读者可参照前述例子自行编制接口电路的调试程序。

（6）ICL7109

7109 是 12 位双积分 A/D 转换器，转换速率最高可达 30 次/秒。芯片主要部分引脚见图 3.12。引脚功能如下：

V+、V−：电源输入端，分别接 +5V 和 −5V。

POL：极性输出，高电平表示输入信号为正。

OR：过量程输出，高电平表示过量程。

V_{REF+}、V_{REF-}：分别为正、负差分基准电压输入端，可外接，也可利用 V_{ROUT} 端输出的基准电压 2.8V 分压取得。

INHI、INLO：分别为模拟信号输入高、低端，其公共端为 COM。

OS（OSCSELECT）：振荡器的选择。输入为高时，表示采用 RC 振荡器，输入为低时，表示采用晶体振荡器，前者把 R、C（>50pF）分别接在 OO（OSCOUT）与 OI（OSCIN）和 BUFOSCOUT 与 OSCIN 之间，后者把晶体接在 OSCIN 和 OSCOUT 之间。

RUN/$\overline{HOLD}$：转换控制输入端。当输入为高时，每经 8192 个时钟脉冲完成 1 次转换，当输入为低时，转换立即结束。

STATUS：状态输出端。当其为高时，表示处于积分和反向积分阶段；当其为低时，表示处于自动返回零态阶段。

MODE：方式选择端。当输入为低时，转换器为直接输出工作方式，可在片选和字节使能信号的控制下直接读取数据；当输入为正脉冲时，转换器处于 UART 方式，并在输出两个字节的数据后返回到直接输出方式；当输入高电平时，转换器将在信号交换方式的每一转换周期的末尾输出数据。

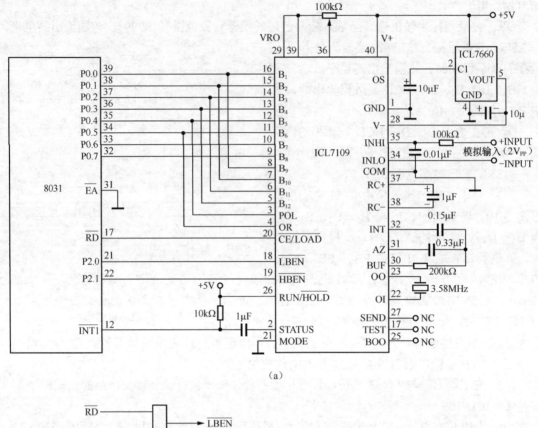

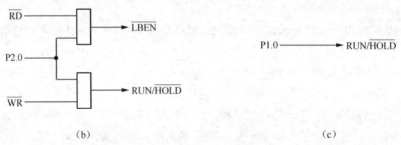

图 3.12 7109 与 8031 的接口

$\overline{\text{CE/LOAD}}$：片选输入端。当 MODE 为低时，它用作输出的主选通信号，在 $\overline{\text{CE/LOAD}}$ 为低时，数据正常输出；为高时，所有数据输出皆为高阻状态。当 MODE 为高时，它用作信号交换方式的加载选通信号。

$\overline{\text{HBEN}}$、$\overline{\text{LBEN}}$：分别为高、低字节使能选通端。当 MODE 和 $\overline{\text{CE/LOAD}}$ 均为低时，它们分别作为高字节（$B_9 \sim B_{12}$）及 POL、OR 和低字节（$B_1 \sim B_8$）输出的辅助选通信号；当 MODE 为高时，它们分别作为高、低字节标志输出。

AZ：自动调零电容 C_{AZ} 的连接端。

INT：积分电容 C_{INT} 的连接端。

BUF：积分电阻 R_{INT} 的连接端。

SEND：和外设进行数据交换方式的输入端。

ICL7109 输出 12 位二进制码，且与微处理器有较好的兼容特性，可与 8031 直接相连，接口原理图见图 3.12。

图 3.12 中 MODE 端接地，7109 工作于直接输出工作方式。RUN/$\overline{\text{HOLD}}$ 接+5V，以使 7109 连续转换。STATUS 作为中断请求信号与单片机的中断输入端相连。由于采用了 3.58MHz 的晶振并经 58 分频，故 7109 完成一次转换所需的时间为 T=8192（脉冲周期）×58/3.58＝132.72ms，即转换速率为 7.5 次/秒。7109 输出的 12 位数据及极性、过量程标志分别由 $\overline{\text{HBEN}}$ 和 $\overline{\text{LBEN}}$ 控制，分两次送入单片机。下面给出读取采样数据的中断服务程序（高低字节分别置于 41H、40H 单元中）。

```
AINT: MOV  R0, #40H          ; 设置数据指针
      MOV  DPTR, #0FEFFH
      MOVX A, @DPTR          ; 读低字节
      MOV  @R0, A            ; 存低字节
      INC  R0
      MOV  DPTR, #0FDFFH
      MOVX A, @DPTR          ; 读高字节
      MOV  @R0, A            ; 存高字节
      RETI
```

（7）V-F 式 A/D 转换电路

在分辨率要求较高的测量系统中，常采用 V-F 式 A/D 转换电路。这种电路结构比较简单，成本也较低，且易实现隔离，但采样速度不高。电路的工作原理见图 3.13。

输入模拟信号 V_x 经 V-F 器件转换成频率正比于 V_x 的脉冲信号，再通过电子开关（或控制门）输入计数器，定时电路定时将电子开关闭合，这样计数器在一定时间内所计的数就是与输入信号 V_x 成正比的数字量。

V-F 转换器可采用 VFC-32、AD650、LM331 等集成芯片。VFC-32 的引脚及接线见图 3.14，它的输入电压范围为 0～10V，输出频率为 0～500kHz，非线性度为 0.05%。A/D 转换电路中的定时器可采用单片机中的 CTC（定时/计数器）电路。下面给出用单片机实现 V-F 式 A/D 电路的调试程序。设采样周期为 50ms，单片机晶振频率为 12MHz。8031 的 CTC 工作于方式 1，置 T0 为定时方式（其初值为 15536，即 3CB0H），T1 为计数方式，外部脉冲从 T1（P3.5）端输入。这样，8031 的初始化程序（INTI）和中断服务程序（AINT）如下：

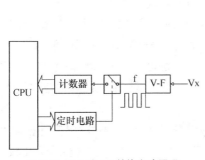

图 3.13　V-F 式 A/D 转换电路原理

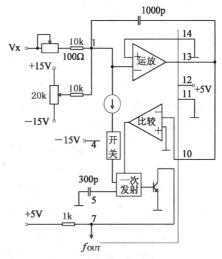

图 3.14　VFC-32 引脚和接线

```
INIT: MOV  TMOD, #51H          ; 设置工作方式
      MOV  TL0, #0B0H          ; 设置 T0 初值
      MOV  TH0, #3CH
      MOV  TL1, #00H           ; 设置 T1 初值
      MOV  TH1, #00H
      SETB TR0                 ; 启动 T0
      SETB TR1                 ; 启动 T1
      SETB EA
      SETB ET0                 ; 允许 T0 中断
      ......
AINT: CLR  TR1                 ; T1 停止计数
      MOV  R0, #20H
      MOV  A, TL1
      MOV  @R0, A              ; TL1 计数值送 20H 单元
      INC  R0
      MOV  A, TH1
      MOV  @R0, A              ; TH1 计数值送 21H 单元
      MOV  TL1, #00H           ; 重置 T1 初值
      MOV  TH1, #00H
      MOV  TL0, #0B0H          ; 重置 T0 初值
      MOV  TH0, #3CH
      SETB TR1                 ; 启动 T1
      RET
```

（8）由 D/A 芯片实现 A/D 转换的电路

为节省硬件成本，充分利用微机的软件功能，有些智能仪表的输入通道是采用价格比较便宜的 D/A 芯片来完成 A/D 转换的。这样 A/D 转换电路的优点是成本低。由于一部分功能由软件完成，故转换时间较长，对于模数转换速度要求不高的系统可采用此种电路。

图 3.15 是由 D/A 芯片（例如 DAC0832）及比较器经软件逐次逼近实现模数转换的例子（主机部分为 8031）。为分析方便起见，仅给出了原理框图，关于 D/A 芯片及接口电路将在 3.2 节中作具体介绍。

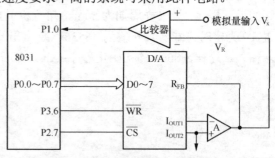

图 3.15　由 D/A 芯片实现 A/D 转换的电路

如欲将一模拟信号转换成 8 位二进制数字量，按逐次逼近（或对分搜索法）工作原理，单片机先输出二进制数 10000000B，即最高位为 1。此数字量经 D/A 转换为模拟量（V_R），与被转换的输入模拟信号（V_X）进行比较。若比较器输出的逻辑电平为"0"，则说明 10000000B 所对应的模拟量大于输入模拟信号，故下次送入 D/A 的二进制数，最高位应为 0；反之，若比较器输出的逻辑电平为"1"，二进制数的最高位应保留。显然，单片机下一次的输出值应是最高位与 01000000B 之和，即有两种可能：01000000B 或 11000000B。新的输出值经 D/A 转换后再与输入的模拟信号进行比较，如此重复输出、比较，直至过程结束，即满 8 次为止。

根据这一原理，可编制出 A/D 转换软件。程序中设置几个寄存器：输出值寄存器 R0（初始值为 00H）、位寄存器 R1（初始值为 80H）和暂存寄存器（R2）。位寄存器每比较一次右移 1 位，由位寄存器的值和比较结果，可确定单片机的输出值。

程序如下：

```
      MOV  DPTR, #7FFFH
      MOV  R0, #00H                    ; 0→输出值寄存器
      MOV  R1, #80H                    ; 80H→位寄存器
LOOP: MOV  R2, R0                      ; 输出值暂存 R2
      MOV  A, R0
      ADD  A, R1                       ; 输出值加位寄存器值
      MOV  R0, A
      MOVX @DPTR, A                    ; 输出至 D/A
      NOP
      JB   P1.0, NEXT                  ; 若 Vₓ≥Vᵣ 转 NEXT
      MOV  R0, R2
NEXT: MOV  A, R1
      RRA                              ; 位寄存器值循环右移 1 位
      MOV  R1, A
      CJNE R1, #80H, LOOP              ; 判断转换是否完毕?
      MOV  A, R0                       ; 结果存 A
      RET
```

（9）AD7701 可变串行接口、$\sum$-$\triangle$型、16 位 A/D 转换器

AD7701 是美国 AD 公司推出的 16 位电荷平衡式 A/D 转换器。它具有分辨率高、线性度好、功耗低等特点，并且由于该芯片采用了过采样$\sum$-$\triangle$采样技术和线性兼容 CMOS（LC^2MOS）工艺集成技术，且片内含有自校准控制电路，故其可以有效地消除内部电路、外部电路的失调误差和增益误差。AD7701 具有灵活的串行输出模式，其转换结果通过串行接口输出，数据输出速率达 4kbit/s。串行接口有异步方式、内时钟同步方式和外时钟同步方式 3 种。异步方式可以直接与通用异步接收/发送器（UART）连接；内时钟同步方式可将串行转换结果经移位寄存器转换为并行输出；外时钟同步方式可以直接与单片机连接。它具有精度高、成本低、工作温度范围宽、抗干扰能力强等特点，因此适用于遥控检测、过程参数检测、户外便携式仪器、电池供电的设备和微控制应用系统等领域。

① 主要性能。

a．AD7701 芯片内含有自校准电路；

b．片内有可编程低通滤波器；

c．拐点频率：0.1～10Hz；

d．可变串行接口；分辨率 16 位；

e．线性误差：0.0015%；

f．功耗低：正常状态为 40mW，睡眠状态为 10μW。

② 芯片引脚图和引脚说明。

AD7701 的引脚图和功能框图见图 3.16 和图 3.17。从图 3.17 可知，AD7701 的核心部分是由二阶$\sum$-$\triangle$调制器和6 阶高斯低通数字滤波器构成的 16 位 ADC，另外有校准控制器、校准 SRAM、时钟发生器和串行接口电路。AD7701芯片的引脚名称和说明如下。

MODE：串行接口方式选择。AD7701 的串行接口由3 种工作方式，即异步方式、内时钟同步方式和外时钟同

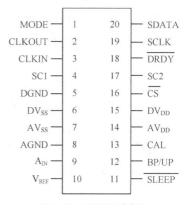

图 3.16 AD7701 引脚图

步方式。

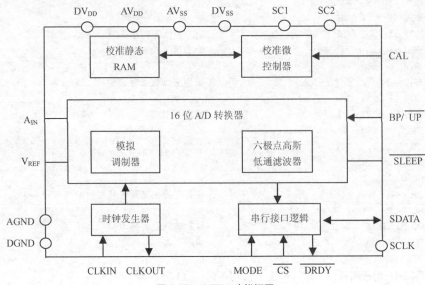

图 3.17　AD7701 功能框图

当 MODE 接+5V 时，串行接口工作在内时钟同步方式。AD7701 可以通过外部移位寄存器将串行数据转换为并行数据输出。

当引脚 MODE 接 DGND 时，AD7701 串行接口工作于外时钟同步方式。在这种方式下，AD7701 能直接与具有同步串行接口的单片机连接，也可以利用普通 I/O 端口，通过软件编程产生 SCLK 时钟以读取 AD7701 的转换数据。

当引脚 MODE 接-5V 时，AD7701 串行接口工作于异步方式。在这种工作方式下，AD7701 可以直接与通用异步接收/发送器（UART）相连接，适用于 AD7701 与单片机（或微控制器）之间距离比较远的应用场合。

SDATA：串行数据输出口，由 MODE 脚决定其输出模式。

$\overline{\text{DRDY}}$：数据准备端。在数据寄存器内数据准备好时为低电平，在数据传送完后为高电平。

$\overline{\text{CS}}$：此片选信号为低电平时，启动串行口发送数据。

CLKIN、CLKOUT：在使用内部主时钟时，此两个引脚接晶振；使用外部时钟时则由 CLKIN 端输入，CLKOUT 悬空或向其他电路提供时钟信号。

SCLK：串行时钟口。在异步通信、同步外部时钟方式时为输入，在同步内时钟方式时为输出。

V_{REF}：参考电压源。

A_{IN}：模拟输入端。输入范围为-2.5～+2.5V。

BP/$\overline{\text{UP}}$：单/双极性输入端。接低电平为单极性方式，A_{IN} 的输入电压范围为 0～$+V_{REF}$；接高电平为双极性方式，A_{IN} 的输入电压范围为$-V_{REF}$～$+V_{REF}$。

DGND：数字地。

AGND：模拟地。

DV_{SS}、AV_{SS}：数字和模拟负电源，接-5V。

$\overline{\text{SLEEP}}$：睡眠工作方式选择端，接低电平时为睡眠工作方式，功耗仅为 $10\mu W$。

DV_{DD}、AV_{DD}：数字和模拟正电源。

CAL：启动校准的输入引脚。

SC1、SC2：校准方式选择的输入引脚，当引脚 CAL 保持大于 4 个时钟周期的高电平后，AD7701 复位，在 CAL 的下降沿启动校准过程。AD7701 有两种校准方式，即自校准和系统校准，系统校准又分为系统零点校准、系统满量程校准和单步系统校准 3 种类型。通过校准可有效地消除内部误差，其具体工作方式选择见表 3.4。

表 3.4　　　　　　　　　　　　　　　校准工作方式选择

SC1	SC2	校 准 方 式	零刻度参考	满刻度参考
0	0	自校准	AGND	V_{REF}
1	1	系统零点校准	A_{IN}	—
0	1	系统满量程校准	—	A_{IN}
1	0	单步系统校准	A_{IN}	V_{REF}

③ AD7701 工作原理。

AD7701 主要由 $\sum$-$\triangle$ 调制器和数字滤波器组成。在转换工作时，$\sum$-$\triangle$ 调制器不断地对模拟输入信号采样，将模拟输入电压转换为数字脉冲序列，这个脉冲序列的占空比与模拟输入信号的幅度有关。数字滤波器对 $\sum$-$\triangle$ 调制器的输出信号进行滤波，滤波器的输出作为转换结果并以固定的速率刷新输出寄存器。由于 $\sum$-$\triangle$ 转换器连续不断地转换，并以固定的速率刷新输出寄存器，因此不需要转换启动命令。

数字滤波器是对 A/D 转换后的信号进行处理，它可以有效地消除转换过程产生的量化噪声，但是数字滤波器不能消除与模拟输入信号混合在一起的噪声成分。如果有用信号中夹杂有较大幅度的噪声，超过 $\sum$-$\triangle$ 转换器允许的最大输入范围，会造成 $\sum$-$\triangle$ 调制器和数字滤波器饱和，导致 $\sum$-$\triangle$ 转换器不能进行正常的数字转换。这时，输入信号应先经模拟滤波器滤波，消除噪声频谱成分后再输入到 $\sum$-$\triangle$ 转换器的输入端，也可以采用减小有用信号动态范围的方法解决，例如，把 $\sum$-$\triangle$ 转换器最大允许输入范围的一半作为有用信号的动态范围，这样当噪声幅度达到最大允许输入范围的一半时，不会造成 $\sum$-$\triangle$ 调制器和数字滤波器饱和，而分辨率只降低 1 位。

$\sum$-$\triangle$ 转换器工作时一般分两步进行，第一步完成对模拟输入信号的采样，第二步是进行数据计算。为了减小数字噪声对模拟性能的影响，AD7701 在内时钟同步方式下，只在数据计算阶段进行数据传送。但对于其他串行输出方式，由于数据传送由外部电路控制，不能保证数据传送恰好在数据计算阶段，为了降低数据传送引起的数字噪声对模拟性能的影响，建议 $\sum$-$\triangle$ 转换器的外部电路采用低功耗 CMOS 逻辑电路（如 4000 系列或 74C 系列），并且要尽可能降低串行数据输出端的负载。

④ AD7701 与 8031 的硬件接口及软件设计。

a. AD7701 的工作过程和串行接口：AD7701 与普通 A/D 转换器（如逐次逼近式和积分式转换器）不同，只要一上电，就开始对输入信号进行采样，不需要启动信号。

AD7701 以 $\dfrac{f_{\text{CLKIN}}}{256}$ 的速率对输入信号连续采样，采样信号由 $\sum$-$\triangle$、A/D 转换器转换为数字脉冲序列，该序列经六极点高斯低通滤波处理后，以 4kHz 的速率更新 16 位数据输出寄存器，数据可从串行口随机读取或者从任意速率到 4kHz 速率周期读取。

AD7701 的串行输出口有异步方式、内时钟同步方式和外时钟同步方式 3 种串行输出模式，其中的异步通信方式适合于 8031 单片微处理器接口，其时序见图 3.18。

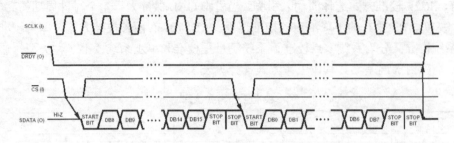

图 3.18　异步通信方式的时序

当 $\overline{CS}$=0 时，在 SCLK 时钟的下降沿，AD7701 开始发送第一帧数据，它包括 1 位起始位（0），2 位停止位（1）和 16 位数据的高 8 位（DB8～DB15），低位在先。当 $\overline{CS}$ 端第二次为 "0" 时，AD7701 开始发送第二帧数据，以相同的方式传送低 8 位（DB0～DB7），SCLK 时钟由外部输入，由于异步串行口的波特率与 AD7701 以 4kHz 的数据更新速度相比较低，如果当 $\overline{CS}$=0 时，数据正在发送，而此时新的数据又产生，则新数据不被采用。在发送两帧数据之间，当 $\overline{CS}$=1 时，如果产生新数据，则要在发送第二帧数据之前更新寄存器，在设计中应避免这种情况。

b. AD7701 与微控制器 8031 的硬件接口：AD7701 与单片机 8031 的接口电路见图 3.19。AD7701 的片内主时钟由 4MHz 晶体提供，AD580 给出+2.5V 的参考电压，采用了 AD7701 的上电自校准电路，使其上电和复位后恢复到初始状态和正确标度。8031 首先通过 P1.0 口查询 $\overline{DRDY}$，当 AD7701 的串行寄存器中的数据准备好时，则由 P1.1 口选通 $\overline{CS}$ 端。微控制器的接收端 RXD 从 AD7701 的串行口 SDATA 读取数据。由于串行口选为异步通信模式，串行口的 SCLK 需要外部时钟，因此可以把单片机的 ALE 端（以 1/6 的振荡频率稳定速率）输出的时钟经 CD4040 分频后送给 AD7701。

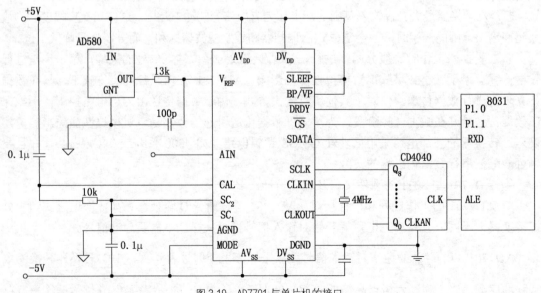

图 3.19　AD7701 与单片机的接口

c. 软件设计：波特率在串行通信中是极为重要的。若发送和接收端的波特率不一致，则会产生错位和漏码。

$$8031串行口的波特率 = \frac{2^{SMOD}}{32} \times \frac{\dfrac{计数速率}{12}}{(256-TH1)}$$

取 $SMOD=0$，若计数速率为 6MHz，则

$$波特率 = \frac{6 \times 10^6}{32 \times 12} \cdot \frac{1}{(256-TH1)} = \frac{1 \times 10^6}{2^6} \cdot \frac{1}{(256-TH1)}$$

AD7701 的 SCLK 端的外部时钟频率由 8031 的 ALE 端的信号经 CD4040 器件进行 256 分频后得：

$$频率 f = \frac{1 \times 10^6}{2^8} \text{Hz} = 3906.25\text{Hz}$$

为使波特率满足 3906.25bit/s 的要求，经计算 $TH1$ 应设置为 252（即十六进制数 FCH）。下面的子程序能实现将连续采样的 16 个数据送入单片机片内 RAM 的 60H～7FH 单元内。

```
            MOV   TMOD, #20H           ; 设置工作模式
            MOV   TH1, 0FCH            ; 设置计数初值（控制波特率）
            MOV   TL1, 0FCH
            SETB  TR1
            SETB  PSW.5                ; 设置标志，以控制 2 次传输 2 个字节
            MOV   R0, #60H             ; 置存放数据的起始单元地址
            MOV   SCON, #50H           ; 设置串行口工作模式
            MOV   PCON, #00H           ; 设置波特率比例因子
WAIT1:      JNB   P1.0, WAIT1          ; 等待上次数据传输完毕
ZW:         CLR   P1.1                 ; 启动 AD7701 从串行口发送数据
WAIT2:      JNB   RI, WAIT2            ; 数据传出结束?
            SETB  P1.1
            MOV   A, SBUF
            MOV   @R0, A               ; 保存读取的字节数据
            CLR   RI
            INC   R0
            JBC   PSW.5, ZW            ; 本次采样数据的第二个字节未读过，转 ZW
            SETB  PSW.5
            CJNE  R0, #7FH, WAIT1      ; 判断 16 个数据采样结束?
            RET
```

（10）一种 12 位串行 A/D 转换器 MAX186

MAX186 是美国 MAXIM 公司设计的 12 位串行 A/D 转换器，其内部集成了大带宽跟踪/保持电路和串行接口，还集成了 8 通道多路开关，故转换速率高且功耗低，特别适合对体积、功耗和精度有较高要求的便携式智能化仪器仪表产品。

① MAX186 的特点。

MAX186 的特点主要有：

a. 12 位分辨率；

b. 8 通道单端或 4 通道差分输入，输入极性可用软件设置；

c. 单一+5V 工作电压，工作电流 1.5mA，关断电流 2μA；

d. 内部跟踪/保持电路，133kbps 采样速率；

e. 内部有 4.096V 基准电压，提供与 SPI、Microwire 和 TMS320 兼容的 4 线串行接口。

② MAX186 的结构。

MAX186 的引脚图见图 3.20，其引脚功能说明见表 3.5。

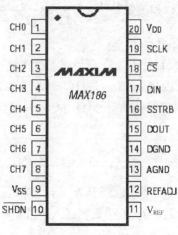

图 3.20　MAX186 引脚图

表 3.5　　　　　　　　　　　　　芯片引脚及功能说明

引　　脚	名　　称	功　　能
1～8	CH0～CH7	数据采集用的模拟输入通道
9	V_{SS}	负电源电压，可接到–5V±5%或 AGND
10	$\overline{SHDN}$	三电平的关断输入。把 $\overline{SHDN}$ 拉至低电平可关闭 MAX186，使电源电流降至 10μA，否则 MAX186 处于全负荷工作状态。把 $\overline{SHDN}$ 拉至高电平使基准缓冲放大器处于内部补偿方式。悬空 $\overline{SHDN}$ 使基准缓冲放大器处于外部补偿方式
11	V_{REF}	用于模/数转换的基准电压，同时也是基准缓冲放大器的输出（MAX186 为 4.096V）。使用外部补偿方式时，在此端与地之间加一个 4.7μF 的电容器。使用精密的外部基准时，也用作输入
12	REFADJ	基准缓冲放大器输入。要禁止基准缓冲放大器，可把 REFADJ 接到 V_{DD}
13	AGND	模拟地。也是单端变换的 IN_ 输入端
14	DGND	数字地
15	DOUT	串行数据输出，数据在 SCLK 的下降沿输出。当 $\overline{CS}$ 为高电平时处于高阻态
16	SSTRB	串行选通脉冲输出。处于内部时钟方式时，当 MAX186 开始 A/D 变换时，SSTRB 变为低电平，在变换完成时变为高电平。处于外部时钟方式时，在决定 MSB 之前，SSTRB 保持一个周期的脉冲高电平。当 $\overline{CS}$ 为高电平时，处于高阻状态（外部方式）
17	DIN	串行数据输入。数据在 SCLK 的上升沿由时钟打入
18	$\overline{CS}$	片选信号，低电平有效。除非 $\overline{CS}$ 为低电平，否则数据不能被时钟打入 DIN；当 $\overline{CS}$ 为高电平时，DOUT 为高阻状态
19	SCLK	串形时钟输入。为串行接口数据输入和输出定时。处于外部时钟方式时，SCLK 同时设置变换速率（其占空系数必须是 45%～55%）
20	V_{DD}	正电源电压，+5V±5%

MAX18 内部结构见图 3.21。MAX186 用输入跟踪/保持（T/H）和 12 位逐次逼近寄存器（SAR）构成的电路系统将模拟信号转换成 12 位数字信号输出，T/H 不需要外部保持电容。

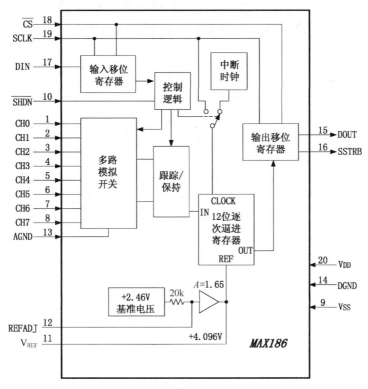

图 3.21　MAX186 内部结构

③ MAX186 的工作原理。

当 $\overline{CS}$ 为有效时，在时钟 SCLK 的每一个上升沿把一个最高位为 "1" 的控制字节的各位送入输入移位寄存器，控制器收到控制字节后，选择控制字中给定的模拟通道并在 SCLK 的下降沿启动转换。其控制字节的格式见图 3.22。在启动转换后 MAX186 可使用外部串行时钟或内部时钟来完成逐次逼近转换。在两种时钟方式中，数据的移入/输出都由外部时钟来完成。在外部时钟方式时，外部时钟不仅移入和输出数据，而且也驱动每一步模/数转换。在控制字节的最后一位之后，SSTRB 有一个时钟周期的脉冲高电平，在其后的 12 个 SCLK 的每一个下降沿决定逐次逼近的各位并出现在 DOUT 端。通常，变换必须在较短时间内完成，否则采样/保持电容器上电压的降低可能导致变换结果精度的降低。如果时钟周期超过 10μs，或者由于串行时钟的中断使得变换时间超过 120μs，则要使用内部时钟方式。在内部时钟方式时，MAX186 在内部产生它们自己的转换时钟，并允许微处理器以 10MHz 以下的任何时钟频率读回转换结果。SSTRB 在转换开始时变为低电平，在变换完成时变为高电平。SSTRB 保持最长为 10μs 的低电平，为了得到最佳的噪声性能，在此期间 SCLK 应保持低电平。在 SSTRB 变为高电平之后的下一个时钟下降沿转换结果的最高有效位将出现在 DOUT 端。

④ 硬件接口电路。

图 3.23 是 MAX186 与 8031 单片机的接口简图，这类单片机都不带 SPI 或相同的接口能力，为了与 MAX186 模/数转换器接口，需要用软件来模拟引脚 SPI 的时序操作。MAX186 的 I/O 时钟、数据输入、片选 $\overline{CS}$ 由并行双向口 P1 的引脚 P1.2、P1.4、P1.3 提供。MAX186 的转换结果数据通过 P1 口的 P1.6 脚接收。MAX186 转换结束与否的判断信号由 P1.5 接收，当 SSTRB 在转换开始时为低电平，在转换完成时变为高电平。此时可从 P1.6 脚接收转换数据，先接收高 4 位，后接收低 8 位。

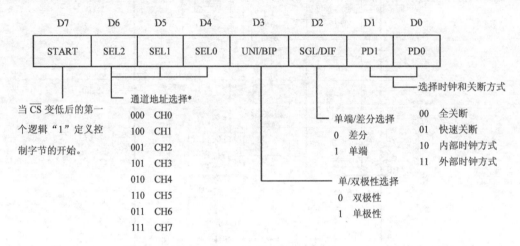

注*：此图中所列的通道地址是单端输入方式下的选择；差分输入方式下的通道地址选择可查阅有关手册。

图 3.22　控制字格式

⑤ 软件设计。

实现对某一通道采样的 MCS-51 的汇编语言程序如下：

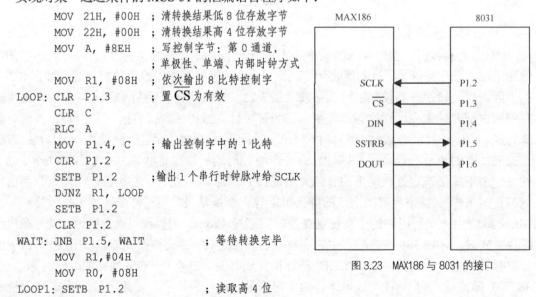

```
        MOV  21H, #00H    ;清转换结果低 8 位存放字节
        MOV  22H, #00H    ;清转换结果高 4 位存放字节
        MOV  A, #8EH      ;写控制字：第 0 通道，
                          ;单极性、单端、内部时钟方式
        MOV  R1, #08H     ;依次输出 8 比特控制字
LOOP:   CLR  P1.3         ;置 CS 为有效
        CLR  C
        RLC  A
        MOV  P1.4, C      ;输出控制字中的 1 比特
        CLR  P1.2
        SETB P1.2         ;输出 1 个串行时钟脉冲给 SCLK
        DJNZ R1, LOOP
        SETB P1.2
        CLR  P1.2
WAIT:   JNB  P1.5, WAIT   ;等待转换完毕
        MOV  R1,#04H
        MOV  R0, #08H
LOOP1:  SETB P1.2         ;读取高 4 位
        CLR  P1.2
        MOV  C, P1.6
        MOV  A, 22H
        RLC  A
```

图 3.23　MAX186 与 8031 的接口

```
        MOV  22H, A
        DJNZ R1, LOOP1
LOOP2: SETB P1.2              ; 读取低 8 位
        CLR  P1.2
        MOV  C, P1.6
        MOV  A, 21H
        RLC  A
        MOV  21H, A
        DJNZ R0, LOOP2
```

3.1.3 模拟量输入通道的其他器件

1. 多路模拟开关

在多路共享 A/D 的输入通道中，需用多路模拟开关轮流切换各通道模拟信号进行 A/D 转换，以达到分时测量和控制的目的。开关的切换信号由主机电路发出。

常用的多路模拟开关有 AD7501（AD7503）、AD7502、AD7506、CD4051、CD4067 等。选用时要考虑开关的接通电阻、温漂、开关漏电流、对地电容、开关接通时延、开关断开时延和切换时间等参数，还要注意避免各通道之间相互干扰。下面以 AD7501 为例作一说明。

AD7501 是具有 8 路输入通道、1 路公共输出的 CMOS 多路开关集成芯片，其结构和引脚见图 3.24。由 3 个地址线（A_0、A_1、A_2）的状态及 EN 端来选择某一通道，片上所有的逻辑输入端与 TTL 及 CMOS 电路兼容。表 3.6 列出了 AD7501 的真值关系。

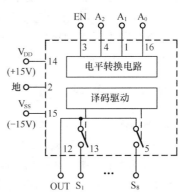

图 3.24　AD7501 结构和引脚

表 3.6   **AD7501 真值表**

A_2	A_1	A_0	EN	"ON"
0	0	0	1	1
0	0	1	1	2
0	1	0	1	3
0	1	1	1	4
1	0	0	1	5
1	0	1	1	6
1	1	0	1	7
1	1	1	1	8
×	×	×	0	无

各种多路模拟开关的功能和使用方法基本相同，但引出端不同，某些技术指标也不同，因此价格也有很大差别。模拟开关的接通电阻一般在 100Ω 以上，在要求开关接通电阻很小的场合应当采用小型继电器（例如 JAG-4 舌簧继电器等）。

2．采样/保持器

采样/保持电路用来保持 A/D 转换器的输入信号不变。该电路有采样和保持两种运行模式，由逻辑控制输入端来选择。在采样模式中，输出随输入变化；在保持模式中，电路的输出保持在命令发出时的输入值，直到逻辑控制输入端送入采样命令为止。此时，输出立即跳变到输入值，并开始随输入变化直到下一个保持命令给出为止。

采样/保持电路通常由保持电容、模拟开关和运算放大器等组成，见图 3.25。采样期间，逻辑输入控制的模拟开关 K 闭合，输入信号通过 K 对电容器 C_H 快速充电。保持期间 K 断开，由于运算放大器 A 的输入阻抗很高，理想情况下，电容器将保持充电时的最终值。

集成采样/保持器的芯片内不包含有保持电容器，该电容应由用户根据需要选择。

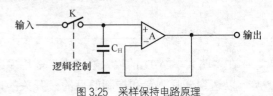

图 3.25　采样保持电路原理

采样/保持器的主要参数有孔径时间（在保持命令发出后直到逻辑输入控制的开关完全断开所需的时间）、捕捉时间（在采样命令发出后，采样/保持器的输出从所保持的值到达当前输入信号的值所需的时间）和保持电压的下降率（在保持模式时，保持电容器的漏电使保持电压值有所下降，下降率为 $\dfrac{\Delta V}{\Delta T} = \dfrac{I}{C_H}$，式中 I 为下降电流）、输入电压、输入电阻和输出电阻等，在选用时，应予考虑。

常用的集成采样/保持器有 AD582、LF398 等。AD582 和 LF398 的引脚和接法见图 3.26（a）、（b）。前者是高性能的采样保持器，它具有放大功能，有两个逻辑控制输入端（LOGICIN+ 及 LOGICIN-）。IN+ 输入相对于 IN- 的电压在 -6V 到 +0.8V 时，AD582 处于采样模式；IN+ 偏置为 +2V 和（+V_S-3V）之间，处于保持模式。

LF398 的性能与 AD582 相近，但不具备放大功能，并且采样/保持模式所需的控制电平与 AD582 相反。AD582 在 IN+＝"1" 及 IN-＝"0" 时是保持模式，除此之外的任何状态芯片都处于采样模式；而 LF398 在 IN+＝"0" 及 IN-＝"0" 时处于保持状态，只有当 IN- 不变和 IN+ 变到 "1"（大于 1.4V）时才转换到采样模式。

3．前置放大电路

当输入信号为低电平时，需用放大器将小信号放大到与 A/D 电路输入电压相匹配的电平，然后才能进行 A/D 转换。前置放大电路通常采用集成运算放大器（以下简称运放）。集成运放分为通用型（例如 F007（5G24）、µA741、DG741）和专用型两类。专用型有低漂移型（例如 DG725、ADOP-07、ICL7650、5G7650）、高阻型（例如 LF356、CA3140、5G28）、低功耗型（例如 LM4250、µA735）等。此外还有单电源的集成运放（LM324、DG324）等。

使用时，应根据实际需要来选择集成运放的类型。一般应首先考虑选择通用型的，因为它们既容易购得，售价也较低。只在有特殊要求时再考虑其他类型的运放电路。选择集成运放的依据是其性能参数，运放的主要参数有：差模输入电阻、输出电阻、输入失调电压、电流及温漂、开环差模增益、共模抑制比和最大输出电压幅度等，这些参数均可在有关手册中查得。

下面介绍几种典型运放电路的接法。

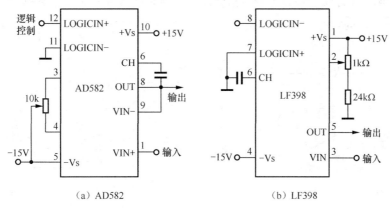

(a) AD582   (b) LF398

图 3.26   AD582 和 LF398 的引脚和接法

（1）高精度、低漂移运放电路

ICL7650（国产型号为 5G7650）具有极低的失调电压和偏置电流，温漂系数小于 0.1μV/℃，电源电压范围为 ±3～±8V。图 3.27 为 7650 的一种接法，调零信号从 2kΩ 的电位器引出，输入运放的反相端。C_A 和 C_B 应采用优质电容。7650 用作直流低电平放大时，输出端可接 RC 低通滤波器。

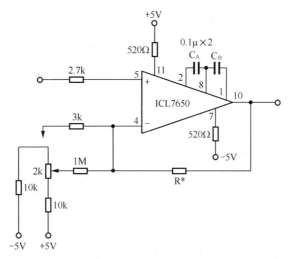

图 3.27   ICL7650 放大器

ADOP-07 也是低漂移运放，其温度系数为 0.2μV/℃。它还具有较高的共模输入电压范围（±14V）和共模抑制比（126dB），电源电压范围为 ±3～±18V。该运放的一种接法见图 3.28。

（2）高输入阻抗运放电路

CA3140 是高输入阻抗集成运放，其输入阻抗达 $10^{12}Ω$，开环增益和共模抑制比也较高，电源电压为 ±15V。图 3.29 为 CA6140 的一种接法。

在模拟放大电路中，常采用由 3 个运放构成的对称式差动放大器来提高输入阻抗和共模抑制比，见图 3.30。放大器的差动输入端 V_{IN+} 和 V_{IN-}，分别是两个运放 DG725 的同相输入端，因此输入阻抗很高，而且电路的对称结构保证了抑制共模信号的能力。图中 W_4 用来调整放大倍数，二极管用来限幅。

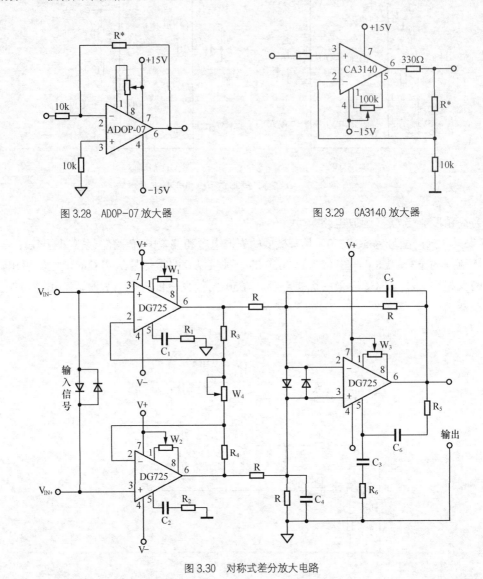

图 3.28　ADOP-07 放大器　　　　　　　图 3.29　CA3140 放大器

图 3.30　对称式差分放大电路

（3）隔离放大系统

在测量系统中，有时需要将仪表与现场相隔离（指无电路的联系），这时可采用隔离放大器。这种放大器能完成小信号的放大任务，但在电路的输入端与输出端之间没有直接电的联系，因而具有很强的抗共模干扰的能力。隔离放大器有变压器耦合型和光电耦合型两类，用于小信号放大的隔离放大器通常采用变压器耦合型式，例如 MODEL284J。284J 内部包括输入放大器、调制器、变压器、解调器和振荡器等部分。它的接法见图 3.31。

284J 的输入放大器被接成同相输入形式，端子 1、2 之间的电阻 R_1 与输入电阻串在一起，调整 R_1 可改变放大器的增益。图 3.31 中 20kΩ电位器用来调整零点，C 为滤波电容。

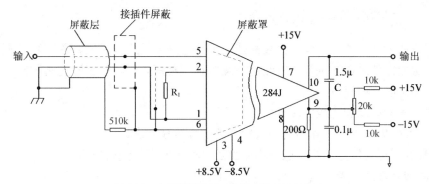

图 3.31　变压器耦合型隔离放大器 MODEL284J

（4）程控增益放大电路

程控增益放大电路是由程序进行控制的，根据待测模拟信号幅值的大小来改变放大器的增益，以便把不同电压范围的输入信号都放大到 A/D 转换所需要的幅度。若使用固定增益放大器，就不能兼顾不同输入信号的放大量。采用高分辨率的 A/D 转换器或在不同信号的传感器（检测元件）后面配接不同增益的放大器虽可解决问题，但是硬件成本太高。程控放大电路仅由一组放大器和若干模拟开关、一个电阻网络及控制电路所组成，它是解决宽范围模拟信号数据采集的简单而有效的方法。

程控放大基本电路有同相输入和反相输入两类，其原理电路见图 3.32（a）和图 3.32（b）。图中运算放大器为 7650 或 OP-07 等。$S_1 \sim S_N$ 为多路模拟开关，可采用 CD4051 或 AD7501，由 CPU 通过程序来控制某一路开关的接通。由图分析可知，电路的增益随开关的接通情况而异。

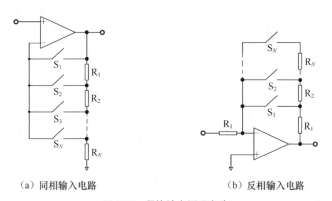

（a）同相输入电路　　　　　　　（b）反相输入电路

图 3.32　程控放大原理电路

第 n 个开关接通时，同相和反相输入的程控放大电路的增益分别为：

$$K_n = \frac{\sum\limits_{i=1}^{N} R_i}{\sum\limits_{i=n}^{N} R_i} \quad （同相）$$

$$K_n = \frac{\sum\limits_{i=1}^{N} R_i}{R_1} \quad （反相）$$

3.1.4　模拟量输入通道设计举例

模入通道的设计步骤是：根据仪表性能要求，选择合适的 A/D、多路开关、采样/保持器和放大器。选定器件之后，进行电路设计和编制调试程序。经实验表明电路正确无误，方可进行布线和加工印刷电路板。

印刷电路板的布局和走线应注意以下几点：

① 合理安排集成器件，互相间连接较多的器件应彼此靠近；

② 信号线应尽可能短，模拟电路不要靠近易产生噪音的逻辑电路；

③ 电源线和地线应当宽些，以减小其上的压降；

④ 印刷线路间距不能太小，以避免线间分布电容和漏阻所造成的干扰和误差。

在电路中还要特别注意正确接地，否则将会造成干扰，影响转换结果。必须将所有器件的模拟地和数字地分别相连，而且模拟地和数字地仅在一点上相连接。下面给出与 8031 单片机接口的模入通道设计实例。

设计要求：8 路模拟输入（缓变信号），电压范围 $0\sim20\text{mV}$，转换时间 0.5s，分辨率 $20\mu\text{V}$，通道误差小于 0.1%。

按此要求，A/D 选用 MC14433，多路开关选用 AD7501，因为输入为低电平缓变信号，不必使用采样保持器，但需用放大电路（放大器可选 ICL7650）将信号放大到 $0\sim2\text{V}$，使之与 A/D 的输入电压范围相匹配。

MC14433 的分辨率、转换速率、转换误差均符合设计要求。多路开关 AD7501 的性能与 CD4051 相近，同样可完成 8 路模拟信号的采入。模拟通道的逻辑线路见图 3.33。多路开关的输入信号经 AD7650 放大（放大倍数为 100）、阻容滤波后送入 MC14433，14433 处于连续自动转换方式，其输出端 $Q_0\sim Q_3$、$DS_1\sim DS_4$ 与 8031 的 P1 口直接相连，结束信号 EOC 接至 8031 的 $\overline{\text{INT1}}$，单片机采用中断方式读取数据。

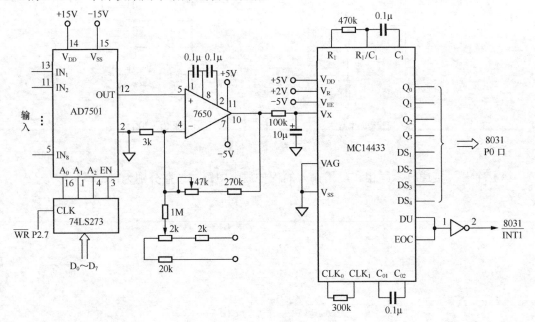

图 3.33　模入通道逻辑线路之一

设采样数据存放在 40H～4FH，读取 A/D 转换结果的子程序为 AINT（参见本章 3.1.2 小节中 MC14433 部分），则数据采集的调试程序为（注意：第一次采样应在两次中断之后，这样才能采得完整的数据）。

初始化程序：

```
INIT: MOV  DPTR, #7FFFH        ; 设置设备号
      MOV  R0, #40H            ; 设置数据指针
      MOV  R1, #07H            ; 设置通道号（有效的 0 通道号减 1）
      SETB IT1                 ; 置边沿触发方式
      SETB EA                  ; 开放 CPU 中断
      SETB EX1                 ; 允许外部中断 1 中断
LOOP: CJNE R0, #50H, LOOP      ; 判是否结束，等待中断
      RET                      ; 采样结束返回


      中断服务程序：
ADINTR: INC  R1                ; 通道号加 1
        MOV  A, R1
        MOVX @DPTR, A          ; 接通下一通道
        CJNE R1, #08H, NEXT    ; 若不是 0 通道，转 NEXT
        RETI                   ; 若是 0 通道，则返回
NEXT:   ACALL AINT             ; 读转换结果
        MOV  A, 20H
        MOV  @R0, A            ; 存千位、百位数
        INC  R0
        MOV  A, 21H
        MOV  @R0, A            ; 存十位、个位数
        INC  R0
        RETI
```

3.2 模拟量输出通道

模拟量输出通道（简称模出通道）一般由 D/A 转换器、多路模拟开关、保持器等组成，其中 D/A 转换器是完成数/模转换的主要器件。本节着重讨论 D/A 芯片的使用方法以及 D/A 同单片机的接口电路。

3.2.1 模拟量输出通道的结构

模出通道也有单通道和多通道之分。多通道的结构通常又分为以下两种：

① 每个通道有独自的 D/A 转换器，见图 3.34。这种形式通常用于各个模拟量可分别刷新的快速输出通道。

② 多路通道共享 D/A 转换器，见图 3.35。这种形式通常用于输出通道不太多，对速度要求也不太高的场合。多路开关轮流接通各个保持器，予以刷新，而且每个通道要有足够的接通时间，以保证有稳定的模拟量输出。

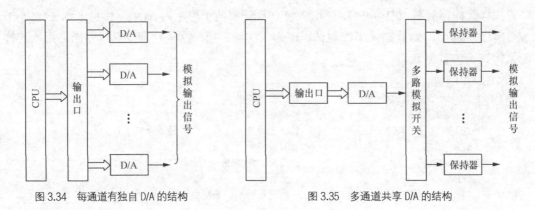

图 3.34　每通道有独自 D/A 的结构　　　　　　　图 3.35　多通道共享 D/A 的结构

3.2.2　D/A 转换芯片及其与单片机的接口

1．D/A 转换芯片的一般描述

D/A 芯片种类繁多，有通用廉价的 D/A 转换器（DA7524、DAC0832）、高速和高精度的 D/A 转换器（AD562、AD7541）、高分辨率的 D/A 转换器（DAC1210、DAC1136）等，使用者可根据实际应用需要选用。

D/A 芯片的主要参数有分辨率、精度、建立时间（转换时间）等，与 A/D 芯片类似。选用 D/A 时，分辨率是首先要考虑的指标，因为它影响仪表的控制精度。几种常用的 D/A 芯片的特点和性能见表 3.7。

表 3.7　　　　　　　　　　　　　　几种常用 D/A 芯片的特点和性能

芯片 型号	位 数	建立时间（转 换时间）n_S	非线性 误差%	工作电压 V	基准电压 V	功耗 mW	与 TTL 兼容
DAC0832	8	1000	0.2～0.05	+5V～+15V	−10～+10	20	是
AD5724	8	500	0.1	+5V～+15V	−10～+10	20	是
AD7520	10	500	0.2～0.05	+5V～+15V	−25～+25	20	是
AD561	10	250	0.05～0.025	V_{CC}：+5V～+16V V_{EE}：−10V～−16V	/	正电源 8～10 负电源 12～14	是
AD7521	12	500	0.2～0.05	+5V～+15V	−25～+25	20	是
DAC1210	12	1000	0.05	+5V～+15V	−10～+10	20	是

各种类型的 D/A 芯片，其功能管脚基本相同，都包括数字量输入端和模拟量输出端及基准电压端等。

D/A 转换器的数字量输入端可以分为没有数据锁存器的、有单数据锁存器的、有双数据锁存器的以及可以接收串行数字输入的。大部分芯片属于前几种。第一种与微机接口时要加数据锁存器，没有第二种方便。第三种可用于多个 D/A 转换器同时转换的场合，经过对个别引脚的处理也可以作为第二种芯片使用，第四种接收数据较慢，但适用于远距离现场控制的场合。

D/A 转换器的模拟量输出有两种方式，即电压输出和电流输出，见图 3.36（a）和图 3.36（b）。

电压输出的 D/A 芯片相当于一个电压源，其内阻 R_S 很小，选用这种芯片时，与它匹配的负载电阻应较大。电流输出的芯片相当于电流源，其内阻 R_S 较大，选用这种芯片时，负载电阻不可太大。

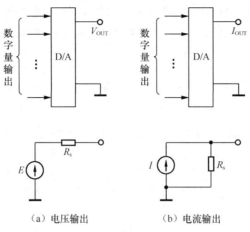

（a）电压输出　　　　　（b）电流输出

图 3.36　D/A 转换器输出的两种方式

在实际应用中，常选用电流输出的 D/A 芯片来实现电压输出，见图 3.37。图 3.37（a）是反相电压输出，输出电压 $V_{OUT} = -iR$；图 3.37（b）是同相电压输出，输出电压 $V_{OUT} = iR\left(1 + \dfrac{R_2}{R_1}\right)$。

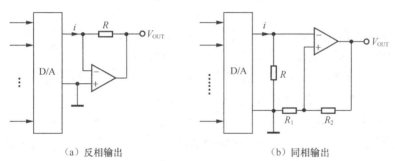

（a）反相输出　　　　　　　　　　（b）同相输出

图 3.37　电流输出的 D/A 芯片连接成电压输出方式

上述两种电路均是单极性输出，如 $0\sim+5V$、$0\sim+10V$。在实际使用中，有时还需要双极性输出，如 $\pm5V$、$\pm10V$。图 3.38 所示为将 D/A 芯片连接成双极性输出的电路。图中 $R_3 = R_4 = 2R_2$，输出电压 V_{OUT} 与基准电压 V_{REF} 及第一级运放 A_1 输出电压 V_1 的关系是 $V_{OUT} = -(2V_1 + V_{REF})$。$V_{REF}$ 通常就是芯片的电源电压或基准电压，它的极性可正可负。对于有内部反馈电阻 R_{FB} 的芯片，有时 R_1 可以不要，即将 b 点直接连接到芯片的反馈电阻引出脚 R_{FB} 端（如图 3.38 中虚线所示）。

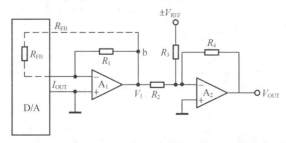

图 3.38　将 D/A 芯片连接成双极性输出的电路

2. 几种 D/A 芯片及其接口电路

（1）DAC0832

DAC0832 是一个具有双数据缓冲器的 8 位 D/A 芯片，其逻辑结构见图 3.39。这种芯片适用于模拟量需同时输出的系统，此时每一路模拟量需 1 个 DAC0832，以形成多个 D/A 同步输出的系统。

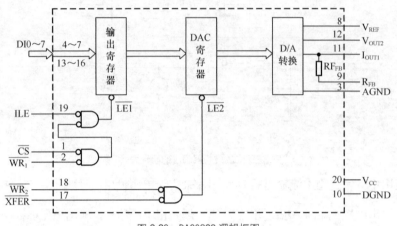

图 3.39　DAC0832 逻辑框图

图 3.39 中 $\overline{LE}$ 是寄存命令，当 $\overline{LE}=1$ 时，寄存器的输出随输入变化；当 $\overline{LE}=0$ 时，数据锁存在寄存器中，而不再随数据总线上的数据变化而变化。当 ILE 端为高电平，$\overline{CS}$ 与 $\overline{WR_1}$ 同时为低电平时，使得 $\overline{LE_1}=1$；当 $\overline{WR_1}$ 变为高电平时，输入寄存器便将输入数据锁存。当 $\overline{XFER}$ 与 $\overline{WR_2}$ 同时为低电平时，使得 $\overline{LE_2}=1$，DAC 寄存器的输出随寄存器的输入变化，$\overline{WR_2}$ 上升沿将输入寄存器的信息锁存在该寄存器中。R_{FB} 为外部运算放大器提供的反馈电阻。V_{REF} 端是由外电路为芯片提供一个 +10V 到 −10V 的基准电源。I_{OUT1} 与 I_{OUT2} 是电流输出端，两者之和为常数。

与单片机接口的 D/A 转换电路见图 3.40。8031 的 $\overline{WR}$ 和 P2.0、P2.7 分别用作控制信号和译码信号，两片 0832 输入寄存器的地址分别是 FEFFH 和 FFFFH，DAC 寄存器的地址为 7FFFH。

设欲输出的数据置于 R2、R3 中，则通过 D/A 输出的调试程序如下：

```
MOV  DPTR, #0FEFFH
MOV  A, R2
MOVX @DPTR, A          ；数据送 1#0832 输入寄存器
INC  DPH
MOV  A, R3
MOVX @DPTR, A          ；数据送 2#0832 输入寄存器
MOV  DPTR, #7FFFH
MOVX @DPTR, A          ；1#、2#D/A 同时输出
RET
```

（2）AD7520

AD7520 是不带数据锁存器的 10 位 D/A 芯片，其主要引脚见图 3.41。除了一般 A/D 具

有的电源输入端 V_{DD}（$+5\sim+15V$）和基准电源输入端 V_{REF}（$-10\sim+10V$）外，图中的 R_{FB} 为反馈输入端，MSB（$B_1\sim B_5$）和 LSB（$B_6\sim B_{10}$）对应 10 位数据输入端，I_{OUT1} 和 I_{OUT2} 为电流输出端。

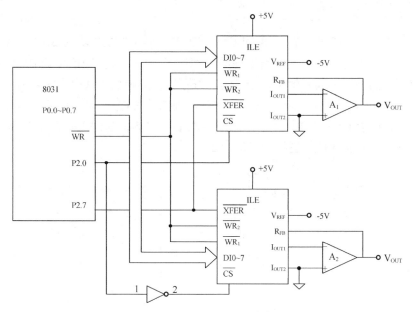

图 3.40　DAC0832 与 8031 的接口

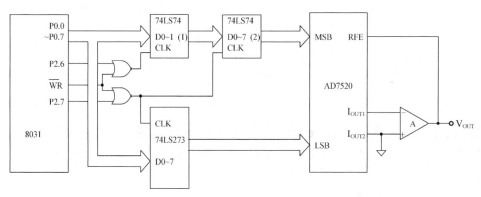

图 3.41　AD7520 与 8031 的接口

AD7520 的数据输入端不能像 DAC0832 那样直接和 CPU 相连，必须通过并行口与 CPU 连接，而且要求 D/A 的 10 位数据输入端同时接收新的数据，否则会在输出端的模拟电压上产生毛刺，为此应采用双缓冲器的方式。AD5720 与 8031 的接口见图 3.41 所示。

在图 3.41 中，74LS74(1)的地址为 BFFFH，74LS74（2）和 74LS273 的地址 7FFFH。8031 先将存放在 R2 中的高 2 位数据输出到 74LS74（1），接着把存放在 R3 中的低 8 位数据输出到 74LS273，同时把 74LS74（1）的内容传送到 74LS74（2），从而实现 8031 输出的数据同时到达 AD7520 的数据输入线。相应的输出程序如下：

```
MOV  DPTR, #0BFFFH
MOV  A, R2
MOVX @DPTR, A            ;高 2 位数据→74LS74（1）
MOV  DPTR, #7FFFH
```

```
MOV  A, R3
MOVX @DPTR, A                    ; 低 8 位数据→74LS273
RET                             ; 74LS74（1）→74LS74（2）
```

（3）DAC1210

DAC1210 是一种高性能的双缓冲 12 位 D/A 芯片，它包含 2 个输入寄存器（8 位和 4 位）、一个 12 位的 DAC 寄存器和一个 12 位的 D/A 转换器，其主要引脚见图 3.42。该芯片的内部结构及控制信号与 DAC0832 类似，所不同的是增加了一个字节控制信号端 BYTE1/$\overline{BYTE2}$。此端输入高电平时，12 位数字量同时送入输入寄存器；此端输入低电平时，只将 12 位数字量的低 4 位送到对应的 4 位输入寄存器中。字节控制信号与 $\overline{CS}$、$\overline{WR}_1$ 信号配合使用，当 $\overline{CS}$、$\overline{WR}_1$ 有效时，才能由 BYTE1/$\overline{BYTE2}$ 端控制 12 位数字是否同时送入输入寄存器。

DAC1210 与单片机 8031 的接口见图 3.42。

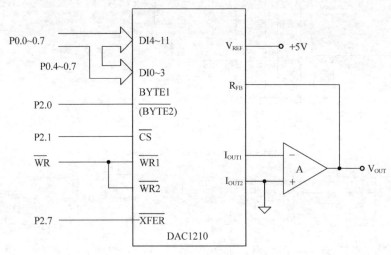

图 3.42 DAC1210 与 8031 的接口

8031 没有提供一次输出 12 位数据的功能，它先将高 8 位和低 4 位数据分别送入 1210 的两个输入寄存器中，再将 12 位数据送入 DAC 寄存器。设欲输出的数据存于 R2（高位）和 R3（低位），相应的输出程序如下：

```
MOV  DPTR, #0FDFFH
MOV  A, R2
MOVX @DPTR, A                    ; 输出高 8 位数据
DEC  DPH
MOV  A, R3
MOVX @DPTR, A                    ; 输出低 8 位数据
MOV  DPTR, #7FFFH
MOVX @DPTR, A                    ; 12 位数据送 DAC 寄存器
RET
```

（4）串行输入的数/模转换器 AD7543

在音响设备、组合式仪器仪表、便携式通信设备、PC 外设、伺服控制设备和其他一些数字控制设备中，经处理后的数字信号常需要通过数/模转换器变为模拟量，以便控制后面的执行机构。为了节省硬件开销，数字信号往往以串行数据方式输出，此时选用片内带有串行接口的数/模转换器将会给电路设计带来很大方便。

① AD7543 的结构。

AD7543 是一个为配合串行接口而设计的精密的 12 位 CMOS 乘法式数/模转换器，其引脚配置及内部结构见图 3.43。它由数字逻辑电路和 12 位数/模转换器组成。前者包括了一个 12 位串入-并出的移位寄存器 A 和 12 位 DAC 寄存器 B，在选通控制信号 STB（STB1～STB4）的作用下，定时把 AD7543 中 SRI 引脚上的串行数据送入寄存器 A。一旦寄存器 A 装满，在 $\overline{LD}$ 信号的控制下把寄存器 A 的内容加载到寄存器 B 中，由数/模转换器转换成模拟电流输出。控制信号 $\overline{CLR}$ 是寄存器 B 的异步复位信号，在 $\overline{CLR}$ 端施加低电平脉冲，可使 DAC 寄存器 B 复位为 0。

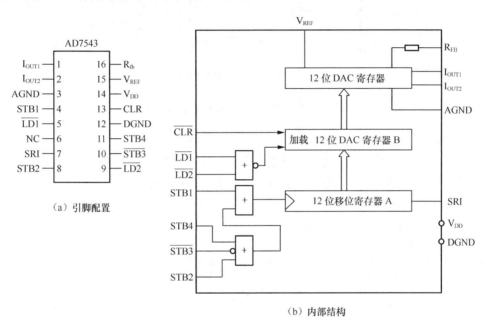

图 3.43　AD7543 的引脚配置和内部结构

AD7543 各引脚的功能为：

STB1、STB2、$\overline{STB3}$ 及 STB4：移位寄存器的选通信号。

$\overline{LD1}$、$\overline{LD2}$：DAC 寄存器的加载信号。

SRI：移位寄存器的串行输入端。

$\overline{CLR}$：DAC 寄存器 B 的清除输入端，低电平有效。用于异步复位 DAC 寄存器为 0。

I_{OUT1}、I_{OUT2}：DAC 转换器的电流输出端。一般把 I_{OUT1} 连接到运算放大器的虚地上，I_{OUT2} 连接到模拟地 AGND。

V_{REF}：参考电源。

R_{FB}：DAC 转换器反馈电阻。

DGND：数字地。

AGND：模拟地。

V_{DD}：+5V 电源输入。

② AD7543 与 8031 的接口。

AD7543 与 8031 的接口电路见图 3.44。图中 8031 的串行口与 AD7543 直接相连。8031 的串行口工作于方式 0（即移位寄存器方式），TXD 端输出移位脉冲，其负跳变将 RXD 端发出的数据移入 AD7543 的 12 位移位寄存器。利用地址译码信号产生 $\overline{LD2}$ 信号,将移位寄存器的数据传送到 DAC 寄存器,并使 DAC 转换器输出。

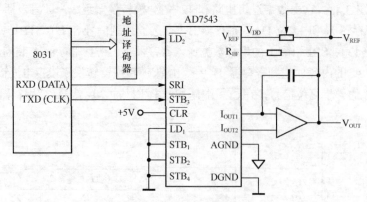

图 3.44　AD7543 与 8031 的接口电路

③ 编程。

AD7543 的 12 位数据是由高位至低位一位一位输入的,而 8031 串行口的方式 0 输出则是由低位到高位串行输出的。因此,由串行口输出的数据必须进行倒序处理。

设 AD7543 的口地址为 ADRDA,数据缓冲器的地址单元为 DBUFH(高 4 位),DBUFL(低 8 位),则下列程序可实现上述操作。

```
; AD7543 的输出程序
OUTDA:  MOV  SCON, #0          ; 设串行口为方式 0
        MOV  A, DBUFH          ; 高 4 位数据送 A
        ACALL  ASMB            ; 调倒序子程序
        MOV  SBUF, A           ; 输出高 4 位
        MOV  A, DBUFL          ; 低 8 位数据送 A
        ACALL  ASMB            ; 调倒序子程序
        MOV  SBUF, A           ; 输出低 8 位
        MOV  DPTR, #ADRDA      ; 将移位寄存器的数据送入 DAC 寄存器
        MOVX  @DPTR, A
        RET
; 倒序子程序
ASMB:   MOV  R6, #0            ; 清 R6
        MOV  R7, #8            ; 设置计数值
        CLR  C                ; 清 Cy
ALO:    RLC  A                ; A 带进位左移一位
        XCH  A, R6            ; A 与 R6 内容互换
        RRC  A                ; R6 的内容带 Cy 右移一位
        XCH  A, R6            ; R6 与 A 内容互换
        DJNZ  R7, ALO         ; 当 (R7) ≠ 0,继续循环
        XCH  A, R6            ; 装配好的数据存入 A
        RET
```

3. 电压/电流转换电路

智能仪表常常要以电流方式输出,这是因为电流有利于长距离传输,且干扰不易引入。工业上的许多仪表也是以电流配接的,例如 DDZ-Ⅱ型仪表以 0～10mA 的电流作为联络信

号，DDZ-Ⅲ型为 4～20mA。而大多数 D/A 电路的输出为电压信号，因此在仪表的输出通道中通常需设置电压/电流（V/I）转换电路，以便将 D/A 电路输出的电压信号转换成电流信号。

图 3.45 给出了两种（V/I）转换电路。第一种电路（见图 3.45（a））为同相端输入，采用电流串联负反馈，具有恒流作用，电路输出电流 I_{OUT} 与输入电压 V_{IN} 的关系为 $I_{OUT}=\dfrac{V_{IN}}{R_f}$。该电路结构简单，但输出端无公共接地点。

第二种电路（见图 3.45（b））为反相端输入，采用电流并联负反馈方式，它不仅具有良好的恒流性能和较强的驱动能力，而且输出端通过负载接地。设 $R_1=R_2=100k\Omega$，$R_3=R_4=20k\Omega$ 且 R_f、R_L 的阻值远小于 R_3，则电路输出电流与输入电压之间的关系为：

$$I_{OUT} \approx \frac{R_3}{R_2 R_f} V_{IN} = \frac{1}{5R_f} V_{IN} 。$$

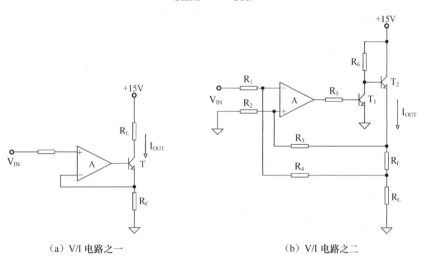

（a）V/I 电路之一　　　　　　　　　　　（b）V/I 电路之二

图 3.45　V/I 转换电路

3.2.3　模拟量输出通道设计实例

模出通道的设计步骤与模入通道相同，也应该先按仪表性能要求选择合适的器件，接着绘制逻辑电路，再制作印刷电路板。

如欲设计一 8 路模拟量电流输出（0～10mA）、分辨率为满度 0.5%的模出通道，可采用多路复用方法（即共享 D/A）来实现。D/A 转换器选用 DAC0832（或 AD5724），多路开关选用 CD4051（或 AD7501），保持器由集成运放 LM324 和电容器组成（或采用集成采样/保持器）。由这些器件构成的 8 通道模拟量输出电路见图 3.46。

主机电路输出的数字量信号先由 D/A 电路转换成模拟量电压，再经过多路开关分时地加至保持器运放的输入端，并将电压存储在电容器中。8 个模拟电压经运放和三极管放大后，在每一路的输出端得到相应的 0～10mA 直流电流。为了使保持器有稳定的输出信号，应对保持电容定时刷新，即电路定时循环扫描，使电容上的电压始终与对应的主机电路的输出数据保持一致。动态扫描时，每一回路接通的时间取决于多路开关的断路电阻、运放的输入电阻、保持电容器的容量等，由于保持器输入端的电压不可避免地存在微量泄漏，故这种方案的通道数不宜过多。

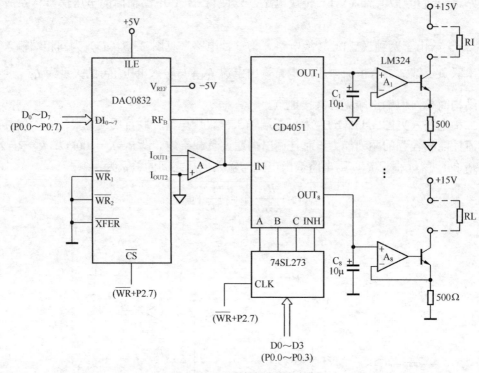

图 3.46　8 通道模拟量输出电路

上述模拟量输出电路可方便地同 8031 单片机连接，8031 的 P1 口与 D/A 的输入端相连，电路的控制信号见图 3.46。设单片机的数据存放在 40H～47H 单元中，可编制调试程序如下：

```
        MOV  R0, #40H          ; 40H→R0
        MOV  R2, #00H          ; 00H→R2
        MOV  R7, #08H          ; 08H→R7
LOOP:   MOV  DPTR, #0BFFFH
        MOV  A, R2
        MOVX @DPTR, A          ; 选通多路开关
        MOV  DPTR, #7FFFH
        MOV  A, @R0
        MOVX @DPTR, A          ; 输出数据
        ACALL DELAY            ; 延时
        INC  R0
        INC  R2
        DJNZ R7, LOOP          ; 判断是否已完成
        RET
```

实际运行时，上述程序应定时地连续执行，以维持电容上的电压不变。

3.3　开关量输入/输出通道

测量控制系统中应用各种按键、继电器和无触点开关（晶体管、可控硅等）来处理大量

的开关信号,这种信号只有开和关,或者高电平和低电平两个状态,相当于二进制数的 1 和 0,处理较为方便。智能仪表通过开关量输入通道引入系统的开关量信息(包括脉冲信号),进行必要的处理和操作;同时,通过开关量输出通道发出两种状态的驱动信号,去接通发光二极管、控制继电器或无触点开关的通断动作,以实现诸如越限声光报警、双位式阀门的开启或关闭以及电动机的启动或停止等。

智能仪表中常采用通用并行 I/O 芯片(例如 8155、8255、8279)来输入/输出开关量信息。若系统不复杂,也可用三态门控缓冲器和锁存器作为 I/O 接口电路。对单片机而言,因内部具有并行 I/O 口故可直接与外界交换开关量信息。但应注意开关量输入信号的电平幅度必须与 I/O 芯片的要求相符,若不相符则应经过电平转换后再输入微机。对于功率较大的开关设备,在输出通道中应设置功率放大电路,使输出信号能驱动这些设备。

由于在工业现场存在电场、磁场、噪声等各种干扰,在输入输出通道中往往需要设置隔离器件,以降低干扰的影响。开关量输入/输出通道的主要技术指标是抗干扰能力和可靠性,而不是精度,这一点务必在设计时予以充分注意。有关智能仪表的抗干扰措施详见第 6 章。

3.3.1 开关量输入/输出通道的结构

开关量输入和输出通道的结构分别见图 3.47(a)和图 3.47(b)。来自现场的开关量输入信号,首先在开关电路中被转换成计算机能够识别的数字信号,然后通过输入缓冲器送入主机电路。由主机电路送出的数字信号先存于输出锁存器,再经驱动电路放大后,作为开关量输出信号送至现场执行机构。

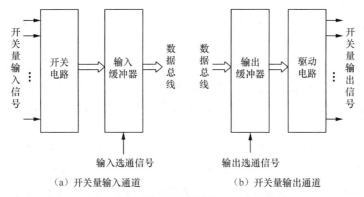

(a)开关量输入通道　　　　(b)开关量输出通道

图 3.47　开关量输入输出通道的结构

输入输出通道中的开关电路和驱动电路,通常包括单稳、光电耦合器、脉冲变压器、继电器、功放管和可控硅等。单稳电路用于整形,可由分立元件和集成器件构成。光电耦合器、脉冲变压器、继电器具有隔离作用,能防止共模干扰的窜入,继电器还具有放大作用。功放管和可控硅用于功率放大,以使开关量信号能驱动现场执行机构。通道中的输入缓冲器和输出锁存器采用如上所述的并行 I/O 接口电路。

3.3.2 开关量输入/输出通道设计举例

下面列举一控制步进电机正反转的开关量输入/输出电路,见图 3.48。步进电机是自控系统中常用的执行部件,它的品种较多,现以三相电机为例加以说明。这种步进电机有 3 个绕组，当按不同的顺序向绕组通以电脉冲时，步进电机以不同的方向转动，它的转速取决通电脉冲的频率。电脉冲的不同组合和通电顺序可实现以下几种控制方式：

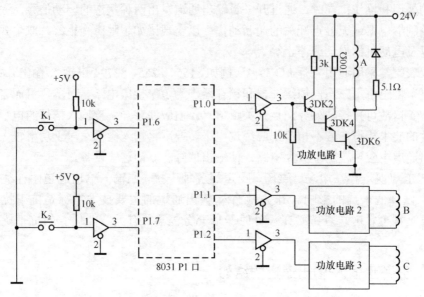

图 3.48　控制步进电机正反转的开关量输入/输出电路

①　单三拍控制方式：通电顺序为 A—B—C—A（正转）或 A—C—B—A（反转）；

②　六拍控制方式：通电顺序为 A—AB—B—BC—C—CA—A（正转）或 A—AC—C—CB—B—BA—A（反转）；

③　双三拍控制方式：通电顺序为 AB—BC—CA—AB（正转）或 AB—CA—BC—AB（反转）。

在图 3.48 中，A、B、C 是三相电机的 3 个绕组，分别由功放电路 1、2、3 通以驱动脉冲。本例采用六拍控制方式，要求在现场开关 K_1 闭合时，电机正转；K_2 闭合时，电机反转；K_1、K_2 断开时停转。可将开关的通、断状态送入单片机输入口，驱动电机运转的脉冲信号则从输出口 P1 输出。

通电绕组和相应的输出代码见表 3.8。对 8031 而言，若电路按一定的节拍依次送出×1H、×3H、×2H、×6H、×4H 和 5H，则步进电机正转；若电路次送出×1H、×5H、×4H、×6H、×2H 和 ×3H，则步进电机反转。采用查表法可以方便地编制出三相电机的控制程序。

设 8031 的 P1.6、P1.7 为输入位，P1.0、P1.1、P1.2 为输出位。TABLE1 和 TABLE2 分别为电机正、反转时输出代码表格的首地址，则相应的控制程序如下：

```
STEP: MOV  R7, #06H
LOOP: JNB  P1.6, POS          ;若 P1.6=0 转 POS
      JNB  P1.7, NEG          ;若 P1.7=0 转 NEG
      AJMP LOOP
 POS: MOV  DPTR, #TABLE1
POS1: CLR  A
      MOVC A, @A+DPTR
      MOV  P1, A              ;输出 TABLE1 代码
      INC  DPTR
      ACALL DELAY             ;延时
```

```
      DJNZ  R7, POS1
      AJMP  STEP
 NEG: MOV  DPTR, #TABLE2
NEG1: CLR  A
      MOVC A, @A+DPTR
      MOV  P1, A                    ; 输出 TABLE2 代码
      INC  DPTR
      ACALL  DELAY                  ; 延时
      DJNZ  R7, NEG1
      AJMP  STEP
TABLE1: DB  0F1H, 0F3H, 0F2H, 0F6H, 0F4H, 0F5H
TABLE2: DB  0F1H, 0F5H, 0F4H, 0F6H, 0F2H, 0F3H
```

表 3.8　　　　　　　　　　　　通电绕组和相应的输出代码

通 电 绕 组	8031P1 口输出代码
A	××××001B
AB	××××011B
B	××××010B
BC	××××110B
C	××××100B
CA	××××101B

习题与思考题

3-1　说明模拟多路开关 MUX 在数据采集系统中的作用及其使用方法。

3-2　说明采样/保持电路在数据采集系统中的作用及其使用方法。

3-3　A/D 转换器有哪些品种，其特点是什么？说明其主要参数、输入输出方式和控制信号等。

3-4　D/A 转换器有哪几类？其主要的技术指标有哪些？8 位以上的 D/A 转换器如何与 8 位单片机进行连接？

3-5　A/D 转换器如何与单片机进行连接？8 位以上的 A/D 转换器如何与 8 位单片机进行连接？这类接口在设计中的要点是什么？

3-6　D/A 转换电路如何实现双极性电压输出？

3-7　试画出 ADC0809 与 MCS-51 单片机的接口电路，采用查询法依次巡回采集 8 个通道各 100 个数据，并将数据依次存放在片外数据存储器中，试编写实现该功能的程序。

3-8　利用 8155 并行接口作为 AD574A 与 MCS-51 单片机的接口，并编写一个采用查询方式的数据采集程序，将采集到的当前数据存放在片内数据存储单元中。

3-9　试画出两个 DAC0832 与 MCS-51 单片机的接口电路，并编写一个程序使两路 D/A 同时改变输出。

3-10　简述开关量输入/输出通道的基本结构。通常情况下哪些器件可用作开关量输入/输出通道中的开关电路和驱动电路？

智能仪表通过人机联系部件与设备接收各种命令及数据，并且给出运算和处理结果。人机联系部件通常有键盘、显示器、打印机等。这些部件同主机电路的连接是由人机接口电路来完成的。因此，人机接口技术是智能仪表与操作者进行联系并得到实际应用的关键之一。本章将介绍若干典型的人机接口电路，以及接口技术所涉及的程序设计问题。

4.1　显示器接口

智能仪表常用的显示器有发光二极管显示器 LED、液晶显示器 LCD 和等离子显示器等。单个发光二极管常被用作指示灯和报警装置。由若干个发光二极管组合起来，可显示各种字符。LED 的特点是工作电压低、响应速度快、寿命长、价格低。

液晶显示器本身不发光，只是调制环境光。它的特点是低电压、微功耗，外形薄；缺点是寿命短，在暗室中不能使用。

等离子显示器是利用气体放电发光进行平面显示的一种装置。它的特点是视角大、寿命长、响应速度快，具有存储记忆能力，功能仅次于液晶显示器，可以多位数字集成化，适宜作大型屏幕显示。

最常用的一种显示器是 7 段 LED 显示器和单片 $3\frac{1}{2}$ 位的 7 段 LCD 显示器。

4.1.1　LED 显示器接口

LED（Light Emitting Diode）显示器是由发光二极管构成的，是单片机应用系统中最常用的廉价输出设备，可用于显示工业控制参数、过程状态等。

1. LED 显示器结构

常用的七段 LED 显示器也称为数码管，是由 8 段发光二极管显示字段构成的显示器件，其结构见图 4.1。每一个显示字段都对应一个发光二极管，7 个发光二极管 a～g 控制 7 个显示字段的亮暗，另一个控制一个小数点的亮暗，通过点亮不同的字段可显示 0～9、A～F 及小数点等字形。七段显示器能显示的字符较少，字符的形状有些失真，但控制简单，使用方便。

还有一种点阵式 LED 显示器，发光二极管排列成一个 $n \times m$（例如 8×8）的矩阵，一个发光二极管控制点阵中的一个点，这种显示器显示的字形逼真，能显示汉字和图形，但控制比较复杂。

七段 LED 显示器有共阳极和共阴极两种，见图 4.1（b）和图 4.1（c）。发光二极管的阳极连在一起称为共阳极显示器，阴极连在一起称为共阴极显示器。对共阳极 LED 显示器，公共端阳极接高电平，当某个发光二极管的阴极为低电平时，此发光二极管点亮，相应的段被显示。对共阴极 LED 显示器，公共端阴极接低电平，当某个发光二极管的阳极为高电平时，此发光二极管点亮，相应的段被显示。

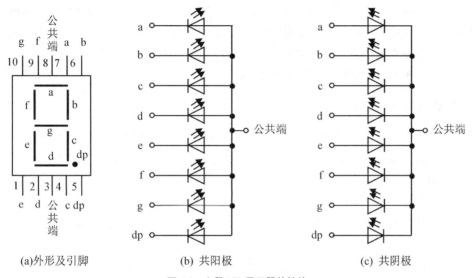

图 4.1　七段 LED 显示器的结构

七段 LED 显示器的字段引线与数据线连接，送七段 LED 显示器的数据称为段码（或称字形码），它可使 LED 相应的段发光，从而显示不同字符。

当各字段与字节各位有如表 4.1 所示的关系时，共阴极和共阳极七段 LED 显示器的段码见表 4.2。

表 4.1　　　　　　　　　　　　各字段与字节各位关系

代码位	D7	D6	D5	D4	D3	D2	D1	D0
显示段	dp	g	f	e	d	c	b	a

表 4.2　　　　　　　　　　　　七段 LED 显示器的段码

显示字符	共阴极段码	共阳极段码	显示字符	共阴极段码	共阳极段码
0	3FH	C0H	b	7CH	83H
1	06H	F9H	C	39H	C6H
2	5BH	A4H	d	5EH	A1H
3	4FH	B0H	E	79H	86H
4	66H	99H	F	71H	8EH
5	6DH	92H	P	73H	8CH

续表

显示字符	共阴极段码	共阳极段码	显示字符	共阴极段码	共阳极段码
6	7DH	82H	H	76H	89H
7	07H	F8H	.	80H	7FH
8	7FH	80H	-	40H	BFH
9	6FH	90H	暗	00H	FFH
A	77H	88H	…	…	…

七段 LED 显示器要显示字符，必须送显示字符的段码，这种转换可有两种方式：硬件译码和软件译码。硬件译码是采用专门的译码芯片，实现字母、数字的二进制数值到段码的译码，如 MC14495 BCD–七段十六进制锁存、译码驱动芯片。单片机应用系统大都采用软件查表译码法，先把各显示字符的段码存放在一个段码表中，要显示某字符时，可通过查表得到其段码，然后送往七段 LED 显示器的段码线。

2. 七段 LED 显示方式

在单片机应用系统中，可利用 LED 显示器灵活地构成所要求位数的显示器，N 位 LED 显示器有 N 根位选线和 $8 \times N$ 根段码线。单片机要控制 N 位 LED 显示器显示，一是要控制 N 位公共端，即位选控制，控制哪位 LED 亮或暗；二是要送 8 段发光二极管数据，即段码控制，控制显示什么字符。

LED 显示器有静态显示和动态显示两种显示方式。

（1）静态显示方式

静态显示方式是 LED 显示器各位的共阴极（或共阳极）连接在一起接地（或接+5V）；每位的段码线（a～g、dp）分别与一个 8 位并行 I/O 口相连。图 4.2 所示为一个 4 位 LED 静态显示电路，每一位可独立显示，只要在该位的段码线上保持段码电平不变，该位就能保持相应的显示字符。

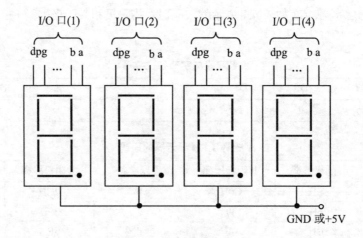

图 4.2　4 位 LED 静态显示方式

静态显示方式，每一位 LED 接一个独立的 8 位 I/O 口，独立显示，显示稳定，亮度也较高，CPU 工作效率高。N 位 LED 要求有 $N \times 8$ 根 I/O 线，占用 I/O 资源较多，适用于 LED 少的情况。因此在显示位数较多的情况下，一般都采用动态显示方式。

利用 AT89C52 串行口方式 0 输出，在串行口上扩展 8 片串行输入、并行输出的移位寄存器作为 LED 静态显示接口，见图 4.3。89C52 的 RXD 输出串行数据，接 74HC164（0）的数据输入端 1、2，74HC164（0）的最高位（13 脚）接下一片 74HC164（1）的数据输入端 1、2，依此类推。8 片移位寄存器的 CLR 端（9 脚）接高电平。片内 RAM 78H 开始的 8 个单元为显示缓冲区，编写静态显示的子程序。AT89C52 串行口方式 0 的初始化由主程序完成。

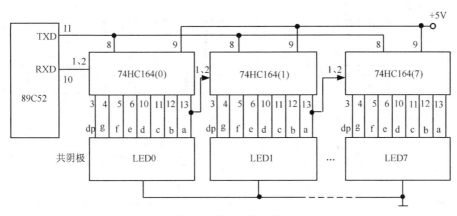

图 4.3　8 位静态显示接口

实现静态显示的子程序如下：

```
SDIR:   MOV     R7, #8
        MOV     R0, #78H          ;R0 为显示缓冲区指针
SDIR0:  MOV     A, @R0            ;取出要显示的数
        ADD     A, #（DSEG-SDIR1）  ;加上偏移量
        MOVCA, @A+PC              ;查表取出段码
SDIR1:  MOV     SBUF, A           ;送串行口输出段码
SDIR2:  JNB     TI, SDIR2         ;输出完否？
        CLR     TI                ;完, 清中断标志
        INC     R0                ;指向下一个显示数据
        DJNZ    R7, SDIR0         ;循环 8 次
        RET                       ;返回
DSEG:   DB      3FH, 06H, 5BH, 4FH, 66H  ;0, 1, 2, 3, 4
        DB      6DH, 7DH, 07H, 7FH, 6FH  ;5, 6, 7, 8, 9
        DB      77H, 7CH, 39H, 5EH, 79H  ;A, b, C, d, E
        DB      71H, 73H, 76H, 40H, 00H  ;F, P, H, -, 暗
```

（2）动态显示方式

动态显示方式是将所有 LED 显示器的段码线（a～g、dp）并联在一起，接一个 8 位 I/O 口，各个显示器的公共端分别由相应的 I/O 口线控制，形成各位的分时选通。这样，若 LED 显示器的位数不大于 8 位，只需要两个 I/O 口即可控制，一个 8 位口输出七段码，控制各位 LED 所显示的字符，称为段码口；一个 8 位口输出位扫描信号，选择哪位 LED 工作，称为位选口。

图 4.4 所示为一个 8 位共阴极 LED 动态显示电路。单片机用两个 I/O 口分别输出段码和位选信号，一位一位地轮流点亮各位 LED 显示器，以实现动态扫描显示。即在某一时刻，位选口输出位选信号，只让某一位的位选线处于选通状态（共阴 LED 为 "0"），而其他各位的

位选线处于关闭状态（共阴 LED 为 "1"），与此同时，段码口输出相应位要显示的字符的段码，只有选通的那一位显示出字符，而其他七位则全是暗的。同样在下一时刻，位选口输出位选信号选中下一位，而其他各位的位选线处于关闭状态，段码口输出相应位要显示的字符的段码。如此不断循环，8 位 LED 依次从左到右（或从右到左）轮流显示，每位保持一段时间（约 1ms）。但由于 LED 的余辉以及人眼的"视觉暂留"作用，尽管各位显示器实际上是分时断续地显示，但只要每位显示间隔足够短，给人眼的视觉印象就会是连续稳定地显示。

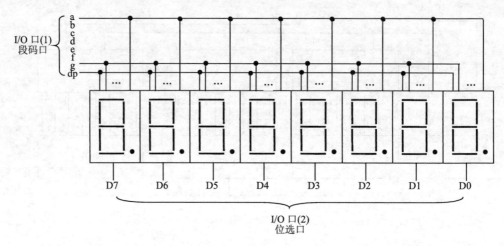

图 4.4　8 位 LED 动态显示方式

LED 动态扫描显示占用 I/O 资源较少，但在使用中需要 CPU 不断循环执行多路扫描显示程序才会有稳定显示，这将占用大量的单片机时间，降低了 CPU 的工作效率。

图 4.5 所示为典型的动态扫描显示接口电路，共有 6 个共阴极 LED 显示器，8155 的 PA 作为位选口，经反相驱动器 75452 接 LED 的阴极，PB 作为段码口，经同相驱动器 7407 接

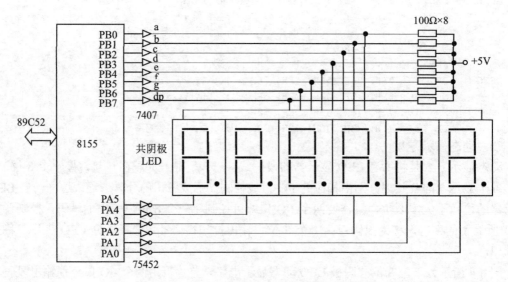

图 4.5　6 位共阴极 LED 动态扫描显示接口电路

LED 的各个段。8155 与 89C52 的接口电路参见图 2.16，8155 的 $\overline{CE}$ 端接 P2.7，IO/$\overline{M}$ 端接 P2.0，8155 的命令/状态寄存器地址为 7F00H，而 A 口和 B 口的地址分别为 7F01H、7F02H。

89C52 片内 RAM 的 78H～7DH 6 个单元为显示缓冲区，分别对应 6 个显示器 LED0～LED5，要显示的数据事先存放在显示缓冲区中。显示从最右边一位显示器开始，即 78H 单元的内容在最右边一位 LED0 显示。PA 口输出只有一位为高电平的位选信号，选中一位 LED 显示，PB 口输出相应位显示数据的段码。依次地改变 PA 中输出为高的位和 PB 输出的段码，6 位显示器就能显示出显示缓冲器中的内容。

6 位 LED 多路动态显示子程序流程图见图 4.6。

实现动态显示的子程序如下：

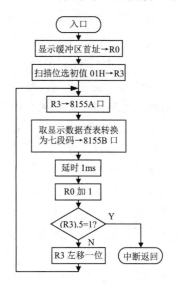

图 4.6　多路动态显示子程序流程图

```
DIR:    MOV   DPTR, #7F01H        ;选择 I/O 口
        MOV   R0, #78H            ;R0 为显示缓冲区指针
        MOV   R3, #01H            ;R3 放扫描位选初值
        MOV   A, R3
DIR0:   MOVX  @DPTR, A            ;位选信号送 PA 口
        INC   DPTR
        MOV   A, @R0              ;从显示缓冲区取数
        ADD   A, #（DSEG-DIR1）
        MOVC  A, @A+PC            ;查表得到七段码
DIR1:   MOVX  @DPTR, A            ;段码送 PB 口
        ACALL DL1MS               ;延时 1ms
        INC   R0                 ;修改显示缓冲区指针
        MOV   A, R3
        JB    ACC.5, DIR2         ;6 位已显示完，返回
        RL    A                  ;位选字左移一位
        MOV   R3, A
        SJMP  DIR0                ;继续显示下一位
DIR2:   RET
DSEG:   DB    3FH, 06H, 5BH, 4FH, 66H, 6DH   ;段数据表
        DB    7DH, 07H, 7FH, 6FH, 77H, 7CH
        DB    39H, 5EH, 79H, 71H, 73H, 76H
        DB    40H, 00H
DL1MS:  MOV   R7, #02H            ;延时 1ms 程序
DL0:    MOV   R6, #0FFH
DL1:    DJNZ  R6, DL1
        DJNZ  R7, DL0
        RET
```

4.1.2　点阵式 LED 显示器

点阵式 LED 显示器一般由 7 行 5 列发光二极管组成，这 35 个发光二极管可以显示

大、小写字母、数字和文字。这种显示器显示的字符种类比较多，而且字形逼真，但控制较复杂。

7×5 点阵式 LED 显示器电路见图 4.7，该电路采用计数器步进选列。欲显示数据的字符及计数器的输出信号分别从字符 ROM 的 $A_0 \sim A_7$ 和 $A_8 \sim A_{10}$ 端输入，以确定数据代码所在 ROM 单元中的地址。假设数据是 5，会从图中表示的字符 ROM 中读出 5 的代码，并发送给点阵 LED。计数器通过译码器送出列信号 $C_0 \sim C_4$，当计数器从 0 起始计数到 4 时，第 0 列至第 4 列的行代码通过 $R_0 \sim R_6$ 依次被读出。然后再重复这一过程。

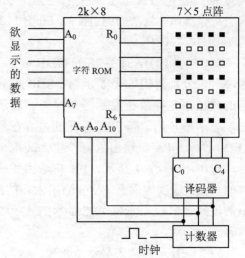

图 4.7 7×5 点阵式 LED 显示电路

从 ROM 中读出的第 0 列代码是 1001111，计数器加 1 后读出的第 1 列代码是 1001001……按此序列，便可产生字母表中的各种字符。

若要提高点阵式 LED 显示器的分辨率，可以采用 9×7 等更大的点阵显示结构，而字符 ROM 可根据需要选用。

4.1.3 LCD 显示器

1. LCD 显示器结构

液晶显示器的结构见图 4.8，单片 $3\frac{1}{2}$ 位的 LCD 的管脚见图 4.9。

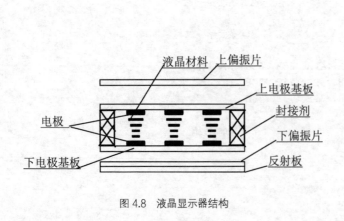

图 4.8 液晶显示器结构

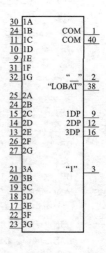

图 4.9 $3\frac{1}{2}$ LCD 管脚

在上、下玻璃电极之间封入向列型液晶材料，液晶分子平行排列，上、下扭曲 90°，外部入射光通过上偏振片后形成偏振光，该偏振光通过平行排列的液晶材料后被旋转 90°，再通过与上偏振片垂直的下偏振片，被反射板反射回来，呈透明状态；当上、下电极加一定的电压后，电极部分的液晶分子转成垂直排列，失去旋光性，从上偏振片入射的偏振光不被旋转，光无法通过下偏振片返回，因而呈黑色。根据需要将电极做成各种文字、数字、图形，就可以获得各种状态显示。

2．LCD 显示器工作原理

点亮液晶显示器可采用如同 LED 的静态显示方式。但是为了延长 LCD 的使用寿命，避免直流电压使液晶发生电化学分解反应而导致液晶损坏，驱动电流应改为交流。LCD 两极间的交流方波电压幅值为 4～5V。为满足显示清晰稳定的要求，交流电压的频率控制在 30～100Hz 为宜，其频率的下限取决于人的视觉暂停特性，上限取决于 LCD 的高频特性。

LCD 驱动回路及波形见图 4.10。图中 LCD 表示某个液晶显示字段，其显示控制电极和公共电极分别与异或门的 C 端和 A 端相连。当异或门的 B 端为低电平时，此字段上两个电极的电压相位相同，两电极的相对电压为零，该字段不显示；当异或门的 B 端为低电平时，此字段上两个电极的电压相位相反，两电极的相对电压为两倍幅值方波电压，该字段呈黑色显示。

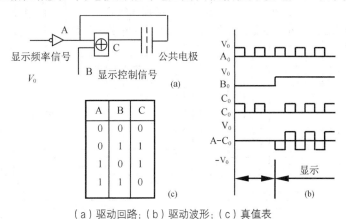

（a）驱动回路；（b）驱动波形；（c）真值表
图 4.10　LCD 驱动回路及波形

图 4.11 所示为 7 段液晶显示器的电极配置和驱动电路。7 段译码器完成从 BCD 码到 7 段代码的转换。

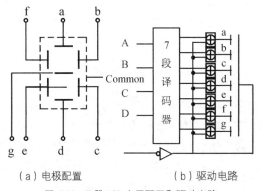

（a）电极配置　　　（b）驱动电路
图 4.11　7 段 LCD 电极配置和驱动电路

3. LCD 显示器接口实例

图 4.12 给出一种 LCD 显示电路。主机采用 MCS-51 系列的 8031 单片机。显示器件采用 4 位数据和 3 个 DP 显示的 LCD 显示屏 4N07。LCD 静态电路采用 CD4543 和 CD4507。BCD-7 段码锁存译码驱动器 CD4543 用于驱动 LCD 的数据位，四异或门 CD4507 用于驱动 LCD 的小数点。锁存器 LS373 和三-八译码器 LS138 组成 LCD 静态驱动电路的地址译码电路。控制数据位的地址码是 8000H 和 8001H，控制小数点的地址码是 8007H。为了限制 LCD 电极上的直流分量在最低限度，必须加入 2 分频电路，以保证加到 LCD 显示器的显示频率信号严格对称。

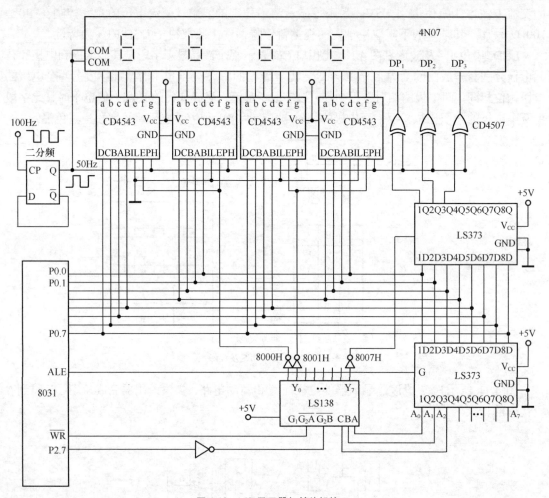

图 4.12　LCD 显示器与单片机接口

CD4543 锁存译码驱动器的 PH 端接显示频率交流信号，可驱动 LCD 显示器（PH 端接"1"电平，可驱动共阳极 LED 显示器；PH 端接"0"电平，可驱动共阴极 LED 显示器）。锁存选通端 LE=1，表示输入锁存器透明；LE=0，表示锁存器锁存。由于 CD4543 只能显示 0～9 数字，不能显示字母，所以可用两种方法消隐。一种方法是令消隐输入端 BI=1，可执行消隐；另一种方法是在 BI=0 的条件下，由数据输入端（DCBA）输入字母 A～F 信号，LCD 显示器同样可以执行消隐。图 4.12 中采用第二种消隐，故将 BI 直接接地。

为了在 4N07 显示器上显示数字 48.5，可执行如下程序：

```
MOV     A, #85H
MOV     DPTR, #8000H
MOVX    @DPTR, A
MOV     A, #0F4H
INC     DPTR
MOVX    @DPTR, A
MOV     A, #20H
MOV     DPTR, #8007H
MOVX    @DPTR, A
```

当要求仪表显示某些物理量的测量值（如温度值或压力值等）时，会遇到信号值较小，相应的数字显示值带有 0 前缀的情况（如"0834"）。考虑到人们的读数习惯，前缀最好能够自动消隐。为此，可采用如下自动消隐 0 前缀子程序：

```
OTF: MOV    R0, #4DH
     MOV    R1, #02H
OTL: MOV    A, @R0
     ANL    A, #0F0H
     JNZ    OT2
     MOV    A, @R0
     ORL    A, #0F0H
     MOV    @R0, A
     ANL    A, #0FH
     JNZ    OT2
     MOV    @R0, #0FFH
     DEC    R0
     DJNZ   R1, OTL
     MOV    4CH, #0F0H
OT2: RET
```

其中，4DH 和 4CH 是子程序的入口和出口条件，同时兼作 LCD 显示缓冲单元。要显示数据时，必须先把显示数据的高位字节放入 4DH 中，低位字节放入 4CH 中，然后调用 OTF 子程序，再把变换后的数字从 4DH 和 4CH 单元中取出送至 LCD 显示器显示。

4.1.4　点阵式 LCD 显示器

点阵式 LCD 显示器以其独特优势应用于可编程控制器的编程器、计算机显示屏、打印机等各种智能产品。点阵式 LCD 的控制与驱动较复杂，随着大规模集成电路工艺的发展，已有驱动电路芯片与控制电路芯片，也有的制作在液晶屏背面的线路板上，使 LCD 应用更简便。

可编程点阵液晶显示控制器自有专用指令集，接受 CPU 控制，产生驱动 LCD 的时序脉冲，控制 LCD 工作状态，管理 LCD 显示存储区，其原理示意图见图 4.13。它有两个通道口，一个口为指令口，用来接收 CPU 送来的指令；另一个口为数据口，用来接收指令参数或显示数据。控制器经数据线与 CPU 传输指令和数据。控制器受 CPU 控制的信号线有片选信号、口选信号和读/写信号。控制器的"忙"标志表示控制器的当前工作状态，有的还有同步信号。各种点阵液晶显示控制器芯片的应用方式类同，现以 OCMJ 中文模块液晶图文显示器为例予以说明。

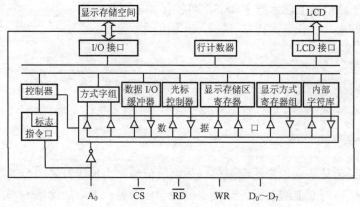

图 4.13　可编程点阵液晶显示控制器原理示意图

1. OCMJ 的特点

OCMJ 中文模块系列液晶显示器内含 GB2312 16×16 点阵国际一级简体汉字和 ASCII 8×8 点阵英文字库，用户输入区位码或 ASCII 码即可实现文本显示。该模块同时为用户提供位点阵和字节点阵两种图形显示功能，用户可在指定的屏幕位置上以位为单位或以字节为单位进行图形显示。位点阵图形方式适用于显示股票走势曲线和电流电压波形等；字节点阵图形方式除用于造字外，实际上可用于编制和显示任何可以以图形方式表达的内容。用户可以清除或上/下、左/右移动当前显示屏幕。所有的用户接口命令都是高级语言格式，而硬件接口采用 ASK/ANSWER 握手协议，采用 8 位并行数据格式。独立于 CPU 硬件的 ASK/ANSWER 握手协议简单可靠。

2. OCMJ 的指令集

OCMJ 用户命令分为 3 类 9 条，见表 4.3，用户可根据需要进行设置。

表 4.3　　　　　　　　　　　　OCMJ 的指令集

功能	指令	操作码	操作数	说　　明
字符显示	显示国际汉字	F0	XX YY QQ WW	XX YY：以 16×16 点阵为单位的屏幕坐标值；QQ WW：GB 2312 汉字区位码
	显示 ASCII 字符	F1	XX YY AS	XX YY：以 8×8 点阵为单位的屏幕坐标值；AS：ASCII 字符代码
图形显示	显示位点阵	F2	XX YY	XX YY：以 1×1 点阵为单位的屏幕坐标值
	显示字节点阵	F3	XX YY BT	XX YY：以 1×8 点阵为单位的屏幕坐标值；BT：字节像素值，0 显示白点，1 显示黑点
屏幕控制	清屏	F4		
	上移	F5		
	下移	F6		
	左移	F7		
	右移	F8		

3. OCMJ 的硬件接口及引脚说明

OCMJ 的接口协议为 ASK/ANSWE 握手方式。ASK＝1 表示 OCMJ 忙于内部处理，不能接收用户命令；ASK＝0 表示 OCMJ 空闲，等待接收用户命令。用户发送命令可在 ASK=0 后的任意时刻开始，先把用户命令的当前字节放到数据线上，接着发高电平 ANSWER 脉冲把当前用户命令字节锁存到 OCMJ 中。然后判断 OCMJ 模块是否忙于内部处理数据，如果 ASK=1，那么把 ANSWER 拉低，等待下一次 ASK=0 后再送一个数据。图 4.14 所示为 OCMJ 的无时序握手协议。

OCMJ 的引脚排列见图 4.15，其引脚说明如下：

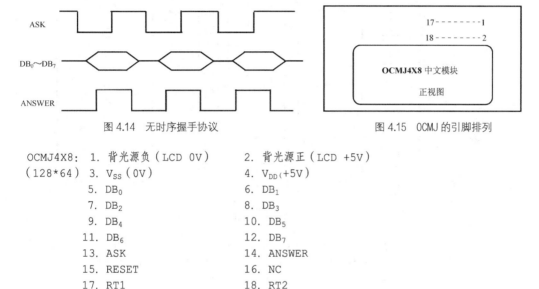

图 4.14 无时序握手协议　　　　　　　　图 4.15 OCMJ 的引脚排列

OCMJ4X8: 1. 背光源负（LCD 0V）　　　　2. 背光源正（LCD +5V）
(128*64) 3. V_{SS}（0V）　　　　　　　　　4. V_{DD}（+5V）
　　　　 5. DB_0　　　　　　　　　　　6. DB_1
　　　　 7. DB_2　　　　　　　　　　　8. DB_3
　　　　 9. DB_4　　　　　　　　　　　10. DB_5
　　　　 11. DB_6　　　　　　　　　　 12. DB_7
　　　　 13. ASK　　　　　　　　　　　14. ANSWER
　　　　 15. RESET　　　　　　　　　　16. NC
　　　　 17. RT1　　　　　　　　　　　18. RT2

4. OCMJ 的应用实例

OCMJ4×8 中文模块与 89C52 的硬件连接示意图见图 4.16。

下面给出针对 OCMJ4×8 中文模块进行操作的程序示例。

（1）写模块子程序（双线应答方式）

该程序使用 REQ 及 BUSY 两条控制线的握手方式对模块进行写操作。

```
SUB1:    JB  BUSY,SUB1    ;确信模块空闲（BUSY=0）
         MOV  P1,A        ;向总线送数据
         NOP              ;等待数据总线稳定
         SETB REQ         ;置模块 REQ 端为高电平（REQ=1），向模块发请求命令
 HE3:    JNB BUSY,HE3     ;等待模块响应（BUSY =1）
         CLR  REQ         ;撤销 REQ 请求信号，数据输入结束
         RET              ;返回
```

（2）写模块子程序（单线延时方式）

该程序仅使用 REQ 一条控制线方式对模块进行写操作。在 MPU 的 I/O 口短缺的情况下非常适用。

```
SUB2:    MOV  P1,A            ;向总线送数据
         NOP                  ;等待数据总线稳定
```

```
SETB REQ            ; 置模块 REQ 端为高电平（REQ=1），向模块发请求命令
LCALL DALEY1        ; 调延时子程序 DALEY1 等待模块响应
CLR  REQ            ; 撤消 REQ 请求信号，数据输入结束
LCALL DALEY2        ; 调延时子程序 DALEY2 等待模块内部处理完成
RET                 ; 返回
```

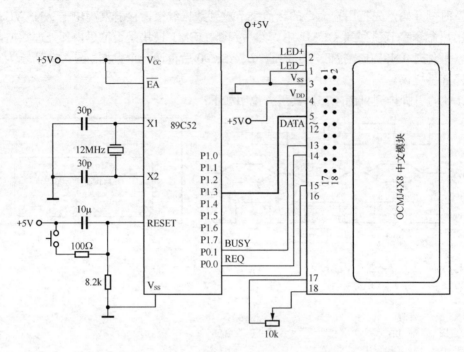

模块接脚: 1 LED−; 3 V_SS; 5~12; DB0~7; 13 BUSY; 15 RESET; 17 RT1;
          2 LED+; 4 V_DD (+5V);   14 REO; 16 NC;   18 RT2;

图 4.16　OCMJ 中文模块与 89C52 的硬件连接示意图

（3）初始化程序

```
ORG   000H          ; 程序首址
LJMP  100H          ; 跳过中断区
ORG   100H
MOV   SP,#60H       ; 设堆栈
CLR   REQ           ; REQ=0
SETB  BUSY          ; BUSY=1
```

（4）汉字程序

该程序显示一个汉字"啊"（区位码为 1001H）。

```
MOV   A,#0F0H       ; 选显示汉字命令字
ACALL SUB1          ; 调用写子程序
MOV   A,#02H        ; 02H, XX, 16*16 点阵为单位的屏幕坐标值
ACALL SUB1          ; 调用写子程序
MOV   A,#00H        ; 00H, YY, 16*16 点阵为单位的屏幕坐标值
ACALL SUB1          ; 调用写子程序
MOV   A,#10H        ; 10H, QQ, GB2312 汉字区位码高位
ACALL SUB1          ; 调用写子程序
MOV   A,#01H        ; 01H, WW, GB2312 汉字区位码低位
ACALL SUB1          ; 调用写子程序
```

（5）写 8×16 ASCII 码程序

该程序显示一个 8×16 ASCII 码 "A"。

```
        MOV     A,#0F9H    ; 选显示 8*16 ASCII 字符命令字
        ACALL   SUB1       ; 调用写子程序
        MOV     A,#04H     ; 04H, XX, 8*8 点阵为单位的屏幕坐标值 X
        ACALL   SUB1
        MOV     A,#00H     ; 00H, YY, 1*1 点阵为单位的屏幕坐标值 Y
        ACALL   SUB1
        MOV     A,#41H     ; AS, ASCII 字符代码 "A"
        ACALL   SUB1
```

注：X 坐标（本例中的 #04H）与 ASCII 码中规定的相同，Y 坐标（本例中的 #00H）以点阵单元为单位。

（6）写 8×8 ASCII 码程序

该程序显示一个 8×8 ASCII 码 "A"。

```
        MOV     A,#0F1H    ; 选显示 8*8 ASCII 字符命令字
        ACALL   SUB1       ; 调用写子程序
        MOV     A,#04H     ; 04H, XX, 8*8 点阵为单位的屏幕坐标值 X
        ACALL   SUB1
        MOV     A,#00H     ; 00H, YY, 1*1 点阵为单位的屏幕坐标值 Y
        ACALL   SUB1
        MOV     A,#41H     ; AS, ASCII 字符代码 "A"
        ACALL   SUB1
```

（7）绘图一点（1×1 点阵）程序

```
        MOV     A,#0F2H    ; 选显示位点阵命令字
        ACALL   SUB1       ; 调用写子程序
        MOV     A,#20H     ; 20H, XX, 以 1*1 点阵为单位的屏幕坐标值 X
        ACALL   SUB1
        MOV     A,#00H     ; 00H, YY, 以 1*1 点阵为单位的屏幕坐标值 Y
        ACALL   SUB1
```

（8）绘图一横线（1×8 点阵）程序

```
        MOV     A,#0F3H    ; 选显示字节点阵命令字
        ACALL   SUB1       ; 调用写子程序
        MOV     A,#04H     ; 04H, XX, 以 1*8 点阵为单位的屏幕坐标值 X
        ACALL   SUB1
        MOV     A,#00H     ; 00H, YY, 以 1*1 点阵为单位的屏幕坐标值 Y
        ACALL   SUB1
        MOV     A,#0FH     ; OFH, 为输入字节数据, 1 为黑点, 0 为白点
        ACALL   SUB1
```

（9）清屏程序

```
        MOV     A,#0F4H    ; 选清屏指令命令字
        ACALL   SUB1       ; 调用写子程序
```

（10）汉字内码转换成区位码程序

该程序将外部数据（如上位机）中的汉字内码转换成区位码以便模块直接显示。

```
; R5——存放机内码高位, R6——存放机内码低位
SUB7:   PUSH    A          ; 把机内码高位放到 A 累加器
        CLR     C
        MOV     A,R5
```

```
SUBB    A,#0A0H      ; 机内码减 A0H 为国标区码
MOV     R5,A         ; 把转换好的区码放回 R5
CLR     C
MOV     A,R6         ; 把机内码低位放到 A 累加器
SUBB    A,#0A0H      ; 机内码减 A0H 为国标位码
MOV     R6,A         ; 把转换好的位码放回 R6
POP     A
RET
```

4.1.5 液晶驱动芯片

随着液晶显示行业的蓬勃发展，液晶驱动芯片的需求也随之增长。LCD 显示驱动芯片以其具有微功耗、体积小、电路设计简单、液晶显示清晰、响应速度快、维护更新方便等优点，被广泛应用于便携式仪器仪表、通信设备以及医疗设备等系统的显示模块中。欧美、韩日以及我国香港和台湾地区在液晶驱动芯片的设计和开发中处于主导者地位，芯片产品也层出不穷。

本节以 Philips 公司生产的具有 I²C 总线的低功耗 LCD 驱动芯片 PCF8576 为例，介绍液晶显示器的电路设计和软件实现方法。该显示器以 Freescale 公司 HCS12 系列单片机 MC9S12E64 为主控制器，以支持 I²C 总线协议的 PCF8576CT 芯片为显示驱动。

1. I²C 总线工作原理

I²C 总线系统是由 SCL（串行时钟）和 SDA（串行数据）两根总线构成的。该总线有严格的时序要求，总线工作时，由串行时钟线 SCL 传送时钟脉冲，由串行数据线 SDA 传送数据。总线协议规定，各主节点进行通信时都要有起始、结束、发送数据和应答信号，这些信号都是通信过程中的基本单元。总线传送的每 1 帧数据均是 1 个字节，每当发送完 1 个字节后，接收节点就相应给一应答信号。协议规定，在启动总线后的第 1 个字节的高 7 位是对从节点的寻址地址，第 8 位为方向位（"0"表示主节点对从节点的写操作，"1"表示主节点对从节点的读操作），其余的字节为操作数据。图 4.17 列出了 I²C 总线上几个基本信号的时序。

图 4.17 中包括起始信号、停止信号、应答信号、非应答信号以及传输数据"0"和数据"1"的时序。起始信号就是在 SCL 线为高时 SDA 线从高变化到低；停止信号就是在 SCL 线为高时 SDA 线从低变化到高；应答信号是在 SCL 为高时 SDA 为低；非应答信号相反，是在 SCL 为高时 SDA 为高。传输数据"0"和数据"1"与发送应答位和非应答位时序图是相同的。

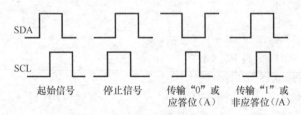

图 4.17　I²C 总线上基本信号的时序

图 4.18 示意了一个完整的数据传送过程。在 I²C 总线发送起始信号后，发送从机的 7 位寻址地址和 1 位表示这次操作性质的读/写位，在有应答信号后开始传送数据，直到发送停止

信号。数据是以字节为单位的。发送节点每发送 1 个字节就要检测 SDA 线上有没有收到应答信号，有则继续发送，否则将停止发送数据。

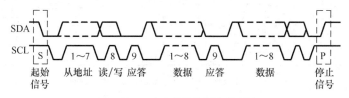

图 4.18 一次完整的数据传送过程

2. PCF8576CT 液晶驱动工作原理

PCF8576 液晶驱动芯片有 40 个段输出和 4 个背极输出，因此可完成最大为 160（40×4）个点素的 LCD 显示。PCF8576 的二总线 I^2C 数据传输结构使其与微控制器的连线也减至最低，因而最大限度地减少了显示系统的开销。对大于 160 个显示元素的应用场合，可简单通过级联方式实现应用，PCF8576CT 的管脚见图 4.19。

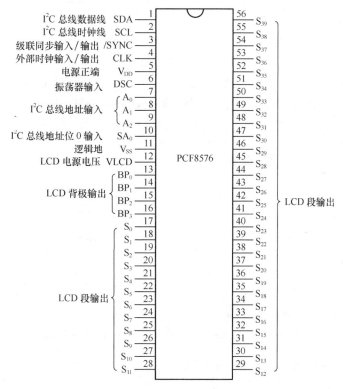

图 4.19 PCF8576 的管脚结构及说明

PCF8576 有 40 个段输出 $S_0 \sim S_{39}$ 和 4 个背极输出 $BP_0 \sim BP_3$，它们与 LCD 直接相连，当少于 40 个段输出和少于 4 个背极输出应用时，不用的段或背极可空出。PCF8576 共有静态、1:2、1:3、1:4 四种背极输出方式，允许使用 1/2 或 1/3 两种偏置电压。当将待显示的数据传送给 PCF8576 后，PCF8576 会将接收到的字节数据按照所选择的 LCD 驱动方式填充在显示RAM 中，图 4.20 所示为最常见的 1:4 驱动方式下 7 段显示器的显示填充顺序。

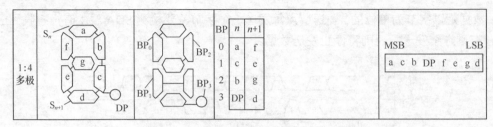

图 4.20　1:4 驱动方式下 7 段显示器显示填充顺序

3．PCF8576 的控制命令

PCF8576 共有 5 个控制命令字，命令和数据均以字节形式发送到 PCF8576，它们的区别在于传送字节的最高位 C。当 C=1 时表示其后传送的字节仍是命令；C=0 表示其后传送的字节是最后一个命令，接下来传送的是一系列数据。下面列出常用的 4 个命令细节。

（1）方式设定

C	1	0	LP	E	B	M1	M0

LP：功耗控制，0 表示正常；1 表示节电方式。

E：显示使能，0 表示禁止显示；1 表示允许显示。

B：偏置电压，0 表示 1/3 偏置；1 表示 1/2 偏置。

M1，M0：驱动方式，01 表示静态；10 表示 1:2 多极；11 表示 1:3 多极；00 表示 1:4 多极。

（2）数据指针（要显示的起始地址，对应输出 $S_0 \sim S_{39}$ 的某一段）

C	0	P5	P4	P3	P2	P1	P0

P5～P0：从 0～39 的 6 位二进制数。

（3）器件选择

C	1	1	0	0	A2	A1	A0

A2～A0：从 0～7 的 3 位二进制数（对应 A2/A1/A0 连线）。

（4）闪烁选择

C	1	1	1	0	A	BF1	BF0

A：0 表示正常；1 表示轮流闪烁。

BF1，BF0：闪烁频率，00 表示关闭；01 表示 2Hz；10 表示 1Hz；11 表示 0.5Hz。

4．MC9S12E64 有关 I^2C 总线的寄存器

当设计方案采用 Freescale 公司 HCS12 系列单片机 MC9S12E64 来实现时，有下列一些与 I^2C 总线相关的寄存器需要操作。

（1）I^2C 控制寄存器

IBEN	IBIE	MS/SL	TX/RX	TXAK	RSTA	0	IBSWAL

IBEN：I^2C 总线使能位，0 表示禁止；1 表示使能。

IBIE：I^2C 总线中断使能位，0 表示禁止；1 表示使能。

MS/SL：主/从选择位，0 表示从机；1 表示主机。

TX/RX：发送/接收模式选择位，0 表示接收；1 表示发送。

TXAK：应答信号发送使能位，0 表示发送的第九个位发送应答信号；1 表示不发送应答信号。

RSTA：重新制造起始条件。

IBSWAI：等待模式下是否停止 I^2C 总线，0 表示正常工作；1 表示停止工作。

（2）I^2C 状态寄存器

TCF	IAAS	IBB	IBAL	0	SRW	IBIF	RXAK

TCF：数据传送位，0 表示数据正在传送；1 表示传送结束。

IAAS：从机地址匹配位，0 表示不匹配；1 表示匹配。

IBB：总线繁忙位，0 表示总线空闲；1 表示总线正忙。

SRW：从机读/写位，0 表示从机接收，主机发送；1 表示从机发送，主机接收。

IBIF：I^2C 总线中断位。

RXAK：应答接收位，0 表示接收到应答位；1 表示未接收到应答位。

5．PCF8576 的应用实例

以 Freescale 公司 HCS12 系列单片机 MC9S12E64 为主控制器，设计完成的支持 I^2C 总线协议的 PCF8576CT 液晶驱动芯片电路见图 4.21。

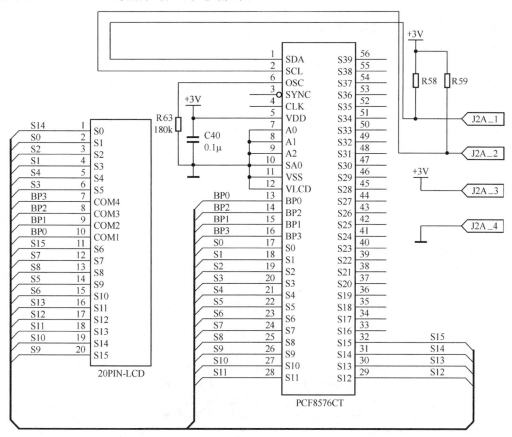

图 4.21　PCF8576CT、微控制器及液晶显示器的硬件原理图

在设计电路时，将单片机 MC9S12E64 与 PCF8576CT 的 SCL、SDA 两引脚连接起来，以实现两器件之间传递控制信号和显示数据，J2A_1 为微控制器 I^2C 总线模块引出的 SDA，J2A_2 为微控制器 I^2C 总线模块引出的 SCL；电路中 VLCD 引脚接 VSS，则 LCD 供电电压为 VDD。在 LCD 电压小于 VDD 的场合，VLCD 引脚电压应通过接在 VDD 上的分压电阻取得，以使 VDD-VLCD 符合 LCD 的标称电压要求。PCF8576CT 与液晶显示器之间的 BP0～BP3 和 S0～S39 相对应连接。值得注意的是，PCF8576CT 与液晶显示器之间的连接方式并不唯一，但考虑到编写字库的方便，一般需要参考具体显示器的段码设置，以使编程简便。

PCF8576 是典型的 I^2C 总线器件，但应注意 PCF8576 在系统中只是被控接收器，因而只存在微控器向其发送数据的单向过程；设定 PCF8576 的工作方式（如偏置电压是否闪烁等），可以在发送数据时一起进行，亦可在发送数据前独立完成。按 I^2C 总线规约，PCF8576 的基本器件地址为 70H（SA0 脚接 VSS）或 72H（SA0 脚接 VDD），A2、A1、A0 脚决定器件的子地址，图 4.21 中皆接地（与器件复位状态相同），因而可省去器件选择命令，故本例中器件有唯一的寻址地址 70H。在将数据送入发送缓冲区时应仔细按照显示 RAM 的填装顺序。

在 I^2C 总线启动后，依次发送 PCF8576CT 的总线地址 70H，接着发送各种控制字来完成对 PCF8576CT 的设置，完成后再发送要显示的数据，最后终止 I^2C 总线，软件流程见图 4.22。

以下给出的是 MC9S12E64 汇编程序代码。

（1）定义常量和变量

```
器件地址
SLV_ADR EQU $70                       ; 器件 PCF8576CT 总线地址
SUB_ADR EQU $80                       ; 器件 PCF8576CT 单元地址
控制字定义
MODE_CLEAR         EQU $D0            ; 清屏控制字   (1/3 偏压, 1/4 背极, 节能方式, 清屏)
MODE_DISPLAY       EQU $58            ; 显示控制字 (1/3 偏压, 1/4 背极, 节能方式, 允许显示)
MODE_FLASH         EQU $F0            ; 闪烁控制字  (不需要闪烁)
内存数据定义
STRING             RMB 10             ; 需要通过 I²C 发送的数据
READY_BYTE         RMB 1              ; 准备发送的字节
BYTE_CNT           RMB 1              ; 发送字节计数器
```

（2）初始化部分

```
MOVB   #$10, IBFD                     ; 设置 IIC 时钟频率
MOVB   #$A, BYTE_CNT                  ; 装载显示数据的个数
```

（3）数据发送部分（SEND_DATA 功能为通过 I^2C 发送多个字节给 PCF8576CT）

```
SEND_DATA:
   LDAB       BYTE_CNT                ; 将显示数据个数放入寄存器 B 中
   JSR        START                   ; 启动总线
   LDX        #STRING                 ; X 指针指向待发送数据地址
   MOVB       #SLV_ADR, READY_BYTE    ; 装入被控器总线地址
   JSR        SEND_BYTE               ; 发送总线地址
   MOVB       #MODE_CLEAR, READY_BYTE ; 装入—清屏—控制字
   JSR        SEND_BYTE               ; 发送控制字
   MOVB       #SUB_ADR, READY_BYTE    ; 装入—单元—地址
```

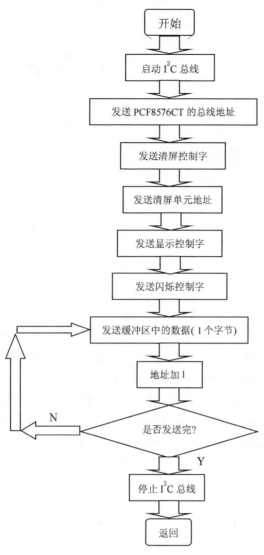

图 4.22　软件流程图

```
        JSR     SEND_BYTE                       ; 发送单元地址
        MOVB    #MODE_FLASH, READY_BYTE         ; 装入—显示—控制字
        JSR     SEND_BYTE                       ; 发送控制字
        MOVB    #MODE_DISPLAY, READY_BYTE       ; 装入—闪烁—控制字
        JSR     SEND_BYTE                       ; 发送控制字
SEND_NEXT:
        LDAA    0, X                            ; 缓冲区地址的内容送给 A
        STAA    READY_BYTE                      ; 准备发送
        JSR     SEND_BYTE                       ; 发送单个字节
        INX                                     ; 缓冲区地址加 1
        DBNE    B, SEND_NEXT                    ; 循环（BYTE_CNT）次
        JSR     STOP                            ; 发送结束, 停止总线
        RTS
```

（4）启动 I²C 总线子程序

```
START:
    MOVB  #$80, IBCR          ; 使能 I²C
    BSET  IBCR, #$20          ; 设置主模式
    BSET  IBCR, #$10          ; 选择发送状态
    RTS
```

（5）停止 I²C 总线子程序

```
STOP:BCLR  IBCR, #$20
     RTS
```

（6）SEND_BYTE 子程序（其功能为发送 1 个字节）

```
SEND_BYTE:
    MOVB  READY_BYTE, IBDR    ; 发送 1 个字节
    BRCLR IBSR, #$02, *       ; 等待发送完成
    BCLR  IBSR, #$FD          ; 清标志位
    RSET  IBSR, #$01, *       ; 检查回应信号
    RTS
```

4.2　键盘接口

键盘是由若干个按键组成的开关矩阵，它是单片机应用系统中最简单的输入设备。工业测控和智能化仪器仪表可以通过键盘输入数据、传送命令，实现简单的人机通信。

微机所用的键盘有全编码键盘和非编码键盘两种。全编码键盘由硬件逻辑来提供与被按键对应的编码，它一般还具有去抖动和多键、串键保护电路。这种键盘使用方便，但需要较多的硬件，价格较贵，一般的单片机应用系统较少采用。非编码键盘只简单地提供输入按键连接电路，其余工作靠按键识别软件来完成，它具有经济实用的特点，目前在单片机应用系统中大都采用这种键盘。本节将介绍键盘的工作原理和非编码键盘接口技术。

4.2.1　键盘结构

非编码键盘按照按键的连接方式可分为独立式键盘和行列式键盘。

1. 独立式键盘

独立式键盘见图 4.23。每个按键各接一条 I/O 输入线，I/O 口线之间无相互影响。所有按键的一端接地，另一端接一个上拉电阻并引出。当按键断开时，相应的 I/O 口线输出为高电平，当按键被按下时，相应的 I/O 口线输出为低电平。这样，通过检测 I/O 输入线的电平状态，可以很容易地判断哪个按键被按下。

独立式按键电路配置灵活，硬件结构和软件结构都比较简单，但每个按键必须占用一根 I/O 口线，通常只在按键数量不多的场合应用。

2. 行列式键盘

当按键数较多时，通常采用行列式键盘，也称矩阵式键盘，它由行线和列线组成，按键设置于行和列的每个交叉点上。图 4.24 所示为由 4×4 行、列结构构成的 16 个按键的行列式键盘，只需要 4 根行线和 4 根列线，与独立式键盘相比，可以节省 I/O 口线。

由于行列式键盘中行、列线为多键共用，各按键均影响该键所在行和列的电平，因此各按键彼此将相互发生影响，所以对于行列式键盘，必须解决键盘中是否有键按下以及是哪一个键按下的问题，即按键识别技术。

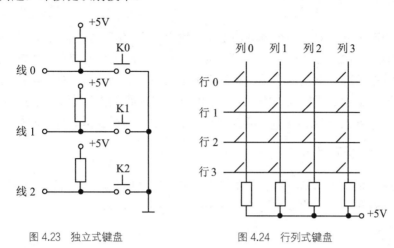

图 4.23　独立式键盘　　　　　　　　图 4.24　行列式键盘

3. 键抖动和消抖动方法

按键大都是利用机械触点的开合作用，在机械触点闭合及断开瞬间，由于其弹性作用的影响有一个抖动过程，从而使电压信号波动，见图 4.25。按键抖动时间长短与开关的机械特性有关，一般为 5～10ms。按键的稳定闭合时间由操作人员的按键动作所确定，一般为几百毫秒至几秒。

为了确保单片机对一次按键动作只作一次按键处理，必须消除抖动的影响，这个过程称为消抖动。通常消抖动有硬件和软件两种方法。硬件方法可在按键的输出端加 R-S 触发器或单稳态电路，以构成消抖动电路。单片机应用系统常采用软件方法来消抖动，在检测到有按键按下时，执行一个 10 ms 左右的延时程

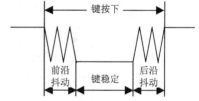

图 4.25　键闭合和断开时的电压波动

序后，再次确认该键电平是否保持闭合状态电平。若仍保持闭合状态电平，则确认该键被按下，从而消除了抖动的影响。

4.2.2　行扫描法原理

对于行列式键盘的按键识别方法，一般可采用行扫描法。

对图 4.24 所示的行列式键盘，单片机的一个输出口接键盘行线，输出扫描信号到键盘的行线；一个输入口接列线，读入键盘的列线数据。行扫描法分两步：第一步，识别键盘有无键按下；第二步，如有键被按下，识别出是哪个键被按下。

1. 全扫描

识别键盘有无键按下。输出口输出全"0"，扫描所有行，通过输入口读取键盘的列输出数据，若全为"1"，则键盘上没有键按下；若不全为"1"，则键盘上有键按下。从列线上出

现的"0"可以得到按键的列号，但不能确定是哪一行的按键。为了确定行号，进入第二步行扫描。

2．行扫描

识别出哪个键按下。即在一个时刻输出口只输出 1 个 "0"，扫描一行，其余所有行均输出 "1"。从扫描行 0 开始，先使行 0 为 "0"，通过输入口读取键盘的列输出数据，若全为 "1"，则该行上没有键按下；若不全为 "1"，则为低电平的列线与该行相交处的键被按下。如果行 0 上没有键按下，接着使行 1 为 "0"，其余行线为 "1"，重复以上过程，依此类推直至行 3。这种逐行地检查键盘状态的过程称为键盘扫描，通过行扫描可以得到按键的行号。

4.2.3　键盘/显示器接口技术

在单片机应用系统中，同时需要使用键盘与显示器接口时，为了节省 I/O 口线，常把键盘和显示器电路做在一起，构成实用的键盘和显示器接口电路。

1．接口电路

图 4.26 所示为 89C52 通过 8155 接 4×8 键盘和 6 位共阴极 LED 显示器的接口电路。8155 I/O 寄存器地址为 7F00H～7F05H。8155 的 PA 口作为键盘的扫描输出口，控制键盘行线 0～7，PC 口作为键盘列线 0～3 的输入口。其中的 LED 显示器的接口与前述的图 4.5 完全相同，PA 口是位选口，PB 口是段码口。LED 显示器采用动态扫描显示方式，键盘采用行扫描方式，扫描信号都由 PA 口提供。

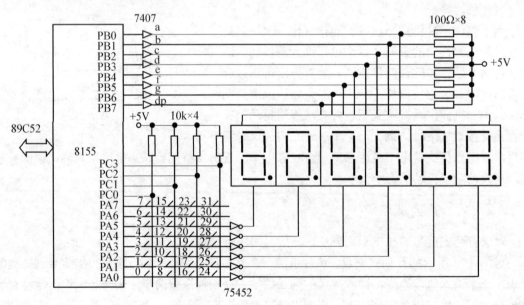

图 4.26　键盘显示器接口电路

2．程序设计

键盘识别程序的设计有以下 4 个方面。

（1）全扫描

全扫描判别键盘有无按键闭合。扫描口 PA 输出全"0"，扫描所有行，通过 PC 口读取键盘的列输出数据，若 PC0～PC3 全为"1"，则键盘上没有键闭合；若 PC0～PC3 不全为"1"，则键盘上有键闭合。

（2）消抖动

采用软件方法消抖动，在检测到有按键闭合后，执行一个 10 ms 左右的延时程序后，再判别键盘的状态，若仍有键闭合，则认为键盘上有一个键处于稳定的闭合期；否则，认为是键的抖动。程序中将前述（P111）的动态显示子程序 DIR 作为消抖动延时子程序，这使得 LED 显示器进入键输入子程序后始终是亮的。

（3）行扫描

行扫描识别按键的键号。判到键盘上有键闭合，进入行扫描法的第二步，对键盘的行线进行扫描，扫描口 PA0～PA7 依次输出一个"0"：

PA7	PA6	PA5	PA4	PA3	PA2	PA1	PA0
1	1	1	1	1	1	1	0
1	1	1	1	1	1	0	1
1	1	1	1	1	0	1	1
			...				
0	1	1	1	1	1	1	1

相应地顺序读出 PC 口的状态，若 PC0～PC3 全为"1"，则该扫描行上没有键闭合；否则，这一行上有键闭合。闭合键的键号等于为低电平的行号加上为低电平的列的首键号。例如：PA 口的输出为 11111101 时，读出 PC0～PC3 为 1101，则 1 行 1 列相交的键处于闭合状态，第一列的首键号为 8，行号为 1，闭合键的键号为：

$$N = 列首键号 + 行号 = 8 + 1 = 9$$

（4）键释放

为了使 CPU 对键的一次闭合仅作一次处理，要等待按键释放以后再判别新的键输入。

采用行扫描法的按键识别子程序如下。

```
KEYI:   ACALL   KS1                 ;调用判有无键闭合子程序
        JNZ     LK1
        ACALL   DIR                 ;无键闭合，调用显示子程序
        AJMP    KEYI
LK1:    ACALL   DIR                 ;延时 12ms，消抖动
        ACALL   DIR
        ACALL   KS1                 ;判断有无键按下
        JNZ     LK2                 ;有，则确认键按下转 LK2 行扫描
        ACALL   DIR
        AJMP    KEYI
LK2:    MOV     R2, #0FEH           ;首行扫描字送 R2
        MOV     R4, #00H            ;首行号送 R4
LK3:    MOV     DPTR, #7F01H        ;指向 PA 口
        MOV     A, R2
        MOVX    @DPTR, A            ;行扫描字送 PA 口
        INC     DPTR
        INC     DPTR
        MOVX    A, @DPTR            ;从 PC 口读入键盘列状态
```

```
            JB      ACC.0, LONE     ;0 列无键按下，转判 1 列
            MOV     A, #00H         ;0 列有键按下，0 列首键号送 A
            AJMP    LKP
LONE:       JB      ACC.1, LTWO     ;1 列无键按下，转判 2 列
            MOV     A, #08H         ;1 列有键按下，1 列首键号送 A
            AJMP    LKP
LTWO:       JB      ACC.2, LTHR     ;2 列无键按下，转判 3 列
            MOV     A, #10H         ;2 列有键按下，2 列首键号送 A
            AJMP    LKP
LTHR:       JB      ACC.3, NEXT     ;3 列无键按下，转判下一行
            MOV     A, #18H         ;3 列有键按下，3 列首键号送 A
LKP:        ADD     A, R4           ;键号 = 列首键号 + 行号
            PUSH    ACC
LK4:        ACALL   DIR             ;等待键释放
            ACALL   KS1
            JNZ     LK4
            POP     ACC             ;键释放
            RET                     ;键扫描结束，键号在 A
NEXT:       INC     R4              ;准备扫描下一行，行号加 1
            MOV     A, R2
            JNB     ACC.7, KEND     ;判 8 行是否扫描完？扫描完则转 KEND
            RL      A               ;行扫描字左移一位
            MOV     R2, A
            AJMP    LK3             ;转扫描下一行
KEND:       AJMP    KEYI
KS1:        MOV     DPTR, #7F01H    ;全扫描
            MOV     A, #00H         ;全 "0" 送 PA 口
            MOVX    @DPTR, A
            INC     DPTR
            INC     DPTR
            MOVX    A, @DPTR        ;读入 PC 口键盘列状态
            CPL     A
            ANL     A, #0FH         ;屏蔽高位
            RET
```

4.2.4 键盘工作方式

单片机应用系统中，扫描键盘只是 CPU 的工作任务之一。根据应用系统中单片机工作的忙闲情况来选择适当的键盘工作方式，键盘工作方式有编程扫描、定时扫描和中断扫描 3 种方式。

1. 编程扫描方式

单片机对键盘扫描采用程序控制的方式，调用键盘扫描子程序扫描键盘，等待用户从键盘上输入命令或数据，来响应键盘的输入请求。

在键盘扫描子程序中，首先判断整个键盘上有无键按下，延时 10ms 来消除按键抖动，如确实有键按下，则进行下一步行扫描得到按键的键号，等待按键释放后，再进行按键功能的处理操作。

2. 定时扫描方式

通常利用单片机内的定时器产生 10ms 的定时中断，CPU 响应定时器溢出中断请求，对

键盘进行扫描，在有键按下时识别出该键，并执行相应键的处理程序。定时扫描方式的硬件电路与编程扫描方式相同。

3．中断扫描方式

为了提高单片机扫描键盘的工作效率，可采用中断扫描方式。即只有在键盘有键按下时发出中断请求，CPU 响应中断请求后，转中断服务程序，进行键扫描，识别键码，实现按键的功能，执行键处理程序。

4.2.5　串行专用键盘/显示器接口芯片 HD7279A

目前有各种专用的可编程键盘/LED 显示器接口芯片，用户可以省去编写键盘扫描和 LED 动态显示程序，只需对键盘/LED 显示器接口芯片中的各控制寄存器进行初始化设置即可。

专用键盘/LED 显示器接口芯片种类很多，有并行接口和串行接口。目前，串行接口的芯片使用越来越多。并行接口典型的有 Intel 的 8279；常见的串行接口的芯片有：周立功公司的 8 位 LED 显示器驱动及 8×8 键盘控制芯片 ZLG7289A（SPI 总线）和 ZLG7290B（I^2C 总线）、南京沁恒公司的 6 位 LED 显示器驱动及 8×6 键盘控制芯片 CH450、8 位 LED 显示器驱动及 8×8 键盘控制芯片 CH451 和 CH452、8 位 LED 显示器驱动及 8×8 键盘控制芯片 CH454、HD7279。

1．HD7279A 简介

HD7279A 是管理键盘和 LED 显示器的专用智能控制芯片，该芯片采用串行接口方式，可同时驱动 8 位共阴极 LED 显示器（或 64 位独立 LED 发光二极管）和多达 8×8 键的键盘矩阵，单片即可完成 LED 显示器、键盘接口的全部功能。因此其可以提高 CPU 的工作效率，同时其串行接口方式又可简化 CPU 接口电路的设计。

（1）特点

① 与 CPU 间采用串行接口方式，仅占用 4 根口线；

② 内部含有译码器，可直接接收 BCD 码或 16 进制码，同时具有两种译码方式，实现 LED 显示器位寻址和段寻址；

③ 具有多种控制指令，如消隐、闪烁、循环左移、循环右移指令，编程灵活；

④ 内部含有驱动器，无需外围元件即可直接驱动 LED；

⑤ 具有级联功能，可方便地实现多于 8 位显示或多于 64 键的键盘接口；

⑥ 具有自动消除键抖动并识别按键键值的功能。

HD7279A 芯片占用口线少，外围电路简单，具有较高的性能价格比，在仪器仪表、工业控制器、条形码显示器、控制面板的键盘/显示器接口设计中得到广泛应用。

（2）引脚说明

HD7279A 为 28 引脚标准双列直插式封装（DIP），由单一的+5V 电源供电。其引脚排列见图 4.27，引脚

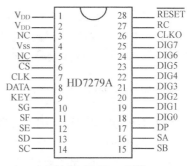

图 4.27　HD7279A 引脚

功能见表 4.4。

表 4.4　　　　　　　　　　　　　　　HD7279A 引脚功能

引　脚	名　称	说　　明
1，2	V_{DD}	正电源+5V
3，5	NC	空
4	Vss	地
6	$\overline{CS}$	片选信号，低电平有效
7	CLK	同步时钟输入端
8	DATA	串行数据输入/输出端
9	KEY	按键有效输出端
10～16	SG～SA	LED 的 g～a 段驱动输出端
17	DP	小数点驱动输出端
18～25	DIG0～DIG7	LED 位驱动输出端
26	CLKO	振荡输出端
27	RC	RC 振荡器连接端
28	$\overline{RESET}$	复位端，低电平有效

　　DIG0～DIG7 分别为 8 个 LED 显示器的位驱动输出端，SA～SG 分别为 LED 显示器的 a～g 段的输出端，DP 为小数点的驱动输出端。DIG0～DIG7 和 SA～SG 及 DP 还分别是 64 键的键盘的列线和行线，完成对键盘的监视、译码和键码的识别。在 8×8 阵列中每个键的键码可用读键盘指令读出，其范围是 00H～3FH。

　　HD7279A 与单片机连接仅需 4 条口线：$\overline{CS}$、DATA、CLK、KEY。

　　$\overline{CS}$ 为片选信号，低电平有效。

　　DATA 为串行数据输入/输出端。当向 HD7279A 发送数据时，DATA 为输入端；当 HD7279A 输出键盘代码时，DATA 为输出端。

　　CLK 为数据串行传送的同步时钟输入端，时钟的上升沿表示数据有效。

　　KEY 为按键信号输出端，在无键按下时为高电平，当检测到有键按下时，此引脚变为低电平，并且一直保持到键释放为止。

　　RC 引脚用于连接 HD7279A 的外接振荡元件，其典型值为 $R=1.5\text{k}\Omega$，$C=15\text{pF}$。

　　$\overline{RESET}$ 为复位端。该端由低电平变为高电平，大约经过 18～25ms 复位结束，进入正常工作状态。通常，该端接+5V 即可。

2．HD7279A 的控制

HD7279A 的控制指令由 6 条纯指令、7 条带数据指令和 1 条读键盘指令组成。

（1）纯指令

所有的纯指令都是单字节指令，见表 4.5。

表 4.5 纯指令

名 称	代码	说 明
右移	A0H	所有 LED 显示右移 1 位，最左边位为空，各位的消隐和闪烁属性不变
左移	A1H	所有 LED 显示左移 1 位，最右边位为空，各位的消隐和闪烁属性不变
循环右移	A2H	与右移类似，不同之处在于移动后原最右边 1 位的内容显示于最左位
循环左移	A3H	与循环右移类似，但移动方向相反
复位（清除）	A4H	将所有的显示和设置的字符消隐、闪烁等属性清除
测试	BFH	使所有的 LED 全部点亮，并处于闪烁状态

（2）带数据指令

带数据指令均由双字节组成，第一字节为指令标志码（有的还含有位地址），第二字节为显示内容，见表 4.6。

表 4.6 带数据指令

名 称	第一字节								第二字节							
	D7	D6	D5	D4	D3	D2	D1	D0	D7	D6	D5	D4	D3	D2	D1	D0
方式 0 译码显示	1	0	0	0	0	a2	a1	a0	dp	×	×	×	d3	d2	d1	d0
方式 1 译码显示	1	1	0	0	1	a2	a1	a0	dp	×	×	×	d3	d2	d1	d0
不译码显示	1	0	0	1	0	a2	a1	a0	dp	A	B	C	D	E	F	G
闪烁控制	1	0	0	0	1	0	0	0	d7	d6	d5	d4	d3	d2	d1	d0
消隐控制	1	0	0	1	1	0	0	0	d7	d6	d5	d4	d3	d2	d1	d0
段点亮	1	1	1	0	0	0	0	0	×	×	d5	d4	d3	d2	d1	d0
段关闭	1	1	0	0	0	0	0	0	×	×	d5	d4	d3	d2	d1	d0

① 按方式 0 译码显示指令。

命令由两个字节组成，第一字节为指令，其中 a2、a1、a0 为 LED 显示器的位地址，具体分配见表 4.7。第二字节中的 d3～d0 为显示数据，收到此指令时，HD7279A 按表 4.8 所示的规则（译码方式 0）进行译码和显示。小数点的显示由 DP 位控制，DP=1 时，小数点显示；DP=0 时，小数点不显示。此时指令中的×××（见表 4.6）为无影响位。

表 4.7 位地址译码表

a2	a1	a0	LED 显示位
0	0	0	LED1
0	0	1	LED2
0	1	0	LED3
0	1	1	LED4
1	0	0	LED5
1	0	1	LED6
1	1	0	LED7
1	1	1	LED8

表 4.8 方式 0 译码显示表

d3～d0	LED 显示	d3～d0	LED 显示
0H	0	8H	8
1H	1	9H	9
2H	2	AH	—
3H	3	BH	E
4H	4	CH	H
5H	5	DH	L
6H	6	EH	P
7H	7	FH	空（无显示）

② 按方式 1 译码显示指令。

此指令与上一条指令基本相同，所不同的是译码方式，LED 显示的内容与十六进制相对应，该指令的译码规则见表 4.9（译码方式 1）。a2、a1、a0 位地址译码见表 4.7。

表 4.9 方式 1 译码显示表

d3 ~ d0	LED 显示	d3 ~ d0	LED 显示
0H	0	8H	8
1H	1	9H	9
2H	2	AH	A
3H	3	BH	B
4H	4	CH	C
5H	5	DH	D
6H	6	EH	E
7H	7	FH	F

③ 不译码显示指令。

不译码显示指令中 a2、a1、a0 为位地址，位地址译码见表 4.7。第二字节仍为 LED 显示的内容，其中 A~G 和 DP 为显示数据，分别对应 LED 显示器的各段和小数点，当取值为 "1" 时，该段点亮；取值为 "0" 时，该段熄灭。

④ 闪烁控制指令。

此指令控制各个 LED 显示器的闪烁属性。d0~d7 分别对应 LED1~LED8 显示器，当取值为 "1" 时，不闪烁；取值为 "0" 时，闪烁。开机后，各位默认的状态均为不闪烁。

⑤ 消隐控制指令。

此指令控制各个 LED 显示器的消隐属性。d0~d7 分别对应 LED1~LED8 显示器，当取值为 "1" 时，显示；取值为 "0" 时，消隐。当某一位被赋予了消隐属性后，HD7279A 在扫描时将跳过该位，因此在这种情况下，无论对该位写入何值，均不会被显示，但写入的值将被保留，在将该位重新设为显示状态后，最后一次写入的数据将被显示出来。当无需用到全部 8 个 LED 显示的时候，将不用的位设为消隐属性，可以提高显示的亮度。

注意：至少应有一位保持显示状态，如果消隐控制指令中 d0~d7 全部为 "0"，该指令不被接受，HD7279A 保持原来的消隐状态不变。

⑥ 段点亮指令。

该指令的作用是点亮某个 LED 显示器中某一指定的段，或 64 个 LED 矩阵中某一指定的 LED。d5~d0 为段地址，范围从 00H~3FH，所对应点亮段见表 4.10。

⑦ 段关闭指令。

该指令作用为关闭（熄灭）LED 显示器中的某一段，d5~d0 为段地址，范围从 00H~3FH，所对应点关闭如表 4.10，仅将点亮段改为关闭段。

表 4.10 段点亮对应表

LED	LED1								LED2							
d5~d0 取值	00	01	02	03	04	05	06	07	08	09	0A	0B	0C	0D	0E	0F
点亮段	g	f	e	d	c	b	a	dp	g	f	e	d	c	b	a	dp
LED	LED3								LED4							
d5~d0 取值	10	11	12	13	14	15	16	17	18	19	1A	1B	1C	1D	1E	1F
点亮段	g	f	e	d	c	b	a	dp	g	f	e	d	c	b	a	dp

续表

LED	LED5								LED6							
d5～d0 取值	20	21	22	23	24	25	26	27	28	29	2A	2B	2C	2D	2E	2F
点亮段	g	f	e	d	c	b	a	dp	g	f	e	d	c	b	a	dp
LED	LED7								LED8							
d5～d0 取值	30	31	32	33	34	35	36	37	38	39	3A	3B	3C	3D	3E	3F
点亮段	g	f	e	d	c	b	a	dp	g	f	e	d	c	b	a	dp

（3）读键盘指令

读键盘指令格式见表 4.11。

表 4.11　　　　　　　　　　读键盘指令

名　称	第一字节								第二字节							
	D7	D6	D5	D4	D3	D2	D1	D0	D7	D6	D5	D4	D3	D2	D1	D0
读键盘	0	0	0	1	0	1	0	1	d7	d6	d5	d4	d3	d2	d1	d0

该指令从 HD7279A 读出当前的按键代码。与其他指令不同，此命令的第一个字节 00010101B（15H）为单片机传送到 HD7279A 的指令，而第二个字节 d7～d0 为 HD7279A 返回的按键代码，其范围是 00H～3FH。如果在收到读键盘指令时没有有效按键，HD7279A 将输出 FFH。当 HD7279A 检测到有效按键时，KEY 从高电平变为低电平，并一直保持到按键结束。在此期间，如果 HD7279A 接收到读键盘数据指令，则输出当前按键的键盘代码。

3．HD7279A 的串行接口及时序

HD7279A 采用串行方式与单片机通信，串行数据从 DATA 引脚输入或输出，并由 CLK 同步。当片选信号 $\overline{CS}$ 变为低电平后，DATA 引脚上的数据在 CLK 脉冲的上升沿被写入或读出 HD7279A 的数据缓冲器。

（1）纯指令时序

纯指令的宽度为 8 位，即单片机需发送 8 个 CLK 脉冲，向 HD7279A 发送 8 位指令，DATA 引脚最后为高阻态，见图 4.28。

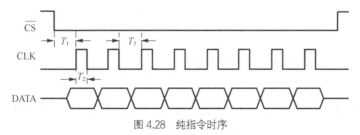

图 4.28　纯指令时序

（2）带数据指令时序

带数据指令的宽度为 16 位，即单片机需发送 16 个 CLK 脉冲，前 8 位向 HD7279A 发送 8 位指令，后 8 位向 HD7279A 传送 8 位数据，DATA 引脚最后为高阻态，见图 4.29。

（3）读键盘指令时序

读取键盘数据指令的宽度为 16 位，前 8 位为单片机发送到 HD7279A 的指令，后 8 位为

HD7279A 返回的键盘代码。执行此指令时，HD7279A 的 DATA 引脚在第 9 个 CLK 的上升沿变为输出状态，并于第 16 个 CLK 的下降沿恢复为输入状态，等待接收下一个指令，见图 4.30。

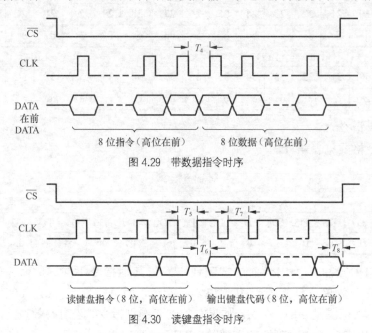

图 4.29　带数据指令时序

图 4.30　读键盘指令时序

　　为了保证 HD7279A 正常工作，在选定 HD7279A 的振荡元件 RC 和单片机的晶振之后，应调节延时时间，使时序中的 T1～T8 满足表 4.12 所示要求。由表中的数据可知，HD7279A 规定的时间范围很宽，容易满足时序的要求。为了提高 CPU 访问 HD7279A 的速度，应调整延时，使运行时间接近最短。

表 4.12　　　　　　　　　　　　T1～T8 数据值（μs）

符号	最小值	典型值	最大值	符号	最小值	典型值	最大值
T1	25	50	250	T5	15	25	250
T2	5	8	250	T6	5	8	250
T3	5	8	250	T7	5	8	250
T4	15	25	250	T8	—	—	250

4．AT89C52 与 HD7279A 的接口和编程

（1）接口电路

　　图 4.31 所示为 HD7279A 与 89C52 单片机的典型接口电路，89C52 所用时钟频率为 12MHz。

　　HD7279A 应连接共阴极 LED 显示器。对于不使用的键盘和 LED 显示器可以不连接，省去显示器或对显示器设置消隐、闪烁属性，均不会影响键盘的使用。如果不用键盘，则图中连接到键盘的 8 只 10kΩ 电阻和 8 只 100kΩ 下拉电阻均可以省去。如果使用了键盘，则电路中的 8 只 100kΩ 下拉电阻均不得省略。除非不接入数码管，否则串入 DP 及 SA～SG 连线的 8 只 200Ω 电阻均不能省去。

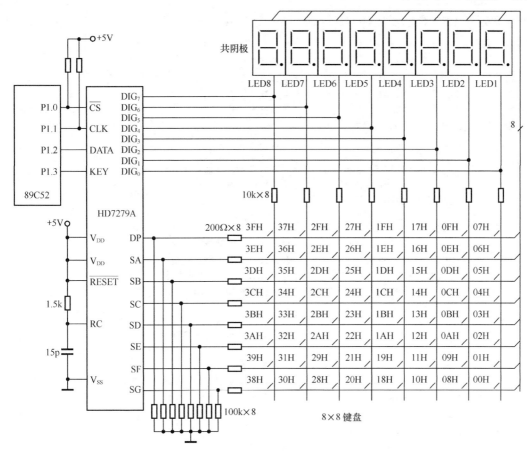

图 4.31 HD7279A 典型接口电路

HD7279A 采用动态循环扫描方式，如果采用普通的 LED 显示器，亮度有可能不够，则可采用高亮或超高亮的型号。

HD7279A 需要一外接的 RC 振荡电路以保证系统工作，外接振荡元件的典型值为 R=1.5 kΩ，C=15pF。如果芯片无法正常工作，应首先检查此振荡电路。在印制电路板布线时，所有元件（尤其是振荡电路的元件）应尽量靠近 HD7279A，并尽量使电路连线最短。

HD7279A 的 $\overline{\text{RESET}}$ 复位端在一般应用情况下可以直接与正电源连接，在需要较高可靠性的情况下可以连接外部的复位电路，或直接由单片机 I/O 口控制。在上电或 $\overline{\text{RESET}}$ 端由低电平变为高电平后，HD7279A 大约经过 18～25ms 的时间才能进入正常工作状态。

上电后，所有的显示均为空，所有显示位的显示属性均为"显示"及"不闪烁"。当有键按下时，KEY 引脚输出变为低电平。此时如果接收到读键盘指令，HD7279A 将输出所按下键的代码。键盘代码的定义如图 4.31 所示，图中的键号即键盘代码。

单片机通过 KEY 引脚电平来判断是否有键按下，在使用查询方式管理键盘时，该引脚接至单片机的 1 位 I/O 口（图 4.31 中为 P1.3）；如果使用中断方式，该引脚应接至单片机的外部中断输入端（P3.2 或 P3.3），同时应将该中断触发控制位设置成下降沿有效的边沿触发方式。若设置成电平触发方式，则应注意在按键时间较长时可能引起的多次中断问题。

（2）应用程序设计

根据图 4.31 来编写程序，采用查询方式对键盘进行监视，当有键按下时读取该按键代码，并将其显示在 LED 显示器上。

① 主程序。

```
CS      BIT     P1.0                ;片选信号
CLK     BIT     P1.1                ;串行时钟信号
DAT     BIT     P1.2                ;串行数据输入/输出
KEY     BIT     P1.3                ;按键有效信号
MAIN:   MOV     SP, #0EFH
        MOV     P1, #0F9H           ;I/O 初始化（CS̅=1, KEY=1, CLK=0, DATA=0）
        ACALL   DEY0                ;等待约 25ms 复位时间
        MOV     A, #0A4H            ;发送复位（清除）命令
        ACALL   SEND
        SETB    CS                  ;置 CS̅ 高电平
LOOP:   JB      KEY, LOOP           ;检测按键，无键按下等待
        MOV     A, #15H             ;有键按下则发读键盘指令
        ACALL   SEND                ;写入 HD7279A 读键盘指令
        ACALL   RECE                ;读键值到累加器（A）
        SETB    CS                  ;置 CS̅ 高电平
        MOV     B, #10              ;十六进制键码转换成 BCD 码，以备显示
        DIV     AB
        MOV     R0, A               ;十位暂存在 R0 中
        MOV     A, #0C9H            ;按方式 1 译码显示在数码管的 LED2 位（十位）
        ACALL   SEND                ;指令写入 HD7279A
        ACALL   DEY2                ;延时约 25μs（T4）
        MOV     A, R0
        ACALL   SEND                ;显示十位
        SETB    CS                  ;置 CS̅ 高电平
        MOV     A, #0C8H            ;按方式 1 译码显示在数码管的 LED1 位（个位）
        ACALL   SEND
        ACALL   DEY2                ;延时约 25μs（T4）
        MOV     A, B
        ACALL   SEND                ;显示个位
        SETB    CS                  ;置 CS̅ 高电平
WAIT:   JNB     KEY, WAIT           ;等待按键放开
        AJMP    LOOP
```

② 发送子程序 SEND。

将累加器 A 中数据发送到 HD7279A，高位在前。发送的数据可能是指令或显示数据。

```
SEND:   MOV     R2, #08H            ;发送 8 位
        CLR     CS                  ;CS̅=0
        ACALL   DEY3                ;延时约 50μs（T1）
SLOOP:  MOV     C, ACC.7
        MOV     DAT , C             ;累加器（A）的最高位输出到 DATA 端
        SETB    CLK                 ;置 CLK 高电平，数据写入 HD7279A
        RL      A
        ACALL   DEY1                ;延时约 8μs（T2）
        CLR     CLK                 ;置 CLK 低电平
        ACALL   DEY1                ;延时约 8μs（T3）
```

```
        DJNZ    R2, SLOOP          ;检测 8 位是否发送完毕
        CLR     DAT                ;发送完毕，DATA 端置低（输出状态）
        RET
```

③ 接收子程序 RECE。

从 HD7279A 接收 8 位数据，高位在前。接收的 8 位数据为按键代码，放在累加器 A 中。

```
RECE:   MOV     R2, #08H           ;接收 8 位
        SETB    DAT                ;DATA 输出锁存器为高，准备接收
        ACALL   DEY2               ;延时约 25μs（T5）
RLOOP:  SETB    CLK                ;置 CLK 高电平，从 HD7279A 读出数据
        ACALL   DEY1               ;延时约 8μs（T6）
        MOV     C, DAT             ;接收 1 位数据
        MOV     ACC.0, C           ;读入 1 位数据存入 A 的最低位
        RL      A
        CLR     CLK                ;置 CLK 低电平
        ACALL   DEY1               ;延时约 8μs（T3）
        DJNZ    R2, RLOOP          ;接收 8 位是否完毕
        CLR     DAT                ;接收完毕，DATA 端置低（输出状态）
        RET
```

④ 延时子程序。

```
DEY0:   MOV     R7, #50            ;延时 25ms
DEY01:  MOV     R6, #255
DEY02:  DJNZ    R6, DEY02
        DJNZ    R7, DEY01
        RET
DEY1:   MOV     R7, #4             ;延时 8μs
DEY11:  DJNZ    R7, DEY11
        RET
DEY2:   MOV     R7, #12            ;延时 25μs
DEY21:  DJNZ    R7, DEY21
        RET
DEY3:   MOV     R7, #25            ;延时 50μs
DEY31:  DJNZ    R7, DEY31
        RET
```

4.3 打印机接口

微型打印机是各种单片机应用系统、智能化仪器仪表的重要输出设备，其具有性价比高、工作稳定可靠、重量轻、体积小等优点。本节介绍单片机与常见的 GP-16 微型打印机、LASER PP-40 彩色描绘器的接口设计。

4.3.1 GP-16 微型打印机接口

1. GP-16 接口信号

GP16 的机芯为 Model-150 Ⅱ 16 行微型针打。它与 CPU 的接口信号见表 4.13。

其中 IO.0～IO.7 为双向三态数据总线，这是 CPU 和 GP-16 之间命令、状态和数据信息的传输线；$\overline{CS}$ 为设备选择线；$\overline{RD}$、$\overline{WR}$ 为读、写控制线；BUSY 为状态输出线，高电平时

表示 GP-16 处于忙状态，不能接受 CPU 的命令或数据。BUSY 既可作为中断请求线，也可以供 CPU 查询。

表 4.13   GP-16 打印机接口信号

序号	1	2	3	4	5	6	7	8
信号	+5V	+5V	IO.0	IO.1	IO.2	IO.3	IO.4	IO.5
序号	9	10	11	12	13	14	15	16
信号	IO.6	IO.7	$\overline{CS}$	$\overline{WR}$	$\overline{RD}$	BUSY	GND	GND

2. 命令字

GP-16 的命令占两个字节，其格式如下：

第 1 字节：

D7 操 作 码 D4	D3 点 行 数 n D0

第 2 字节：

D7   打 印 行 数 N D0

命令字编码表见表 4.14。

表 4.14   GP-16 命令字格式编码

D_7	D_6	D_5	D_4	命 令 功 能
1	0	0	0	空 走 纸
1	0	0	1	字符串打印
1	0	1	0	十六进制数据打印
1	0	1	1	图形打印

字符行本身占 7 个点行，命令字中的点行数 n 是选择字符行之间行距的参数，例如要求行距为 3，则应设 n=10。命令字的第二字节为本条命令打印（或空走纸）的字符行行数。

（1）字符串打印

GP-16 可打印的字符见表 4.15。GP-16 接收到字符串打印命令后，等待主机写入字符。当接收完 16 个字符（1 行）后转入打印，打印 1 行需要 1s 左右时间。若接收到非法字符则作空格处理，若接收到换行（0AH）作停机处理，打印完本行则停止打印。当规定的行数打印完后，GP-16 停机，转入空闲状态。

（2）十六进制数据打印

GP-16 接收到数据打印命令后，把主机写入的数据字节分两次打印，先打印高 4 位，后打印低 4 位，一行打印 4 个字节的数据，行首为相对地址，其格式如下：

```
00:  ××  ××  ××  ××
04:  ××  ××  ××  ××
08:  ××  ××  ××  ××
0C:  ××  ××  ××  ××
10:  ××  ××  ××  ××
```

表 4.15　　　　　　　　　　　　　　GP-16 打印字符号编码

代　码　表			代码的低半字节（十六进制）															
			0	1	2	3	4	5	6	7	8	9	A	B	C	D	E	F
ASCII 代码	代码的高半字节（十六进制）	0																
		1																
		2		!	"	#	$	%	&	'	(	)	*	+	,	-	.	/
		3	0	1	2	3	4	5	6	7	8	9	:	;	<	=	>	?
		4	@	A	B	C	D	E	F	G	H	I	J	K	L	M	N	O
		5	P	Q	R	S	T	U	V	W	X	Y	Z	[	\	]	↑	←
		6		a	b	c	d	e	f	g	h	i	j	k	l	m	n	o
		7	p	q	r	s	t	u	v	w	x	y	z	{			}	~	※
非 ASCII 代码		8	O	一	二	三	四	五	六	七	八	九	十	¥	甲	乙	丙	丁
		9	个	百	千	万	元	分	年	月	日	共	」	「			─	_	3
		A	2	0	Φ	<	…	±	×									

（3）图形打印

GP-16 接收到主机的图形打印命令后，接收完一行图形信息（96 个字节）便转入打印，把这些数据所表示的图形直接打印出来，然后再接收下一行的图形信息，进行打印直至规定的行数打印完为止。图形信息的传送规则见图 4.32。打印的点为 1，空白点为 0。假设正弦波分两行打印，先打印正半周，后打印负半周，则两行数据的前 20 个字节分别为：

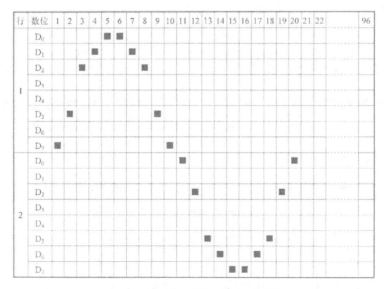

图 4.32　图形信息结构示例（正弦波）

第 1 行：80H，20H，04H，02H，01H，01H，02H，04H，20H，80H，
　　　　00H，00H，00H，00H，00H，00H，00H，00H，00H，00H，

......

第 1 行：00H，00H，00H，00H，00H，00H，00H，00H，00H，00H，

01H，04H，20H，40H，80H，80H，40H，20H，04H，0lH，

...

3. 状态字

GP-l6 有一个状态字供主机查询，其格式如下：

D7	D6	D5	D4	D3	D2	D1	D0
错	×	×	×	×	×	×	忙

D0 为忙位。主机写入的命令或数据在没有处理完时置"1"，GP-l6 处于自检状态时，忙位也为"1"。空闲时忙位为"0"。

D7 为错误位。GP-l6 接收到非法命令时置"1"，接收到正确命令后复位。

4. GP-16 与单片机的接口

GP-16 可与单片机方便地连接，其接口逻辑见图 4.33。

读取 GP-16 状态字，并将命令或数据写入 GP-16 的程序如下：

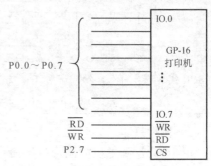

图 4.33　GP-16 与单片机的接口

```
        MOV  DPTR，#7FFFH
LP:     MOVX A，@DPTR
        ANL  A，#81H
        JNZ  LP              ；判 GP-16 忙否
        MOV  A，#××H
        MOVX @DPTR，A         ；命令或数据写入 GP-16
```

4.3.2　PP-40 彩色描绘器接口

LASER PP-40 是 40 行的彩色描绘器，它用 4 个不同颜色的圆珠笔头作为打印头，圆珠笔油用完可以更换笔头，它能够打印 ASCII 字符和描绘精度较高的彩色图表。

1. PP-40 接口信号

PP-40 和主机的接口信号见表 4.16，所有信号与 TTL 电平兼容。

表 4.16　　　　　　　　　　　　　　　PP-40 描绘器接口信号

序号	1	2	3	4	5	6	7	8	9	10	11	12
信号	STROBE	DATA1	DATA2	DATA3	DATA4	DATA5	DATA6	DATA7	DATA8	$\overline{ACK}$	BUSY	GND
序号	13	14	15	16	17	18	19	20	21	22	23	24
信号	NC	GND	GND	GND	GND	NC	GND*	GND*	GND*	GND*	GND*	GND*
序号	25	26	27	28	29	30	31	32	33	34	35	36
信号	GND*	GND*	GND*	GND*	GND*	GND	NC	NC	GND	NC	NC	NC

注：*用以和信号线绞接，以提高抗干扰能力。NC 为空脚。

其中 DATA1～DATA8 为数据信号线；$\overline{\text{STROBE}}$ 为选通输入信号线，它将 DATA1～DATA8 数据打入 PP-40，并启动 PP-40 描绘器；BUSY 为状态输出线，PP-40 正在描绘时，BUSY 输出高电平，空闲时输出低电平。BUSY 可作为中断请求线或供 CPU 查询；$\overline{\text{ACK}}$ 为响应输出线，当 PP-40 接收并处理完主机的命令和数据时，$\overline{\text{ACK}}$ 输出 1 个负脉冲。PP-40 和主机之间的通信符合 Centronics 通信标准。

2. PP-40 操作方式

PP-40 具有文本模式和图案模式两种操作方式。初始加电后为文本模式状态。PP-40 处于文本模式状态时，若主机将回车符（0DH）和控制 2 编码（12H）写入 PP-40，可将文本模式变为图案模式，再将回车符（0DH）和控制 1 编码（11H）写入 PP-40，又可返回到文本模式。PP-40 在文本模式时，能打印所有的 ASCII 字符。在图案模式下，能描绘出用户设计的各种彩色图案。

（1）文本模式

PP-40 的文本模式用于打印字符串，可打印的字符编码见表 4.17。

表 4.17　　　　　　　　　　PP-40 打印文字符号编码

	0	1	2	3	4	5	6	7	8	9	A	B	C	D
0				0	@	P	`	p				Â	δ	υ
1		DC1	!	1	A	Q	a	q			â	À	ε	φ
2		DC2	"	2	B	R	b	r			à	Ä	ζ	χ
3			#	3	C	S	c	s			ä	É	η	ψ
4			$	4	D	T	d	t			é	Ê	θ	ω
5			%	5	E	U	e	u			ê	È	ι	
6			&	6	F	V	f	v			è	Ë	κ	
7			'	7	G	W	g	w			ë	I	λ	
8	BS		(	8	H	X	h	x			í	Î	μ	
9			)	9	I	Y	i	y			î	Ô	ν	
A	LF		*	:	J	Z	j	z			Ô	Û	ξ	
B	LU		+	;	K	[	k	{			Û	Ù	o	
C			,	<	L	\	l	¦			Ù	Ü	π	
D	CR	NC	—	=	M	]	m	}			Ü	α	ρ	
E			。	>	N	^	n	~			ç	β	σ	
F			/	?	O	—	o	⊠			ǽ	γ	τ	

注：BS：回位（返回前一字符）；　　　　DC1：配置控制 1（文本模式）；
　　LF：出纸（纸伸前一行位）；　　　　DC2：配置控制 2（图案模式）；
　　LU：回纸（纸伸后一行位）；　　　　NC：转色；
　　CR：回档（笔返回左方位置）。

除了字符编码外，还有如下的控制编码：

回位（08H）：使笔回到前一个字符位置。若描图笔已处于最左边位置，该命令失效。

进纸（0AH）：纸张推进一行。

退纸（0BH）：纸张倒退一行。

回车（0DH）：描图笔返回到最左边位置，并进纸一行（1号开关闭合）。

若将 0DH 和 11H 先后写入 PP-40，则将 PP-40 设置成文本模式。

若将 0DH 和 12H 先后写入 PP-40，则将 PP-40 配置成图案模式。

转色（1DH）：笔架转动一个位置至另一颜色笔。

当超过一行的字数写入 PP-40 后，PP-40 自动回车，并进纸一行。

（2）图案模式

PP-40 在图案模式操作时可提供多种绘图操作命令，供用户编制程序使用，以便绘出各类图形。绘图命令格式和功能见表 4.18。

表 4.18　　　　　　　　　　　　　　　　绘图命令表

指　令	格　式	功　能
线形式	L_p（p 由 0 至 15）	所绘画线的形式。实线：$p=0$，点线：$p=1\sim15$，而且具有指定格式
重置	A	笔架返回 X 轴最左方，而 Y 轴不变动，返回文字模式，并以笔架停留作为起点
同车	H	笔嘴升起返回起点
预备	I	以笔架位置作为起点
绘线	$D_{x,y\cdots xn,yn}$（$-999\leqslant x,y\leqslant999$）	由现时笔嘴位置（x,y）连线
相对绘线	$J_{\Delta x,\Delta y\cdots\Delta xn,\Delta yn}$（$-999\leqslant\Delta x,\Delta y\leqslant999$）	由现时笔嘴位置画一直线至笔嘴点 $\Delta x,\Delta y$ 距离之点上
移动	$M_{x,y}$（$999\leqslant x,y\leqslant999$）	笔嘴升起，移动至起点相距（x,y）之点上
相对移动	$R_{\Delta x,\Delta y}$（$-999\leqslant\Delta x,\Delta y\leqslant999$）	笔嘴升起，移动至现时笔架相距 $\Delta x,\Delta y$ 之新点上
颜色转换	C_n（n 为 0~3）	颜色转动由 n 所指定：0 表示黑；1 表示蓝；2 表示绿；3 表示红
字符尺码	S_n（n 为 0~63）	指定字符尺码
字母编印方向	Q_n（n 为 0~3）	指示文字编印方向（只在图案模式下适用）
编印	$PC,C,\cdots,C_n$（n 无限制）	编印字符（C 为字符）
轴	$X_{p,q,r}$（p 为 0~1）（$q=-999\sim999$）（$r=1\sim255$）	由现时笔架位置绘画轴线：Y 轴：$p=0$，X 轴：$p=1$，q=点距，r=重复次数

x、y 方向定义见图 4.34。

PP-40 的绘图指令可以分为以下 5 类。

① 不带参数的单字符指令，这一类指令包含 A、H 和 I 3 条指令。

② 只带一个参数的指令，这一类指令包含 L、C、S 和 Q 4 条指令，参数跟在命令符号后。

③ 带两个参数的指令，这一类指令包含 D、J、M 和 R 4 条指令，参数之间需以"，"作分隔符，指令以回车（0DH）结束。

④ p 指令，编印字符指令，字符与字符之间以"，"分隔，以回车（0DH）结束。

⑤ x 指令，绘制轴线指令，带 3 个参数，参数之间以"，"分隔，以回车（0DH）结束。例如当执行指令"X1，100，5"（将指令中各字符对应的 ASCII 码 58H、31H、2CH、31H、30H、30H、2CH、35H、0DH 写入 PP-40）后，描绘出的图形见图 4.35。

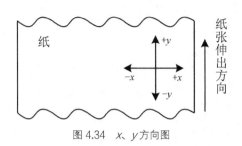

图 4.34 x、y 方向图

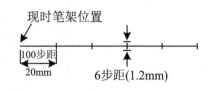

图 4.35 x1,100,5 命令执行结果

绘图命令可以缩写：

① 单字符指令后可直接跟其他指令（返回文本命令除外，它后面必须跟回车符 0DH）。

例如：HJ300，-100[CR]等价于

```
H[CR]
J300, -100[CR]
```

② 一个参数的指令，可以在参数后加"，"后跟其他指令。

例如：L2，C3，Q3，S0，M-150，-200[CR]

两个以上参数的指令必须以回车符（0DH）结束，不可省略。

下面以一个中文字符设计为例说明图案设计方法。设笔架的起点为 0，在起点的右下方打印一个"七"字，见图 4.36。PP-40 执行下列绘图命令便描绘出字符"七"。

```
HM 1 0, -25[CR]        ；笔架升起先回起点再移到 A 点
L0, J40, 5[CR]         ；描 AB 字段
M30, -7[CR]            ；笔移至 C 点
L0, J0-28, 3, -5, 15, 0, 2, 5[CR]；描 CD、DE、EF、FG 字段
```

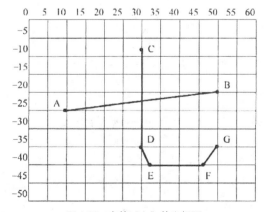

图 4.36 字符"七"的坐标图

若连续打印几个中文字符,可用 M 命令移至新的起点,再用其他命令绘制出字符的各个笔画。

3. PP-40 与单片机的接口

PP-40 与单片机(8031)的接口见图 4.37。对 PP-40 的输出控制可以采用查询方式,也可以采用中断方式。现以中断方式为例说明文本模式打印驱动程序的设计方法。欲打印的 ASCII 字符置于 40H~4FH。

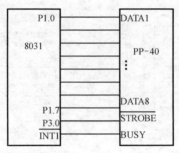

图 4.37 PP-40 与单片机的接口

打印程序:

```
        MOV   R0, #40H          ; 置打印缓冲区指针初值
        MOV   R7, #10
        MOV   P1, #20H          ; 输出 20H(空格)
        SETB  P3.0              ; 产生选通脉冲
        CLR   P3.0
        CLR   P3.0
        SETB  P3.0
        SETB  IT1               ; 置外中断 1 为边沿触发方式
        MOV   IE, #84H          ; 允许外中断 1 请求中断
        ......
```

中断服务程序:

```
PRINT:  PUSH  ACC               ; 现场保护
        PUSH  PSW
        PUSH  DPH
        PUSH  DPL
        MOV   A, @R0            ; 取打印字符
        MOV   P1, A            ; 输出
        CLR   P3.0              ; 产生选通脉冲
        STEB  P3.0
        INC   R0
        DJNZ  R7, PR1
        MOV   A, #0FFH          ; 置打印完成标志
        CLR   EX1               ; 关外中断 1
PR1:    POP   DPL
        POP   DPH
        POP   PSW
        POP   ACC
        RETI
```

习题与思考题

4-1　智能仪表常用的显示器类型有哪些？

4-2　请叙述 LED 显示器的结构,并说明七段 LED 显示器（共阴极和共阳极）的字段码形成原理。

4-3　LED 显示器有哪两种显示方式？各有什么优缺点？静态显示与动态显示接口方式有哪些不同？

4-4　请叙述 8 位 LED 动态显示原理，并画出其程序流程图。

4-5　说明可编程点阵液晶显示器控制器的工作原理。

4-6　请根据图 4.12 编出能在 4N07 上显示 123.4 的显示子程序。

4-7　以 LCD 驱动芯片 PCF8576 为例，说明液晶驱动芯片的特点。

4-8　常用的键盘类型有哪些？键盘接口的任务是什么？

4-9　如何消除键抖动？常用的有哪几种方法？

4-10　请叙述行扫描键识别方法的原理，并画出其程序流程图。

4-11　试画出 AT89C52 单片机通过 HD7279A 连接 6 位 LED 显示器和 4×4 键盘的接口电路。

第5章 智能仪表通信原理与接口

5.1 引言

随着计算机技术、网络技术、通信技术等在工业自动化系统中的广泛应用，工业自动化系统和仪表也逐步向数字化、网络化方向发展，即不仅各类控制设备是数字化的，而且测控信号也由模拟化向数字化方向发展，并通过控制网络将分散的控制装置和各类智能仪表连接起来，实现生产过程的集中管理和分散控制。在这类控制系统中，关键技术之一就是各类仪表与控制装置及监控计算机之间的数字化通信，只有解决了这个问题，才不会出现"自动化孤岛"现象，真正实现企业信息的集成，为综合自动化的最终实现打下基础。工业界对通信技术的迫切需要，促进了数字化技术在工业自动化领域的广泛应用，使控制网络技术得到迅速发展，并已经成为自动化领域的热门技术和应用实践。为了实现工业企业信息集成的目标，目前控制网络体系结构逐步向开放性方向发展。而在工业自动化领域，向开放性体系结构努力的突出表现就是现场总线，大量具有现场总线接口的各类仪表的开发和生产是现场总线技术能够在工业过程中应用的基础。

然而现场总线技术的发展也不是一帆风顺的，现场总线的标准之争仍在继续，这就增加了不同厂商的产品之间进行沟通的难度，也抑制了现场总线技术的进一步应用和发展。作为目前应用最为广泛的局域网技术，以太网具有开放性、低成本和大量的软、硬件支持等明显优势，它在工业自动化领域的应用越来越多，已经有多种工业以太网协议及实时以太网成为IEC标准，具有以太网接口的I/O设备也越来越多。随着实时嵌入式操作系统和嵌入式平台的发展，嵌入式控制器、现场智能测控仪表和传感器将方便地接入以太网控制网络，直至与Internet相连；以太网控制网络还具有容易与企业信息网络集成、方便组建统一的企业管控一体化网络的特点。鉴于以上原因，本章将安排一定篇幅介绍以太网技术在嵌入式智能控制节点上的应用。

虽然各种先进的通信技术在工业自动化系统和终端中得到了广泛应用，但由于发展的不平衡及用户需求的多样性和多层次性，传统的通信方式（如串行通信）仍然是许多仪表和装置的基本通信方式，在终端级它们仍然是所有通信方式中应用最多的。同时，许多现场总线的物理层是基于RS-485等串行总线，因此本书仍然对串行通信方式做了重点介绍。

智能仪表的功能越来越强，以至于完全可以采用智能仪表作为中、小型控制系统的下位机。但由于智能仪表普遍缺乏大屏幕显示和数据存储功能，为了实现集中管理，必须利用计算机开发上位机管、控系统，因此计算机与智能仪表的通信就显得十分重要，本书以实例的形式对这方面的内容进行了介绍。

到目前为止，各类控制系统中有线通信方式仍然占据主导地位。有线通信虽然有其优点，但其对通信线路的依赖无疑限制了其应用。无线通信正在得到巨大的发展和使用。无线通信技术在工业系统中的应用主要体现在两个层次，即系统级和设备级。系统级的应用主要体现在各种大型的分布式监控系统，如对分布极其广泛和分散的大量油田设备的监控以及城市煤气、污水泵站等公用设施的监控等。在这类系统中，广泛采用 GPRS、数传电台等无线通信方式。在设备级，主要是采用各种短程无线通信技术的仪表，但其应用还只是刚刚开始，还不如系统级的应用成熟。本章主要介绍 ZigBee 技术及其在仪表中的应用。

5.2 串行总线通信

通信的形式可分为两种：一种为并行通信，另一种为串行通信。串行通信是将数据一位一位地传送，而并行通信一次可传输多个数据位。虽然串行通信传输速度慢，但它抗干扰能力强，传输距离远。因此，仪器、仪表一般都配置有串行通信接口。常用的串行通信有 RS-232C 和 RS-485 两种。下面重点介绍 RS-232C 通信接口标准。

5.2.1 RS-232C

1．RS-232C 概述

RS-232C 是美国电子工业协会（Electrical Industrial Association，EIA）于 1973 年提出的串行通信接口标准，主要用于模拟信道传输数字信号的场合。RS（Recommeded Standard）代表推荐标准，232 是标识号，C 代表 RS-232 的最新一次修改，在这之前有 RS-232B、RS-232A。RS232-C 是用于数字终端设备（Data Terminal Equipment，DTE）与数字电路终端设备（Data Circuit-terminating Equipment，DCE）之间的接口标准。RS-232C 接口标准所定义的内容属于国际标准化组织 ISO 所制订的开放式系统互联（OSI）参考模型中的最低层——物理层所定义的内容。RS232-C 接口规范的内容包括连接电缆和机械特性、电气特性、功能特性和过程特性等 4 个方面。

2．RS-232C 接口规范

（1）机械特性

RS-232C 接口规范并没有对机械接口作出严格规定。RS-232C 的机械接口一般有 9 针、15 针和 25 针 3 种类型。标准的 RS-232C 接口使用 25 针的 DB 连接器（插头、插座）。RS-232C 在 DTE 设备上用作接口时一般采用 DB25M 插头（针式）结构；而在 DCE（如 Modem）设备上用作接口时采用 DB25F 插座（孔式）结构。特别要注意的是，在针式结构和孔式结构的插头插座中引脚号的排列顺序（顶视）是不同的，使用时要务必小心。

（2）电气特性

DTE/DCE 接口标准的电气特性主要规定了发送端驱动器与接收端驱动器的信号电平、负载容限、传输速率及传输距离。RS-232C 接口使用负逻辑，即逻辑"1"用负电平（范围为-5～-15V）表示，逻辑"0"用正电平（范围为+5～+15V）表示，-3～+3V 为过渡区，逻辑状态不确定（实际上这一区域电平在应用中是禁止使用的），见图 5.1。RS-232C 的噪声容限是 2V。RS-232C 的主要电气特性见表 5.1。

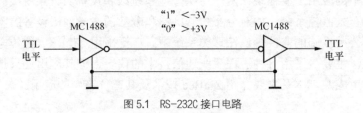

图 5.1　RS-232C 接口电路

表 5.1　　　　　　　　　　　　　　串行通信接口电路的名称和方向

引脚序号	信号名称	符号	流　向	功　能
2	发送数据	TXD	DTE→DCE	DTE 发送串行数据
3	接收数据	RXD	DTE←DCE	DTE 接收串行数据
4	请求发送	RTS	DTE→DCE	DTE 请求 DCE 将线路切换到发送方式
5	允许发送	CTS	DTE←DCE	DCE 告诉 DTE 线路已接通可以发送数据
6	数据设备准备好	DSR	DTE←DCE	DCE 准备好
7	信号地	GND		信号公共地
8	载波检测	DCD	DTE←DCE	表示 DCE 接收到远程载波
20	数据终端准备好	DTR	DTE→DCE	DTE 准备好
22	振铃指示	RI	DTE←DCE	表示 DCE 与线路接通，出现振铃

（3）功能特性

RS-232C 接口连线的功能特性，主要是对接口各引脚的功能和连接关系作出定义。RS-232C 接口规定了 21 条信号线和 25 芯的连接器，其中最常用的是引脚号为 1～8、20 这 9 条信号线。

实际上 RS-232C 的 25 条引线中有许多是很少使用的，在计算机与终端通信中一般只使用 3～9 条引线。RS-232C 最常用的 9 条引线的信号内容见表 5.1。RS-232C 接口在不同的应用场合所用到的信号线是不同的。例如，在异步传输时，不需要定时信号线；在非交换应用中则不需要某些控制信号；在不使用备用信道操作时，则可省去 5 个反向信号线。

（4）RS-232C 串行接口标准

RS-232C 被定义为一种在低速率串行通信中增加通信距离的单端标准。RS-232C 采取不平衡传输方式，即所谓单端通信。收、发端的数据信号是相对于信号地，如从 DTE 设备发出的数据在使用 DB25 连接器时是 2 脚相对 7 脚（信号地）的电平。典型的 RS-232C 信号在正负电平之间摆动，在发送数据时，发送端驱动器输出正电平在+5～+15V，负电平在-5～-15V 电平。当无数据传输时，线上为 TTL，从开始传送数据到结束，线上电平从 TTL 电平到 RS-232C

电平再返回 TTL 电平。接收器典型的工作电平在+3～+12V 与−3～−12V。由于发送电平与接收电平的差仅为 2～3V 左右，所以其共模抑制能力差，再加上双绞线上的分布电容，其传送距离最大为约 15m，最高速率为 20kbit/s。RS-232C 是为点对点（即只用一对收、发设备）通信而设计的，其驱动器负载为 3～7kΩ，所以 RS-232C 适合本地设备之间的通信。其有关电气参数见表 5.2。

表 5.2　　　　　　　　　　　　　　　串行通信电气参数

规　　定		RS-232	RS-422	RS-485
工作方式		单端	差分	差分
节点数		1 收、1 发	1 发、10 收	1 发、32 收
最大传输电缆长度		50 英尺	4000 英尺	4000 英尺
最大传输速率		20kbit/s	10Mbit/s	10Mbit/s
最大驱动输出电压		±25V	−0.25～+6V	−7～+12V
驱动器输出信号电平（负载最小值）	负载	±5～±15V	±2.0V	±1.5V
驱动器输出信号电平（空载最大值）	空载	±25V	±6V	±6V
驱动器负载阻抗（Ω）		3k～7k	100	54
摆率（最大值）		30V/μs	N/A	N/A
接收器输入电压范围		±15V	−10～+10V	−7～+12V
接收器输入门限		±3V	±200mV	±200mV
接收器输入电阻（Ω）		3k～7k	4k（最小）	≥12k
驱动器共模电压			−3～+3V	−1～+3V
接收器共模电压			−7～+7V	−7～+12V

5.2.2　RS-422 与 RS-485 串行接口标准

RS-422 由 RS-232 发展而来，它是为弥补 RS-232 之不足而提出的。为解决 RS-232 通信距离短、速率低的问题，RS-422 定义了一种平衡通信接口，将传输速率提高到 10Mbit/s，传输距离延长到 1200m（速率低于 100kbit/s 时），并允许在一条平衡总线上最多连接 10 个接收器。RS-422 是一种单机发送、多机接收的单向、平衡传输规范，被命名为 TIA/EIA-422-A 标准。RS-422 标准全称是"平衡电压数字接口电路的电气特性"，它定义了接口电路的特性。典型的 RS-422 有四线接口，连同 1 根信号地线，共 5 根线。由于接收器所采用的高输入阻抗和发送驱动器比 RS-232 的驱动能力更强，故允许在相同传输线上可连接不超过 10 个节点，其中一个为主设备（Master），其余为从设备（Salve），从设备之间不能通信，所以 RS-422 支持点对多的双向通信。RS-422 四线接口由于采用单独的发送和接收通道，因此不必控制数据方向，各装置之间任何必需的信号交换均可按软件方式（XON/XOFF 握手）或硬件方式（一对单独的双绞线）实现。RS-422 的最大传输距离为 1200m，最大传输速率为 10Mbit/s。其平衡双绞线的长度与传输速率成反比，在 100kbit/s 速率以下，才可能达到最大传输距离。只有在很短的距离下才能获得最高速率传输。一般 100m 长的双绞线上所能获得的最大传输速率仅为 1Mbit/s。

为扩展 RS-422 串行通信应用范围，EIA 又于 1983 年在 RS-422 基础上制定了 RS-485 标准，增加了多点、双向通信能力，即允许多个发送器连接到同一条总线上，同时增加了发送器的驱动能力和冲突保护特性，扩展了总线共模范围，后命名为 TIA/EIA-485-A 标准。由于 RS-485 是从 RS-422 基础上发展而来的，所以 RS-485 的许多电气规定与 RS-422 相仿，如都采用平衡传输方式，都需要在传输线上接上终端电阻等。RS-485 的可以采用二线或四线方式，二线制可实现真正的多点双向通信。而采用四线连接时，与 RS-422 一样只能实现点对多的通信，即只能有一个主（Master）设备，其余为从设备，但它比 RS-422 有所改进，无论四线还是二线连接方式，总线上可连接的设备最多不超过 32 个。RS-485 与 RS-422 的差异还表现在其共模输出电压上，RS-485 为 −7～+12V，而 RS-422 为 −7～+7V。RS-485 与 RS-422 一样，其最大传输距离为 1200m，最大传输速率为 10Mbit/s。平衡双绞线的长度与传输速率成反比，在 100kbit/s 速率以下，才可能使用规定最长的电缆长度。只有在很短的距离下才能获得最高速率传输。一般 100m 长双绞线最大传输速率仅为 1Mbit/s。RS-485 需要两个终端电阻，其阻值要求等于传输电缆的特性阻抗。在短距离传输时可不需终端电阻，即一般在 300m 以内不需终端电阻，终接电阻接在传输总线的两端。

RS-232C、RS-422 与 RS-485 标准只对接口的电气特性做出规定，而没有涉及接插件、电缆或协议，用户可在此基础上建立自己的高层通信协议。

5.2.3　串行通信参数

串行通信中，交换数据的双方利用传输在线上的电压变化来达到数据交换的目的，但是如何从不断改变的电压状态中解析出其中的信息，就需要双方共同约定才行，即需要说明通信双方是如何发送数据和命令的。因此，双方为了进行通信，必须要遵守一定的通信规则，这个通信规则就是通信端口的初始化。利用通信端口的初始化实现对以下几项的设置。

1．数据的传输速度

RS-232 常用于异步通信，通信双方没有可供参考的同步时钟作为基准，此时双方发送的高、低电平到底代表几个位就不得而知了。要使双方的数据读取正常，就要考虑到传输速率——波特率（Baud Rate），其代表的意义是每秒钟所能产生的最大电压状态改变率。由于原始信号经过不同的波特率取样后，所得的结果完全不一样，因此通信双方采用相同的通信速度非常重要。如在仪器仪表中，常选用的传输速度是 9.6kbit/s。

2．数据的发送单位

一般串行通信端口所发送的数据是字符型的，这时一般采用 ASCII 码或 JIS（日本工业标准）码。ASCII 码中 8 位形成一个字符，而 JIS 码则以 7 位形成一个字符。若用来传输文件，则会使用二进制的数据类型。欧美的设备大多使用 8 位的数据组，而日本的设备则大多使用 7 位作为一个数据组。

3．起始位和停止位

由于异步串行传输中没有使用同步时钟脉冲作为基准，故接收端完全不知道发送端何时将进行数据的发送。为了解决这个问题，就要在发送端开始发送数据时，先将传输线的电压由低电位提升至高电位（逻辑 0），而当发送结束后，再将电位降至低电位（逻辑 1）。接收端会因起始位的触发而开始接收数据，并因停止位的通知而确知数据的字符信号已经结束。起始位固定为 1 位，而停止位则有 1、1.5 和 2 位等多种选择。

4．校验位的检查

为了预防错误的产生，要使用校验位作为检查的机制。校验位是用来检查所发送数据正确性的一种校验码，又分为奇校验（Odd Parity）和偶校验（Even Parity），分别检查字符码中"1"的数目是奇数个还是偶数个。在串行通信中，可根据实际需要选择奇校验、偶校验或无校验。

5.2.4 串行通信工作模式及流量控制

1．工作模式

计算机在进行数据的发送和接收时，传输线上的数据流动情况可分为 3 种：当线上数据流动只有一个方向时，称为"单工"；当数据的流动为双向，且同一时刻只能一个方向进行时，称为"半双工"；当同时具有两个方向的传输能力时，称为"全双工"。在串行通信中，同时可以利用的传输线路就决定了其工作模式。RS-232 上有两条特殊的线路，其信号标准是参考接地端来得到的，分别用于数据的发送和接收，因此是全双工的工作模式。这种参考接地端来得到信号标准电位的传导方式称为单端输入。RS-422 也属于全双工的工作模式。而 RS-485 上的数据线路虽然也有两条，但这两条线路却是一个信号标准电位的正、负端，真正的信号必须是两条线路相减所得到的，因此在同一时刻，只可以有一个方向的数据在发送，也就形成了半双工的工作模式。这种不参考接地端，而由两条信号标准电位相减而得到的信号标准电位的传导方式称为差动式传输。

2．流量控制

在串行通信中，在数据要由 A 设备发送到 B 设备前，数据将会先被送到 A 设备的数据输出缓冲区，接着再由此缓冲区将数据通过线路发送到 B 设备；同样，当数据利用硬件线路发送到 B 设备时，会将数据先发送到 B 设备的接收缓冲区，而设备 B 的处理器再到接收缓冲区读取数据并进行处理。

所谓的流量控制，是为了保证传输双方都能正确地发送和接收数据而不会漏失。如果发送的速度大于接收的速度，而接收端的处理器来不及处理，则接收缓冲区在一定时间后会溢出，造成以后发送来的数据无法进入缓冲区而漏失。解决这个问题的方法是让接收方通知发送端何时发送以及何时停止发送。流量控制又称为握手（Hand Shaking），常用的方式有硬件握手和软件握手两种。

以 RS-232 为例，硬件握手使用 DSR、CTS、DTR 和 RTS 4 条硬件线路。其中 DTR 和

RTS 指的是计算机上的 RS-232 端，而 DSR 和 CTS 则是指带有 RS-232 接口的智能设备。通过这 4 条线的交互作用，计算机主控端与被控的设备端可以进行数据的交换，而在数据传输太快而无法处理时，可以通过这 4 条握手线的高低电位的变化来控制数据是继续发送还是暂停发送。图 5.2 所示为计算机向设备传输数据时的硬件流量控制。

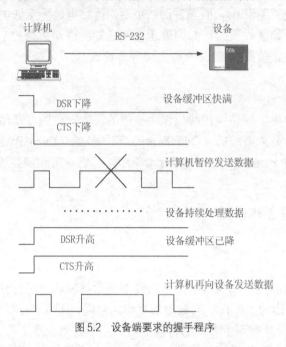

图 5.2　设备端要求的握手程序

软件握手采用数据线上的数据信号来代替实际的硬件线路。软件握手中常用的就是 XON/XOFF 协议。在 XON/XOFF 协议中，若接收端想使发送端暂停数据的发送时，它便向发送端送出一个 ASCII 码 13H；而若想恢复发送时，便向发送端送出 ASCII 码 11H，两个字符的交互使用，便可控制发送端的发送操作。其操作流程与硬件握手类似。

5.2.5　基于单片机的智能仪表与 PC 数据通信

以单片机为核心的测控仪表与上位计算机之间的数据交换，通常采用串行通信的方式。PC 具有异步通信功能，有能力与其他具有标准 RS-232C 串行通信接口的计算机或仪器设备进行通信。而单片机本身具有一个全双工的串行口，因此只要配以一些驱动、隔离电路就可组成一个简单可行的通信接口。

数台单片机（8031）与 PC 的通信接口电路见图 5.3。图中 1488 和 1489 分别为发送和接收电平转换电路。从 PC 通信适配器板引出的发送线（TXD）通过 1489 与单片机接收端（RXD）相连。由于 1488 的输出端不能直接连在一起，故它们均经二极管隔离后才并接在 PC

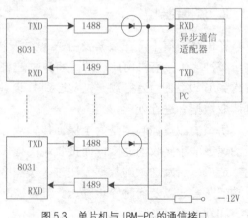

图 5.3　单片机与 IBM-PC 的通信接口

的接收端（RXD）上。通信双方所用的波特率必须相同，假设使用 10 位帧传送，因波特率误差会引起偏移，若在最后 1 位传送时保证位传送时间的 6/8 有效，则在一个方向上的偏差允许为 1.25%，两个系统的偏差之和不应大于 2.5%。这里需注意，异步通信在约定的波特率下，传送和接收的数据不需要严格保持同步，允许有相对的延迟，即频率差不大于 1/16，就可以正确地完成通信。

PC 的波特率是通过对 8250 内部寄存器初始化来实现的，即对 8250 的除数锁存器置值。该除数锁存器为 16 位，由高 8 位和低 8 位锁存器组成。若时钟输入为 1.8432MHz，经分频产生所要求的波特率，分频所要用到的除数分两次处理，即将高、低 8 位分别写入锁存器的高位和低位，除数（也叫波特率因子）可以根据下式获得：

$$除数 = \frac{1.8432\text{MHz}}{波特率 \times 16}$$

当对 8250 初始化并预置了除数之后，波特率发生器方可产生规定的波特率（bit/s）。表 5.3 所示为可获得 15 种波特率所需设置的除数。

表 5.3　　　　　　　　　　　　　IBM-PC 波特率

要求的波特率	除数		误差	要求的波特率	除数		误差
	十进制	十六进制			十进制	十六进制	
50	2304	0900	—	1800	64	0040	—
75	1536	0600	—	2000	58	003A	0.69
110	1047	0417	0.026	2400	48	0030	—
134.5	857	0359	0.058	3600	32	0020	—
150	768	0300	—	4800	24	0018	—
300	384	0180	—	7200	16	0010	—
600	192	00C0	—	9600	12	000C	—
1200	96	0060	—				

注：输入频率为 1.8432MHz。

8250 内部寄存器端口地址：波特率除数锁存器低 8 位地址为 3F8H，波特率除数锁存器高 8 位地址为 3F9H。

下面所列的 8086 汇编语言程序，可用于设置 PC 的波特率。这里设定的波特率为 9600bit/s。

```
MOV  AL, 1000000B        ; 置 8250 控制寄存器的第 7 位 DLAB 为 1
MOV  DX, 3FBH            ; 置 8250 控制寄存的地址
OUT  DX, AL             ; 初始化 8250
MOV  AL, 0CH            ; 置产生 9600bit/s 除数低位
MOV  DX, 3F8H
OUT  DX, AL             ; 写入除数锁存器的低位
MOV  AL, 00H            ; 置产生 9600bit/s 除数高位
MOV  DX, 3F9H
OUT  DX, AL             ; 写入除数锁存器的高位
```

通信采用主从方式，由 PC 确定与哪个单片机进行通信。在通信软件中，应根据用户的

要求和通信协定来对 8250 初始化，即设置波特率（9600 波特）、数据位数（8 位）、奇偶校验类型和停止位数（1 位）。需要指出的是，这里的奇偶校验位用作发送地址码（通道号）或数据的特征位（1 表示地址），而数据通信的校核采用累加和校验方法。

数据传送可采用查询方式和中断方式。若采用查询方式，在发送地址或数据时，先用输入指令检查发送器的保持寄存器是否为空。若为空，则用输出指令将一个数据输出给 8250 即可，8250 会自动地将数据一位一位地发送到串行通信线上。接收数据时，8250 把串行数据转换成并行数据，并送入接收数据寄存器中，同时把"接收数据就绪"信号置于状态寄存器中。CPU 读到这个信号后，就可以用输入指令从接收器中读入一个数据了。若采用中断方式，发送时，用输出指令输出一个数据给 8250。若 8250 已将此数据发送完毕，则发出一个中断信号，说明 CPU 可以继续发数。若 8250 接收到一个数据，则发一个中断信号，表明 CPU 可以取出数据。

采用查询方法发送和接收数据的程序框图见图 5.4。

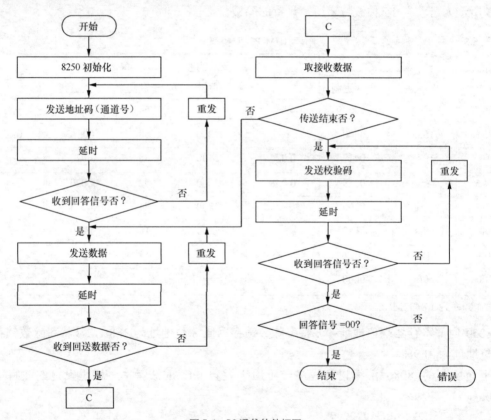

图 5.4 PC 通信软件框图

单片机采用中断方式发送和接收数据。将串行口设置为工作方式 3，由第 9 位判断是地址码还是数据。当某台单片机与 PC 发出的地址码一致时，就发出应答信号给 PC，而其他几台则不发应答信号。这样，在某一时刻 PC 只与一台单片机进行数据传输。单片机与 PC 沟通联络后，先接收数据，再将机内数据发往 PC。

定时器 T1 作为波特率发生器，将其设置为工作方式 2，波特率同样为 9600。单片机的通信程序框图见图 5.5。

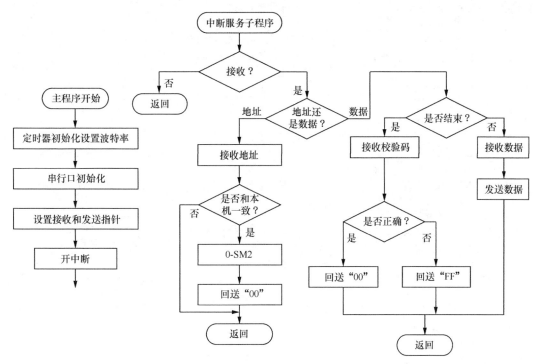

图 5.5 单片机通信软件框图

通信程序如下（设某单片机地址为 03H）：

```
        COMMN: MOV  TMOD, #20H      ; 设置 T1 工作方式
        MOV   TH1, #0FDH           ; 设置时间常数，确定波特率
        MOV   TL1, #0FDH
        SETB  TR1
        SETB  EA
        SETB  ES                   ; 允许串行口中断
        MOV   SCON, #0F8H          ; 设置串行口工作方式
        MOV   PCON, #80H
        MOV   23H, #0CH            ; 设置接收数据指针
        MOV   22H, #00H
        MOV   21H, #08H            ; 设置发送数据指针
        MOV   20H, #00H
        MOV   R5, #00H             ; 累加和单元置零
        MOV   R7, #COUNT           ; 设置字节长度
        INC   R7
        ......
CINT:   JBC   RI, REV1             ; 若接收，转 REV1
        RETI
REV1:   JNB   RB8, REV3
        MOV   A, SBUF
        CJNE  A, #03H, REV2        ; 若与本机地址不符，转 REV2
        CLR   SM2                  ; 0→SM2
        MOV   SBUF, #00H           ; 与本机地址符合，回送"00"
REV2:   RETI
REV3:   DJNZ  R7, RT              ; 若未完，继续接收和发送
```

```
            MOV  A, SBUF              ; 接收校验码
            XRL  A, R5
            JZ   RIGHT               ; 校验正确，转 RIGHT
            MOV  SBUF, #0FFH         ; 校验不正确，回送 "FF"
            SETB F0                  ; 置错误标志
            CLR  ES                  ; 关中断
            RETI
    RIGHT:  MOV  SUBF, #00H          ; 回送 "00"
            CLR  F0                  ; 置正确标志
            CLR  ES                  ; 关中断
            RETI
    RT:     MOV  A, SBUF             ; 接收数据
            MOV  DPH, 23H
            MOV  DPL, 22H
            MOVX @DPTR, A            ; 存接收数据
            ADD  A, R5
            MOV  R5, A               ; 数据累加
            INC  DPTR
            MOV  23H, DPH
            MOV  22H, DPL
            MOV  DPH, 21H
            MOV  DPL, 20H
            MOVX A, @DPTR            ; 取发送数据
            INC  DPTR
            MOV  21H, DPH
            MOV  20H, DPL
            MOV  SBUF, A             ; 发送
            ADD  A, R5
            MOV  R5, A               ; 数据累加
            RETI
```

5.3 现场总线技术及现场总线仪表

5.3.1 现场总线的体系结构与特点

1. 现场总线概述

随着控制设备的不断数字化，传统的模拟仪表、执行机构与数字控制系统之间的物理连接方式的局限性表现得越来越突出，采用数字通信并利用网络技术构建数字化的控制网络变得十分迫切，而现场总线正是顺应这一潮流而产生的。现场总线作为当今自动化领域技术发展的热点之一，被誉为自动化领域的计算机局域网。现场总线是过程控制技术、仪表技术和计算机网络技术紧密结合的产物，它解决了数字信号兼容性问题，所以它一经出现便展现了强大的生命力和发展潜能。国际电工委员会在 IEC61158 中给现场总线下了定义：安装在制造或过程区域的现场装置与控制室内的自动控制装置之间的数字式的、双向、多点通信的数据总线称为现场总线。在过程控制领域内，现场总线就是从控制室延伸到现场的测量仪表、变送器和执行机构的数字通信总线。它取代了传统模拟仪表单一的 4～20mA 传输信号，实现

了现场设备与控制室设备间的双向、多信息交换。控制系统中应用现场总线，一是可大大减少现场电缆以及相应接线箱、端子板、I／O卡件的数量；二是为现场智能仪表的发展提供了必需的基础条件；三是大大方便了自控系统的调试以及对现场仪表运行工况的监视管理，提高系统运行的可靠性。

数字技术的发展完全不同于模拟技术，数字技术标准的制定往往早于产品的开发，技术标准决定着新兴产业的快速发展。现场总线在发展过程中，最突出的问题就是总线种类多，相互不兼容。根据最新的 2007 年的 IEC 61158 第 4 版本，已经有 20 种现场总线国际标准，可见标准之多。现场总线是以 ISO 的 OSI 模型为基本框架的，并根据实际需要简化了的体系结构系统，它一般包括物理层、数据链路层、应用层、用户层。物理层向上连接数据链路层，向下连接介质。物理层规定了传输介质（双绞线、无线和光纤）、传输速率、传输距离、信号类型等。在发送期间，物理层对来自数据链路层的数据流进行编码并调制。在接收期间，它用来自介质的控制信息将接收到的数据信息解调和解码，并送给链路层。数据链路层负责执行总线通信规则，处理差错检测、仲裁、调度等。应用层为最终用户的应用提供一个简单接口，它定义了如何读、写、解释和执行一条信息或命令。用户层实际上是一些数据或信息查询的应用软件，它规定了标准的功能块、对象字典和设备描述等一些应用程序，给用户一个直观简单的使用界面。现场总线除具有一对 N 结构、互换性、互操作性、控制功能分散、互连网络、维护方便等优点外，还具有如下特点。

① 网络体系结构简单：其结构模型一般仅有 4 层，这种简化的体系结构具有设计灵活、执行直观、价格低廉、性能良好等优点，同时还保证了通信的速度。

② 综合自动化功能：把现场智能设备分别作为一个网络节点，通过现场总线来实现各节点之间、节点与管理层之间的信息传递与沟通，易于实现各种复杂的综合自动化功能。

③ 容错能力强：现场总线通过使用检错、自校验、监督定时、屏蔽逻辑等故障检测方法，大大提高了系统的容错能力。

④ 提高了系统的抗干扰能力和测控精度：现场智能设备可以就近处理信号并采用数字通信方式与主控系统交换信息，不仅具有较强的抗干扰能力，而且其精度和可靠性也得到了很大的提高。

现场总线的这些特点，不仅保证了它完全可以适应目前工业界对数字通信和传统控制的要求，而且为综合自动化系统的实施打下了基础。

在现场总线系统中，人们通常按通信帧的长短，把数据传输总线分为传感器总线、设备总线和现场总线。传感器总线的通信帧长度只有几个或十几个数据位，属于位级的数据总线，典型的传感器总线就是 ASI 总线。设备总线的通信帧长度一般为几个到几十个字节，属于字节级的总线，如 CAN 总线就属于设备级总线。现场总线属于数据块级的总线，其通信帧长度可达几百个字节。

2．现场总线国际标准

2003 年 4 月，IEC 61158 第 3 版正式成为国际标准。长期以来，关于现场总线的问题争论不休，互连、互通与互操作问题很难解决，于是现场总线开始转向以太网。经过近几年的努力，以太网技术已经被工业自动化系统广泛接受。为了满足高实时性能应用的需要，各大公司和标准组织纷纷提出各种提升工业以太网实时性的技术解决方案，从而产生了实时以太网（Real Time Ethernet，RTE）。为了规范这部分工作的行为，2003 年 5 月，IEC／SC65C 专门成立了 WG 1 1 实时以太网工作组，该工作组负责制定 IEC61784-2 "基于 ISO／IEC 8802.3 的实时应用系统中工业通信网络行规" 国际标准，该标准包括：Communication Profile Family（CPF）2 Ethernet／IP、CPF3 PROFINET、CPF4 P-NET、CPF6 INTERBUS、CPF10 Vnet/IP、CPF1 1 TC-net、CPF12EtherCAT 1、CPF 1 3 Ethernet PowerLink、CPF 1 4 EPA（中国）、CPF15 Modbus/TCP 和 CPF16 SERCOS 等 11 种实时以太网行规集。最新版 IEC 61158 Ed. 4 标准于 2007 年 7 月出版，有效期至 2012 年。

IEC61158 第 4 版是由多部分组成的，长达 8100 页的系列标准，它包括：

IEC/TR61158-1：总论与导则；

IEC 61158-2：物理层服务定义与协议规范；

IEC 61158-300：数据链路层服务定义；

IEC 61158-400：数据链路层协议规范；

IEC 61158-500：应用层服务定义；

IEC 61158-600：应用层协议规范。

从整个标准的构成来看，该系列标准是经过长期技术争论而逐步走向合作的产物，标准采纳了经过市场考验的 20 种主要类型的现场总线、工业以太网和实时以太网。

IEC 61158 系列标准是概念性的技术规范，它不涉及现场总线的具体实现。因而，在该标准中只有现场总线的类型编号，不允许出现具体现场总线的技术名或商业贸易用名称。为了使设计人员、实现者和用户能够方便地进行产品设计、应用选型比较并实现工程系统的选择，IEC/SC65C 制定了 IEC 61784 系列配套标准，该标准由以下部分组成。

IEC 61784-1：用于连续和离散制造的工业控制系统现场总线行规集；

IEC 61784-2：基于 ISO/IEC 8802.3 实时应用的通信网络附加行规；

IEC 61784-3：工业网络中功能安全通信行规；

IEC 61784-4：工业网络中信息安全通信行规；

IEC 61784-5：工业控制系统中通信网络安装行。

到目前为止，EC 61784-4 还没有发布，其他几部分内容已发布。

5.3.2　几种有影响的现场总线

1. 基金会现场总线（Foundation Fieldbus，FF）

（1）FF H1 现场总线概述

FF 是现场总线基金会推出的现场总线标准。现场总线基金会是由国际上两大现场总线阵营 ISP 和 WorldFIP North America 合并而成，1995 年 WorldFIP 欧洲部分也加入 FF。其中 ISP（Inter Operable System Protocal）组织成立于 1992 年，由 Fisher Rosemount 公司发起，以 Profibus 标准为基础制定现场总线标准；World FIP 成立于 1993 年，由 Honeywell 等公司发起，以法国的 FIP 标准为基础制定现场总线标准。FF 基金会成员由世界著名的仪表制造商和用户组成，其成员生产的变送器、DCS 系统、执行器、流量仪表占世界市场份额的 90%，它们对过程控制现场工业网络的功能需求了解透彻，在过程控制方面积累了丰富的经验，提出的现场总线网络架构较为全面，其通信体系结构见图 5.6。

（2）FF H1 现场总线模型结构与协议

FF H1 现场总线协议由物理层、数据链路层、应用层，以及考虑到现场装置的控制功能和具体应用而增加的用户层组成。H1 总线支持多种传输媒体：双绞线、电缆、光缆和无线媒体。传输速率为 31.25kbit/s，最大通信距离为 1900m。该总线支持供电和本质安全。

数据链路层负责实现链路活动调度、数据的接收发送、活动状态的响应，以及总线上各设备间的链路时间同步等。这里，总线访问控制采用链路活动调度器（LAS）方式，LAS 拥有总线上所有设备的清单，负责总线段上各设备对总线的操作。现场总线应用层由现场总线访问（FAS）子层和现场总线报文规范（FMS）子层构成。FAS 子层提供发布者/预订者、客户机/服务器和报告分发 3 种模式的报文服务。FMS 子层提供对象字典（OD）服务、变量访问服务和事件服务等。现场总线用户层具有标准功能块（FB）和装置描述功能。标准规定 32 种功能块，现场装置使用这些功能块完成控制策略。由于装置描述功能包括描述装置通信所需的所有信息，并且与主站无关，所以可使现场装置实现真正的互操作。

图 5.7 所示为 FF H1 总线通信协议结构。

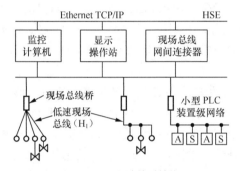

图 5.6 现场总线体系结构

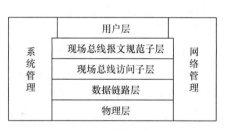

图 5.7 FFH1 总结通信协议结构

① 物理层。FF 现场总线的物理层遵循 IEC61158-2 标准。物理层规定了传输媒体、传输速率、传输距离、信号编码方式、供电方式和网络拓扑结构等。

② 数据链路层。数据链路层最重要的作用是通过链路控制规程在不太可靠的物理链路上实现可靠的数据传输。具体地说，它包括链路管理、帧同步、流量控制、差错控制、区分数据与控制信息、透明传输以及寻址功能。

在过程控制系统内，为了使调用的控制算法正确地工作，应将周期性的数据以精确的时间间隔进行传输。同时，它必须确保各种报警、事件或诊断信息能及时地传递，如果仪表工作不正常，操作人员能及时掌握系统信息。为此，FF 现场总线协议将所有的报文分为 4 类：链路维护报文、时间分配报文、周期时间同步数据报文、非周期报文。

FF 现场总线的数据链路层（DLL）控制消息在现场总线上的传输，它通过确定的集中式总线调度器，即所谓的链接活动调度器（LAS），对现场总线的访问进行控制。

③ 应用层。在 OSI 参考模型中会话层、表示层、应用层被称为高层协议。在 FF 现场总线网络层次里没有出现会话层和表示层，这两层的功能被放在应用层中实现。其中报文规范子层 FMS 里的上下文管理服务用于会话管理，而对 FMS 的服务原语按 FER 编码规则进行编码、解码则属于表示层的功能。FF 协议里用户层的应用进程通过应用层的 FMS 服务或者 FAS 服务与远程对象通信。

2. CIP 现场总线协议

（1）CIP 协议概述

CIP（Common Industrial Protocal）是基于对象模型设计工业控制设备的一种方法（例如体系结构、数据类型、服务等），它独立于特定网络的应用层协议，提供了访问数据和控制设备操作的服务集。CIP 在多种技术领域中得到应用，如 DeviceNet、ControlNet、Ethernet/IP 。

CIP 协议规范是叠加 ControlNet、DeviceNet 和 EtherNet 这 3 种完全不同网络技术平台之上"与网络硬件技术无关"公共应用层和用户层协议规范，也就是说它可以实现"异构网络"下系统"互连"、"互通"，直至"互换"功能。CIP 协议技术上的先进性，给 3 种应用层使用 CIP 协议的网络（DeviceNet、ControlNet 和 EtherNet/IP）带来一些共有的特点，如功能强大、灵活性强，并且具有良好的实时性、确定性、可重复性和可靠性。可通过一个网络传输多种不同类型的数据，完成了以前需要两个网络才能完成的任务，体现了其强大功能。对多种通讯模式和多种 I/O 数据触发方式的支持，体现了其灵活性。面向连接的特性，用基于生产者/消费者的方式发送对时间有严格要求的报文，保证了其通讯的实时性、确定性、可重复性以及可靠性。每种 CIP 网络又有其各自的一些特点，因此其应用场合也有很大不同。DeviceNet 通常是作为设备层网络使用的，而 ControlNet 和 EtherNet/IP 通常是作为控制层网络使用的。

CIP 一方面提供实时 I/O 通信，一方面实现信息的对等传输。其控制部分通过隐形报文来实现实时 I/O 通信，信息部分则通过显性报文来实现非实时的信息交换。CIP 的一个重要的特性是其介质无关性，即 CIP 作为应用层协议的实施与底层介质无关。这就是人们可以在控制系统和 I/O 设备上灵活实施这一开放协议的原因。同样，当未来新型的通信手段出现时，人们一样可以方便地将其移植到更高性能的网络上实施，并且提供全部的网络功能，保证与原有现场总线或者以太网技术的透明性和一致性。

参考 OSI 七层通讯模型，CIP 架构下协议栈结构见图 5.8。3 种 CIP 网络的网络模型和 ISO/OSI 参考模型对照图见图 5.9。

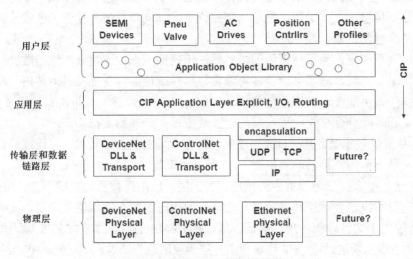

图 5.8　CIP 总线协议的网络模型

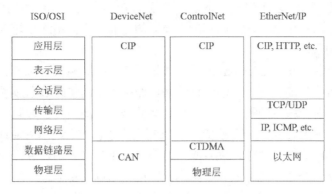

图 5.9 3 种 CIP 网络的网络模型和 ISO/OSI 参考模型对照图

（2）CIP 的特点

① 报文。CIP 最重要的特点是可以传输多种类型的数据。工业应用中所需要传输的数据类型有 I/O、互锁、配置、故障诊断、程序上载或下载等。这些不同类型的数据对传输服务质量的要求是不同的。重要的传输服务质量评价指标有确定性、单位时间内有通信行为的节点所占的比例、响应时间等。

CIP 根据所传输的数据对传输服务质量要求的不同，把报文分为两种：显式报文和隐式报文。显式报文用于传输对时间没有严格要求的数据，比如程序的上载下载、系统维护、故障诊断、设备配置等。由于这种报文包含解读该报文所需要的信息，所以称为显式报文。

隐式报文用于传输对时间有严格要求的数据，如 I/O、实时互锁等。由于这种报文不包含解读该报文所需要的信息，其含义是在网络配置时就已确定的，所以称为隐式报文。由于隐式报文通常用于传输 I/O 数据，隐式报文又称为 I/O 报文或隐式 I/O 报文。

在网络底层协议的支持下，CIP 用不同的方式传输不同类型的报文，以满足它们对传输服务质量的不同要求。DeviceNet 给予不同类型的报文不同的优先级，隐式报文使用优先级高的报头，显式报文使用优先级低的报头；ControlNet 在预定时间段发送隐式报文，在非预定时间段发送显式报文；Ethemet/IP 用 TCP 来发送显式报文，用 UDP 来发送隐式报文。

② 面向连接。CIP 还有一个重要特点是面向连接，即在通信开始之前必须建立起连接，获取唯一的连接标识符（connection ID，CID）。如果连接涉及到双向的数据传输，就需要两个 CID。CID 的定义及格式与具体网络有关，比如，DeviceNet 的 CID 定义是基于 CAN 标识符的。通过获取 CID，连接报文就不必包含与连接有关的所有信息，只需要包含 CID 即可，从而提高了通信效率。不过，建立连接需要用到未连接报文。未连接报文需要包括完整的目的地节点地址、内部数据描述符等信息，如果需要应答，还要给出完整的源节点地址。

对应于两种 CIP 报文传输，CIP 连接也有两种，即显式连接和隐式连接。建立连接需要用到未连接报文管理器（Unconnected Message Manager，UCMM），它是 CIP 设备中专门用于处理未连接报文的一个部件。如果节点 A 试图与节点 B 建立显式连接，它就以广播的方式发出一个要求建立显式连接的未连接请求报文，网络上所有的节点都会接收到该请求，并判断是否是发给自己的，节点 B 发现是发给自己的，其 UCMM 就做出反应，也以广播的方式发出一个包含 CID 的未连接响应报文，节点 A 接收到后，得知 CID，显式连接就建立了。隐式连接的建立更为复杂，它是在网络配置时建立的，在这一过程中，需要用到多种显式报文传输服务。CIP 把连接分为多个层次，从上往下依次是应用连接、传输连接和网络连接。一个传输连接是在一个或两个网络连接的基础上建立的，而一个应用连接是在一个或两个传输连接的基础上建立的。

③ 生产者/消费者（Producer/Consumer）模型。在传统的源/目（Source/Destination）的通信模式下，源端每次只能和一个目的地址通信，源端提供的实时数据必须保证每一个目的端的实时性要求，同时一些目的端可能不需要这些数据，因此浪费了时间，而且实时数据的传送时间会随着目的端数目的多少而改变。而 CIP 所采用生产者/消费者通信模式下，数据之间的关联不是由具体的源、目的地址联系起来，而是以生产者和消费者的形式提供，允许网络上所有节点同时从一个数据源存取同一数据，因此使数据的传输最优化，每个数据源只需要一次性地把数据传输到网络上，其他节点就可以选择性地接收这些数据，避免了带宽浪费，提高了系统的通信效率，能够很好地支持系统的控制、组态和数据采集。一个典型的生产者/消费者模型的数据包结构如下：

标识符	数 据	循环冗余校验码

在生产者/消费者模型中，信息按内容来标识，如果一个节点要接收一个数据，仅仅需识别与此信息相连的特定的标识符（在 DeviceNet 中 用 11 位标识符 CID 来表示连接 ID），每个数据包不再需要源地址位和目标地址位。因为数据是按内容进行标识的，数据源只需将数据发送一次。许多需用此数据的节点通过在网上同时识别这个标识符，可同时地从同一生产者取用（消费）此数据。消费者节点之间可实现精确的同步，而且提高了带宽的有效使用率，其他的设备加入网络后并不增加网络负载，因为它们同样可以消费这些相同的信息，当节点发送多个数据组时，对每个数据组使用不同的标识符。

3. 过程现场总线 Profibus

（1）Profibus 概述

Profibus 是 Process Fieldbus 的缩写，是由 Siemens 公司提出并极力倡导，已先后成为德国国家标准 DIN19245、欧洲标准 EN50170、国际标准 IEC61158 和 JB/T10308.3-2001《测量和控制数字数据通信工业控制系统用现场总线类型：Profibus 规范》。Profibus 是一种国际化、开放式、不依赖于设备生产商的现场总线标准。Profibus 传输速度可在 9.6kbit/s～12Mbit/s 范围内选择，当总线系统启动时，所有连接到总线上的装置应该被设置成相同的速度。Profibus 广泛应用于制造业自动化、流程工业自动化和楼宇、交通电力等其他领域自动化。

Profibus 由 3 个兼容部分组成，即 Profibus-DP（ Decentralized Periphery）、Profibus-PA（Process Automation）和 Profibus-FMS（Fieldbus Message Specification）。其主要使用主-从方式，通常周期性地与总线设备进行数据交换。

① Profibus-DP，是一种高速低成本通信方式，用于设备级控制系统与分散式 I/O 的通信。其基本特性同 FF 的 H2 总线，可实现高速传输。使用 Profibus-DP 可取代 24V DC 或 4～20mA 信号传输，并具有响应时间短和抗干扰性强的特点。Profibus-DP 是在欧洲乃至全球应用最为广泛的现场总线系统。Profibus-DP 是一个主站/从站总线系统，主站功能由控制系统中的主控制器来完成。主站在完成自动化功能的同时，通过循环的报文对现场仪表进行全面地访问。其实时性远高于其他局域网，因而特别适用于工业现场。在 DP 通信内部，又可分为循环通

信 DPV0、非循环通信 DPV1 以及运动控制相关 DPV2 通信。目前，Profibus-DP 的应用占整个 Profibus 应用的 80%。

② Porfibus-PA 专为过程自动化设计，可使传感器和执行机构联在一根总线上。其基本特性同 FF 的 H1 总线，十分适合防爆安全要求高、通信速度低的过程控制场合，可以提供总线供电。Porfibus-PA 能够通过段耦合器或链接器接入 DP 网络。Porfibus-PA 是 Profibus-DP 在保持其通信协议的基础上，增加了非循环数据的传输，也就是说 Profibus-PA 是 Profibus-DP 的一种演变，它使 Profibus 也可用于本安领域，同时保证 DP 总线系统的通用性。

③ Profibus-FMS 用于车间级监控网络，是一个令牌结构实时多主网络。其适用于通信量大的相关服务，完成中等传输速度的周期性和非周期性通信任务。目前这种通信协议已经很少使用。

（2）Profibus 的协议结构

现场总线通信协议基本遵照 ISO/OSI 参考模型，主要实现第一层（物理层）、第二层（数据链路层）、第七层（应用层）的功能。Profibus 遵循 ISO/OSI 模型，其通信模型由 3 层构成：物理层、数据链路层和应用层。数据链路层在总线中被称为 FDL（Field Data Link），包括了介质访问控制 MAC 子层和现场总线链路控制子层 FLC。两者共同完成承接上层应用层任务，下达给物理层；承接下层物理层的数据，上传给应用层。Profibus 协议结构见图 5.10。可以看出，Profibus 规定了完整的 OSI 通信栈由顶至底的功能，但 OSI 的 3~6 层并没有出现在 Profibus 的通信栈中，这些中间层里的必要功能经过简化后，浓缩进了 Profibus 的数据链路层和应用层中。所以 Profibus 只使用了 ISO/OSI 的第一层、第二层和第七层，另外再加上一个用户层（Profile，即行规），这样做大大简化了协议结构，提高了数据传输效率，符合工业自动化实时性高、数据量小等要求。FMS、DP 和 PA 的数据链路层是完全相同的，即它们的数据通信基本协议相同，所以它们可以存在于同一网络中；DP 和 FMS 的物理层均使用 RS-485，所以它们可以使用同一根电缆进行各自的通信；虽然 PA 的物理层使用 MBP（Manchester code Bus Powered）技术，但由于 PA 也使用 DPV0 的基本报文协议，所以 DP 和 PA 也可以互相通信；因为 FMS 的第七层规范只适合于 FMS 装置，所以 FMS 不能和 DP、PA 交换数据。

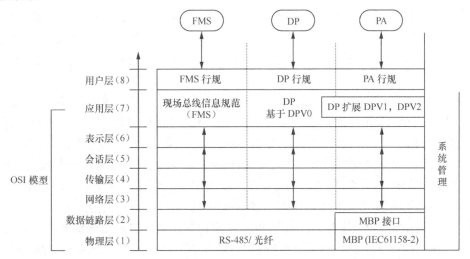

图 5.10　Profibus 协议结构

Profibus 物理层采用 EIA RS-232、EIA RS-422/RS-485 等标准。由于在某些情况下，现场传感器、变送器要从现场总线获得电能作为它们的工作电源，因此对总线上数字信号的强度（驱动能力）、传输速率、信噪比以及电缆尺寸、线路长度等都提出了一定的要求。数据链路层考虑到现场设备的故障比较多，更换得比较频繁，数据链路层媒体访问控制大多采用受控访问（包括轮询和令牌）协议。

应用层解决的是应用什么样的高级语言（或过程控制语言）作为面向用户的编程（或组态）语言的问题。其中包括设备名称、网络变量与配置（捆绑）关系、参数与功能调用及相关说明等。

Profibus-FMS 和 Profibus-DP 均采用 RS-485 作为物理层的连接接口。网络的物理连接采用屏蔽单对双绞铜线的 A 型电缆。而 Profibus-PA 采用 IEC 1158-2 标准，通信速率固定为 31.25kbit/s。

4．EPA 实时以太网

（1）EPA 实时以太网概述

用于工业测量与控制系统的 EPA（Ethernet for Plant Automation）系统结构和通信标准是一种基于以太网、无线局域网、蓝牙等信息网络通信技术，适用于工业自动化控制系统装置和仪器仪表间相互通信的工业控制网络通信标准。它是我国提出的一种工业以太网实时通信系统规范，适用于自动化仪器仪表之间，以及工业自动化控制系统和仪器仪表的通信。作为我国工业自动化领域第一个被国际标准化组织接受和发布的标准 EPA，它提供了基于工业以太网的实时通信控制系统解决方案。EPA 标准的提出提升了我国工业现场设备通信控制方面的研究水平，扭转了我国现场总线技术研究相对落后的局面。

（2）EPA 实时以太网通信模型以及协议

① EPA 实时以太网通信模型。

从系统的层次关系来分，EPA 分为过程监控层和现场设备层两层。依据 EPA 现场设备间的通信耦合关系和物理安装位置，现场设备层可分为若干个子网段或控制区域。子网段内的 EPA 设备通过以太网交换机连接，采用 EPA 通信协议进行通信。子网段间通过 EPA 网桥与其他网段和现场设备层网段逻辑隔离，保证了子网段内的通信数据不流经其他网段，减少了网段负载，提高了实时性和安全性。EPA 通信模型参照 ISO/OSI 模型，分为物理层、数据链路层、网络层、传输层和应用层，并增加了用户层，构成六层结构通信模型，见图 5.11。

EPA 物理层和数据链路层采用 IEEE802 系列，即有线部分以太网标准 IEEE 802.3、无线局域网 IEEE 802.11 和蓝牙无线通信 IEEE 802.15。为提高实时性，在数据链路层中的 MAC 子层上增加了一个通信调度管理实体，负责管理实时 EPA 通信与非实时网络通信的并行运行。该通信调度管理实体将网络中的通信报文分为周期报文和非周期报文，周期报文包括与过程控制有关的数据，优先级最高。非周期报文包括事件通知、应用数据等，依数据类别分别赋予不同的优先级，再按优先级依次发送。所有 EPA 设备按一定周期进行通信。EPA 应用层为 EPA 设备之间周期和非周期数据通信提供通道和服务接口，分为 EPA 实时通信规范和非实时通信规范。实时通信规范包括 EPA 应用层服务和 EPA 套接字映射接口两个层次。

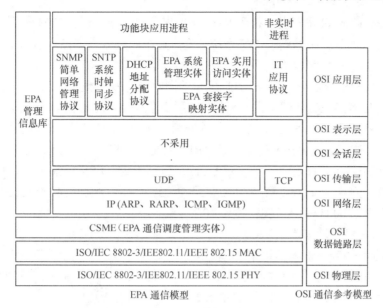

图 5.11　EPA 通信模型结构

一个 EPA 设备至少应该包括一个功能块实例，EPA 设备间通过由功能块链接所组成的应用进程进行通信，通信双方在通信之前先进行初始化，并下载包含链接对象的组态信息（链接对象描述了通信过程中的链路关系 ）。通信发起方查询相关的链路关系之后，再由功能块实例调用应用层服务，将需要传输的数据进行 EPA 报文编码，然后传送给套接字映射实体进行 UDP / IP 封装，最后由通信调度管理实体将数据发送到 EPA 网络。通信接收方则直接由通信调度管理实体将接收到的数据交给套接字映射实体报文缓冲，报文过滤后对 EPA 报文进行解码，解码后数据交由特定功能块实例进行处理。

② EPA 实时以太网通信协议。

按照模块化的设计方式，EPA 协议栈可以分为应用层、通信调度及时间同步 3 个模块。

a. 应用层模块：应用层提供应用访问服务、系统管理服务，同时它能够通过套接字映射实体来实现与下层的接口。

b. 通信调度模块：通信调度实体 CSME 接收 DLS_User Data（数据链路服务用户数据 ）进行缓存，并按特定的调度规程向 LLC（逻辑链路控制）传送数据，同时也负责解释本地 LLC 层所接收的数据并传给 DLS_ User。

c. 时间同步模块：EPA 时间同步采用 IEEE 1588 精确时间同步协议。IEEE 1588 协议占用网络和计算资源少，主要针对相对本地化、网络化的系统测量环境，适合应用于测量自动化系统。时间同步模块可达毫秒级的同步精度，若有硬件支持，则可以达到微秒级的同步精度。模块同步是通过设备与主时钟的同步报文交换来实现的。同步报文分别包含同步信息（SYNC）、附加信息（FollowUp）、延时请求（DelayReq）、延时响应（DelayRsp）。该模块的实现原理是先通过 SYNC 和 FollowUp 报文计算它与主时钟的时间偏差，然后由 DelayReq 和 DelayRsp 报文计算出网络延迟和协议栈延迟，最后调整本地时间。

5. HART

HART（Highway Addressable Remote Tranducer）是可寻址远程传感器高速公路的简称，

最早由美国 Rosemount 公司开发并得到 80 多家仪表公司的支持，于 1993 年成立了 HART 通信基金会。该协议属于模拟系统向数字系统转变过程中的过渡性产品，但由于其实现较为简单，因而具有较强的市场竞争力，得到了较快发展。

HART 协议在不干扰 4～20mA 模拟信号的同时允许双向数字通信。4～20mA 模拟和 HART 数字通信信号能在一条线上同时传输，主要变量和控制信号由 4～20mA 传送，而另外的测量变量、过程参数、设备组态、校准及诊断信息在同一线对、同一时刻通过 HART 协议访问。数字信号叠加在 4～20mA 电流信号上的方式见图 5.12。

从图 5.12 可以看到，HART 协议使用 Bell202 频移键控（FSK）标准，在 4～20mA 基础上叠加一个低电平的数字信号。数字 FSK 信号相位连续，不会影响 4～20mA 的模拟信号。图中的逻辑"1"由 1200 Hz 频率代表，逻辑"0"由 2200 Hz 代表，信息传输速率是 1200 波特率。它扩展了传统的 4～20mA 的模拟传输，是模拟信号向数字系统转变过程中的过渡性产品。HART 提供相对低的带宽和中等响应时间的通信，其典型应用包括远程过程变量查询、参数设定与对话等。

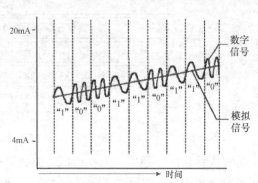

图 5.12　HART 数字通信加在 4～20mA 模拟信号上

6. ModBus 协议

（1）Modbus 概述

Modbus 协议是 Modicon 公司开发的一种通信协议，最初目的是实现可编程控制器之间的通信。利用 Modbus 通信协议，可编程控制器就可以通过串行口或者调制解调器联入网络。该公司后来还推出 Modbus 协议的增强型 Modbusplus（MB+）网络，可连接 32 个节点，利用中继器可扩展至 64 个节点。这种由 Modicon 公司最先倡导的通信协议，经过大多数公司的实际应用，已逐渐被认可，成为一种标准的通信协议，只要按照这种协议进行数据通讯或传输，不同的系统之间就可以进行通信。比如，在 RS-232/485 通信过程中就广泛采用这种协议。

Modbus 协议包括 ASCII、RTU、TCP 等，并没有规定物理层。此协议定义了控制器能够认识和使用的消息结构，而不管它们是经过何种网络进行通信的。通过 Modbus 协议，不同厂商生产的控制设备和仪器可以联成工业网络，进行集中监控和管理。Modbus 的 ASCII、RTU 协议规定了消息、数据的结构、命令和应答的方式，数据通讯采用 Maser/Slave 方式，Master 端发出数据请求消息，Slave 端接收到正确消息后就可以发送数据到 Master 端以响应请求；Master 端也可以直接发消息修改 Slave 端的数据，实现双向读写。Modbus 协议需要对数据进行校验，串行协议中除有奇偶校验外，ASCII 模式采用 LRC 校验，RTU 模式采用 16 位 CRC 校验，但 TCP 模式没有额外规定校验，因为 TCP 是一个面向连接的可靠协议。另外，Modbus 采用主从方式定时收发数据，在实际使用中如果某 Slave 站点断开（如故障或关机），则 Master 端可以诊断出来，而当故障修复后，网络又可自动接通。因此，Modbus 协议的可靠性较好。

Modbus 协议规定了主设备查询的格式：设备（或广播）地址、功能代码、所有要发送的数据和错误检测域。从设备回应消息也由 Modbus 协议构成，包括确认要行动的域、要返

回的数据和错误检测域。主从站协议格式见图 5.13。如果在消息接收过程中发生错误，或从
设备不能执行其命令，从设备将建立错误消息并把它作为回应发送出去。功能代码告之被选
中的从设备要执行何种功能。数据段包含了从设备要执行功能的附加信息。例如，功能代码
03 是要求从设备读保持寄存器并返回它们的内容。数据段必须包含要告知从设备的信息：
从何寄存器开始读及要读的寄存器数量。错误检测域为从设备提供了一种验证消息内容是否
正确的方法。如果从设备产生正常的回应，在回应消息中的功能代码是在查询消息中的功能
代码的回应。数据段包括了从设备收集的数据：寄存器值或状态。如果有错误发生，功能代
码将被修改以指出回应消息是错误的，同时数据段包含了描述此错误信息的代码。错误检测
域允许主设备确认消息内容是否可用。

图 5.13　主从站协议格式

在实际的应用过程中，为了解决某一个特殊问题，人们喜欢自己修改 Modbus 协议来满
足自己的需要（事实上，开发人员经常使用自己定义的协议来通信，虽然这不太规范）。更
为普通的用法是，少量修改协议，但将协议格式与软件说明书附在一起，或直接放在帮助
中，这样就方便了用户的通信编程或设置。

（2）ModBus　RTU

当控制器设为在 Modbus 网络上以 RTU（远程终端单元）模式通信时，在消息中的每个
8 位的字节包含两个 4 位的十六进制字符。这种方式的主要优点是，在同样的波特率下，可
比 ASCII 方式传送更多的数据。RTU 方式数据帧的格式见表 5.4。

表 5.4　　　　　　　　　　　　RTU 方式数据帧的格式

起始位	设备地址	功能代码	数据	CRC 校验	结束符
T1-T2-T3-T4	8 个字符	8 个字符	$N*8$ 个字符	8 个字符	T1-T2-T3-T4

使用 RTU 模式，消息帧的发送至少要以 3.5 个字符时间的停顿间隔开始。当第一个域
（地址域）接收到后，每个设备都进行解码以判断是否是发给自己的。在最后一个传输字符之
后，至少用 3.5 个字符时间的停顿标定消息的结束。一个新的消息可在此停顿后开始。整个
消息帧必须作为一连续的流传输。如果在帧完成之前有超过 1.5 个字符时间的停顿时间，接
收设备将刷新不完整的消息并假定下一字节是一个新消息的地址域。同样地，如果一个新消
息在小于 3.5 个字符时间内接着前个消息开始，接收的设备将认为它是前一消息的延续。但
这将导致一个错误，因为在最后的 CRC 域的值不可能是正确的。

（3）ModBus ASCII

当服务端设为在 Modbus 网络上以 ASCII（美国标准信息交换代码）模式通信时，在消
息中的每个8位的字节都作为两个ASCII 字符发送。这种方式的主要优点是字符发送的时间
间隔可达到 1s 而不产生错误。ASC 方式数据帧的格式见表 5.5。

表 5.5   ASCII 方式数据帧的格式

起始位	设备地址	功能代码	数据	LRC 校验	结束符
1 个字符	2 个字符	2 个字符	N 个字符	2 个字符	2 个字符

在 ASCII 模式下，消息帧以字符冒号"："（ASCII 码 3AH）开始，以回车换行符结束（ASCII 码 0DH，0AH）。其他区域可以使用的传输字符是十六进制的 0～9，A～F。在传输过程中，网络上的设备不断侦测"："字符，当有一个冒号被接收到时，每个设备都解码下个域（地址域）来判断是否是发给自己的。

（4）ModBus ASCII 和 ModBus RTU 的比较

两种协议的比较见表 5.6。

表 5.6   ASCII 和 RTU 的比较

协议	开始标记	结束标记	校验	传输效率	程序处理
ASCII	:（冒号）	CR，LF	LRC	低	直观，简单，易调试
RTU	无	无	CRC	高	不直观，稍复杂

通过比较可以看到，ASCII 协议和 RTU 协议相比拥有开始和结束标记，因此在进行程序处理时更加方便，而且由于传输的都是可见的 ASCII 字符，所以进行调试时就更加直观，另外它的 LRC 校验也比较容易。但是因为它传输的都是可见的 ASCII 字符，RTU 传输的数据每一个字节 ASCII 都要用两个字节来传输，比如 RTU 传输一个十六进制数 0xF9，ASCII 就需要传输"F"、"9"的 ASCII 码 0x39 和 0x46 两个字节，这样它的传输的效率就比较低。所以一般来说，如果所需要传输的数据量较小可以考虑使用 ASCII 协议，如果所需传输的数据量比较大，最好使用 RTU 协议。

5.3.3　现场总线智能仪表

现场总线是连接智能现场设备和自动化系统的数字式、双向传输、多分支结构的通信网络，其基础是智能仪表。现场总线智能仪表是未来工业过程控制系统的主流仪表，它与现场总线一起组成 FCS（FieldBus Control System，现场总线控制系统）的两个重要部分，将给传统的控制系统结构和方法带来革命性的变化。现场总线智能仪表与一般智能仪表最重要的区别就是采用标准化现场总线接口，便于构成现场总线控制系统。FCS 用现场总线在控制现场建立一条高可靠性的数据通信线路，实现各现场总线智能仪表之间及现场总线智能仪表与主控机之间的数据通信，把单个分散的现场总线智能仪表变成网络节点。现场总线智能仪表中的数据处理有助于减轻主控站的工作负担，使大量信息处理就地化，减少了现场仪表与主控站之间的信息往返，降低了对网络数据通信容量的要求。经过现场总线智能仪表预处理的数据通过现场总线汇集到主机上，进行更高级的处理（如系统组态、优化、管理、诊断、容错等），使系统由面到点，再由点到面，对被控对象进行分析判断，提高系统的可靠性和容错能力。这样 FCS 把各个现场总线智能仪表连接成了可以互相沟通信息，共同完成控制任务的网络系统与控制系统，能更好地突现 DCS 中的"信息集中，控制分散"的功能，提高了信号传输的准确性、实时性和快速性。

以现场总线技术为基础，以微处理器为核心，以数字化通信为传输方式的现场总线智能仪表与一般智能传感器相比，需要以下功能：

① 共用一条总线传递信息，具有多种计算、数据处理及控制功能，从而减少主机的负担。

② 取代 4～20mA 模拟信号传输，实现传输信号的数字化，增强信号的抗干扰能力。

③ 采用统一的网络化协议，成为 FCS 的节点，实现传感器与执行器之间信息交换。

④ 系统可对现场总线智能仪表进行校验、组态、测试，从而改善系统的可靠性。

⑤ 接口标准化，具有"即插即用"特性。

5.4　工业以太网及其通信程序设计

5.4.1　概述

现场总线控制系统是顺应智能现场仪表而发展起来的。它的初衷是用数字通信代替 4～20mA 模拟传输技术，并通过统一的现场总线标准来推动现场总线技术的广泛应用，最终实现工业自动化领域内一场新的革命。然而，这一设想的实施并不顺利。迄今为止现场总线的通信标准尚未完全统一，这使得各厂商的仪表设备难以在不同的 FCS 中兼容。此外，FCS 的传输速率也不尽人意，以基金会现场总线为例，它采用了 ISO 的参考模型中的 3 层（物理层、数据链路层和应用层）和极具特色的用户层，其低速总线 H1 的传输速度为 31.25kbit/s，高速总线 H2 的传输速度为 1Mbit/s 或 2.5Mbit/s，这在有些场合下仍无法满足实时控制的要求。上述原因使 FCS 在工业控制中的推广应用受到了一定限制。以太网具有传输速度高、低耗、易于安装和兼容性好等方面的优势，由于它支持几乎所有流行的网络协议，所以在商业系统中被广泛采用。以太网用于控制网络的优势有以下几点。

① 具有相当高的数据传输速率（目前已达到 100Mbit/s），能提供足够的带宽；

② 由于具有相同的通信协议，Ethernet 和 TCP/IP 很容易集成到企业管理网络中；

③ 能在同一总线上运行不同的传输协议，从而能建立企业的公共网络平台或基础构架；

④ 在整个网络中，运用了交互式和开放的数据存取技术；

⑤ 沿用多年，为众多的技术人员所熟悉，市场上能提供广泛的软件资源、维护和诊断工具，已成为事实上的统一标准；

⑥ 允许使用不同的物理介质并可构成不同的拓扑结构。

但是传统以太网采用总线式拓扑结构和多路存取载波侦听/碰撞检测（CSMA/CD）通信方式，在实时性要求较高的场合下，重要数据的传输过程会产生传输延滞，因而会导致数据传输的"不确定性"。针对以太网存在的不确定性和实时性能欠佳的问题，可通过智能集线器的使用、主动切换功能的实现、优先权的引入以及双工的布线等来解决。通过提高数据传输速率，仔细地选择网络的拓扑结构并限制网络负载等，可将发生数据冲突的概率降到最低。此外，适合于工业环境的密封和抗振动的以太网器件（如导轨式收发器、集线器、切换器、连接件等）给以太网进入实时控制领域创造了条件。目前世界上已有一些国际组织从事推动以太网进入控制领域的工作，如 IEEE 正在着手制订现场总线和以太网通信的新标准。该标准将使网络能看到"对象"。IAONO（工业自动化开放网络联盟）最近与 ODVA（DeviceNet 供应商协会）和 IDA 集团就共同推进 Ethernet 和 TCP/IP 达成共识。ODVA 于 2000 年 3 月 17 日发布了一个为在工厂基层使用以太网服务的工业标准。FF（现场总线基金会）于 2000 年 3

月 29 日公布了高速以太网（100Mbit/s）的最终技术规范（FSI1.0）。工业以太网协会与美国的 ARC、Advisory Group 等单位合作，开展了工业以太网关键技术的研究。目前，1000Mbit/s 以太网已进入实用阶段，但价格还比较昂贵。由以上分析可知，以太网进入工业控制领域是一个相当重要的发展方向。

尽管工业以太网与普通商用以太网同样符合 IEEE 802.3 标准，但是由于工业以太网设备的工作环境与办公环境存在较大差别，所以对工业以太网设备有一些特殊要求，如要求工作温度范围较宽、封装牢固（抗振和防冲击）、导轨安装、电源冗余和 24V DC 供电等。

5.4.2 以太网在 SCADA 系统中的应用

以太网在 SCADA 中的应用，目前基本上分为两种情况：一种是基于以太网的微机采集系统，另一种是基于以太网的 I/O 设备。基于以太网的微机采集系统就是将单机的数据采集通过硬件（网卡）和软件（网络通信程序）在以太网上实现分布式数据采集，也就是说将微机作为网络采集的服务器。基于以太网的微机数采系统见图 5.14。在这种方案中，每个微机都作为数据服务器，对自己控制部分的数据进行采集、存储，进行必要的处理，并根据上位机的要求将数据上传。这样，在每个数据服务器上，就要包含数据采集/存储、数据处理、网络通信等几个部分的程序。其中数据采集/存储、数据处理与传统的采集处理方法基本上一致，网络通信部分则要根据实际情况来确定。网络通信能够以很多方式来实现，如 TCP、DCOM 或 OPC（OLE for Process Control）等。虽然基于以太网的微机采集系统设计使用很灵活方便，但在许多情况下，现场并不需要一个专门的计算机进行数据采集处理，这时使用专门的基于以太网的 I/O 设备就比较合适。基于以太网的 I/O 设备就是将以太网接口直接嵌入到 I/O 设备内部，基于以太网的智能节点见图 5.15。在基于以太网的 I/O 设备中，由于网络接口直接嵌入到设备中，因此整个设备的体积将会大大减小，安装将更加方便。但另一方面，由于微处理器和存储器也嵌入在设备内部，对设备的抗干扰性能的要求就比较高。为了支持网络通信和基本的数据处理，一般还应该在设备中装载嵌入式操作系统。随着微处理器和存储器技术的发展，这些要求都能够满足，且设备的可靠性也在逐渐提高。

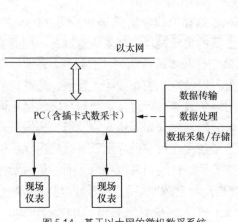

图 5.14　基于以太网的微机数采系统

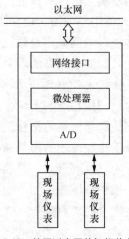

图 5.15　基于以太网的智能节点

5.4.3 以太网控制装置的通信程序设计

本节介绍的以太网通信程序是指上位机和下位控制装置之间通过以太网进行通信的程序。在以太网中采用的通信协议是 TCP/IP。TCP/IP 的核心部分是传输层协议（TCP 与 UDP）、网络层协议（IP）和物理接口层，这 3 层通常在操作系统内核中实现。操作系统的内核是不能直接为一般用户所感受到的。一般用户感受到的只有应用程序（包括系统应用程序），即各种应用程序构成了操作系统的用户视图。应用程序是通过编程界面（即程序员界面）与内核打交道，各种应用程序（包括系统应用程序）都是在此界面上开发的。编程界面有两种形式，一种是由内核直接提供的系统调用，另一种是以库函数方式提供的各种函数。前者在核内实现，后者在核外实现。因此，内核中实现 TCP/IP 的操作系统可以叫做 TCP/IP 操作系统（Windows 98、Windows NT 都是这种系统），其核心协议 TCP、UDP、IP 等向外提供的只是原始的编程界面，而不是直接的用户服务，用户服务要靠核外的应用程序来提供。TCP/IP 网络环境下的应用程序是通过网络（应用）编程界面（套接字，socket）实现的。网间应用程序之间的作用方式为客户机/服务器模式。TCP/IP 核心与应用程序的关系见图 5.16。

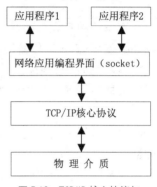

图 5.16 TCP/IP 核心协议与应用程序的关系

由于本系统中的通信程序是基于 TCP/IP 开发的，因此也必须采用网络编程界面，即用 Socket 来进行通信程序的编写。

5.4.4 基于 PC-104 嵌入式控制器的 SCADA 系统中以太网通信程序的设计

1. 系统结构与功能

SCADA 系统在工业监控中广泛使用。SCADA 一般采用分布式层次结构，典型的是上-下位机形式，下位机可以是 PLC、各种智能模块（终端）等。上、下位机可采用多种总线连接，采用的通信协议也有多种。本节介绍的 SCADA 系统下位机是基于 PC-104 的嵌入式控制装置，上、下位机采用以太网连接，因此称下位机为基于以太网的智能节点（见图 5.17）。智能节点外接模拟量输入输出、开关信号输入输出等 I/O 卡，主要作用是执行各种控制功能并进行数据

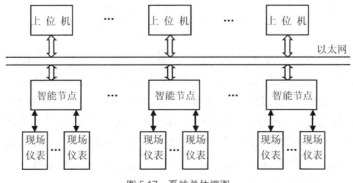

图 5.17 系统总体框图

采集，进行状态监测和报警，并将采集到的数据上传；上位机则采用微机，通过以太网同下位机通信，将由现场智能节点上传来的数据通过 DDE 或 OPC 方式送到监控软件进行监控，并利用组态软件进行复杂的组态工作，将组态信息下载到智能节点上，调整其控制算法和参数。这样，就可将上位机操作简单、可视性强的优点和智能节点控制迅速的优点结合起来，组成一个开放性好、可靠性高、控制迅速的数据采集与控制系统。从总体上讲，本系统是一个分布式控制系统，系统的各个部分之间要不停地交换信息，这样通信方案选择的成功与否对整个系统的设计起着关键作用，其中通信的实时性和可靠性是必须考虑的重要因素。

2. 数据交换协议

在本系统中有大量的数据在上位机和智能节点之间进行交换，这需要通过以太网来实现，数据交换使用 TCP（传输控制协议），由于每次要传输的数据大小均不能够确定，同时数据种类较多，则每次必须标识出本次传送的数据长度和种类，因此根据系统要求，定义了图 5.18 所示的数据包格式。其中，数据包标记用来标识数据的来源，确定数据来自上位机还是智能节点，如果是智能节点，指出其来自哪个智能节点。数据长度则标识此次传输数据的长度，这个参数在数据通信中起着至关重要的作用，这是因为对于 PC/TCP 软件，其提供的 Socket 接收数据函数 recv( ) 每次只能接收 1KB。因此，为保证数据传输的完整性，在程序中 recv( ) 函数每次开始接收数据时，均可根据接收的具体长度来判断数据是否接收完毕，以确定是否还需要调用 recv( ) 函数。数据包命令字指出此次传输数据的种类，可以据此确定下一步该如何处理数据。数据包编号则是为处理大块数据而准备的：当数据量很大（超过 1KB）时，就要将数据分割成多次传输。为了使接收方能正确组合数据，就需要在分割传输数据时标识数据的编号。在实际程序实现时，采用 struct 结构类型来实现图 5.18 所示的数据包格式。

数据包标记	数据长度	数据包命令字	参数	数据包编号	数据

图 5.18　数据包格式

```
struct TcpPacket
{
    short  id;              //数据报标记字
    short  length;          //长度（以 byte 计算）
    short  command;         //命令
    short  param;           //参数
    short  seqid;           //数据报编号（不能修改）
    char   data[,,, ];      //user data start
};
```

本系统中，根据现场将采集数据的类型和需要用到的组态控制参数的类型，可将整个通信数据分为小模块输出区、大模块输出区、I/O 模块输出区、变量输出区、常量输出区、大模块监控数据区、大模块组态数据区、手动模块 mmv 数据表、PidSw 模块数据表等数据类型。这些数据根据其不同的格式，又可用相应的 struct 来实现，在通信时，将这块数据打包传给 TcpPacket 的 data 字段。在这些数据类型中，监控可读的数据区为：常量输出区、变量输出区、大模块监控数据区、手动模块 mmv 数据表等；监控可写的数据区为：变量输出区、大模块监控数据区、手动模块 mmv 数据表、PidSw 模块数据表等。

3．通信程序结构

如上所述，在整个系统中，通信程序采用的是客户/机服务器模式。因此通信程序也分为客户部分的通信程序和服务器部分的通信程序。其中，客户又分为两种，一种是智能节点部分，一种是除了服务器外的其余客户机。智能节点部分的通信程序用于将采集来的数据上传至上位机服务器，同时从上位机服务器下载组态控制信息。监控客户机的通信程序则是从上位机服务器中获得其监控系统本身所需要的数据。

（1）智能节点客户通信程序

在智能节点中，PC-104 所配置的操作系统是 DOS 系统，其工作方式是单线程的。而在智能节点中，除了将采集到的数据送到上位机以及从上位机下载组态信息外，还要负责从各个通道采集数据、分析数据，并且根据下载的组态控制信息实施控制方案。因此，系统所采取的方案应该是让主程序运行数据采集模块和控制模块，而将通信程序作为一个定时中断程序运行。即每当定时到后即产生一个中断，然后调用通信程序模块执行。

由于通信程序采用的通信协议是 TCP，通信方式是面向连接的，因此，客户通信程序是根据所指定的服务器 IP 地址来向服务器请求连接。这样，如果服务器由于某种原因出现"死机"的话，客户通信程序将一直连接不上服务器，采集到的数据将无法上传，控制室也就无法监控现场的数据。为了避免这种情况的发生，可采用冗余服务器的模式，也即当一台服务器"死机"后，让客户程序自动连接到另一台备用服务器。在通信程序的实现中约定，若连续 3 次连接不上服务器，则自动转换去连接另一台服务器，这样就可以确保采集到的数据能及时地送到控制室。

在通信程序的运行中，主要是智能节点向上位服务器上传采集到的数据，而智能节点从上位服务器接收的数据一般是对上次上传数据正确与否的确认，以及对下次所需数据的指示信息，这类数据包一般都比较小。但是，当从上位服务器下载组态控制信息时，组态信息比较大。如果将这些数据一次发送下去，则由于数据包过大和数据中的数据类型过于复杂，可能会给通信造成较大的延迟，数据包的分拆也比较困难，所以，根据组态信息的类型，可将组态数据分为若干份，这样可使每次下载的数据包不至于太大，数据类型也不至于太复杂。

智能节点通信程序采用的 Socket 库是通过 PC/TCP 软件提供的，它是基于 BSD 的 socket，其提供的接收数据函数 recv( ) 每次只能接收 1KB 的数据量，这样显然不能完全适应通信的要求，因为在下载组态信息时，每次要接收的数据量均较大。因此在程序中，接收数据时应先解析数据包，用得到的数据头中的数据长度来识别和控制数据接收过程，保证接收数据的完整性。下面列出了其核心代码。

```
while(1)
 {
    RecvLength=recv(sock, pRecv+RecvSum, RecvSize, 0);
    //接收出错，关闭socket，退出接收循环
    if(RecvLength<0)
      {
      close(sock);
      return(-6);
      break;
      }
```

```
    //无数据可接收，退出接收循环
  if (RecvLength==0)
     break;
  if (i==0)
    pRecvPack=(TcpPacketType *)pRecv;
  i++;
    //解析数据头
  id=pRecvPack->head.iHead[0];
  param=recPack->head.iHead[3];
  length=pRecvPack->head.iHead[1];
  length=length+10;
    //计算本次通信总共接收的数据长度
  RecvSum+=RecvLength;
    //如果不是下载组态信息，则退出下载循环
   if (id!=CfgToMscd)
      break;
    //如果是下载组态信息，且接收完毕，则退出下载循环
   else
      if (RecvSum==length)
      break;
  }
```

（2）监控客户机通信程序

上位监控客户机的通信程序安装在除服务器外的其余上位机上，用于向服务器请求所需要的数据。作为一个大中型的控制系统，需要监控的数据量很多，若控制室仅用一台微机，则需要设计很多监控画面，并且要在众多的监控画面之间来回切换。为了避免这种情况，可采用多台微机用于监控。由于通信程序采用的是客户机/服务器模式，因此这些监控微机除了一台用作服务器外，其余的均为客户机。

上位监控客户机的程序和智能节点客户程序一样，也存在着一旦服务器"死机"，将无法获取监控数据的问题。因此在程序设计中，可参照智能节点的处理方式，如果有连续 3 次连接不上服务器的情况，将自动转换连接到另外一台服务器，向这台服务器请求所需要的数据。

上位监控客户机的程序也采用定时与服务器程序进行通信的方式，由于上位监控机的客户程序和智能节点的客户程序之间存在明显差异：智能节点是定时向上位服务器发送特定的数据，或根据上位机的请求来发送数据；而上位监控机的客户程序则由于所监控的数据项并没有事先确定，只能根据每次所监控的情况再向服务器请求数据。因此在程序中，将所有可能需要监控的数据项设计成一个链表，定时扫描本机器上实际监控的数据项，并对这些监控的数据项赋一个标志，在需要通信的时候，扫描这个链表，如果数据项的标志置位了，则向服务器请求这个数据项的数据。实现这个功能的主要源代码如下。

```
    //填数据头
    ToSvrStrLength=0;
    SvrData.id=0x5511;
    SvrData.num=0;
    pSendData=(SendDataType*)SvrData.Data;
    pDDEData=pDDEData1;
  //扫描链表，根据数据项标志来确定需要的数据
    while (pDDEData!=NULL)
    {
```

```
        if(pDDEData->bUsed==TRUE)
        {
            pSendData->dwAddress=pDDEData->iAddress;
            pSendData++;
            SvrData.num++;
        }
        pDDEData=pDDEData->pNext;
    }
    //将发送数据打包
    ToSvrStr=(char*)&SvrData;
    ToSvrStrLength=4+8*SvrData.num;
```

（3）服务器通信程序

服务器通信程序在通信中始终处于被动的监听地位。如果有客户请求的话，它才能响应请求，与客户建立一条通信链路，相互进行通信。此外，针对客户机有多台的实际情况，同一时间可能有多台客户机请求通信，因此需要在程序中采用多线程方式。其中创建一个主线程来一直监听，如果有客户机请求通信，则根据发出请求的客户机的 IP 地址来调用相应的通信线程。在具体程序设计中，可根据智能节点和上位监控机可能配置的数量创建适当数量的线程。

基于智能节点所采集的数据种类繁多的特点，如果将所有的数据都送到上位机进行监控会很浪费网络资源，也没有必要。因为在这些数据中，有些数据很少变化或变化很缓慢，这样可将采集到的数据分为两类，一类是变化较快或者是很重要的现场参数，需要时刻进行监控；另一类是变化缓慢或者影响不是很大的参数。对于前者，智能节点客户通信程序定时向上位机上传；而对于后者，则由服务器通信程序根据监控的需要，向下位机请求这类数据。此外，有时还要下载组态控制信息，因此，从上位服务器向智能节点发出的数据信息是随时会变化的。为了告诉通信程序本次通信过程中需要发送的数据类型，在与智能节点进行通信的线程中，需定义一个状态字，由这个状态字根据程序运行过程中的不同需要来进行不同的置位。在通信时，就可根据这个状态字的值来调用相关的子函数，对需要发送的相应数据进行打包。

当接收到从智能节点上传来的数据后，需要调用一个数据分析函数 DataTranlate( )。这个函数将接收到的数据先拆包，分析其数据头，并根据上面的数据交换协议，判断出它的数据类型，然后取出其中的数据。此时，可根据具体的智能节点编号和数据类型，将其保存到相应的地址段中去。如果发现数据在传输过程中出错，则会置位上面所介绍的状态字，通知服务器通信程序，在下次通信过程中将这次的出错告诉智能节点，要求智能节点重发这次的数据。

当接收到从上位监控机客户程序发来的数据请求时，也要调用一个数据请求分析函数 AnalyseWsData( )。因为从上位监控机客户程序传过来的数据基本上都是它所需要的数据项的位号（tagname），因此 AnalyseWsData( )需要将数据拆包后，根据取出的数据来分析，判断这些请求数据项的种类，然后根据其 tagname 到相应的地址段取出所请求的数据项的数据，调用相关的数据打包函数将数据打包，发送到上位监控机的客户程序中。如果所请求的数据不是智能节点定期向上发送的，则服务程序还要根据所请求数据项的 tagname，通知相应的通信线程，在下次通信时向下位机请求这类数据。服务程序与上位监控机的通信过程见图 5.19。

服务器通信程序采用了多线程的技术，这样能够将各个通信过程和数据的打包、拆包分别放在不同的线程中并发处理，满足工业控制的实时性要求。但是采用了多线程后，也可能会带来问题。如上所述，当服务器接收到下位机上传的数据后，调用 DataTranlate( )函数将数据分别存放到相应的地址段；当服务器接收到上位客户机的数据请求后，调用 AnalyseWsData( )函数到相应的地址段取数据。如果这两个过程同时发生，并且所对应的地址段也是一样的，将会造成在同一时刻，一个线程对这个地址段进行写操作，一个线程对这个地址段进行读操作的情况发生，这样读出来的数据极可能是错误的。为了避免这种情况的发生，在程序中可使用临界区技术，用它来保证线程间的互斥和同步。当线程要对某一地址段进行操作时，将先调用 CriticalSection.Lock( )来将这个地址段锁起来，阻止其他线程对这个地址段进行操作，当本线程对这个地址段操作完毕后，再调用 CriticalSection.Unlock( )来解锁，释放对这个地址段的控制，其他线程就可以对其进行操作了。

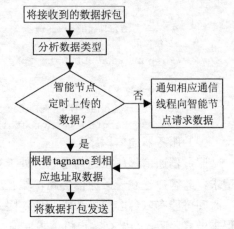

图 5.19　服务程序与上位监控机的通信过程

5.5　智能仪表与 PLC 及上位机通信

5.5.1　智能仪表与 PLC 通信

随着通信技术和嵌入式软、硬件技术的发展，智能仪表的性能已经有了很大的提升，多数智能仪表（包括显示仪表与控制仪表）都具有通信接口，因而能够与其他控制器（如 PLC 或计算机等）进行数据交换。目前这些智能仪表典型的通信接口是串行通信接口，用户可以根据需要配置 RS-232 或 RS-485 接口模块。在中、小型的测控系统中，智能仪表是一类广泛使用的控制装置，可以把智能仪表用作下位机，实现单回路甚至串级等复杂控制，这些智能仪表与上位机通信，向上传递过程参数，同时接受上位机的控制，从而构成了控制分散、管理集中的集散控制系统。然而，智能仪表本身并不善于处理数字量信号和逻辑控制，因此，在测控点数较少但 I/O 种类较多的系统（特别是有一定逻辑、顺序控制的系统）中，可以将 PLC 与智能仪表结合起来使用，发挥 PLC 在逻辑控制中的优势，以及智能仪表在回路控制上的优点，这样可以建立具有较高性价比的测控系统。

1．宇电智能仪表及其通信指令介绍

厦门宇电自动化科技有限公司生产 AI 系统智能仪表，采用自行开发的通讯协议 AIBUS，能用简单的指令实现全面的功能，其特点是写参数的同时亦可完成读功能，因此写参数时不破坏读的循环周期时间，加上指令长度较少，因此具有比 MODBUS 更快的速率（尤其是在写入指令时，MODBUS 的写入指令不能同时完成读下位机数据的功能，这样会破坏读指令

的周期，延长读的循环周期）。AIBUS 采用了 16 位的求和校正码，下位机运算速度快且通信可靠，支持 9600 和 19200 等不同波特率，在 19200 波特率下，上位机访问一台 AI-7/8 系列高性能仪表的平均时间仅 20ms，访问 AI-5 系列仪表的平均时间为 40ms。仪表允许在一个 RS-485 通信接口上连接多达 80 台仪表（为保证通信可靠，仪表数量大于 60 台时需要加一个 RS-485 中继器）。AI 系列仪表可以用微机、触摸屏及 PLC 作为上位机，其软件资源丰富，发展速度极快。

AI 仪表采用十六进制数据格式来表示各种指令代码及数据。AI 仪表软件通讯指令经过优化设计，标准的通讯指令只有两条，一条为读指令，一条为写指令，两条指令使得上位机软件编写容易，但能 100% 完整地对仪表进行操作。标准读和写指令分别如下：

读：地址代号+52H（82）+要读的参数代号+0+0+校验码

写：地址代号+43H（67）+要写的参数代号+写入数低字节+写入数高字节+校验码

地址代号：为了在一个通信接口上连接多台 AI 仪表，需要给每台 AI 仪表编一个互不相同的通信地址。有效的地址为 0～80（部分型号为 0～100），所以一条通信线路上最多可连接 81 台 AI 仪表，仪表的通信地址由参数 Addr 决定。仪表内部采用两个重复的 128～208（十六进制为 80H～D0H）的数值来表示地址代号，由于大于 128 的数值较少用到（如 ASC 方式的协议通常只用 0～127 的数值），因此可降低因数据与地址重复造成冲突的可能性。AI 仪表通信协议规定，地址代号为两个相同的字节，数值为（仪表地址+80H）。例如：仪表参数 Addr=10（十六进制数为 0AH，0A+80H=8AH），则该仪表的地址代号为：8AH　8AH。

参数代号：仪表的参数用一个 8 位二进制数（一个字节，写为十六进制数）的参数代号来表示。它在指令中表示要读/写的参数名。

校验码：校验码采用 16 位求和校验方式，其中读指令的校验码计算方法为：

要读参数的代号×256+82+ADDR

写指令的校验码计算方法为以下公式做 16 位二进制加法计算得出的余数（溢出部分不处理）：

要写的参数代号×256+67+要写的参数值+ADDR

公式中 ADDR 为仪表地址参数值，范围是 0～80（注意不要加上 80H）。校验码为以上公式做二进制 16 位整数加法后得到的余数，余数为 2 字节，其低字节在前，高字节在后。要写的参数值用 16 位二进制整数表示。

返回数据：无论是读还是写，仪表都返回以下 10 个字节数据：

测量值 PV+给定值 SV+输出值 MV 及报警状态+所读/写参数值+校验码

其中 PV、SV 及所读参数值均各占 2 字节，代表一个 16 位二进制有符号补码整数，低位字节在前，高位字节在后，整数无法表示小数点，要求用户在上位机处理；MV 占 1 字节，按 8 位有符号二进制数格式，数值范围-110～+110，状态位占 1 字节，校验码占 2 字节，共 10 字节。不同型号仪表返回的各数据含义见表 5.7。

表 5.7　　AI 仪表可读/写的参数代号表（V8.0　518/518P/708/708P/719/719P）

参数代号	AI-708	说　明
00H	给定值	单位同测量值
01H	HIAL 上限报警	单位同测量值

参数代号	AI-708	说　　明
02H	LoAL 下限报警	单位同测量值
03H	dHAL 正偏差报警	单位同测量值
04H	dLAL 负偏差报警	单位同测量值
05H	AHYS 报警回差	单位同测量值
06H	CtrL 控制方式	0：ONOFF；1：APID；2：nPID；3：PoP；4：SoP
07H	P 比例带	单位同测量值
08H	I 积分时间	秒
09H	d 微分时间	0.1 秒
0AH	CtI 控制周期	0.1 秒
0BH	nP 输入规格	见使用说明书
0CH	dPt 小数点位置	0：0；1：0.0；2：0.00；3：0.000。如读入的以上数据+128，则表示所有测量值及与测量值使用相同单位的参数（无论是温度或线性信号），均需要除 10 并 4 舍 5 入后再进行显示处理。例如，dPt 数值为 128+1=129，读入的测量值或相关参数值 16 位整数值为 1000，则实际显示应为 10.0，若 dPt 数值为 1，则实际显示的数据为 100.0；该参数亦可以写入，但写入时不得加 128，写数据范围是 0～3
0DH	ScL 刻度下限值	单位同测量值
0EH	ScH 刻度上限值	单位同测量值
0FH	ALP 报警输出选择	含义见说明书
10H	Sc 测量平移修正	单位同测量值
11H	oP1 主输出方式	0：SSR；1：rELy；2：0～20；3：4～20
12H	OPL 输出下限	%
13H	OPH 输出上限	%
14H	CF 功能选择	
16H	Addr 通信地址	
17H	FILt 数字滤波	
19H	Loc 参数封锁	
1BH	Srun 运行/停止选择	0：run；1：StoP；2：HoLd
1CH	CHYS 控制回差	单位同测量值
1DH	At 自整定选择	0：OFF；1：on；2：FoFF
1EH	SPL 给定值下限	单位同测量值
1FH	SPH 给定值上限	单位同测量值
22H	Act 正/反作用	0：rE；1：dr；2：rEbA；3：drbA
23H	AdIS 报警选择	0：OFF；1：on
24H	Aut 冷输出规格	0：SSR；1：rELy；2：0～20；3：4～20
25H	P2 冷输出比例带	单位同测量值
26H	I2 冷输出积分时间	秒

参数代号	AI-708	说　明
27H	d2 冷输出微分时间	0.1 秒
28H	CtI2 冷输出周期	0.1 秒
29H	Et 事件输入类型	0：nonE；1：ruSt；2：SP1.2；3：PId2

2. 智能仪表与 PLC 通信编程

图 5.20 给出了一种典型的智能仪表与 PLC 结合进行过程测控的系统结构。根据系统数字量信号的多少及对数字输出的要求，可以确定 PLC 的配置，模拟量的数据显示和采集可以通过智能控制（或显示）仪表来实现，这样可以构建一个基于 PLC 和上位机的两级测控系统，PLC 主要进行逻辑控制并与上位机通信，智能仪表可以完成模拟量的显示和控制。以三菱 FX2N 系列小型 PLC 和宇电 AI-501 数字显示仪表为例加以说明，显示仪表与检测仪表配接可以显示温度、压力、流量和液位等信号。假设本系统中有 4 台仪表，仪表地址设置为 0～3。这样设计的系统还有一个好处是显示仪表显示的数值与 PC 上的完全一致，因为计算机中显示的数值就是从显示仪表中通过通信方式采集来的。而且，这种方式还节省了配置 PLC 中 A/D 模块的费用。如果不采取这种方式，而是将检测仪表的输出信号分两路，一路进 PLC 的 A/D 模块通道，一路进显示或控制仪表的输入端，而进入计算机中的数值是从 PLC 中取出的，通常情况下，计算机中显示数值与仪表显示数值是有偏差的，这样容易造成操作人员对数据采集结果的怀疑，他们会问到底哪个是准确的。

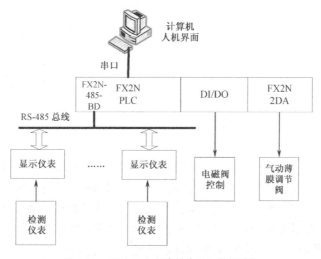

图 5.20　PLC 与显示仪表结合进行数据采集

在这样的系统中 PLC 需配置 FX2N-485-BD 串行通信扩展模块，且 PLC 与该模块的硬接线要正确。为了实现 PLC 与显示仪表的通信，需要根据显示仪表的通信协议来编程。本节介绍的显示仪表其通信协议见表 5.7。具体编程说明如下。

FX2N 利用 RS 指令实现串行通信，数据的传送格式可以通过特殊寄存器 D8120 来设置。本系统中通信参数是：波特率 9.6kbit/s、无奇偶校验、8 个数据位、两个停止位。根据该参数，设置 D8120 为 H0C89，即用二进制表示为 110010001001。最后一位 B0 位"1"表示 8 个数据位；B1 和 B2 表示校验形式，这里"00"表示无奇偶效验；B3 为"1"表示两个停止位；B4～B7 表示通信速率，这里的"1000"表示波特率为 9600bit/s；B8 表示起始符，B9 停止符，这里设为"00"是因为三菱电机 RS 指令规定采用上述的使用方式时必须这样设置；B10 和 B11 表示通信模式，这里设置为"11"表示采用 RS-485 接口通信，且采取调制解调器模式工作。在 PLC 投入运行时将 H0C89 写入 D8120 寄存器，同时把仪表地址、要读写的参数代号、CRC 校验等也写入从 D100 开始的数据寄存器中，相应的梯形图程序见图 5.21。

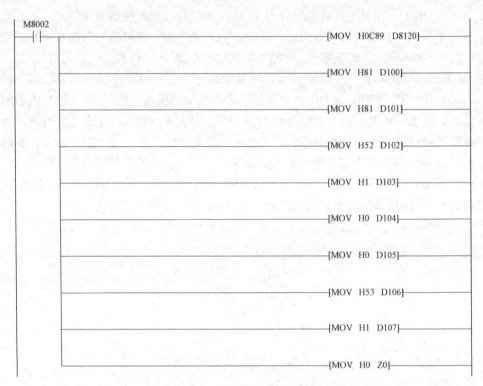

图 5.21　设置通信初始化参数

通信参数设置好后，就要利用 RS 指令进行通信，其梯形图程序见图 5.22。分别与从地址为 0 的仪表开始，到地址为 3 的仪表进行通信。这里 M8012 的时钟通信周期是 100ms。RS 指令中的 D100 表示发送数据的地址，该地址保存初始化时设置的参数。K8 表示共有 8 个字节。而 D300 表示接收数据地址，而 K18 表示返回的数据字节数。返回的数据包括测量值、给定值、输出值、报警状态、所读/写参数值以及 CRC 校验码等。

在接收等待状态或接收完成状态时，要对 M8122 置位，发送结束时 M8122 自动复位。当然，在本程序中，当 M8012 变为 ON 状态时，PLC 也进入接收等待状态。

在通信接收完成标志 M8123 为 ON 后，从返回的数据中提取测量值，保存在 D330～D333 中，然后再对 M8123 复位，程序见图 5.23。M8123 复位后，PLC 通信再次进入接收等待状态。

这里要指出的是，采取通信方式时，PLC 从仪表中所读出的测量值是整数，不含有小数点，在计算机上进行显示、存储时，要根据预先设置的仪表小数点位数进行转换。此外，当对采样速率和采样精度要求较高时，会受到显示仪表采样速率、精度和通信速率的限制，这种方法可能满足不了实时性和精度要求。

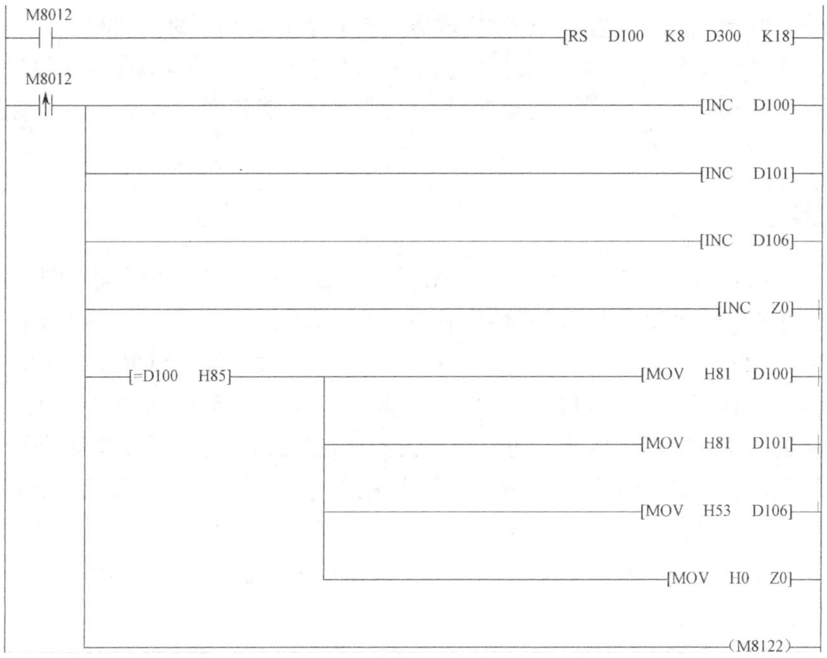

图 5.22 设置通信初始化参数

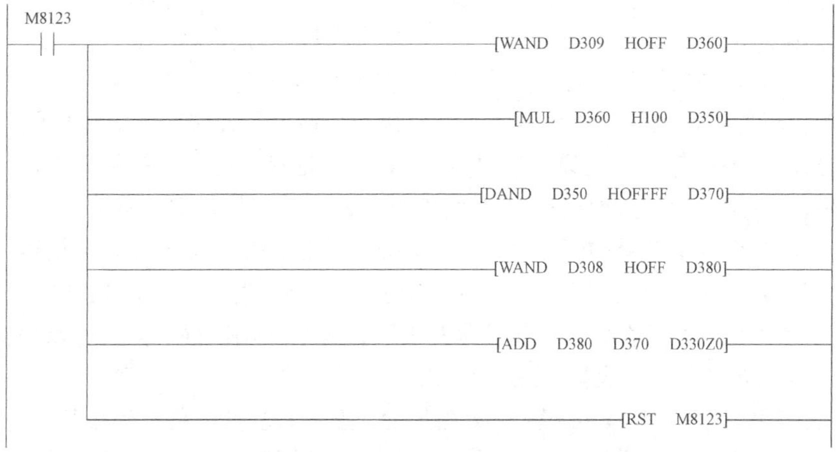

图 5.23 对返回数据进行处理程序

5.5.2 智能仪表与上位机组态软件通信

1. 应用背景

组态软件在工业控制系统中被广泛使用。采用组态软件，可以大大加快控制系统上位机应用软件（人机界面）的开发。由于各种类型的智能仪表在中、小型控制系统中大量使用，因此，智能仪表与组态软件的通信就显得十分重要。目前主要的国产组态软件（如组态王、紫金桥等）都支持主流的智能仪表。本节主要介绍通过设备驱动程序的方式实现组态软件与智能仪表通信。对于配置有智能仪表 OPC 服务器的设备，也可以通过 OPC 接口实现智能仪表与组态软件的通信。现以厦门宇电自动化公司生产的 AI 系统智能仪表 AI-708（8.0 版本）为例，说明该仪表与组态王的通信配置过程，同时介绍智能仪表与组态软件在某温控系统中的应用。

2．通信组态

① 单击工程浏览器"文件→设备→COM1"，在右侧窗口双击"新建"图标，出现设备配置向导，在向导 1 的窗口中选择"智能仪表→宇光→AI708→串行"。然后再单击"下一步"，输入设备名称"AI708"，再进入串口号设置向导，选择正确的计算机串口（这里是 COM1），再进入设备地址设置窗口，输入仪表的地址（这里为 1）。再往后的向导窗口用默认参数，至此完成了设备的添加。用同样的方式可以在 COM1 添加其他设备，需要注意的是仪表地址不能相同。根据该串口上连接设备的数量，重复上述过程添加设备。在添加设备过程中，填写的设备地址一定要与仪表中设置的一致。这里需要注意：并不是 RS-232 接口上可以连接多个串口设备，而是由于这些仪表是通过 RS-485 总线连接，然后再通过 RS-232/485 转换器与计算机的 RS-232 接口连接。

② 在组态王的工程浏览器的"数据库→数据词典"中新建相应的 I/O 变量。这里还是以"AI708"设备的测量值为例，其变量定义和参数设置见图 5.24。输入变量名称"PV"，其描述为"被控变量测量值"，变量类型选择 I/O 实数。最小值和最大值分别输入 0 和 100，最小原始值和最大原始值分别输入 0 和 1000。这里的最大原始值是指从仪表中读上来的数值。宇电的驱动程序读上来的数值是不含小数点的，即如果仪表设置了 1 位小数，当仪表显示测量值为 285.6 时，组态王读出的原始数值是 2856，因此，通过量程转换（即最大值的设置），就可以得到数据库中的变量。连接设备选""AI708"，从寄存器的下拉菜单中选择数据类型选择"V"，寄存器选择"V1"，数据类型选"USHORT"，读写属性选"只读"，其他参数可以用默认值，至此就完成了变量的新建。这里要特别注意的是寄存器不能设置错误，否则通信不成功。如何设置寄存器及数据类型，要参考组态王的 I/O 驱动帮助文件。如果要对参数记录，还可以单击"记录和安全区"进行记录和安全设置。采用同样的方式可以增加设定值变量"SV"，其变量定义和参数设置见图 5.25。

本实例的应用背景是用 AI-708 智能仪表进行温控，上位机是利用组态王开发人机界面，因此，还需要在组态软件中增加 PID 控制参数，即对智能仪表进行控制的参数，这些参数的具体寄存器设置可以参考表 5.7。

3．应用程序调试

在完成了人机界面的设计后，就可以运行人机界面。如果人机界面与智能仪表通信正常，则人机界面可以正常显示仪表参数，也可以在人机界面上改变智能仪表的相关参数，控制智能仪表的运行。其运行界面见图 5.26。

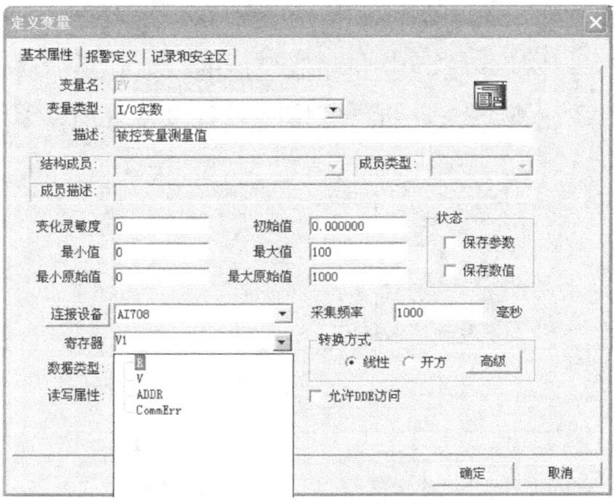

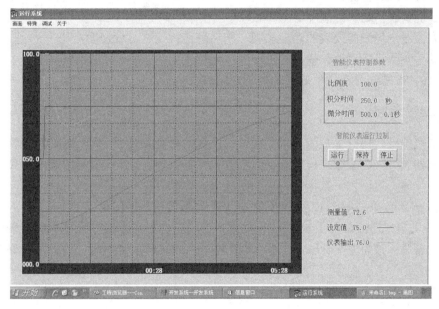

图 5.24　采用驱动程序方式时定义变量 PV 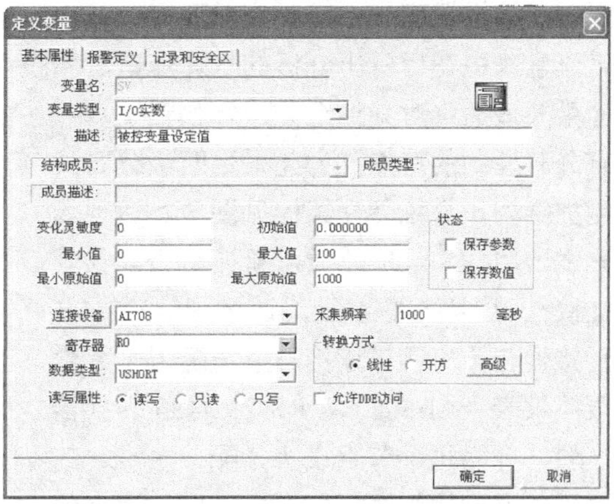　　　　图 5.25　采用驱动程序方式时定义变量 SV

图 5.26　某温度控制系统的运行界面

除了可以采用驱动程序方式实现组态软件与智能仪表通信外，对于配置有 OPC 服务器的智能仪表，也可以通过 OPC 方式实现智能仪表与组态软件的通信。这两种不同的通信方式，在测试时是有所不同的。采用驱动程序时，在串口不用连接仪表设备，利用 OPC 服务器的仿真功能，可以在组态王数据库中看到数据的变化。而采用驱动程序时，要测试组态软件与设备通信是否正常，必须在相应的计算机端口连接相应的仪表，且设备一定要通电，参数设置正确，即采用驱动程序时没有仿真 I/O 的功能。

5.5.3　用 Visual Basic 编程实现智能仪表通信与计算机通信

1. 应用背景

某化工中试验系统中需要测量和控制的参数有：脱氧槽温度、饱和器温度、恒温槽与反应器间管道温度、中变反应器温度、低变反应器温度、中变和低变反应器中间管道温度、配气流量、中变后引出分析的气体流量、系统内部与外部差压、中变和低变后的二氧化碳气体含量（进而可对其他组分进行物料衡算）。由于系统需要较多的温度控制，且设备分散，具

有分散控制的特点，为此采用两级分布式测控结构，系统硬件结构见图 5.27。现场总线选用 RS-485 总线，直接将智能仪表挂接在 RS-485 总线上，通过 RS-232/485 转接器与微机串口连接。系统配置了 6 台智能仪表（AI-808），RS-232/485 转换器一块，并为每个节点设备分配一个唯一的地址。温度控制由智能仪表完成，而上位机只对下位机实现远程监控功能，一方面接收现场智能仪表传送来的温度等采集数据，另一方面对现场智能仪表的温度控制设定值和其他参数进行更改。数据的上传下达通过 RS-485 总线并在通信软件的控制下完成。

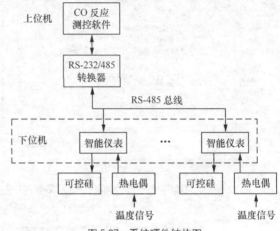

图 5.27　系统硬件结构图

2．通信程序设计

这里仪表地址代码的基数为 80H。要读写的参数种类共有 26 个，具体包括给定值、上/下限报警、控制方式、小数点位置等，每个参数都有一个代号。根据 AIBUS 协议，无论是读还是写，仪表都返回以下数据：

测量值＋给定值＋输出值及报警状态＋所读/写参数值＋CRC 校验码

AI 仪表的串口通信采用了 MsComm 控件，并以查询方式读端口数据。AI 仪表的通信参数设置可选择为：波特率 9.6kbit/s、无奇偶效验、8 个数据位、2 个停止位。串行通信程序代码如下。

```
Private Sub tmrInstrument_Timer()
Dim instring
Dim commbyte(5)As Byte
Dim t1, t2
    MSComm1.CommPort=2                    '设置通信端口
    MSComm1.InputMode=1                   '输入模式
    MSComm1.Settings="9600, n, 8, 2"      '通信参数设置
    MSComm1.InputLen=0                     'MSComm 控件读取接收缓冲区中全部的内容
    MSComm1.DTREnable=False               '使 DTR 线无效
    MSComm1.RTSEnable=True                '使 RTS 线有效
    MSComm1.PortOpen=True                 '打开通信端口
    commbyte(0)=128+mInstrumentID        '仪表基地址为 80H, 即十进制的 128
    commbyte(1)=128+mInstrumentID
    commbyte(2)=67+0      '十进制 67 相当于 43H, 表示写设定值 ("0"是设定值操作的代号)
    commbyte(3)=0
    commbyte(4)=mTempSet(i)(0)           '写设定值低字节
    commbyte(5)=mTempSet(i)(1)           '写设定值高字节
    MSComm1.Output=commbyte              '发送指令
```

```
Do                              '查询输入缓冲区
  DoEvents
Loop Until MSComm1.InBufferCount >=7 '根据输入缓冲区字节判断通信是否成功
instring=MSComm1.Input          '读输入缓冲区
MSComm1.PortOpen=False           '关闭串口
t1 = instring(0)                 '读低字节（低8位）
t2 = instring(1)                 '读高字节（高4位）
txtTemp(mInstrumentID).Text = Str((t1 + t2 * 256)/ mFloatIndex)'显示温度
                                 'mFloatIndex表示仪表设置有几位小数点，可以从仪表中读出
End Sub
```

5.6 ZigBee 短程无线通信技术

ZigBee 是一种新兴的短距离、低速率无线网络技术，是一组基于 IEEE 批准通过的 802.15.4 无线标准研制开发的，有关组网、安全和应用软件方面的技术标准，主要用于近距离无线连接。其主要适合于承载数据流量较小的业务，可以嵌入到各种设备中，同时支持地理定位功能。它有自己的无线电标准，允许在数千个微小的传感器之间相互协调实现通信。这些传感器只需要很少的能量，便可以接力的方式通过无线电波将数据从一个传感器传到另一个传感器，所以它们的通信效率非常高。其目标市场是工业、家庭以及医学等需要低功耗、低成本无线通信的应用。相对于现有的各种无线通信技术，ZigBee 技术是最低功耗和最低成本的技术。

5.6.1 ZigBee 协议标准

在标准化方面，IEEE 802.15.4 工作组主要负责制定物理层和 MAC 层（Media Access Control，媒介接入控制）的协议，其余协议主要参照和采用现有的标准，高层应用、测试和市场推广等方面的工作主要由 ZigBee 联盟负责。

IEEE 802.15.4 满足国际标准组织开放系统互连参考模式，它定义了单一的 MAC 层和多样的物理层，见图 5.28。IEEE 802.15.4 的 MAC 层能支持多种 LLC（Logical Link Control，逻辑链路控制）标准，通过 SSCS（Service-Specific Convergence Sublayer，业务相关的会聚子层）协议承载 IEEE 802.2 类型 1 的 LLC 标准，同时允许其他 LLC 标准直接使用 IEEE 802.15.4 的 MAC 层服务。

完整的 ZigBee 协议套件由高层应用规范、应用会聚层、网络层、数据链路层和物理层组成。网络层以上协议由 ZigBee 联盟制定，IEEE 负责物理层和 MAC 层标准。ZigBee 协议结构和分工见图 5.29。

1. 物理层

IEEE 802.15.4 在物理（PHY）层设计中面向低成本和更高层次的集成需求，采用的工作频率均是免费开放的，分为 2.4GHz、868MHz/915MHz，为避免被干扰，各个频段都基于 DSSS（Direct Sequence Spread Spectrum，直接序列扩频）技术，可使用的信道分别有 16、1、10 个，各自提供 250kbit/s、20kbit/s 和 40kbit/s 的传输速率，其传输范围介于 10～100m。它们除了在工作频率、调制技术、扩频码片长度和传输速率方面存在差别之外，使用的均为相同的物

理层数据包格式。2.4GHz 波段为全球统一的无需申请的 ISM 频段，有助于 ZigBee 设备的推广和生产成本的降低。2.4GHz 的物理层通过采用高阶调制技术能够提供 250kbit/s 的传输速率，有助于获得更高的吞吐量、更小的通信时延和更短的工作周期，从而更加省电。868MHz 是欧洲的 ISM 频段，915MHz 是美国的 ISM 频段，这两个频段的引入避免了 2.4GHz 附近各种无线通信设备的相互干扰。868MHz 的传输速率为 20kbit/s，916MHz 的传输速率是 40kbit/s。这两个频段上无线信号传播损耗较小，因此可以降低对接收机灵敏度的要求，获得较远的有效通信距离，从而可以用较少的设备覆盖给定区域。

图 5.28　IEEE 802.15.4 的协议架构

图 5.29　ZigBee 协议结构和分工

2. MAC 层

802.15.4 在媒体存取控制（MAC）层方面，主要是沿用无线局域网（WLAN）中 802.11 系列标准的 CSMA/CA 方式，以提高系统的兼容性。这种 MAC 层的设计，不但使多种拓扑结构网络的应用变得简单，还可以实现非常有效的功耗管理。为此，将 IEEE 802.15.4/ZigBee 帧结构的设计原则定为，既要保证网络在有噪音的信道上可靠地传输，而且要尽可能地降低网络的复杂性，使每一后继的协议层都能在其前一层上通过添加或者剥离帧头和帧尾而形成。IEEE 802.15.4 的 MAC 层定义了如下 4 种基本帧结构：

① 信标帧：供协商者使用；

② 数据帧：承载所有的数据；

③ 响应帧：确认帧的顺利传送；

④ MAC 命令帧：用来处理 MAC 对等实体之间的控制传送。

IEEE 802.15.4 网可以工作于信标使能方式或非信标使能方式。在信标使能方式中，协调器定期广播信标，以达到相关器件同步和其他目的；在非信标使能方式中，协调器不定期地广播信标，并而在器件请求信标时向它单播信标。在信标使能方式中使用超帧结构，超帧结构的格式由协调器定义，一般包括工作部分和任选的非工作部分。

MAC 层的安全性有 3 种模式：利用 AES 进行加密的 CTR 模式（Counter Mode）、利用 AES 保证一致性的 CBC-MAC 模式（Cipher Block Chaining，密码分组链接），以及综合利用 CTR 和 CBC-MAC 两者的 CCM 模式。

IEEE 802.15.4 的 MAC 协议包括以下功能：

① 设备间无线链路的建立、维护和结束；

② 确认模式的帧传送与接收；

③ 信道接入控制；

④ 帧校验；

⑤ 预留时隙管理；

⑥ 广播信息管理。

3. 数据链路层

IEEE 802 系列标准把数据链路层分成 LLC 和 MAC 两个子层。其中 MAC 子层协议依赖于各自的物理层。IEEE 802.15.4 的 MAC 层能支持多种 LLC 标准，通过 SSCS 协议承载 IEEE 802.2 类型 1 的 LLC 标准，同时也允许其他 LLC 标准直接使用 IEEE 802.15.4 的 MAC 层的服务。而 LLC 子层的主要功能包括：

① 传输可靠性保障和控制；

② 数据包的分段与重组；

③ 数据包的顺序传输。

4. 网络层

IEEE 802.15.4 仅处理 MAC 层和物理层协议，而由 ZigBee 联盟所主导的 ZigBee 标准中，定义了网络层、安全层、应用层和各种应用产品的资料或行规，并对其网络层协议和 API 进行了标准化。

网络功能是 ZigBee 最重要的特点，也是与其他 WPAN（Wireless Private Area Network，无线局域网）标准不同的地方。在网络层方面，其主要工作为负责网络机制的建立与管理，并具有自我组态与自我修复功能。在网络层中，ZigBee 定义了 3 种角色：第一个是网络协调者，负责网络的建立，以及网络位置的分配；第二个是路由器，主要负责寻找、建立及修复信息包的路由路径，并负责转送信息包；第三个是末端装置，只能选择加入其他已经成形的网络，可以收发信息，但不能转发信息，不具备路由功能。在同一个 WPAN 上，可以存在 65536 个 ZigBee 装置，彼此可通过多重跳点的方式传递信息。为了在省电、复杂度、稳定性与实现难易度等方面取得平衡，网络层采用的路由算法共有 3 种：以 AODV 算法建立随意网络的拓扑架构（Mesh Topology）、以摩托罗拉 Cluster-tree 算法建立星状的拓扑架构（Star Topology）、利用广播的方式传递信息。因此，人们可以根据具体应用需求，选择适合的网络架构。

为了降低系统成本，定义了两种类型的装置：一是全功能设备（Full function device，FFD），可以支持任何一种拓扑结构，可以作为网络协商者和普通协商者，并且可以与任何一种设备进行通信；二是简化功能设备（Reduced function device，RFD），只支持星状结构，不能成为任何协商者，可以与网络协商者进行通信，实现简单。它们可构成多种网络拓扑结构，在组网方式上，ZigBee 主要采用了图 5.30 所示的 3 种组网方式。一种为星状网，网络为主从结构，一个网络有一个网络协调者和最多可达 65535 个从属装置，而网络协调者必须是 FFD，由它来负责管理和维护网络；另一种为簇状形网，可以是扩展的单个星状网或互联两个星状网络；还有一种为网状网，网络中的每一个 FFD 同时可作为路由器，根据 ad hoc 网络路由协议来优化最短和最可靠的路径。

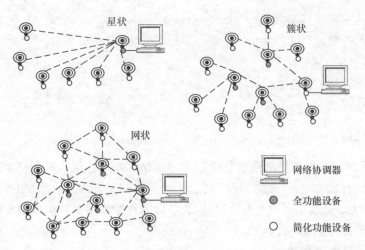

图 5.30　3 种网络拓扑架构

网络层主要考虑采用基于 ad hoc 技术的网络协议，包含有以下功能：

① 通用的网络层功能：拓扑结构的搭建和维护，以及命名和关联业务，包含了寻址、路由和安全；

② 同 IEEE 802.15.4 标准一样，非常省电；

③ 具有自组织、自维护功能，最大程度地减少了消费者的开支和维护成本。

5. 安全层

安全性一直是个人无线网络中极其重要的话题。安全层并非单独独立的协议，ZigBee 为其提供了一套基于 128 位高级加密标准（Advanced Encryption Standard，AES）算法的安全类和软件，并集成了 IEEE 802.15.4 的安全元素。为了提供灵活性并支持简单器件，IEEE 802.15.4 在数据传输中提供了 3 级安全性。第一级实际是无安全性方式，对于某种应用，如果安全性并不重要，或者上层已经提供足够的安全保护，器件就可以选择这种方式来转移数据。对于第二级安全性，器件可以使用接入控制清单（ACL）来防止非法器件获取数据，在这一级不采取加密措施。第三级安全性在数据转移中采用属于 AES 的对称密码。如 ZigBee 的 MAC 层使用 AES 的算法进行加密，并且它基于 AES 算法生成一系列的安全机制，用来保证 MAC 层帧的机密性、一致性和真实性。选择 AES 的原因主要是考虑到它在计算能力不强的平台上实现起来比较容易，目前大多数的 RF 芯片都会加入 AES 的硬件加密电路，以加快安全机制的处理。

6. 应用层

对于应用层，主要有 3 个部分，即与网络层连接的 APS（Application Support）、ZDO（ZigBee Device Object）、装置应用 Profile。ZigBee 的应用层架构，最重要的是已涵盖了服务（Service）的观念，所谓的服务，简单来看就是功能。对于 ZigBee 装置而言，当加入到一个 WPAN 后，应用层的 ZDO 会发动一系列的初始化动作，先通过 APS 做装置搜寻（Device Discovery）以及服务搜寻（Service Discovery），然后根据事先定义好的描述信息（Description），将与自己相关的装置或是服务记录在 APS 里的绑定表（Binding Table）中，之后，所有服务的使用都要通过这个绑定表来查询装置的资料或行规。装置应用 Profile 则是根据不同的产品设计出不同的描述信息和 ZigBee 各层协议的参数设定。在应用层，开发商必须决定是采用公共的应用类还是开发自己专有的类。ZigBee V1.0 已经为照明应用定义了基本的公共类，并正在制定针对 HVAC、工业传感器和其他传感器的应用类。任何公司都可以设计和支持与公共类相兼容的产品。

应用会聚层将主要负责把不同的应用映射到 ZigBee 网络上，具体包括：

① 安全与鉴权；

② 多个业务数据流的会聚；

③ 设备发现；

④ 业务发现。

另外，ZigBee 联盟也负责 ZigBee 产品的互通性测试与认证规格的制定。ZigBee 联盟会定期举办 ZigFest 活动，让那些从事 ZigBee 产品开发的厂商有一个公开场合互相测试其互通性。而在认证部分，ZigBee 联盟共定义了 3 种层级的认证，第一级（Level 1）是认证 PHY 与 MAC，与芯片厂有最直接的关系；第二级（Level 2）是认证 ZigBee Stack，又称为 ZigBee-compliant Platform Certification；第三级（Level 3）是认证 ZigBee 产品，通过第三级认证的产品才允许贴上 ZigBee 的标志，所以也称为 ZigBee- Logo Certification。

5.6.2　ZigBee 的特点和组网方式

1. ZigBee 的特点

根据 ZigBee 的技术本质可知其具有下列特性。

① 功耗低、时延短、实现简单。装置可以在电池驱动下运行数月甚至数年，低功耗意味着较高的可靠性和可维护性，更适合体积小的众多应用；非电池供电的装置同样需要考虑能量的因素，因为功耗还关系着成本等一系列问题。ZigBee 传输速率低，使其传输信息量亦少，所以信号的收发时间短；其次在非工作模式时，ZigBee 处于睡眠模式，这对省电极为有利。另外，在工作与睡眠模式之间的转换时间短，一般睡眠激活时间只需 15ms，而装置搜索时间也不过为 30ms。

② 可靠度高。ZigBee 的 MAC 层采用碰撞避免（CSMA/CA）机制，采用完全确认的数据传输机制，发送的每个数据包都必须等待接收方的确认信息，此机制保证了系统信息传输的可靠度；同时，通过为需要固定带宽的通信业务预留专用时隙，还可避免发送数据时的竞争和冲突。

③ 高度扩充性。每个 ZigBee 网络最多可支持 255 个设备，每个 ZigBee 设备又可以与另外 254 台设备相连接。通过网络协调器可使整体网络最多可达到 65000 多个 ZigBee 网络节点。这一点对于大规模传感器阵列和控制尤其重要。

④ 装置、安装、维护的低成本。对用户来说，低成本意味着较低的装置费用、安装费用和维护费用。ZigBee 装置可以在标准电池供电的条件下（低成本）运行，而不需要任何重换电池或充电操作（低成本、易安装）。ZigBee 在其内部可自动配置和网络装置的冗余等方面的简化更是提供了较低的维护费用。另外，电池供电可使装置的体积和面积都得到有效的降低，从而降低一系列与之相关的成本。

⑤ 协议简单，国际通用。ZigBee 协议栈只有 Bluetooth 或其他 IEEE 802.11 的 1/4 或更小，这种简化对低成本、可交互性和可维护性非常重要。IEEE 802.15.4 的 PHY 层的使用可以支持欧洲的 868MHz 的频段、全球美洲和澳洲的 915MHz 的频段以及现在已经被广泛使用的 2.4GHz 的频段，这使得该协议具有旺盛的生命力。

⑥ 自配置。802.15.4 在媒体接入控制层中加入了关联和分离功能，以达到支持自配置的目的。自配置不仅能自动建立起一个星状网，而且还允许创建自配置的对等网。在关联过程中可以实现各种配置，例如为个域网选择信道和识别符（ID），为器件指派 16 位短地址，以及设定电池寿命延长选项等。

2．ZigBee 网络的形成

一个 ZigBee 网络的形成，必须先由 FFD 担任网络协调器，由协调器进行扫描搜索以发现一个未用的最佳信道来建立网络；再让其他的 FFD 或是 RFD 加入这个网络，需要注意的是 RFD 只能与 FFD 连接。事实上，人们可根据装置在网络中的角色和功能，预先对装置编制好程序。如协调器的功能是通过扫描搜索，以发现一个未用的信道来组建一个网络；路由器（一个网络中的 Mesh 装置）的功能是通过扫描搜索，以发现一个激活的信道并将其连接，然后允许其他装置连接；而末端装置的功能总是试图连接到一个已存在的网络。

5.6.3 ZigBee 的技术支持

为了推动 ZigBee 技术的发展，Chipcon、Ember、Freescale、Honeywell、Mistubishi、Motorola、Philips 和 Samsung 等公司共同成立了 ZigBee 联盟（ZigBee Alliance），后来又有许多 IC 设计、家电、通信装置、IP 服务提供、玩具等厂商相继加入，目前该联盟已经包含 150 多家会员。ZigBee 联盟主要负责制订网络层、安全管理、应用接口规范，亦肩负互通测试的任务。

1．RF 芯片

在 ZigBee Alliance 的成员中，有不少是提供 ZigBee 解决方案的业者。在硬件部分，尤以射频（RF）芯片为代表。通常，ZigBee 的芯片架构主要是由 MAC 处理封包，并由 PHY 接收、处理 RF 信号。至于 ZigBee 的系统架构，每个节点需包括一个微控制器和一个 RF 收发器。

在 ZigBee 芯片模块方面通常有两种形式：一种是内含有 RF、PHY 与 MAC 的芯片（如 CC2420、EM240、MC13192 等），另一种是已整合有处理器内核的芯片（如 CC2430、EM250 等）。对于 ZigBee 的市场，SoC（片上系统）解决方案将变得越来越重要，因为 SoC 可以大大节省 ZigBee 节点的成本。这些 SoC 把射频收发器、微控制器、数据和程序存储器，以及外围单元都集成到了同一个硅片中。Chipcon 的 CC2430 是一个真正的 SoC 解决方案，它能够提高性能并满足以 ZigBee 为基础的 2.4GHz ISM 波段应用对低成本和低功耗的要求。

目前，在 2.4GHz 的 RF 芯片中，以国外的 Chipcon 市场占有率较高，其 RF 芯片 CC2420 搭配 Atmel AVR 8 位微处理器平台（这可能是大多数人接触到 ZigBee 的第一个开发平台）。最近，Chipcon 推出的 CC2430 具有工业级，集成有小体积 8051 微处理器，具有芯片可编程闪存以及通过认证的 ZigBee 协议栈，所有这些都集成在一个硅片内。CC2430 SoC 家族中包括 3 个产品：CC2430-F32、 CC2430-F64 和 CC2430-F128，区别仅在于内置闪存的容量不同（有 32KB、64KB 和 128KB），并具有 8KB 的 RAM 和其他强大的支持特性。它们可用于各种 ZigBee 或类似 ZigBee 的无线网络节点，包括协调器、路由器和末端装置。另外，CC2430 还包含模数转换器（ADC）、若干个定时器、AES-128 协同处理器、看门狗定时器、32kHz 晶振的休眠模式定时器、上电复位电路（Power-On-Reset）、掉电检测电路（Brown-out-detection），以及 21 个可编程 I/O 引脚，可广泛应用于汽车、工控系统和无线传感网络等领域。

2．ZigBee 协议套件

ZigBee 协议套件的基本需求包括：一个 8 位处理器；完整协议套件软件需要 32KB 的 ROM，而最小协议套件软件仅需要 4KB 的 ROM。当然，作为网络主节点还需要更多的 RAM，以容纳网络内所有节点的装置信息、数据包转发表、装置关联表、与安全有关的密钥存储等。

在国际上已有许多公司提供有 ZigBee Stack，如 Ember、AirBee、Figure 8 Wireless 等，其中以 Figure 8 Wireless 所设计的 Z-Stack 最富盛名。Chipcon 把 F8W 买下后，成为 ZigBee 的完全解决方案的提供者，Freescale 也搭配 F8W 的 Z-Stack。Freescale 与 Chipcon 已通过 ZigBee Alliance 的第二级认证（Level 2 Certification，又称 ZigBee-compliant Platform Certification），而且 Chipcon CC2420 + Z-Stack 以及 Freescale 13193 + Z-Stack 也都成为认证时的黄金平台（Golden Unit）。

一般来说，协议栈越深，开发工作越容易。一个提供从物理层、网络层、传输层直到 ZigBee 类的协议栈将使开发人员不必理会网络的内在工作机理，从而允许他们集中精力于应用开发上。因此，基于可靠性和兼容性角度考虑，上层协议可使用成熟的协议栈（如 Z-Stack），而用户程序可采用各厂商提供的 API 函数来实现 ZigBee 的全部功能，如进行应用程序的初始化工作以及对各种系统事件和用户事件进行处理等。

3．开发平台

ZigBee 提供了一个标准化的网络和应用框架，开发人员可以在此基础上建立应用而无须担心联网和 RF 的问题。然而，单靠其自身，ZigBee 标准化框架不能保证其产品的顺利开发。为了创建兼容 ZigBee 的应用，这个市场的不同供应商提供了各种各样的产品，包括 RF 收发器、微控制器、闪存、供应商专有的协议栈和应用开发工具。因此，开发人员必须选择是用多家供应商的组件创建自己的 ZigBee 解决方案，还是在一个集成硬件/软件平台上建立自己的应用。由于前一种方法涉及艰难的集成工作，因此大部分开发人员可能会倾向于后一种方法。好在很多厂商都推出了基于 ZigBee 的开发平台，并提供几乎全部开放的软件协议栈和硬件设计参考指南，以方便用户开发，如 Freescale 提供的 MC13193EVK、Microchip 提供的 PICDEM Z Demonstration Kit、Helicomm 提供的 EZ-Net DevKit、Chipcon 提供的 CC2420DBK 和 CC2430ZDK Pro 等。

5.6.4　ZigBee 技术在无线水表中的应用

1．无线水表硬件设计

（1）硬件设计

系统硬件可分为主板部分和无线通信模块。系统主控芯片 MCU 选用 Atmel 公司的 Mega128 AVR 单片机，而无线部分的 RF 芯片选择了 TI 公司的 CC2420。主板主要包括 CPU、内存部分、ZigBee 通信模块接口部分、水表脉冲信号采集部分、按键显示部分，其原理框图见图 5.31。主板设计考虑有串口功能，这样能保证在同一块硬件板上实现所需的其他功能。它既可以作为无线水表来使用，也可以作为无线水表的监控节点来使用，只需在程序部分作相应的编程即可。脉冲信号采集部分的电路设计需要考虑到信号处理部分。通常，水表一般都基于单簧管或双簧管原理，它提供有两个端子，在其一端通上一个高电平。当用水量达到其计量单位时水表的电磁阀将吸合。但是，如果对这种信号不加处理，则很容易引入干扰。所以，在此信号的处理部分可以让其通过逻辑非门，然后接到 CPU 采集端，这样才能采集到准确的信号。

（2）ZigBee 芯片与 MCU 接口设计

CC2420 是 TI（Chipcon）公司开发的 ZigBee RF 芯片，CC2420 射频芯片是挪威半导体公司 Chipcon 推出的全球首个符合 ZigBee 联盟标准的 2.4 GHz 射频芯片。为了保持和 ZigBee 标准一致，CC2420 支持 250kbit/s 数据传输率。该器件采用尺寸为 7×7mm，为 48 针 QFN 封装。CC2420 提供基于 AES-128 数据加密和验证的硬件支持，并支持数据缓冲（128B RX+128B TX）以及短脉冲传送等功能。CC2420 的优势体现在低功耗特性上，接收时消耗电流为 19.7 mA，发送时为 17.4 mA，优于其他 ZigBee RF 芯片。由于 CC2420 支持 SPI 总线的传输方式，ZigBee 系统在硬件上可以采用 CC2420 加上 ATmega128 的方式，两者之间通过 4 线制的 SPI 总线进行连接，其接口原理图见图 5.32。

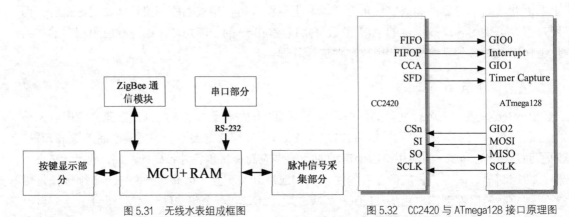

图 5.31 无线水表组成框图 　　　　　图 5.32 CC2420 与 ATmega128 接口原理图

2. 无线水表软件设计

ZigBee 协议栈是运行在一个叫 OSAL 的操作系统上，所以要进行 ZigBee 的应用软件开发必须熟悉 OSAL。OSAL 是一种基于任务调度机制的操作系统，它通过对任务的事件（Event）触发来实现任务调度。每个任务都包含若干个事件，每个事件都对应一个事件号。当一个事件产生时，对应任务的 Event 就被设置为相应的事件号，这样事件调度就会调用对应的任务处理程序。OSAL 中的任务可以通过任务 API 将其添加到系统中，这样就可以实现多任务机制。OSAL 的任务调度流程见图 5.33。

若将无线水表应用的软件部分分成几个独立的任务，就可通过 OSAL 来统一调度实现。通过 OsalTaskAdd()，可以将无线水表 Task（任务）添加到系统中。无线水表 Task 软件流程见图 5.34，图中的 NextActiveTask() 是一个任务事件查询函数，其返回任务的事件状态 ActiveTask，设计软件时可以通过 ActiveTask 的值来决定是否执行对应的任务函数 ActiveTask()。

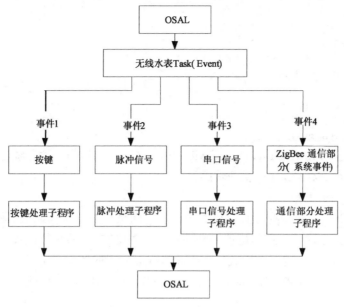

图 5.33 OSAL 操作系统的任务调度流程

（1）按键部分

当有按键按下时，中断程序将键值（Key）作为参数向系统发送一个按键事件，由系统调度去执行按键处理子程序。当 Key 值为 KEY_SEND（可以由用户设定与键值对应）时，按键处理子程序将会向对应的绑定节点发送开关信息。当 Key 值为 KEY_BIND（可以由用户设定与键值对应）时，按键处理子程序将会发出 EndDeviceBind.request（终上设备绑定请求）。

（2）水表脉冲信号采集

当水表采集到用水信息后会向处理器发送脉冲信号，这样硬件就会触发一个中断，调用中断处理子程序。通常在中断处理子程序中只是记录事件的发生，

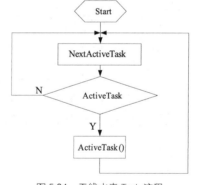

图 5.34 无线水表 Task 流程

然后向系统发送脉冲采集事件，由系统调度执行脉冲信号采集子程序。脉冲信号采集处理程序将脉冲信号（MeterPulse）累加，转换成用水量信息（WaterVol）。

（3）串口通信

串口通信包括发送和接收两个部分，发送部分是系统接收到某个发送事件时触发，调用发送子程序；接收部分是采用轮询的办法，串口接收到数据时会产生一个串口数据接收事件，由系统调度去执行接收数据处理子程序。

串口部分需要考虑一个将 ZigBee 协议转换为 Meter-Bus 协议的问题。Meter-Bus 是一种协议格式，其各位定义如下：

起始码(1)	水表类型(1)	地址(7)	读写命令(1)	数据长度(1)	数据(L)	序列号(1)	校验码(1)	结束符(1)

为了兼容 Meter-Bus，可以定义帧格式如下：

```
MBusFrame {
            Byte StartByte;
            Byte MeterType;
            Byte Addr [CommAddrLengh];
            Byte Cmd;
            Byte Length;
            Byte *Data;
            Byte Check;
            Byte Endbyte ;};
```

可以通过所定义的 MBusFrameIn 和 MbusFrameOut，来对串口消息帧进行适当处理，以实现 ZigBee 协议到 Meter-Bus 协议的转换。

（4）ZigBee 通信部分

ZigBee 通信部分一般是通过其他事件来触发，向系统发送 ZigBee 通信事件请求，由系统调度来完成 ZigBee 通信。通信协议部分涉及到两种 ZigBee 通信帧格式：KVP（关键信息值）帧格式、Message（消息）帧格式。其中 Message 方式的帧格式可以由用户自己定义，操作方式比较灵活，所以本文选择 Message 方式。所定义的 Message 格式如下：

起始码(2)	数据长度(1)	命令(1)	数据(L)	结束符(1)

可以相应的定义帧格式如下：

```
OTAFrame {
        Uint16 StartWord;
        Byte   Length;
        Byte   Cmd;
        Byte   *Data;
        Byte   Endbyte ;};
```

可以通过定义的 OTAFrameIn 和 OTAFrameOut 来接收和发送消息帧，这样 ZigBee 协议格式就可以和前面串口的 Meter-Bus 协议格式相互转换实现通信。

习题与思考题

5-1　目前智能仪表常用的通信方式有哪些？你认为是哪些因素导致了目前智能仪表通信方式的多样性？

5-2　试述常用的串行通信方式 RS-232C 和 RS-485 的异同点。

5-3　RS-232C、RS-422 与 RS-485 标准不仅对接口的电气特性做出规定，而且还规定了高层通信协议，这种说法对吗？

5-4　目前过程测控仪表主要采用的现场总线接口有哪些？其各自的主要应用领域是什么？

5-5　你认为将工业以太网技术应用于智能仪表的优势是什么？

5-6　使用 ISM 频段的几种主要无线技术是什么，其各自的应用特点有哪些？

5-7　说出 ZigBee 技术的特点和常用的组网方式。

第 **6** 章 智能仪表的抗干扰技术

智能仪表在工业生产过程控制中的应用越来越广泛。工业生产的工作环境往往比较恶劣、干扰严重，这些干扰轻则会影响仪表的测量精度，重则使智能仪表程序逻辑混乱，进而使智能仪表产生误动作，导致系统测量和控制失灵，甚至损坏生产设备，造成事故。因此，对智能仪表来说，抗干扰性能尤为重要，这关系到它能否在实际中应用的问题。为了保证智能仪表能够稳定可靠地工作，不仅要在仪表的硬件设计时要考虑抗干扰的问题，而且在软件设计时也要考虑抗干扰的问题。本章介绍智能仪表的硬件抗干扰技术和软件抗干扰技术。

6.1 干扰分析

6.1.1 电磁干扰分析

仪表系统在实际使用中遇到的干扰几乎都是电磁干扰。那么，什么是电磁干扰呢？一般地，当电磁发射源产生的电磁场信号对其周围环境中的装置、设备或系统产生有害影响时，则称之为电磁干扰信号，简称为电磁干扰。辐射能量大的强电磁干扰会使电子设备中的半导体器件的结温升高，造成 PN 结击穿和烧穿短路，导致器件性能降低或失效，从而影响设备的正常工作，使控制失灵，甚至引发事故。

电磁干扰的形成必须同时具备以下 3 个因素，故常称为电磁干扰三要素，如图 6.1 所示。

图 6.1 电磁干扰三要素

① 电磁干扰源：指产生电磁干扰的元件、器件、设备、系统或自然现象。

② 敏感设备：指对电磁干扰发生响应的设备。

③ 耦合通道：指把能量从干扰源耦合（或传播）到敏感设备上，并使该设备产生响应的通路或媒介。

由电磁干扰源发出的电磁能量，经过某种耦合通道传输至敏感设备，导致敏感设备出现某种形式的响应并产生效果，称为电磁干扰效应。

所谓电磁兼容，通常是指处于同一电磁环境中的所有电子设备和系统，均能按照设计的功能指标要求正常地工作，互不产生不允许的干扰。从电磁兼容的观点出发，在设计电子设备或系统时，除按要求进行功能设计外，还必须基于设备、系统所在的电磁环境进行电磁兼容设计，一方面使它具有规定的抗电磁干扰能力，另一方面使它不产生超过限值的电磁干扰。

要消除电磁干扰，只要能去掉电磁干扰三要素中的任何一个即可。仪表内部的干扰源可通过合理的电路设计在一定程度上予以消除，而外部干扰源总是存在的。对于接收干扰的敏感设备，在硬件设计时从元器件的选取、电路布置等方面可以预先做一些工作。对于传输通道则可以采取有效措施予以消除或切断。仪表的电磁兼容性设计主要基于以上方面考虑，这也是智能仪表设计时要考虑的重要问题之一，直接涉及到智能仪表的硬件抗干扰设计的内容，为了统一，以下统称为智能仪表的硬件抗干扰设计。

从干扰源和传播方式的角度来讲，智能仪表受到的干扰大致可分为以下几种类型。

（1）电场耦合干扰

电场耦合干扰是指通过电容耦合引起的静电场干扰，所以又常称为静电耦合干扰。智能仪表系统内部的元件之间、导线之间、导线与元件之间都存在着分布电容，一个导体上的信号电压会通过导体间的分布电容使其他导体上的电位受到影响。

（2）磁场耦合干扰

磁场耦合干扰又称为电磁耦合干扰。任何载流导体都会在其周围空间产生磁场，如果磁场是交变的，则会对其周围的闭合电路产生感应电势，这就是磁场耦合干扰。比如动力线、变压器、电动机、发电机、继电器等附近都存在着工频交变磁场，工作在这种环境中的仪表内部电路就会受到磁场耦合干扰。

（3）共阻抗耦合干扰

这是一类广泛存在于仪表内部的干扰，电路各部分的公共连线存在着分布电阻、电容和电感，其上的电流会产生电压降，这种附加的噪声干扰作用于电路就会形成共阻抗耦合干扰。电源线和接地线的电阻、电感在一定条件下会形成公共阻抗。例如，一个电源对几个电路供电时，如果电源不是内阻抗为零的理想电压源，其内阻抗就成为接受供电的几个电路的公共阻抗，当其中某一电路的电流发生变化时就会影响其他电路供电电压的变化。

（4）电磁辐射干扰

这是仪表系统所处空间的电磁波引起的干扰。处于电磁波中的导体会感应出一定的电动势，这就是电磁辐射干扰。目前，大气空间中充斥着各种电磁波，有电动设备开关形成的，也有无线通信形成的，还有闪电等形成的，所以工作在这种环境中的仪表无疑会受到电磁辐射干扰。另外，电磁辐射干扰是一种无规则的干扰，而且很容易通过电源线传到系统中去。

（5）直接传输干扰

直接传输干扰是指干扰信号经过导线直接传到被干扰电路而形成的干扰。在智能仪表系统中，各种干扰信号会通过电源线或信号线进入仪表内部电路，从而形成干扰。例如，现场的干扰通过传感器或执行器窜入仪表内部，电网电压的波动与尖峰等都被认为是直接传输干扰。

下面举一个电场耦合的实例。

在数字电路的元件和元件之间、导线和导线之间、导线和元件之间、导线与结构件之间都存在着分布电容。某一个导体上的信号电压（或噪声电压）可能会通过分布电容使其他导体上的电位受到影响，这种现象就称为电容性耦合。

下面以一个实际的例子分析电容性耦合的特点。

图 6.2（a）所示为平行布线的 A 和 B 之间电容性耦合情况的示意图。

图中，C_{AB} 是两导线之间的分布电容，C_{AD} 是 A 导线对地的分布电容，C_{BD} 是 B 导线对地的分布电容，R 是输入电路的对地电阻。

其等效电路图见图 6.2（b），其中 V_s 为等效的信号电压。若 ω 为信号电压的角频率，B 导线为受感线，则不考虑 C_{AD} 时，B 导线上由于耦合形成的对地噪声电压（有效值）V_B 为：

$$V_B = \left| \frac{j\omega C_{AB}}{\frac{1}{R} + j\omega(C_{AB} + C_{BD})} \right| \times V_s \tag{6-1}$$

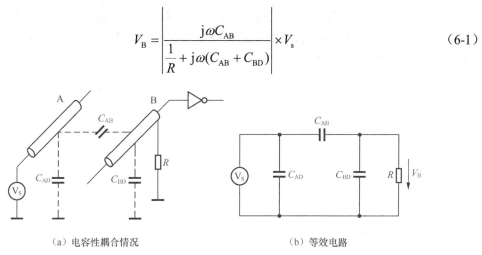

（a）电容性耦合情况　　　　　　（b）等效电路

图 6.2　平行导线的电容耦合

在下述两种情况下，可将式（6-1）做如下简化。

① 当 R 很大时，即

$$R \gg \frac{1}{\omega(C_{AB} + C_{BD})},$$

则

$$V_B \approx \frac{C_{AB}}{C_{AB} + C_{BD}} \times V_s \tag{6-2}$$

可见，此时 V_B 与信号电压频率基本无关，而正比于 C_{AB} 和 C_{BD} 的电容分压比。显然，只要设法降低 C_{AB}，就能减小 V_B 值。因此在布线时应增大两导线间的距离，并尽量避免两导线平行。

② 当 R 很小时，即

$$R \ll \frac{1}{\omega(C_{AB} + C_{BD})}$$

则

$$V_B \approx \left| j\omega R C_{AB} \right| \times V_s \tag{6-3}$$

这时 V_B 正比于 C_{AB}、R 和信号幅值 V_s，而且与信号电压频率 ω 有关。

因此，只要设法降低 R 值就能减小耦合到受感回路的噪声电压。实际上，R 可看作受感回路的等效输入电阻，从抗干扰考虑，降低输入阻抗是有利的。

现假设 A、B 两导线的两端均接有门电路，见图 6.3。当门 1 输出一个方波脉冲，而受感线（B 线）正处于低电平时，可以从示波器上观察到如图 6.4 所示的波形。

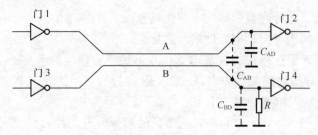

图 6.3　布线干扰

在图 6.4 中，V_A 表示信号源，V_B 为感应电压。若耦合电容 C_{AB} 足够大，使得正脉冲的幅值高于门 4 的开门电平 V_T，脉冲宽度也足以维持使门 4 的输出电平从高电平下降到低电平时，门 4 就输出一个负脉冲，即干扰脉冲。

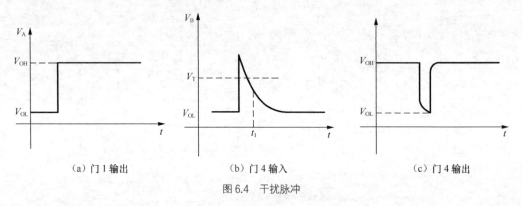

（a）门 1 输出　　　　　　（b）门 4 输入　　　　　　（c）门 4 输出

图 6.4　干扰脉冲

在印刷电路板上，两条平行的印刷导线间的分布电容约为 0.1～0.5pF/cm，与靠在一起的绝缘导线间的分布电容有相同的数量级。

除以上介绍的以外，还有其他一些干扰和噪声，如由印刷电路板电源线与地线之间的开关电流和阻抗引起的干扰、元器件的热噪声以及静电感应噪声等。

6.1.2　干扰进入的渠道

干扰进入智能仪表的渠道主要有 3 个：空间电磁感应、传输通道和配电系统，见图 6.5。

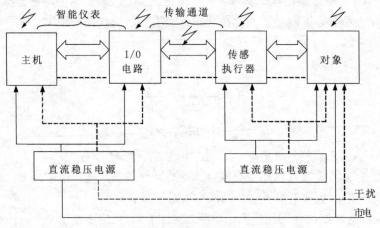

图 6.5　干扰进入智能仪表和系统的主要渠道

一般情况下，经空间电磁感应窜入的干扰在强度上都远远小于从另两个渠道窜入的干扰，而且空间感应形式的干扰又可通过采用良好的"屏蔽"和正确的"接地"加以解决。所以，抗干扰措施主要是尽力切断来自传输通道和配电系统的干扰，并抑制部分已进入仪表的干扰。

6.2　智能仪表的硬件抗干扰技术

智能仪表的硬件抗干扰技术也可称为智能仪表的电磁兼容性设计，就是在设计智能仪表的硬件电路、电路布线、结构设计、电源设计时就考虑到仪表的应用环境，考虑到仪表可能受到的各种各样的干扰，从抗干扰的角度来设计硬件或采用合适的硬件技术预先设计一些抗干扰电路。只要对仪表干扰的分析正确，硬件技术采用恰当，电路设计正确，硬件抗干扰技术就可以克服智能仪表受到的大部分干扰，使仪表能够正常使用，保证生产过程的安全和正常运行。这一节将介绍智能仪表硬件抗干扰技术所涉及的常用技术。

按干扰进入仪表的方式，可将干扰分为串模干扰、共模干扰、数字电路干扰以及电源和地线系统的干扰等。

6.2.1　串模干扰的抑制

1. 串模干扰的概念

串模干扰是指干扰电压与有效信号串联叠加后作用到仪表上的干扰（见图 6.6）。串模干扰主要来自于高压输电线、与信号线平行敷设的输电线以及大电流控制线所产生的空间电磁场。

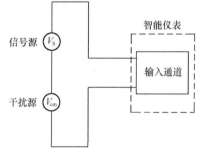

图 6.6　串模干扰示意图

通常，连接传感器的信号线较长，有时甚至长达一二百米，此时干扰源通过磁场和电场耦合在信号线上的感应电压数值相当可观。例如，一路电线与信号线平行敷设，信号线上的电磁感应电压和静电感应电压分别都可达到毫伏级，而来自传感器的有效信号电压的动态范围通常仅有几十毫伏，甚至更小。

由此可知：由于测量控制系统的信号线较长，通过磁场和电场耦合所产生的感应电压有可能大到与被测有效信号相同的数量级，甚至比后者还要大很多；同时，对测量控制系统而言，由于采样时间短，工频的感应电压也相当于缓慢变化的干扰电压，这种干扰信号与有效直流信号一起被采样和放大，造成有效信号失真。

除了信号线引入的串模干扰外，信号源本身固有的漂移、纹波和噪声，以及电源变压器不良屏蔽或稳压滤波效果不佳等也会引入串模干扰。

2. 串模干扰的抑制措施

通常用串模抑制比（SMRR，Series-Model Rejection Ratio）来衡量电路抑制串模干扰的能力。

$$SMRR = 20\lg \frac{V_{sm}}{V_{sm1}}(dB) \tag{6-4}$$

式中：V_{sm}——串模干扰信号的电压值；

V_{sm1}——仪表输入端由串模干扰引起的等效电压值。

假设串模干扰信号电压值为 30mV，测量系统要求串模干扰在仪表输入端引起的电压不得大于 0.03mV，则

$$SMRR \geqslant 20\lg\frac{30}{0.03} = 60(dB)$$

一般要求 SMRR≥40～80dB。

针对串模干扰，可以采取以下几种措施进行抑制和消除。

（1）采用滤波技术。如果串模干扰的频率比被测信号频率高，则采用输入低通滤波器来抑制高频串模干扰。如果串模干扰的频率比被测信号频率低，则采用输入高通滤波器来抑制低频串模干扰。如果串模干扰的频率落在被测信号频谱的两侧，则用带通滤波器较为适宜。如果串模干扰的频率落在被测信号频谱的中间，则用带阻滤波器较为适宜。它们的频率特性分别见图 6.7（a）、（b）、（c）、（d），图中 f_c、f_{c1}、f_{c2} 为截止频率。

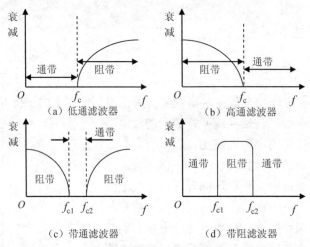

图 6.7　4 种滤波器的频率特性

在智能仪表中，主要的抗串模干扰措施是用低通输入滤波器滤除交流干扰，而对直流串模干扰则采用补偿措施。

常用的低通滤波器有 RC 滤波、LC 滤波器、双 T 滤波器以及有源滤波器等，它们的原理图分别见图 6.8（a）、（b）、（c）、（d）。

RC 滤波器的结构简单、成本低，但它的串模抑制比不高，一般需 2～3 级串联使用才能达到规定的 SMRR 指标，而且时间常数 RC 较大，而 RC 过大则会影响放大器的动态特性。

LC 滤波器的串模抑制比较高，但需要绕制电感，体积大、成本高。

双 T 滤波器对某一固定频率的干扰具有很高的抑制比，但偏离该频率后抑制比迅速减小。其主要用于滤除工频干扰，而对高频干扰则无能为力，其结构虽然简单，但调整比较麻烦。

有源滤波器可以获得较理想的频率特性，但作为仪表输入级，有源器件（运算放大器）的共模抑制比一般难以满足要求，其本身带来的噪声也较大。

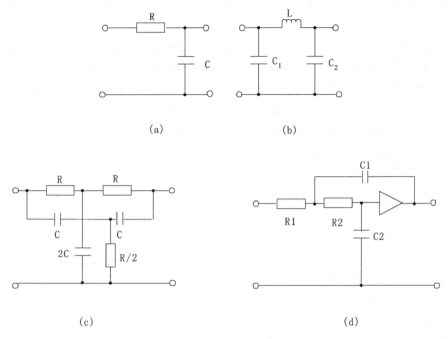

图 6.8 滤波器原理图

通常，仪表的输入滤波器都采用 RC 滤波器，在选择电阻和电容参数时除了要满足 SMRR 指标外，还要考虑信号源的内阻抗，兼顾共模抑制比和放大器的动态特性等要求，故常采用两级阻容低通滤波网络作为输入通道的滤波器，见图 6.9。它可使 50Hz 的串模干扰信号衰减至 1/600 左右。该滤波器的时间常数小于 200ms，因此，当被测信号变化较快时应当相应改变网络参数，以适当减小时间常数。

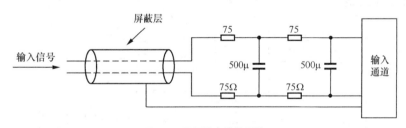

图 6.9 两级阻容滤波网络

（2）用双积分式 A/D 可以削弱周期性串模干扰的影响。因为此类转换器是对输入信号的平均值而不是瞬时值的转换，所以对周期性干扰具有抑制能力。如果取积分周期等于主要串模干扰的周期或为其整数倍，则通过双积分 A/D 转换器后，对串模干扰的抑制效果会更好。

（3）对于主要来自电磁感应的串模干扰，应尽早地对被测信号进行前置放大，以提高回路中的信噪比；或者尽早地完成模/数转换或采取隔离和屏蔽等措施。

（4）从选择器件入手，除了如前所述的可以选择抗干扰性能好的双积分型 A/D 转换器之外，也可以采用高抗扰度逻辑器件，通过提高阈值电平来抑制低噪声的干扰；或者采用低速逻辑器件来抑制高频干扰；此外，也可以通过人为地附加电容器，通过降低某个逻辑电路的工作速度来抑制高频干扰。对于主要由所选用的元器件内部热扰动产生的随机噪声所形成的串模干扰，或在数字信号的传送过程中夹带的低噪声及窄脉冲干扰，这种方法是比较有效的。

（5）如果串模干扰的频率与被测信号相当，则一般很难通过以上措施来抑制这种干扰，此时应从根本上消除产生串模干扰的原因。对测量元件或变送器（如热电偶、压力变送器、差压变送器等）进行良好的电磁屏蔽，同时信号线应选用带有屏蔽层的双绞线或同轴电缆线，并应有良好的接地系统。另外，利用数字滤波技术对已经进入计算机的带有串模干扰的数据进行处理，从而可以较理想地滤掉难以抑制的串模干扰。

6.2.2 共模干扰的抑制

1. 共模干扰的概念

共模干扰是指输入通道两个输入端上共有的干扰电压。这种干扰电压可以是直流电压，也可以是交流电压，其幅值可达几伏甚至更高，取决于现场产生干扰的环境条件和仪表的接地情况。

在测控系统中，由于检测元件和传感器是分散在生产现场的各个地方，因此被测信号 V_s 的参考接地点和仪表输入信号的参考接地点之间往往存在着一定的电位差 V_{cm}，见图 6.10。

由图 6.10 可见，对于输入通道的两个输入端来说，分别有 V_s+V_{cm} 和 V_{cm} 两个输入信号。显然，V_{cm} 是输入通道两个输入端上共有的干扰电压，故称共模干扰电压。

在测量电路中，被测信号有单端对地输入和双端不对地输入两种输入方式，见图 6.11。对于存在共模干扰的场合，如果采用单端对地输入方式，共模干扰电压将全部转化为串模干扰电压进入仪表内部，见图 6.11（a）。

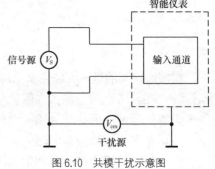

图 6.10 共模干扰示意图

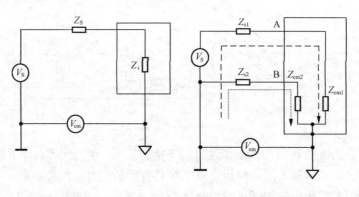

（a）单端对地输入方式　　　　　　（b）双端对地输入方式

图 6.11 被测信号的输入方式

如果采用图 6.11（b）所示的双端不对地输入方式，则共模干扰电压 V_{cm} 对两个输入端形成两个电流回路（虚线表示），每个输入端 A、B 的共模电压为

$$V_A = \frac{V_{cm}}{(Z_{s1} + Z_{cm1})} \cdot Z_{cm1} \tag{6-5}$$

$$V_B = \frac{V_{cm}}{(Z_{s2} + Z_{cm2})} \cdot Z_{cm2} \qquad (6\text{-}6)$$

因此，在两个输入端之间呈现的共模电压为

$$V_{AB} = V_A - V_B = \frac{V_{cm}}{(Z_{s1} + Z_{cm1})} Z_{cm1} - \frac{V_{cm}}{(Z_{s2} + Z_{cm2})} Z_{cm2}$$

$$= V_{cm} \left(\frac{Z_{cm1}}{Z_{s1} + Z_{cm1}} - \frac{Z_{cm2}}{Z_{s2} + Z_{cm2}} \right) \qquad (6\text{-}7)$$

其中，Z_s, Z_{s1}, Z_{s2} 为信号源内阻，Z_i、Z_{cm1}、Z_{cm2} 为输入通道的输入阻抗。

如果 $Z_{s1} = Z_{s2}$、$Z_{cm1} = Z_{cm2}$，则 $V_{AB} = 0$，表示不会引入共模干扰，但上述条件实际上很难满足，往往只能做到 Z_{s1} 接近于 Z_{s2}，Z_{cm1} 接近于 Z_{cm2}，因此 $V_{AB} \neq 0$，也就是说实际上总存在一定的共模干扰电压。显然，当 Z_{s1}、Z_{s2} 越小，Z_{cm1}、Z_{cm2} 越大，并且 Z_{cm1} 与 Z_{cm2} 越接近时，共模干扰的影响就越小。一般情况下，共模干扰电压 V_{cm} 总是转化成一定的串模干扰进入仪表的输入通道。

输入通道的输入阻抗通常由直流绝缘电阻和分布耦合电容产生的容抗决定。差分放大器的直流绝缘电阻可做到 $10^9 \Omega$，工频下寄生耦合电容可小到几皮法（容抗达到 $10^9 \Omega$ 数量级），但共模电压仍有可能造成 1% 的测量误差。

2. 共模干扰的抑制措施

通常用共模抑制比（CMRR，Common-Model Rejection Ratio）来衡量电路抑制共模干扰的能力。

$$CMRR = 20 \lg \frac{V_{cm}}{V_{cm1}} (\text{dB}) \qquad (6\text{-}8)$$

式中：V_{cm}——共模干扰电压；

V_{cm1}——仪表输入端由共模干扰引起的等效电压。

设计比较完善的差分放大器，可在不平衡电阻为 $1k\Omega$ 条件下，使 CMRR 达到 $100 \sim 160$dB。

共模干扰是常见的干扰源，抑制共模干扰是关系到智能仪表能否真正应用于工业过程控制的关键。常见的共模干扰抑制方法有以下几种。

（1）利用双端不对地输入的运算放大器作为输入通道的前置放大器，其抑制共模干扰的原理与图 6.11（b）相似。

（2）用变压器或光电耦合器把各种模拟负载与数字信号源隔离开来，也就是把"模拟地"与"数字地"断开，被测信号通过变压器耦合或光电耦合获得通路，而共模干扰由于不成回路而得到有效的抑制，见图 6.12。

当共模干扰电压很高或要求共模漏电流非常小时，常在信号源与仪表的输入通道之间插入一个隔离放大器。隔离放大器利用光电耦合器的光隔离技术或者变压器耦合的载波隔离技术，来切断共模干扰的窜入途径。

（3）采用浮地输入双层屏蔽放大器来抑制共模干扰，见图 6.13。

这是利用屏蔽方法使输入信号的"模拟地"浮空，从而达到抑制共模干扰的目的。图中

Z_1 和 Z_2 分别为"模拟地"与内屏蔽罩之间和内屏蔽罩与外屏蔽层（机壳）之间的绝缘阻抗，它们由漏电阻和分布电容组成，所以此阻抗值很大。图中，用于传送信号的屏蔽线的屏蔽层和 Z_2 为共模电压 V_{cm} 提供了共模电流 I_{cm1} 通路。由于屏蔽线的屏蔽层存在电阻 R_C，因此共模电压 V_{cm} 在 R_C 电阻上会产生较小的共模信号，它将在模拟量输入回路中产生共模电流 I_{cm2}，此 I_{cm2} 在模拟输入量回路中产生串模干扰电压。显然，由于 $R_C \leqslant Z_2$，$Z_S \geqslant Z_1$，故由 V_{cm} 引入的串模干扰电压是非常微弱的。所以这是一种十分有效的共模抑制措施。

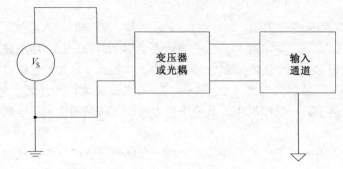

图 6.12　输入隔离

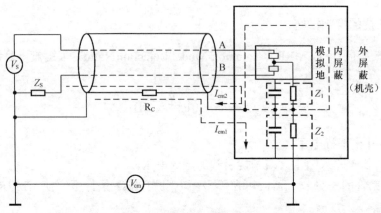

图 6.13　浮地输入双层屏蔽放大器

　　然而由于如下原因，实际上往往得不到上述效果：①放大器的屏蔽罩不可能十分完整；②在高温高湿度地区，放大器对屏蔽罩、屏蔽罩对机壳以及屏蔽线芯线对屏蔽层的绝缘电阻会大幅度下降；③对交流而言，由于系统寄生电容较大，对交流的抗共模干扰能力往往低于直流。

　　另外，在方案实施中还要注意：①信号线屏蔽层只允许一端接地，并且只在信号源侧接地，而放大器侧不得接，当信号源为浮地方式时，屏蔽层只接信号源的低电位端；②模拟信号的输入端要相应地采取三线采样开关；③在设计输入电路时，应使放大器的两个输入端与屏蔽罩的绝缘电阻尽量对称，并且尽可能减小线路的不平衡电阻。

　　采用浮地输入的仪表输入通道结构，虽然增加了一些器件，如每路信号都要用两芯屏蔽线和三线开关，但对放大器本身的抗共模干扰能力的要求大大降低，因此这种方案已得到广泛应用。

6.2.3 隔离技术

信号隔离的目的是从电路上把干扰源和易受干扰的部分隔离开来，使仪表装置与现场仍保持信号联系，而不直接发生电气上的联系。隔离的实质是切断干扰引入的途径。

1．光电隔离

在智能仪表抗干扰的隔离措施中，光电耦合器是最常用的隔离器件。光电耦合器是把发光器件和光敏器件封装在一起，以光为媒介传输信号的器件，完全隔离了前后通道的电气联系，具有非常好的隔离效果。其内部结构见图 6.14（a），图中是一个由发光二极管和光敏三极管组成的光电耦合器，发光二极管把输入端的电信号变换成相同规律变化的光，光敏三极管感应到光之后又把光变化成电信号，输入端与输出端没有任何电气上的联系，起到了隔离的作用。

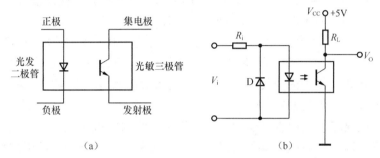

图 6.14　二极管－三极管光电耦合器

接入光电耦合器的数字电路见图 6.14（b），其中 R_i 为限流电阻，D 为反向保护二极管。可以看出，这时并不要求所输入的 V_i 值一定得与 TTL 逻辑电平一致，只要经 R_i 限流之后符合发光二极管的要求即可。R_L 是光敏三极管的负载电阻（R_L 也可接在光敏三极管的射极端）。当 V_i 使光敏三极管导通时，V_o 为低电平（即逻辑 0）；反之为高电平（即逻辑 1）。

光电耦合器之所以具有很强的抗干扰能力，主要有以下几个原因。

① 光电耦合器的输入阻抗很低，一般在 100Ω 到 1kΩ 之间，而干扰源的内阻一般都很大，通常为 $10^5 \sim 10^6 \Omega$。根据分压原理可知，这时能馈送到光电耦合器输入端的噪声自然会很小。即使有时干扰电压的幅值较大，但所提供的能量却很小，即只能形成很微弱的电流。而光电耦合器输入部分的发光二极管，只有在通过一定强度的电流时才能发光；输出部分的光敏三极管只在一定光强下才能工作。因此电压幅值很高的干扰，由于没有足够的能量而不能使二极管发光，从而得到有效抑制。

② 输入回路与输出回路之间的分布电容极小，一般仅为 0.5～2pF，而绝缘电阻又非常大，通常为 $10^{11} \sim 10^{13} \Omega$，因此，回路一边的各种干扰噪声很难通过光电耦合器馈送到另一边去。

③ 光电耦合器的输入回路与输出回路之间是光耦合的，而且又是在密封条件下进行的，故不会受到外界光的干扰。

需要强调指出的是，在光电耦合器的输入部分和输出部分必须分别采用独立的电源，如果两端共用一个电源，则光电耦合器的隔离作用将消失。顺便提一下，变压器是无源器件，其性能虽不及光电耦合器，但结构简单，所以在有些情况下也会使用变压器进行电路的隔离。

有时，在光电耦合器的输入端也可以采用交流电源，见图 6.15。

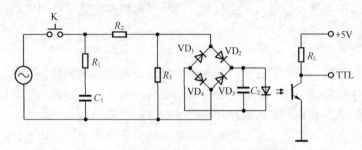

图 6.15　采用交流电源的光电耦合器隔离电路

图 6.15 中，R_1 和 C_1 组成滤波电路，R_2 和 R_3 组成分压电路，对交流输入电压进行分压，取出合适的电压加在整流桥路上。当 K 闭合时，若电源处于正半周，则电流的流向为 R_2、VD_2、发光二极管、VD_4，然后返回；若电源处于负半周，则电流的流向为 VD_3、发光二极管、VD_1、R_2，然后返回。因此，不论电源处于正负哪个半周，按下 K 时，在光电耦合器输出端总能产生一个 TTL 电平的开关量信号。C_2 用于消除交流电源过零时可能产生的毛刺。

（1）开关量输入/输出通道的抗干扰

开关量输入电路接入光电耦合器后，由于光电耦合器的抗干扰作用，使夹杂在输入开关量中的各种干扰脉冲都被挡在输入回路的一边。另外，光电耦合器还起到很好的安全保障作用，即使故障造成 V_i 与电力线相接也不至于损坏智能仪表，因为光电耦合器的输入回路与输出回路之间可承受很高的电压（GO103 为 500V，有些光电耦合器可达 1000V，甚至更高）。

开关量输出电路往往直接控制着动力设备的启停，经它引入的干扰更强烈。目前，对开关量输出隔离主要利用继电器隔离方式。但是，继电器隔离的开关量输出电路适合于控制那些对响应速度要求不是很高的启停操作，因为继电器的响应延迟大约需要几十毫秒。光电耦合器的延迟时间通常都在 10μs 之内，所以对于那些对启停操作响应时间要求很高的输出控制应采用光电耦合器。光电耦合器用于开关量输出回路时，由于光电隔离输出的电流较小，不足以驱动固态继电器，所以需要一些大功率开关接口电路。利用光电耦合器的开关量输出电路原理见图 6.16。

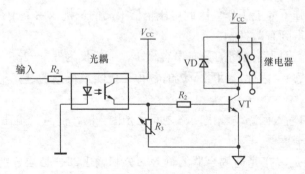

图 6.16　利用光电耦合器的开关量输出电路

在图 6.16 中，R_3 是可调电阻，用来调整光电隔离输出电流的大小，即调整继电器在单片机输出为多大电压时动作。二极管 VD 用来防止三极管关断的一瞬间，继电器线圈两端过大的反相感应电势将三极管烧毁。

（2）模拟量输入/输出通道的抗干扰

模拟量 I/O 电路与外界的电气隔离可用安全栅来实现。安全栅是有源隔离式的 4 端网络，它同变送器相接时，输入信号由变送器提供；同执行部件相接时，它的输入信号由电压/电流转换器提供，都是 4～20mA 的电流信号。它的输出信号是 4～20mA 的电流信号，或 1～5V 的电压信号。经过安全栅隔离处理后，可以防止一些故障性的干扰破坏智能仪表。但是，一些强电干扰还会经此或通过其他一些途径，从模拟量输入、输出电路窜入系统。因此在设计时，为保证智能仪表在任何时候都能工作在既平稳又安全的环境里，就需要另加隔离措施加以防范。

由于模拟量信号的有效状态有无数个，而数字（开关）量的状态只有两个，所以叠加在模拟量信号上的任何干扰都因有实际意义而起到干扰作用。而叠加在数字（开关）量信号上的干扰，只有在幅度和宽度都达到一定量值时才能起到干扰作用。这表明抗干扰屏障的位置越往外推越好，最好能推到模拟量入口、出口处。也就是说，最好把光电耦合器设置在 A/D 电路模拟量输入和 D/A 电路模拟量输出的位置上。要想把光电耦合器设置在这两个位置上，就要求光电耦合器必须具有线性变换和传输的特性。目前，由于线性光电耦合器的性能指标在某些方面还达不到要求，另外价格相对较高，所以一般都采用价格较低的逻辑光电耦合器，此时，抗干扰屏障就应设在最先遇到的开关信号的工作位置上。对 A/D 转换电路来说，光电耦合器应设在 A/D 芯片和模拟多路开关芯片这两类电路的数字量信号线上；对 D/A 转换电路来说，光电耦合器应设在 A/D 芯片和采样保持芯片以及模拟多路开关芯片的数字量信号线上。对具有多个模拟量输入通道的 A/D 转换电路来说，各被测量的接地点之间存在着电位差，从而会引入共模干扰，故仪表的输入信号应连接成差分输入的方式。为此，可选用差分输入的 A/D 芯片（如 ADC0801 等），并将各被测量的接地点经模拟量多路开关芯片接到差分输入的负端。

图 6.17 所示为具有 4 个模拟量输入通道的抗干扰电路原理图。这个电路与 MCS-51 单片机的外围接口电路 8155 相连。8155 的 A 口作为 8 位数据输入口，C 口的 PC0 和 PC1 作为控制信号输出口。4 路信号的输入由 4052 选通，以 MC14433A/D 转换器转换成 $3\frac{1}{2}$ 位 BCD 码数字量。因为 MC14433 为 CMOS 集成电路，驱动能力小，故其输出通过 74LS244 驱动光电耦合器。数字信号经光电耦合器与 8155 的 A 口相连。4052 的选通信号由 8155 的 C 口发出，两者之间同样用光电耦合器隔离。MC14433 的转换结束信号 EOC 通过光电耦合器由 74LS74D 触发器锁存，并向单片机的中断输入端发出中断请求。

必须注意的是，当用光电耦合器来隔离输入通道时，必须对所有的信号（包括数字量信号、控制信号、状态信号）全部隔离，使被隔离的两边没有任何电气上的联系，否则这种隔离就是没有意义的。

图 6.17 所介绍的用光电耦合器来隔离并行输入数据线和控制线的方式，逻辑结构比较简单，硬件和软件处理上也比较方便，但需耗费较多的光电耦合器，硬件成本较高。为了降低仪表成本，就要减少光电耦合器的数量，而又能达到仪表输入通道与主机电路隔离的目的，在速度要求不高的情况下可采用并→串变换技术，把 A/D 转换结果和其他必要的标志信号转换成串行数据，以串行的方式输入主机。图 6.18 所示为以 A/D 转换器 7135 为主的输入通道

与 8031 主机电路串行连接的光电隔离原理图。

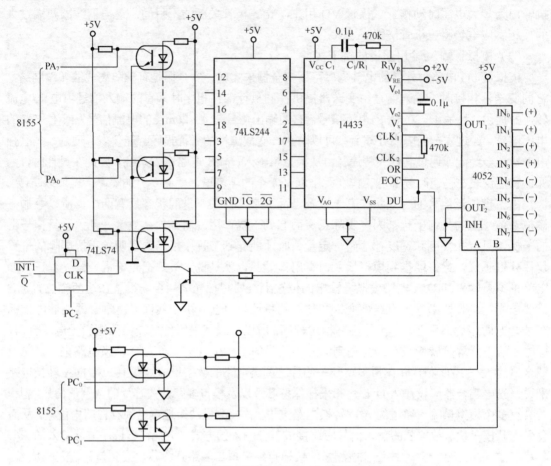

图 6.17　具有 4 个模拟量输入通道的抗干扰 A/D 转换电路（与 8155 接口）

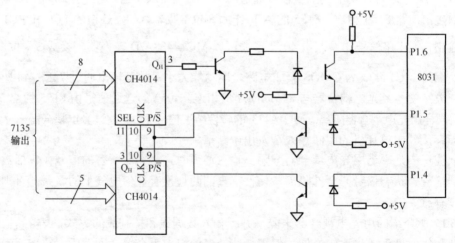

图 6.18　输入通道与 8031 串行连接的光电隔离原理图

7135 是 $4\frac{1}{2}$ 位 BCD 码双积分 A/D 转换器，输入通道中采用的两片 CH4014 是 8 位静态移位寄存器。A/D 转换结果（BCD 码和数字驱动信号）以及 POL、OR、UR、$\overline{\text{STB}}$ 等信号分

8 位和 5 位分别加在 CH4014 上。在 8031 控制下，由它的 I/O 口 P1.5、P1.4 发出控制信号，经光电隔离加至 CH4014 的 P/$\overline{S}$（并、串控制）端和 CLK（移位控制）端，实现并→串变换。串行数据由 CH4014 的引脚 3 输出，经光电隔离送至 8031 的 P1.6。用上述方法来实现隔离仅需 3 个光电耦合器。

有些 A/D 转换器本身就是串行输出，如前面第 3 章中介绍的 MAX186。这种 A/D 芯片与主机以串行方式连接时就不再需要移位寄存器了，只要配上光电耦合器就可以了。图 6.19所示为 MAX186 与 8031 单片机连接的光电隔离原理图。

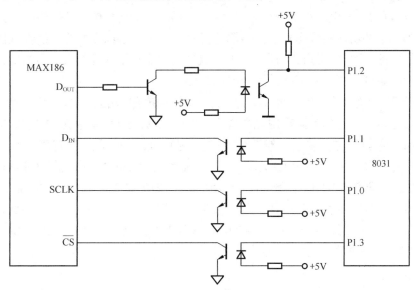

图 6.19　串行 A/D 与主机连接的光电隔离原理图

除了上述利用光电耦合器的开关特性在模拟量通道的数字电路部分进行隔离的方法外，还可利用光电耦合器的线性耦合直接对模拟信号进行隔离。由于光电耦合器的线性耦合区一般只能在一个特定的范围内，因此，应保证被测信号的变化范围始终在此线性区域内。而且，所谓光电耦合器的"线性区"实际上仍存在一定程度的非线性失真，故应当采取非线性校正措施，否则将产生较大的误差。

图 6.20 所示为一个具有补偿功能的线性光电耦合实用线路。

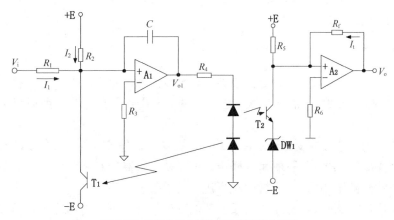

图 6.20　具有补偿功能的线性光电耦合电路

图 6.20 中，光电耦合器为 TIL117，应配对使用。其中的一只（T1）作非线性及温度补偿。运算放大器为经挑选的 μA741（F007），以提高信号传输精度。C 为消振电容。电路的 I/O 关系为

$$V_o = \frac{R_f}{R_1} V_i \qquad (6-9)$$

式中，R_f——运算放大器 A$_2$ 的反馈电阻；

　　　R_1——运算放大器 A$_1$ 的输入电阻。

由图 6.20 可知，该电路可实现模拟信号的光电隔离。只要 T$_1$、T$_2$ 严格配对，从理论上说就可以做到完全补偿，实现理想隔离传输。但是，由于光电耦合器的非线性特性，完全配对是不可能做到的。因此，图 6.20 所示的方法仅适用于要求不太高的大信号情况。如果信号较小，要求耦合精度较高，则应寻求其他隔离方法。

图 6.21 所示为具有 8 个模拟量输出通道的抗干扰 D/A 转换电路的逻辑原理图。两片 54HC373 既可以作为锁存器，又可作为隔离用光电耦合器的驱动器。D/A 芯片是 12 位的 DAC1210，按图 6.21 所示的接法，它的输出更新完全由 $\overline{CS}$ 信号控制。8 个采样/保持电路 LF398 各输出一路模拟量信号，它们各自的高电平选通信号由 8D 锁存器 74LS273 提供，C$_H$ 是它们的保持电容。经光电耦合器输出的 12 位数据信号接到 DAC1210 的 12 个数字输入端上，其中的 8 位信号也连接到 8D 锁存器 74LS273 的输入端上。可利用来自 8031 的 P2.6、P2.7 和 $\overline{WR}$ 经驱动和光电耦合后，分别选通 8D 锁存器 74LS273 和 DAC1210。而 P2.4、P2.5 和 $\overline{WR}$ 可作为两个 54HC373 的输入锁存和输出选通信号。

2. 继电器隔离

继电器的线圈和触点之间没有电气上的联系，因此，可利用继电器的线圈接收电气信号，利用触点发送和输出信号，避免强电和弱电信号之间的直接联系，实现抗干扰隔离。继电器隔离原理图见图 6.22。

在图 6.22 中，当 A 点输入高电平时，晶体三极管 VT 饱和导通，继电器 K 吸合；当 A 点变为低电平时，VT 截止，继电器 K 释放，完成了信号的传输过程。二极管 VD 对继电器起保护作用，当 VT 由导通变为截至时，继电器线圈两端产生很高的反电势，以继续保持电流 I_L，该反电势一般很高，容易造成 VT 击穿，加入二极管 VD 后，为反电势提供了放电回路，起到了保护 VT 的目的。

3. 变压器隔离

脉冲变压器可以实现对数字信号的隔离。脉冲变压器的匝数较少，一次和二次绕组分别缠绕在铁氧体磁芯的两侧，一次和二次绕组之间的分布电容只有几 PF，所以可用来对脉冲信号进行隔离。

图 6.23 所示为一个脉冲变压器隔离原理图。在图中，外部输入信号经 RC 滤波电路滤波后输入到脉冲隔离变压器，以抑制串模噪声。为了防止过高的对称信号击穿电路元件，脉冲变压器的二次侧的输出电压经稳压管限幅后进入智能仪表内部。

脉冲变压器不能传递直流分量。对于一般的交流信号，可以用普通变压器实现隔离。

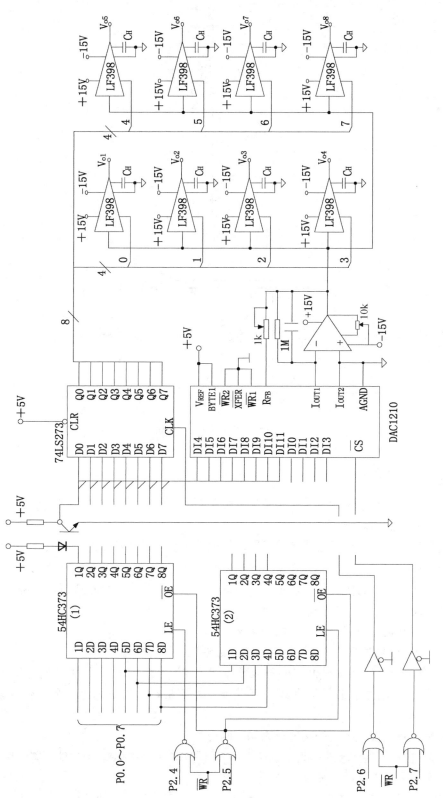

图 6.21 具有 8 个模拟量输出通道的抗干扰 D/A 转换电路

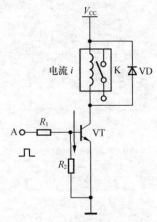

图 6.22　继电器隔离原理图

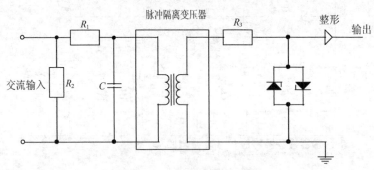

图 6.23　脉冲变压器隔离原理图

6.2.4　接地技术

正确接地是仪表系统抑制干扰必须注意的问题。在设计中将接地和屏蔽正确地结合可很好地消除外界干扰的影响。

接地是任何电子线路都会遇到的问题，接地技术往往是测控系统抑制噪声干扰的重要手段。良好的接地技术可以在很大程度上抑制内部噪声的耦合，防止外部干扰的侵入，并提高系统的抗干扰能力。反之，若接地不好，可能会导致噪声耦合，变成干扰源，降低系统性能甚至损坏系统。

通常，电气设备中的"地"有两种含义。

① 大地：与大地相接，可以提供静电屏蔽通路，降低电磁感应噪声。

② 工作基准地：指信号回路的基准导体，又称为"系统地"。这种接地是指将各单元、装置内部各部分电路的信号返回线与基准导体相连接，目的是为各部分提供稳定的基准电压。

相应地，智能仪表系统的接地分为如下两类。

① 保护接地：保护接地是为了避免工作人员因设备的绝缘损坏或性能下降时遭受触电危险和保护系统安全而采取的安全措施。

② 工作接地：工作接地是为了保证系统稳定、可靠运行，防止地环路引起干扰而采取的

抗干扰措施。

信号接地除遵循按电路信号性质不同分类接地的一般原则外，在同类信号中，根据接地点的连接方式不同，有以下几种常用的接地方式。

1. 单点接地

单点接地系统用于为许多接在一起的单元电路提供共同参考点。在这种接地系统中，所有单元电路只有一个参考点，具体有两种单点接地方式。

（1）并联一点接地

并联一点接地见图 6.24，其中 R_1、R_2、R_3 分别为电路 1、电路 2 和电路 3 的 3 条接地引线的等效电阻，这时，各电路的地线电位分别为：$U_A = R_1 I_1$，$U_B = R_2 I_2$，$U_A = R_3 I_3$。各个电路的地线只在一点（系统地）会合，各电路的对地电位只与本电路的地电流及接地电阻有关，不受其他电路的影响，对防止各电路之间的相互干扰和地回路干扰是很有效的。特别是对连线较短、工作频率较低的系统，这种接地方式更适合。它的缺点是每个电路需要一根地线，当电路较多时，不仅需要很多地线，布线也不方便，地线导线加长，导致地线电阻增大，而且由于各地线间相互耦合，使线间电容耦合和电感耦合增大，在高频时反而会引起较大的耦合干扰，所以并联一点接地一般在频率较低时使用。

（2）串连一点接地

串连一点接地见图 6.25，其中 R_1、R_2、R_3 分别为线段 GA、AB、BC 的等效电阻。由图可以看出：R_1 为电路 1、电路 2、电路 3 的公用地线电阻；R_2 为电路 2 和电路 3 的公用地线电阻；R_3 电路 3 的专用地线电阻。设电路 1、电路 2、电路 3 的电流分别为 I_1、I_2、I_3，则各电路接地点的地电位分别为：

$$\begin{cases} U_A = (I_1 + I_2 + I_3)R_1 \\ U_B = (I_1 + I_2 + I_3)R_1 + (I_2 + I_3)R_2 \\ U_C = (I_1 + I_2 + I_3)R_1 + (I_2 + I_3)R_2 + I_3 R_3 \end{cases} \qquad (6\text{-}10)$$

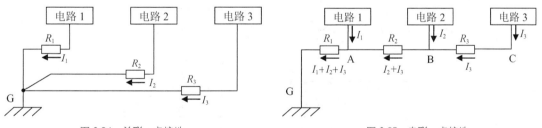

图 6.24　并联一点接地　　　　　　图 6.25　串联一点接地

由式（6-10）可以看出：各电路接地点的地电位都要受其他任何一个电路电流变化的影响，离系统地越远的电路受到的干扰越大。从抗干扰角度来看，串联一点接地方式不可取，但因为其结构简单，布线简单，所以常用来连接电流较小的低频电路。鉴于这种接地方式有以上缺点，在使用时应注意以下两点。

① 各接地线尽可能短而粗，最大限度地减小其等效电阻。

② 把最低电平、最小电流的单元电路放在离接地点 G 最近的地方，以避免受到大信号电路的干扰。

2．多点接地

多点接地是指系统中各单元电路的接地点就近直接连到地平面上，形成多个接地点，见图 6.26。这里的地平面可以是仪表的底板，也可以是连通整个系统的地导线，还可以是设备的结构框架。

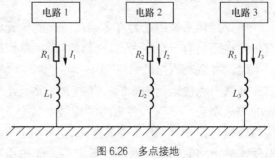

多点接地的优点是电路结构简单，接地线短，接地线上可能出现的高频驻波现象显著减小，它是高频电路唯一适用的接地方式。但是多点接地后，仪表内部会增加许多地线回路，它们对低电平的电路会形成传导耦合干扰，因此，提高接地系统的质量就非常重要。

图 6.26　多点接地

在图 6.26 中，R_i 和 L_i（$i = 1，2，3$）分别为每个单元电路接至地平面的地线电阻和等效电感，I_i 为相应的电流，则各单元电路对地的电位为

$$U_i = (R_i + j\omega L_i)I_i \tag{6-11}$$

为了降低 U_i，应使地线阻抗尽量小。要减小地线阻抗，就要尽可能缩短地线长度，并增大地线截面积。为了提高地线表面的电导率，通常在其表面镀银。

3．模拟地和数字地

智能仪表系统电路板上既有模拟电路，又有数字电路，它们应分别接到仪表电路板上的模拟地和数字地上。因为数字信号波形具有陡峭的边缘，而且数字电路的地电流呈脉冲变化，如果模拟电路和数字电路共用一根地线，数字电路的电流会通过公共地阻抗的耦合给模拟电路引入瞬态干扰，特别是电流大、频率高的脉冲信号引起的干扰更大。正确的接法应该是将模拟电路地和数字电路地分开连接，最后模拟地和数字地连接到系统地，见图 6.27。

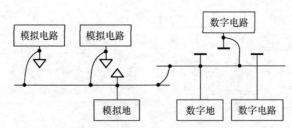

图 6.27　模拟地和数字地接法示意图

由于智能仪表内部既有高频信号电路又有低频信号电路，所以一般采用混合接地方式，即采用单点和多点接地相结合的方式。另外，交流地、功率地与信号地不能共用，因为流过交流地和功率地的电流较大，会形成数毫伏、甚至数伏电压，这会严重地干扰低电平信号的电路，因此信号地应与交流地、功率地分开。

6.2.5　屏蔽技术

生产现场不可避免地存在大量、甚至很强的电磁干扰，因此屏蔽是仪表必备的基本抗干

扰措施之一。屏蔽是将整个系统或部分单元用导电材料或导磁材料包围起来构成屏蔽层，再将屏蔽层接地的技术，这样就将外部电磁场屏蔽在系统之外而不致对内部电路形成干扰。常用的屏蔽技术有以下几种。

1. 静电屏蔽

电路中任何两点之间都存在着分布电容，任何一点的电场都会通过分布电容对另一点形成干扰。静电屏蔽是用接地良好的金属壳体将电路隔离，这样，由分布电容泄露的能量就可经屏蔽层短接进入系统地而不致影响其他电路。静电屏蔽对高频和低频的静电感应均有效果，一般接大地。

2. 磁屏蔽

磁屏蔽主要用于消除低频磁场的干扰，一般用来防止磁铁、电机、变压器、线圈等产生的磁感应和磁耦合。磁屏蔽的原理是利用高导磁材料将干扰源或需要屏蔽的器件包围起来，将干扰磁场"短路"掉，从而起到抑制干扰的效果。磁屏蔽要求采用高导磁率材料，一般接大地。

3. 电磁屏蔽

电磁屏蔽主要用于消除电磁场的辐射干扰。它是利用金属板对电磁场有 3 种损耗的原理来工作的，这 3 种损耗是吸收损耗、截面反射损耗和内部反射损耗。电磁屏蔽效果与辐射干扰的频率、波长特性关系密切，所以必须具体问题具体分析。地线用低阻金属材料做成，可接大地，亦可不接。

另外，对传感器输出的弱信号应采用屏蔽线传输。对一般的信号传输可采用双绞线屏蔽以抑制电磁干扰。在要求较高的场合应采用双绞屏蔽线。

屏蔽只有在良好的接地条件下才有效，不合理的屏蔽接地反而会增加干扰。屏蔽接地应注意以下原则。

① 屏蔽外壳的接地要与系统的参考地相接，并只能在一处相接。

② 所有具有相同参考点的电路单元必须装入一个屏蔽层内，有引出线时采用屏蔽线。

③ 接地参考点不同的电路单元应分别屏蔽，不能放在一个屏蔽层内。

④ 屏蔽层与公共端连接时，当一个接地的放大器与一个不接地的信号源连接时，连接电缆的屏蔽层应接到放大器的公共端，反之应接到信号源的公共端。高增益放大器的屏蔽层应接到放大器的公共端。

另外，在电缆和接插件的屏蔽中应注意以下几点。

① 高电平和低电平线不要走同一条电缆。不得已时，高电平线应单独组合和屏蔽。同时要仔细选择低电平线的位置。

② 高电平线和低电平线不要使用同一接插件。不得已时，要将高低电平端子分立两端，中间留出接高低电平引地线的备用端子。

③ 设备上进出电缆的屏蔽应保持完整。电缆和屏蔽体也要经插件连接。两条以上屏蔽电缆共用一个插件时，每条电缆的屏蔽层都要用一个单独接线端子，以免电流在各屏蔽层中流动。

6.2.6 电源抗干扰设计

智能仪表的供电线路是干扰侵入的主要途径之一，而且微机系统对这种干扰又特别敏感，所以电源抗干扰设计也非常重要。电源干扰一般有以下几种。

① 同一电源系统中的可控硅器件通断时产生的尖峰，通过变压器的初级与次级间的电容耦合到直流电源中去产生干扰。

② 附近的断电器动作时产生的浪涌电压，由电源线经变压器级间电容耦合产生的干扰。

③ 共用同一个电源的附近设备接通或断开时产生的干扰。

1. 抑制电网干扰的措拖

为了抑制电网干扰所造成稳压电源的波动，可以采取以下一系列措施。

① 智能仪表与产生干扰的设备分开供电。大功率设备（如电机、电焊机等）是强电磁干扰源，它们均由动力线供电，所以动力线上的电压波动、尖峰、谐波等干扰因素较多，因此应尽可能地分开供电。比如，可用照明线对智能仪表系统供电。另外，对于小型的智能仪表系统，可设计成低功耗系统，只用电池进行供电。在不便于分开供电的情况下，只能采用其他办法。

② 采用能抑制交流电源干扰的计算机系统电源，见图 6.28。图中，电抗器用来抑制交流电源线上引入的高频干扰，让 50Hz 的基波通过；变阻二极管用来抑制进入交流电源线上的瞬时干扰（或者大幅值的尖脉冲干扰）；隔离变压器的初、次级之间加有静电屏蔽层，以进一步减小进入电源的各种干扰。该交流电压再通过整流、滤波和直流稳压后可将干扰抑制到最小。

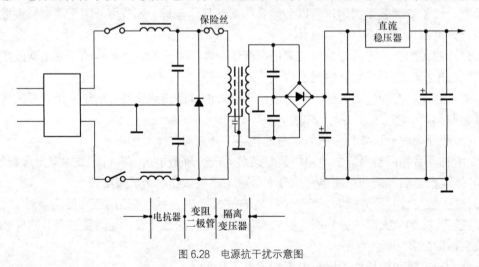

图 6.28 电源抗干扰示意图

③ 不间断电源（UPS）不仅具有很强的抗干扰能力，而且万一电网断电，它能以极短的时间（小于 3ms）切换到后备电源上去，后备电源能维持 10min 以上（满载）或 30min 以上（半载）的供电时间，以便操作人员及时处理电源故障或采取应急措施。但 UPS 的价格相对较高，所以在要求较高的控制场合才会采用。

④ 以开关式直流稳压器代替各种稳压电源。由于开关频率可达 10~20kHz 或更高，因而变压器、扼流圈都可小型化。高频开关晶体管工作在饱和截止状态，效率可达 60%~70%，而且抗干扰性能强。

2. 印刷电路板电源开关噪声的抑制

图 6.29 所示为印刷电路板与电源装置的接线状态。由图可以看出，从电源装置到集成电路 IC 的电源——地端子间有电阻和电感。另一方面，印刷板上的 IC 是 TTL 电路并以高速进行开关动作时，其开关电流和阻抗会引起开关噪声。因此，无论电源装置提供的电压有多么稳定，V_{CC} 线、GND 线也会产生噪声，致使数字电路发生误动作。

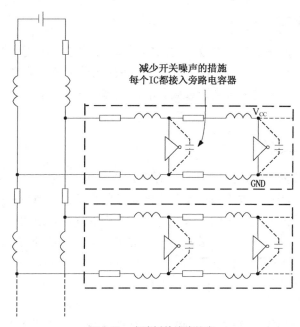

图 6.29 电路板的接线状态

降低这种开关噪声的方法有两种：一是以短线向各印刷电路板并行供电，而且印刷电路板里的电源线采用格子形状或用多层板做成网眼结构以降低线路的阻抗。二是在印刷电路板上的每个 IC 都接入高频特性好的旁路电容器，将开关电流经过的线路控制在印刷电路板内一个极小的范围内。旁路电容可用 0.01～0.1μF 的陶瓷电容器。旁路电容器的引线要短，而且要紧靠在需要旁路的集成器件的 V_{CC} 与 GND 端，若远离则毫无意义。

若在一台仪表中有多块逻辑电路板，则一般应在电源和地线的引入处附近并接一个 10～100μF 的大电容和一个 0.01～0.1μF 的瓷片电容，以防止板与板之间的相互干扰，但此时最好在每块逻辑电路板上装一片或几片"稳压块"，形成独立供电，以防止板间干扰。

6.3 软件抗干扰技术

智能仪表在工业现场的使用越来越广泛，在这样的环境中使用时会受到大量干扰源的干扰，这些干扰虽不能损坏硬件系统，但常常会影响智能仪表的 CPU、程序计数器 PC 或 RAM 等部件，导致程序运行失常，致使控制失灵，造成重大事故。虽然在设计智能仪表的硬件时已采用了硬件抗干扰技术，但由于各种干扰的频谱很宽，硬件抗干扰技术只能抑制某些频段的干扰，仍会有干扰侵入仪表系统，所以还需要采用软件抗干扰技术。

6.3.1 干扰对智能仪表造成的后果

1. 测量误差增大

如果干扰侵入智能仪表的前向通道，就会叠加在有效信号上，致使采集误差增大。特别是当传感器送来的有效信号较小时，此问题尤为严重。

2. 仪表控制状态失灵

控制状态的输出一般是通过智能仪表的后向通道。由于控制信号输出较大，不易直接受到干扰。在智能仪表系统中，控制状态的输出往往依赖于某些条件状态的输入和条件状态的逻辑处理结果。但是，干扰的侵入会造成条件状态偏差、失误，致使控制误差增大，甚至控制失常。

3. 数据受干扰发生变化

外界干扰会改变片内 RAM 或外部扩展 RAM 中的内容，以及片内各种特殊功能寄存器的状态。这些信息的改变将使仪表系统受到不同程度的损坏，如改变程序状态，改变某些部件的工作状态，还有可能改变与中断有关的专用寄存器的内容，从而改变中断设置方式，可能会导致关闭某些有用的中断，打开某些未使用的中断，引起意外的非法中断。中断优先级寄存器内容的改变会导致中断响应次序的混乱，使程序运行异常。

4. 程序运行失常

干扰侵入智能仪表的核心部位——CPU 时，会使 RAM、程序计数器 PC 或总线上的数字信号错乱，从而导致一系列不良后果。如果 CPU 得到错误的数据信息，则会使运行操作失误，导致错误结果，这个错误会一直被传递下去，造成一系列错误。如果 CPU 得到错误的地址信息（如程序计数器 PC 的值发生改变），则会导致程序运行偏离正常轨道，运行失控，造成程序在地址空间内"乱飞"，或使程序陷入死循环，导致智能仪表失控，这会给工业生产造成十分严重的后果。

鉴于以上原因，完全有必要采用软件抗干扰技术。软件抗干扰技术是当智能仪表受干扰后使其恢复正常运行或当输入信号受干扰后去伪存真的一种辅助方法。因此，硬件抗干扰是主动措施，软件抗干扰是被动措施。由于软件设计灵活，参数易于修改，节省硬件资源，所以软件抗干扰技术越来越引起人们的重视。在智能仪表系统中，只要认真分析仪表所处环境的干扰来源及传播途径，采用硬件、软件相结合的抗干扰措施，就能保证智能仪表长期可靠地运行。

6.3.2 软件抗干扰的前提条件

采用软件抗干扰技术最基本的前提条件是智能仪表系统中的抗干扰软件不会因干扰而损坏。因此，软件抗干扰的前提条件可以概括为以下两点。

① 在干扰作用下，智能仪表的硬件不会受到任何损坏，因为智能仪表的软件是在其硬件环境的基础上运行的。

② 程序区不会受干扰侵害。对于智能仪表系统，程序、表格及常数均固化在 ROM 中，不会因为干扰侵入而变化，这一条件自然满足。

软件抗干扰技术的任务主要有两个方面，一方面是输入/输出的抗干扰技术，如数字滤波技术；另一方面是 CPU 抗干扰技术。前者主要是消除信号中的干扰以提高测量精度，此将会在第 8 章的数据处理部分详细讲述。这一节主要讲述后者——CPU 的软件抗干扰技术。

6.3.3　冗余技术

冗余技术包括指令冗余和数据冗余。CPU 受干扰可能出现的最典型故障是内部程序计数器 PC 的值被修改。当受到强电干扰时，PC 的状态被破坏，使程序将一些操作数误当作操作码来执行，导致程序从一个区域跳转到另一个区域，程序在地址空间内"乱飞"或陷入"死循环"，引起程序混乱或使智能仪表系统瘫痪。MCS-51 系列单片机的所有指令均不超过 3 个字节，且多为单字节指令。当程序"乱飞"到某个单字节指令上时，会自动回到正轨。当"乱飞"到某个双字节指令上时，若恰恰在取指令时刻落到其操作码上，则程序自动回到正轨；若在取指令时刚好落到其操作数上，将操作数误当成操作码，程序仍将出错。当"乱飞"到三字节指令上时，由于它有两个操作数，将操作数误当成操作码的几率更大，程序纳入正轨的概率就越小。为使"乱飞"的程序在程序区能迅速纳入正轨，编程时应多用单字节指令，并在关键位置人为地插入单字节指令"NOP"，或将有效指令重写，称为指令冗余。另外，当仪表断电时，RAM 中的数据会丢失。当 CPU 受到干扰造成程序"乱飞"时，RAM 中的数据可能会被破坏。RAM 中保存的各种原始数据、标志、变量等如果遭到破坏，就会造成整个智能仪表系统出错或无法运行。因此，可将系统中重要参数进行备份保留，当系统复位后，立即利用备份 RAM 对重要参数区进行自检和恢复，这就是数据冗余。

1. 指令冗余

（1）"NOP"指令的用法

在双字节指令或三字节指令之后插入两个单字节 NOP 指令，就可保证其后面的指令不会因为前面指令的"乱飞"而继续。因为"乱飞"程序即使落到操作数上，在执行两个单字节空操作指令"NOP"后，也会使程序回到正轨。为了不降低程序的执行效率，"NOP"指令也不能加得太多，加入"NOP"指令的原则是：在跳转指令（如 ACALL、LJMP、JZ、JC 等）之前插入，在重要指令（如 SETB、EA 等）之前插入，保证"乱飞"程序迅速回到正轨。根据具体的应用情况，一般在程序中每隔若干条指令插入一条或两条"NOP"指令。

（2）重要指令冗余

插入"NOP"指令的缺陷是没有对错误的状态、数据、控制字进行修正，这可能会造成新的错误。因此，在那些对程序流向起决定作用的指令（如 RETI、RET、LCALL、LJMP、JZ、JC 等）和那些对系统工作状态有重要作用的指令后面，可重复写这些指令，以确保它们的正确执行。

采用指令冗余技术使程序回到正轨的条件是：①"乱飞"的程序必须指向程序运行区；②必须执行到所设置的冗余指令。

2．数据冗余

采用数据冗余技术时，可以把 RAM 分为运行存储器和备份存储器两部分，把备份存储器再分为两部分。在存放数据时，分别将它们存放在 3 个不同的区域内，建立双重备份数据。例如，当选用的处理器有片内 RAM 时，可将其作为运行存储器以加快系统的运行速度，然后将一片外部 RAM 分为两个区域作为备份。如果选用的处理器没有片内 RAM，则可使用两片 RAM 芯片，将其中一个作为运行存储器，将另一个分为两个区域存放备份数据。当需要读取数据时，采用三取二的表决原则，保证数据的正确性。建立备份数据时要遵循以下原则：各备份数据应相互远离、分散设置，降低备份数据同时被损坏的概率；各备份数据应远离堆栈区，避免由堆栈操作错误引起数据被冲毁；备份数据不少于两份，备份越多可靠性越高。

6.3.4　软件陷阱技术

当"乱飞"的程序进入程序区时可以采用指令冗余技术，而当"乱飞"的程序进入非程序区或表格区时，使用指令冗余技术的条件便不满足，此时可采用软件陷阱技术。所谓软件陷阱，就是用一条引导指令强行拦截"乱飞"的程序，并将其迅速引向一个指定地址，在那里有一段专门对程序运行出错进行处理的程序。

1．软件陷阱的形式

MCS-51 系列单片机的复位入口地址为 0000H，所以对该系列单片机，软件陷阱可采用以下两种形式。

（1）形式一

对应的程序为：

```
NOP
NOP
LJMP 0000H
```

其对应的入口地址为：

```
0000H: LJMP MAIN
```

形式一程序对应的机器码为：0000020000

（2）形式二

对应的程序为：

```
LJMP 0202H
LJMP 0000H
```

其对应的入口地址为：

```
0000H: LJMP MAIN
0202H: LJMP 0000H
```

形式二程序对应的机器码为：020202020000

2．软件陷阱的设计

（1）程序中未使用的中断区

当干扰使未允许的中断开放，并激活这些中断时，会引起智能仪表程序运行混乱。在这种情况下，常用的方法是在对应的中断服务程序中设置软件陷阱，及时捕捉错误中断。在中断服务程序中设置软件陷阱时，中断返回指令可以用 RETI，也可以用 LJMP。

中断服务程序可为

```
          NOP
          NOP
          POP     direct1        ; 将断点弹出堆栈区
          POP     direct2
          LJMP    0000H          ; 转到 0000H 处
```

中断服务程序也可为

```
          NOP
          NOP
          POP     direct1        ; 将原断点弹出堆栈区
          POP     direct2
          PUSH    00H            ; 断点地址改为 0000H
          PUSH    00H
          RETI
```

中断程序中的 direct1、direct2 为主程序中未使用的内存单元。

（2）系统未使用的 ROM 空间

智能仪表中使用的 EPROM 空间一般不会全部用完。对于剩余的大片无程序的 ROM 空间，一般均维持原状（FFH），FFH 在 51 系列单片机指令中是一条单字节指令（MOV R7, A），程序"跑飞"到这一区域将不再跳跃。这时可以每隔一段设置一个陷阱捕捉"跑飞"的程序。当然，为了更可靠且简单，也可把这些非程序区用 0000020000 或 020202020000 数据填满（最后一个填入的数据应为 020000）。当"跑飞"的程序进入该区后，便会迅速自动回到正轨。

（3）表格的头、尾处

表格数据是无序的指令代码段，在其头、尾设置一些软件陷阱可以降低程序"跑飞"到表格内的可能性。

表格有两类：一类是数据表格，表格中的内容是数据，由"MOVC A, @A+PC"指令或"MOVC A, @A+DPTR"指令查询；另一类是跳转表格，表格中的内容为一系列的三字节指令 LJMP 或双字节指令 AJMP，由"JMP @A+DPTR"使用。由于表格内容和检索值之间有一一对应关系，在表格中间设置陷阱会破坏表格的连续性和对应关系，所以只能设置在表格的末尾，利用前面所述的软件陷阱的形式一和形式二均可。

（4）非 EPROM 芯片空间

MCS-51 系列单片机系统的地址空间为 64KB。一般来说，系统所选用的 EPROM 芯片不会用完全部的地址空间，系统中除了 EPROM 芯片占用的地址空间外，还会余下大量的地址空间。例如，假设 MCS-51 系列单片机构成的系统只选用了一片 2764 作为外部程序存储器，其地址空间为 8KB，那么将会有 56KB 地址空间闲置。

当 PC "跑飞"到这些闲置的地址空间时，读入的数据为 FFH，这是"MOV R7, A"指令的机器码，此代码的执行会修改寄存器 R7 的内容。因此，当程序"跑飞"到非 EPROM 芯片区域后，会破坏 R7 中的内容。此时可采用图 6.30 所示的逻辑接法加软件陷阱来实现。

在图 6.30 中，74LS08 是一个四二与门。EPROM 2764 的地址空间为 0000H～1FFFH，译码器 74LS138 的输出信号 Y0 作为 2764 的片选信号。

空间 2000H～FFFFH 为闲置空间，当 PC 落入此空间时，Y0 为高电平。

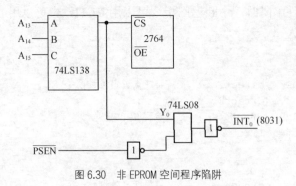

图 6.30　非 EPROM 空间程序陷阱

当 PC 落入闲置空间时，Y0 为高电平，且由于执行取指令操作，$\overline{PSEN}$ 为低，从而引起中断。然后在中断服务程序中设置软件陷阱，就可将"跑飞"的程序迅速拉回正轨。

（5）程序区的"断裂处"

程序区是由一串串有序执行的指令构成的，不能随意在这些指令中间设置陷阱，否则就会影响程序的正常执行。但是，在指令串之间常有一些断裂点，正常执行的程序到这里就不会再往下运行了。断裂点是指程序中的跳转语句（如 SJMP、LJMP、RET、RETI 等）指令之后，正常运行的程序到这里就不应该再往下执行了，如果还顺序往下执行，那一定是程序运行出错了，在此设置软件陷阱就可以有效地捕捉"跑飞"的程序。比如，在中断服务程序返回指令后，软件陷阱的形式可如下设置：

```
中断服务程序：  ……
                ……
                RETI
                NOP
                NOP
                LJMP 0000H
```

（6）中断服务程序区

设用户程序运行区间为 ADD1～ADD2，并设定时器产生 20ms 的定时中断。

如果当程序"跑飞"落入 ADD1～ADD2 区间外，且在此时发生了定时中断，就可以在中断服务程序中判定中断断点地址 ADDX，设置软件陷阱，拦截"跑飞"的程序。若 ADD1<ADDX<ADD2，程序运行正常，则应该使程序执行完中断任务后正常返回；若 ADDX<ADD1 或 ADDX>ADD2，说明程序发生"乱飞"，则应使程序回到复位入口地址 0000H，使"乱飞"的程序回到正轨。

假设 ADD1 = 0110H，ADD2 = 1100H，2FH 为断点地址高字节暂存单元，2EH 为断点地址低字节暂存单元，则中断服务程序如下。

```
POP     2FH             ；断点地址弹入 2FH 和 2EH
POP     2EH
PUSH    2EH             ；恢复断点
PUSH    2FH
CLR     C               ；断点地址与下限地址 0110H 比较
MOV     A, 2EH
SUBB    A, #10H
MOV     A, 2FH
```

```
        SUBB      A, #01H
        JC        ERR            ; 断点小于 0110H 时则跳转
        MOV       A, #00H        ; 断点地址与上限地址 1100H 比较
        SUBB      A, 2EH
        MOV       A, #11H
        SUBB      A, 2FH
        JC        ERR            ; 断点大于 1100H 时则跳转
        … …                      ; 中断处理的内容
        RETI                     ; 正常返回
ERR:    POP       2FH            ; 修改断点地址
        POP       2EH
        PUSH      00H            ; 故障后断点改为 0000H
        PUSH      00H
        RETI                     ; 故障返回
```

（7）RAM 数据保存的条件陷阱

单片机的片外 RAM 用来保存大量的数据，这些数据写入时所用的指令是 "MOVX @DPTR, A"。当 CPU 受到干扰而非法执行该指令时，就会改写 RAM 中的数据，导致 RAM 中的数据丢失。为了避免这类事件的发生，在 RAM 写操作指令前加入条件陷阱，不满足条件时不允许写，并进入陷阱以保护数据。

例如，要将数据 58H 写入 RAM 单元 2ED1H 中，可编写如下程序。

```
        MOV      A, #58H
        MOV      DPTR, #2ED1H
        MOV      6EH, #55H
        MOV      6FH, #66H
        LCALL    DAWP
DAWP:   NOP
        NOP
        CJNE     6EH, #55H, XJ  ; 6EH 中不为 55H 则不允许写，并落入死循环
        CJNE     6FH, #66H, XJ  ; 6FH 中不为 66H 则不允许写，并落入死循环
        MOVX     @DPTR, A       ; 条件满足，将数据写入 RAM 单元
        NOP
        NOP
        MOV      6EH, #00H
        MOV      6FH, #00H
        RET
XJ:     NOP                     ; 死循环
        NOP
        SJMP     XJ
```

3．WATCHDOG 技术

如前所述，当程序"跑飞"到一个临时构成的死循环中时，指令冗余和软件陷阱技术就都无能为力了，智能仪表将完全瘫痪。可利用人工复位按钮采用人工复位摆脱死循环，前提条件是操作者必须在场。但是操作者不可能一直监视着系统，即使监视着仪表，也是在已经引起不良后果之后才进行人工复位，这会对工业生产造成一定影响。WATCHDOG 技术是让仪表自己监视自己的运行情况，出现问题自动复位的一种技术，也称为程序运行监视系统。

（1）WATCHDOG 技术特性

① 本身能独立工作，基本上不依赖于 CPU。

② CPU 每隔一段固定时间和该系统打一次交道，以表明系统"目前运行正常"。

③ 当 CPU 掉入死循环后，能及时发觉并使系统复位。

在增强型 51 系列单片机中，已经设计了利用 WATCHDOG 技术的硬件电路，普通型 51 系列单片机中没有设置，必须由用户自己建立。要达到 WATCHDOG 的真正目标，必须有硬件部分，它完全独立于 CPU 之外。如果为了简化硬件电路，没有硬件部分，也可用软件 WATCHDOG 技术（可靠性稍差）。

（2）硬件 WATCHDOG 技术

硬件 WATCHDOG 的硬件部分是一独立于 CPU 之外的单稳部件，可用单稳电路构成，也可用自带脉冲源的计数器构成。

用单稳部件构成的看门狗电路，当 CPU 正常工作时，每隔一段时间就输出一个脉冲，将单稳系统触发到暂稳态，当把暂稳态的持续时间设计得比 CPU 的触发周期长时，单稳系统就不能回到稳态了。当 CPU 陷入死循环后，再也不能去触发单稳系统了，单稳系统就可以顺利返回稳态，用它返回稳态时输出的信号作为复位信号，就能使 CPU 退出死循环。

图 6.31 所示为由通用芯片构成的计数器型 WATCHDOG 电路。

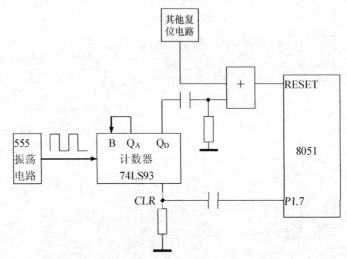

图 6.31　由通用芯片构成的计数器型 WATCHDOG 电路

将 555 定时器芯片接成一个多谐振荡器，为 16 进制计数器 74LS93 提供独立的时钟 t_c，当计到第 8 个脉冲时，Q_D 端一直变成高电平，给单片机提供复位信号 RESET。单片机用一条输出端口线（如 P1.7）输出清零信号，只要每次清零脉冲的时间间隔短于 8 个脉冲周期，计数器就总也计不到 8，Q_D 端一直保持低电平。当 CPU 受干扰而掉入死循环时，就不能送出复位脉冲了，计数器很快计到 8，Q_D 端立刻变成高电平，经过微分电路输出一个正脉冲，使 CPU 复位。

其他复位电路：上电复位、人工复位，通过或门综合后加到 RESET 端。

（3）纯软件 WATCHDOG 技术

为了简化电路，有时候也可采用纯软件 WATCHDOG 技术，纯软件 WATCHDOG 技术有专职 WATCHDOG 和兼职 WATCHDOG 两种类型，下面分别介绍。

① 专职 WATCHDOG 技术。

专职 WATCHDOG 的设计一般是用一个定时器来做 WATCHDOG，将它的溢出中断设定为高级中断，系统中的其他中断均设为低级中断。当程序掉入死循环后，定时器的溢出中断产生高级中断，从而退出死循环。中断可直接转向出错处理程序，由出错处理程序来完成各种善后处理工作，并用软件方法使系统复位。

例：用 T0 作 WATCHDOG，定时时间约为 20ms，可以这样初始化以建立 WATCHDOG。假设 T0 工作在方式 1，时钟频率为 6MHz。

先计算定时器初值：

$$T_0 初值 = 65536 - (6 \times 20 \times 1000)/12$$
$$= 55536$$

用 16 进制表示：D8F0H

编写的 WATCHDOG 程序如下。

```
        ORG   0000H
        AJMP  MAIN              ; 执行主程序
        ORG   000BH
        AJMP  START             ; T0 中断服务程序
        ORG   0030H
MAIN:   MOV   TMOD, #01H        ; T0 为 16 位定时器
        SETB  ET0               ; 允许 T0 中断
        SETB  PT0               ; 设置 T0 为高级中断
        MOV   TL0, #F0H         ; 定时 20ms
        MOV   TH0, #D8H         ;
        SETB  EA                ; 开中断
        SETB  TR0               ; 启动 T0
```

WATCHDOG 启动以后，系统工作程序必须经常"喂"它，每两次之间的时间间隔不得大于 20ms（比如每 12ms "喂"它一次），也就是说不等它中断就将其初值重置。

当程序掉进死循环后，20ms 之内即可引起 T0 溢出，产生高级中断，从而退出死循环。

② 兼职 WATCHDOG 技术。

前面所述的纯软件 WATCHDOG 技术需要单独利用系统的一个定时器资源，但在某些情况下，系统的定时器资源比较紧张，不允许这样做，但还想采取软件方法来实现，这时候可以让一个定时器在定时中断后做其他任务的同时兼做 WATCHDOG 的工作，这种技术称为兼职软件 WATCHDOG 技术。

专职 WATCHDOG 的定时中断在系统运行正常时是不会发生的，但兼职 WATCHDOG 的定时中断在正常情况下是必然发生的，因为它还要完成其他的工作。所以兼职 WATCHDOG 的设计是这样的，在定时中断中，WATCHDOG 完成该做的兼职任务，同时利用一个内存单元来计算中断的次数，当次数大于某一个阈值时，认为程序运行发生了异常，然后对系统进行复位，这时在主程序和其他低级中断子程序中插入若干条对计数单元清零的指令不会引起出错处理。程序正常运行时，计数单元的值永远不会达到设置的阈值，只有当程序发生"乱飞"掉进死循环后，T0 中断才使程序退出死循环，并将计数器值加 1，然后返回到死循环中，继续死循环，然后再中断，这样就执行不到设置的对计数单元的清零指令，如此下去，就会

使计数单元的值等于或大于指定阈值，做出错处理。下面举例说明。

例：设用 T0 作兼职 WATCHDOG，计数单元为 40H，T0 定时为 5ms，最大允许死循环时间为 20ms（4 次），晶振频率 f_{osc} = 6MHz。

兼职 WATCHDOG 的程序流程图见图 6.32。

兼职 WATCHDOG 的程序如下。

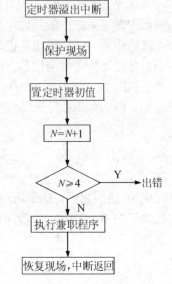

```
WATCHDOG: PUSH   ACC              ; 保护现场
          PUSH   PSW
          MOV    TL0, #3CH        ; 置初值
          MOV    TH0, #F6H
          INC    40H              ; 计数器加 1
          MOV    A, 40H
          CLR    C
          ADD    A, #FCH          ; 是否达到 4 次
          JNC    WATCH
          LJMP   ERR              ; 转出错处理
WATCH:    ......                  ; 执行兼职程序
          POP    PSW              ; 恢复现场
          POP    ACC
          RETI
```

图 6.32 兼职 WATCHDOG 的程序流程图

如果失控程序执行了修改 T0 功能的指令（如 CLR TR0、CLR ET0、CLR PT0、CLR EA 等），由于这些指令是由操作数变形后产生的，那么软件 WATCHDOG 就失效了。所以在要求较高的系统中，最好还是采用硬件 WATCHDOG 系统或采用带有硬件 WATCHDOG 的单片机。

习题与思考题

6-1 简述常见噪声源的种类及主要特点。

6-2 简述智能仪表系统的干扰来源，它们是通过什么途径进入仪表内部的？

6-3 什么是串模干扰和共模干扰？抑制干扰影响的主要途径是什么？

6-4 为什么说光电耦合器具有很强的抗干扰能力？在具体使用光电耦合器时应注意哪些问题？

6-5 如何抑制地线系统的干扰？接地设计时应注意哪些问题？

6-6 利用逻辑光电耦合器对模拟量输入通道进行隔离时，光电耦合器应放在什么位置？为什么？

6-7 软件抗干扰中有哪几种对付程序"跑飞"的措施？它们各有什么特点？

6-8 试述指令冗余的概念及方法。

6-9 试述软件陷阱的概念。常用的软件陷阱的方法有哪些？

6-10 试说明 WATCHDOG 抗干扰措施的原理和具体实施方法。

6-11 抑制电网干扰的措施主要有哪些？

6-12 硬件抗干扰与软件抗干扰有哪些不同？

6-13 为了减小干扰，设计印刷电路板时应注意哪些问题？

第 7 章 监控程序

智能仪表由硬件和软件两大部分构成。对同一个硬件电路配以不同的软件，它所实现的功能就不同，而且某些硬件电路的功能可以用软件来实现，仪表的主要功能依赖于软件。第6 章介绍的是智能仪表的硬件设计，所以本章将介绍智能仪表的软件设计部分。研制一台功能强大的智能仪表，软件研制的工作量往往大于硬件。因此，智能仪表的软件设计是智能仪表设计中的重要环节，设计人员必须掌握软件设计的基本方法和编程技术。

7.1 软件设计方法

软件开发一般要经历分析、设计、编程、测试以及运行与维护等阶段，智能仪表的软件分析工作在仪表总体设计时已经完成，即软件要实现哪些功能已经确定。

软件设计部分主要是设计软件系统的模块层次结构、控制流程以及数据库的结构等。这个阶段可以分为总体设计和详细设计两个部分。总体设计完成软件系统的模块划分，设计层次结构，确立模块间的调用关系以及完成全局数据库的设计等工作；详细设计完成每个模块的内部实现算法、控制流程以及局部数据结构的设计。

软件设计方法是指导软件设计的某种规程和准则，目前广泛采用的设计方法主要是结构化设计（SD，Structure Design）和结构化编程（SP，Structure Programming）。

7.1.1 结构化设计和编程

1．结构化设计方法

结构化设计方法是由美国 IBM 公司 Constantine 等人提出，用于软件系统的总体设计，其基本思想来源于模块化及"自顶向下"（Top-Down）、逐步求精等程序设计技术。用结构化设计方法设计的软件结构，模块之间相对独立，各模块可以独立地进行编程、测试、排错和修改，使复杂的研制工作得以简化；此外，模块的相对独立性能有效防止错误在模块之间蔓延，提高系统的可靠性、可理解性和可维护性。

"自顶向下"设计，概括地说，就是从整体到局部再到细节，即将整体任务划分成若干子任务模块，再将子任务模块划分成若干子子任务模块，分层的同时明确各层次之间的关系，以及同一层次各任务之间的关系，逐层细分，最后拟定出各任务细节。

软件中的"自顶向下"设计，其要领如下。

① 确定软件系统结构时要着眼全局，不要纠缠于细枝末节。

② 对于每一个程序模块，应明确规定其输入、输出和模块功能。

③ 重视模块间传递信息数据的接口设计。

结构化设计中的另一个重要思想是模块化。通常，为了使程序易于编码、调试和排错，也为了便于检验和维护，程序员总是设法把程序编写成一个个结构完整、相对独立的程序段。这样的一个程序段，可以看作一个可调用的子程序（即一个程序模块）。把整个程序按照如上所述的"自顶向下"的设计来分层分块，一层一层地分下去，一直分到最下层的每一个模块都能容易地编程时为止，这就是所谓的模块化编程（Modular Programming）。

模块化编程有利于程序设计任务的划分，可以让具有不同经验的程序员承担不同功能模块的编程任务，有利于形成程序员自己的程序库。例如，各种可编程接口、电路的初始化程序以及各种数学计算程序等，都可划分为一个个独立的模块，允许被任意调用，而且也便于程序的修改。至于划分模块的具体方法，至今尚无公认的具体准则，大多数人是凭直觉、经验、一些特殊的方法或公司的规定来划分模块。下面是在进行模块化编程时常常需要考虑的一些基本原则，掌握它们对编程将会有所帮助。

① 模块不宜划分得过大，过大的模块往往不具有普遍适用性，而且在编写和连接时可能会遇到麻烦；模块也不宜划分得过小，过短过小的程序模块会增加工作量。

② 模块必须保证其独立性，即一个模块内部的更改不应影响其他模块。

③ 模块只能有一个入口和一个出口，这是结构化设计的一个重要原则。

④ 尽可能采用符号化参数、分离 I/O 功能和数值处理功能，减少共同存储单元等。

⑤ 对一些简单的任务不必勉强分块。因为在这种情况下，编写和修改整个程序比分配和修改模块要更容易一些。

按照结构化设计方法，不管仪表的功能多么复杂，都可以将总体任务分解为较为简单的子任务来分别完成，仪表的功能再强，分析设计工作的复杂程度不会随之增大，只不过是多分解几层而已。

2. 结构化编程

在完成软件系统的总体框架结构设计后，每一个模块的算法和数据结构由结构化编程方法来确定，其基本要求是：为确保各程序模块的逻辑清晰，应使所有模块只用单入口、单出口和顺序、选择、循环 3 种基本控制结构，尽量减少使用无条件转移语句。

结构化程序设计的优点如下。

① 由于每个结构只有一个入口和一个出口，故程序的执行顺序易于跟踪，便于查错和测试。

② 由于基本结构是限定的，故易于装配成模块。

③ 易于用程序框图来描述。

结构化编程要求在设计过程中采用"自顶向下"、逐步求精的设计方法，但是在具体编程时采用"自底向上"的方法，即从最底层的模块开始编程，然后进行上一层的模块编程，直至最后完成。这样每编完一层便可进行调试，等最顶层的模块编好并调试完后，整个程序设计也就完成了。实践证明，这种方法可大大减少系统调试的反复，而且不易出现难以排除的故障或问题。

采用结构化编程，无论一个程序包含多少个模块，每个模块包含多少个控制结构，仍能保证整个程序结构清晰，从而使所设计的程序具有易读性、易理解性，还有通用性好且执行时效高等优点。

7.1.2 软件功能测试

1．测试目的

为了保证所编制出来的软件能够正确实现它应该实现的功能，需要花费大量的时间进行软件测试，有时测试工作比编制软件本身所花费的时间还长。测试的目的不只是为了证明程序能正确地执行它应有的功能，更重要的是为了找出程序中存在的错误和漏洞，因而要对所编软件在各种假设环境下进行测试。所以，测试是"为了发现错误和漏洞而执行程序"。这一定义对如何设计测试时所选用的实例、哪些人员应该参加测试等一系列问题有很大影响。

2．测试方法

程序测试的关键是如何设计测试用例。常用的方法有功能测试法和程序逻辑结构测试法两种。

功能测试法并不关心程序的内部逻辑结构和特性，只检查软件是否符合它预定的功能要求。因此，用这种方法来设计测试用例时，是完全根据软件的功能来设计的。

如果想用功能测试法来发现一个智能仪表的软件中可能存在的全部错误或漏洞，则必须设想出仪表输入的一切可能情况，从而判断软件是否都能做出正确的响应。一旦仪表在现场中可能遇到的各种情况都已输入仪表，且仪表的处理结果都是正确的，则可认为这个仪表的软件是没有错误的。但事实上，由于疏忽或条件不具备，还有，仪表使用中的有些情况是随机的，所以要想罗列出仪表可能面临的各种输入情况根本是不可能的；即使能全部罗列出来，要全部测试一遍，在时间上也是不允许的。因此，使用功能测试法测试过的仪表软件仍有可能存在错误或漏洞。

程序逻辑结构测试法是根据程序的内部结构来设计测试用例。用这种方法来发现程序中可能存在的所有错误，至少必须使程序中每种可能的路径都被执行过一次。图 7.1 所示为一个小程序的控制流程图。若要使程序走过所有路径，则有 ABCDG、ABCEG、ABFG 3 种走法。随着软件结构的复杂化，可能的路径就越来越多，要实现测试遍历所有路径就要花费很长的时间，在仪表的设计时间上可能是不允许的，导致最终不可能试遍所有路径。另外，即使试遍所有路径，也不能保证程序一定符合它的功能要求，因为程序中的有些错误与输入数据有关而与路径无关。

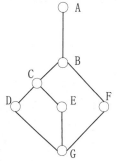

图 7.1　控制流程示例

上述两种测试方法各有所长，也存在各自的缺点，实际应用时常将它们结合起来使用，通常采用功能测试法设计基本的测试方案，再利用程序逻辑结构测试法做必要的补充。

3．测试的基本原则

既然"彻底的测试"几乎是不可能的，就应考虑怎样来组织测试和设计测试用例以提高测试的效果。下面是软件测试应遵循的基本原则。

① 应避免设计者本人测试自己的程序，由编程者以外的人来进行测试会获得较好的效果。

② 测试用例应包括输入信息和与之对应的预期输出结果两部分。否则，由于对输出结果心中无数，会将一些不十分明显的错误输出当作正确结果。

③ 设计测试用例时，不仅要选用合理的输入数据，更应考虑到那些不合理的输入情况，以观察仪表的输出响应。

④ 测试时除了要检查仪表软件是否做了它该做的工作外，还应检查它是否做了不该做的工作。

⑤ 测试完成后，应妥善保存测试用例、出错统计和最终分析报告，以便下次需要时再用，直至仪表的软件被彻底更新为止。

7.1.3 软件的运行、维护和改进

经过测试的软件仍然可能隐含着错误，同时，用户的需求也经常会发生变化。实际上，用户在仪表及整个系统未正式运行前，往往不可能把所有的要求都考虑完全。当投运后，用户常常会改变原来的要求或提出新的要求。另外，仪表运行的环境也会发生变化。所以在运行阶段仍需对软件进行继续纠错、修改和扩充等维护工作。

另一方面，在软件运行中，设计者常常会发现某些程序模块虽然能实现预期功能，但在算法上还不是最优，或在运行时间、占用内存等方面还需要改进，这就需要修改程序以使其更加完善。智能仪表由于受到仪表机械结构空间及经济成本的约束，其 ROM 和 RAM 的容量是有限的，而它的实时性要求又很强，故在保证功能的前提下优化程序显得尤为重要。

7.2 监控程序设计

7.2.1 概述

智能仪表与通用微型计算机系统不同，后者的命令主要来自键盘或通信接口，而智能仪表不仅要处理来自仪表按键、通信接口方面的命令以实现人-机对话，而且要有实时处理能力，即根据被控对象的实时中断请求完成各种测量、控制任务。所谓实时处理，是指在仪表直接接收来自过程的采入数据，并对其进行处理，然后立即送出处理结果。

智能仪表的软件主要包括监控程序、中断服务程序和用于完成各种算法的功能模块。仪表的功能主要由中断服务程序和功能算法模块来实现。监控程序作为软件设计的核心，其主要作用是能及时地响应来自系统或仪表内部的各种服务请求，有效地管理仪表自身软、硬件及人-机联系设备，与系统中其他仪器设备交换信息，并在系统出现故障时进行相应的处理。

监控程序包括监控主程序和命令处理子程序两部分。监控主程序是监控程序的核心，其主要作用是识别命令、解释命令并获得子程序的入口地址。命令处理子程序负责命令的具体执行，完成命令所规定的各项实际动作，其主要任务包括：

① 初始化管理：实现对仪表内部各种参数初始状态、器件的工作方式等的设置。

② 自诊断：实现对仪表自身的诊断处理。

③ 键盘和显示管理：定时刷新显示器，分析处理按键命令并转入相应的键服务程序。

④ 中断管理：接收过程通道或时钟等引起的中断信号，区分优先级，实现中断嵌套，并转入相应的实时测量、控制功能子程序。

⑤ 时钟管理：实现对硬件定时器的处理及由此形成的软件定时器的管理。

监控程序的组成主要取决于测控系统的规模，以及仪表和系统的硬件配置与功能，其基本组成见图 7.2。监控主程序调用各功能模块，并将它们有效地联系起来，形成一个有机整体，从而实现对仪表各项功能的管理。

各功能模块由各种下层模块（子程序）支持。智能仪表中的常用模块见图 7.3。

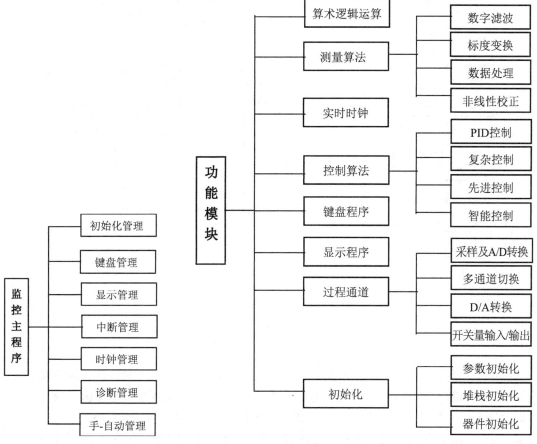

图 7.2　监控程序的基本组成　　　　　　图 7.3　智能仪表功能模块图

7.2.2　监控主程序

监控主程序是整个监控程序的一条主线，上电复位后仪表首先进入监控主程序。如果把整个软件比作一棵树，则监控主程序就是树干，相应的处理模块就是树枝和树叶，监控主程序引导仪表进入正常运行状态，并协调各部分软、硬件有条不紊地工作。监控主程序通常可调用可编程器件、输入/输出端口、参数初始化、自诊断管理、键盘显示管理，以及实时中断管理和处理等模块，是"自顶向下"结构化设计中的第一个层次。除了初始化和自诊断外，监控主程序一般总是把其余部分连接起来，构成一个无限循环圈，仪表的所有功能都在这一循环圈中周而复始地、有选择地执行，除非掉电或按复位(RESET)键，否则仪表不会跳出这一循环圈。由于各个智能仪表的功能不同、硬件结构不同、程序编制方法不同，因而监控主程序没有统一的模式。如图 7.4 所示为一个微机温控仪监控主程序示例。

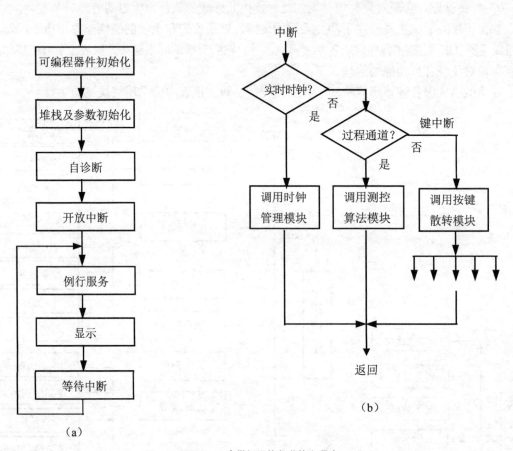

图 7.4　一个微机温控仪监控主程序

　　在这个示例中，仪表上电或按键复位后，首先进入初始化，接着对各软、硬件模块进行自诊断，自诊断后即开放中断，等待实时时钟、过程通道及按键中断（这里键盘也以中断方式向主机提出服务请求）。一旦发生了中断，则判明中断源后进入相应的服务模块。若是时钟中断，则调用相应的时钟处理模块，完成实时计时处理；若是过程通道中断，则调用测控算法；若是面板按键中断，则去识别键码并进入散转程序，随之调用相应的键处理模块；若是通信中断，则转入相应的通信服务子程序。无论是哪一个中断源产生中断，均会在执行完相应的中断服务程序后返回监控主程序，必要时修改显示内容，并开始下一轮循环。

　　值得注意的是，在编写各功能模块时，必须考虑到该模块在运行时可能遇到的所有情况，使其在运行后均能返回主程序中的规定入口。特别要考虑到可能出现的意外情况（如做乘法时结果溢出、做除法时除数为零等），使程序不致陷入不应有的死循环或进入不该进入的程序段，导致程序无法正常运行。

7.2.3　初始化管理

初始化管理主要包括可编程器件初始化、堆栈初始化和参数初始化三部分。

可编程器件初始化是指对可编程硬件接口电路工作模式的初始化。智能仪表中常用的可编程器件有键盘显示管理接口芯片 8279、I/O 和 RAM 扩展接口芯片 8155、并行输入/输出接口芯片 8255、定时/计数器接口芯片 8253 等，这些器件的初始化都有固定的格式，只是格式中的初始化参数随应用方式不同而不同，因此都可编成一定的子程序模块以供调用。

堆栈初始化是指复位后应在用户 RAM 区中确定一个堆栈区域。堆栈是微处理器中一个十分重要的概念，它是实现各种中断处理必不可少的一种数据结构。大多数微处理器允许设计人员在用户 RAM 中任意开辟堆栈区域并采用向上或向下生长的堆栈结构，由堆栈指示器 SP 来管理。MCS-51 单片机复位时，SP 的默认初始化值为 07H，为了方便管理内存空间，一般另外设置堆栈区域。

参数初始化是指对仪表的整定参数（如 PID 算法的 K_p、T_i、T_d 三个参数）的初值设置、上下限报警值以及过程输入/输出通道的数据初始化，系统的整定参数初值由被控对象的特性确定。对于过程输入通道，数据初值（例如采样初值、偏差初值、多路电子开关的初始状态、滤波初值等）一般由测量控制算法决定；对于过程输出通道，通常都置模拟量输出为 0 状态或其他预定状态，而对开关量输出一置为无效状态（如继电器处于释放状态等）。

根据结构化设计思想，通常把这些可调整初始化参数的功能集中在一个模块中，以便集中管理，有利于实现模块的独立性。初始化管理模块作为监控程序的第二层次，通过分别调用上述三类初始化功能模块（第三层次）来实现对整个仪表和系统中有关器件的初始化。

7.2.4　键盘管理

智能仪表的键盘可以采用两种方式：一是采用诸如 8279 可编程键盘/显示管理接口的编码式键盘，二是采用软件扫描的非编码式键盘。不论采用哪一种方法，在获得当前按键的编码后，都要控制程序散转到相应键服务程序的入口，以便完成相应的功能。各键所应完成的具体功能，由设计者根据仪表总体要求，兼顾软、硬件配置，从合理、方便、经济等因素出发来确定。

1. 一键一义的键盘管理

一键一义的键盘管理，顾名思义就是一个按键只有一种含义，即一个按键代表一个确切的命令或一个数字，编程时只要根据当前按键的编码把程序直接散转到相应的处理模块的入口，而无需知道在此以前的按键情况。有些仪表虽然有二级命令（如多回路微机温控仪），定义了一个回路号键和一个参数键，每一个回路都有一组参数，究竟当前应对哪一个回路的哪一个参数进行操作，取决于在此之前所按的回路号，但这些按键命令之间的逻辑关系并不复杂，程序设计者大多可直接从它们的逻辑关系出发，编制程序进行键盘管理，一个键对应一个模块。

对于功能简单的智能仪表，一般采用一键一义的键盘管理方式。下面以软件扫描式键盘为例，简单介绍一键一义的键盘管理程序。

图 7.5 所示为一键一义的键盘管理程序结构，微处理器周而复始地扫描键盘，当发现有键按下时，首先判断是命令键还是数字键。若是数字键，则把按键读数存入存储器，并进行显示；若是命令键，则根据按键读数查阅转移表，以获得处理子程序的入口，执行完子程序后继续扫描键盘。一键一义键盘管理的核心是一张一维的转移表（见图 7.6），在转移表内按顺序登记了各个处理子程序的转移指令。

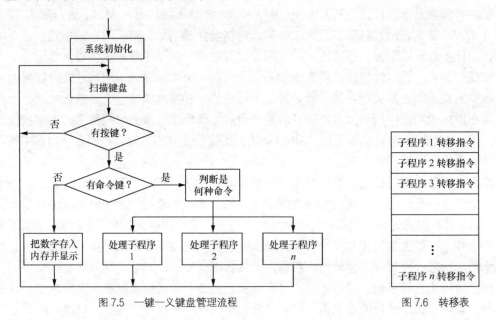

图 7.5　一键一义键盘管理流程　　　　　　图 7.6　转移表

下面列出用 MCS-51 汇编语言编写的一键一义的典型键盘管理程序。进入该程序时，累加器 A 内包含了键盘的某按键编码，当按键编码小于 0AH 时为数字键，大于或等于 0AH 时为命令键。

8031 程序如下：

```
        CLR  C
        SUBB A, #0AH            ;判断是何种闭合键
        JC DIGIT               ;是数字键，转 DIGIT
        MOV  DPTR, #TBJ1       ;转移表首址送 DPTR
        ADD  A, A             ;键码加倍
        JNC NADD
        INC DPH               ;大于或等于 256 时，DPH 内容加 1
NADD:   JMP  @A+DPTR          ;执行处理子程序
TBJ1:   AJMP PROG1            ;转移表
        AJMP  PROG2
        ……
        AJMP  PROGn
DIGIT:  ……                   ;数字送显示缓冲器，并显示
```

2. 一键多义的键盘管理

随着工业生产系统自动化程度的不断提高，智能仪表的智能化程度也越来越高，智能仪

表的功能也越来越复杂。对于功能复杂的智能仪表，若仍采用一键一义则所需按键过多，这非但增加了费用，且使面板难以布置，操作也不方便，因此采用一键多义的键盘管理方式。一键多义的意思就是一个按键有多种功能，既可作多种命令键，又可作数字键。

在一键多义的情况下，一个命令不是由一次按键完成，而是由一个按键序列所组成。换句话说，对一个按键含义的解释，除了取决于本次按键外，还取决于以前按了哪些键。因此对于一键多义的监控程序，首先要判断一个按键序列（而不是一次按键）是否已构成一个合法命令，若已构成合法命令，则执行命令，否则等待新的按键键入。

采用一键多义的键盘管理方式，不管智能仪表的功能有多么复杂，结合软件设计都可以简化仪表的面板设计，使操作简单容易。

一键多义的监控程序仍可采用转移表法进行设计，不过这时要用多张转移表。组成一个命令的前几个按键起着引导作用，把控制引向某张合适的转移表，根据最后一个按键编码查阅该转移表，就可找到所要求的子程序入口。按键的管理，可以用查寻法或中断法。由于有些按键功能往往需要执行一段时间（如修改一个参数），采用单键递增（或递减）的方法，当参数的变化范围比较大时，运行时间就比较长，这时若用查寻法处理键盘会影响整个仪表的实时处理功能。此外，智能仪表监控程序具有实时性，一般按键中断不应干扰正在进行的测控运算（测控运算一般比按键具有更高的优先级），除非是"停止运行"等一类按键。考虑到这些因素，常常把键服务设计成比过程通道低一级的中断源。下面举一个例子来说明一键多义键盘的管理方法。

设一个微机 8 回路温控仪有 6 个按键：C（回路号 1～8，第 8 回路为环境温度补偿，其余为温控点）、P（参数号，有设定值，实测值，P、I、D 参数值，上、下限报警值，输出控制值等 8 个参数）、△（加 1）、▽（减 1）、R（运行）、S（停止运行）。显然，这些按键都是一键多义的。C 键对应了 8 个回路，且第 8 回路（环境温度补偿回路）与其余 7 个回路不同，它只有实测值一个参数，没有其他参数。P 键对应了每一个回路（第 8 回路除外）的 8 个参数。这些参数，有的能执行±1 功能（如设定值，P、I、D 参数，上、下限报警值），有的不能修改（如实测温度值）。"△"和"▽"键的功能执行与否，取决于在它们之前按过的 C 和 P 键。R 键的功能执行与否，则取决于当前的 C 值。为完成这些功能所设计的键服务程序流程见图 7.7。

根据图 7.7，可用 MCS-51 指令编制如下键盘管理程序，按键服务子程序略。设键编码为：R:00H；S:01H；△:02H；▽:03H；C:04H 和 P:05H。内存 RAM 20H 中高 4 位为通道（回路）号标记，低 4 位为参数号标记。假设 8279 命令口地址为 7FFFH，数据口地址为 7FFEH。程序中保护现场部分略。

```
KI:     MOV     DPTR, #7FFFH
        MOV     A, # 40H
        MOVX    @DPTR , A           ; 读 FIFO 命令送 8279
        MOV     DPTR, #7FFEH
        MOVX    A , @DPTR           ; 读按键编码
        ADD     A, A
        MOV     DPTR, #TBJ1         ; 一级转移表入口地址→DPTR
        JNC     KI1
        INC     DPH
KI1:    JMP     @A+DPTR
```

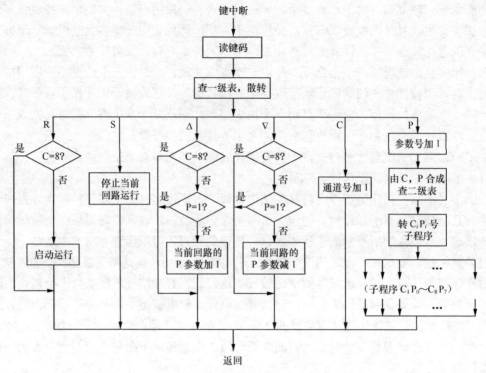

图 7.7　一键多义键键盘管理程序流程

```
TBJl:     AJMP    RUN
          AJMP    STOP
          AJMP    INCR
          AJMP    DECR
          AJMP    CHAL
          AJMP    PARA
RUN:      JNB     07H,  RUN1          ;若 C≠8，则转 RUN1
          RETI
RUN1:     LCALL   RUN2               ;调用启动运行程序
          RETI
STOP:     LCALL   STP1               ;调用停止当前回路运行的子程序
          RETI
INCR:     JNB     07H,  INC1          ;若 C≠8，则转 INC1
          RETI
INC1:     MOV     R0,   #20H
          MOV     A,    @R0
          ANL     A,    #0FH
          CJNE    A,    #01H,  INC2    ;若 P≠1，则转 INC2
          RETI
INC2:     LCALL   INC3               ;调用加 1 子程序
          RETI
DECR:     与 INCR 类似，略
CHAL:     MOV     R0,  #20H
          MOV     A,   @R0
          ADD     A,   #10H          ;通道号加 1
          MOV     @R0,  A
```

```
              ANL    A,    #0F0H
              CJNE   A,    #90H, CHA1        ; 判 C 是否大于 8
              SETB   04H                     ; 若 C >8, 置 C=1
              CLR    07H
    CHA1:     RETI
    PARA:     JB     07H,  C8                 ; 若 C=8, 则转 C8
              MOV    R0,   #20H
              MOV    A,    @R0
              ADD    A,    #01H               ; 参数序号 P+1
              JB     03H,  PAR1               ; 若 P>7, 则转 PAR1
              MOV    @R0,  A
              AJMP   PAR2
    PAR1:     CLR    03H                      ; P>7, 置 P=0
    PAR2:     MOV    DPTR,  #TBJ2
              ADD    A,    A
              JNC    KI2
              INC    DPH
    KI2:      JMP    @A+DPTR                  ; 转二级表
    TBJ2:     AJMP   C1P0                     ; 下为通道号 C 对应各参数值 P 的子程序入口
              ……
              AJMP   C1P7
              AJMP   C2P0
              ……
              AJMP   C2P7
              ……
              AJMP   C7P7
    C8:       ……                             ; 对补偿回路的处理
```

上面的程序只是一键多义按键管理程序的一个示例。按照排列规律，7 个回路（1~7），每个回路 8 个参数，共有 56 个转移入口，分别由 56 个键服务功能模块所支持，第 8 回路无参数，由其独立子程序 C8 单独处理。但实际上，针对一个具体的仪表，往往不同回路的同一参数服务功能是相同的，只是服务对象的地址（参数地址、I/O 地址等）不一样，因此在实际处理时并不需要 56 个功能模块，可视具体情况予以合并。

7.2.5 显示管理

显示是仪表实现人机联系的主要途径。早期智能仪表的显示方式有模拟指示、数字显示和模拟数字混合显示 3 种，现在的智能仪表主要采用数字显示方式。

对于选用模拟表头作为显示手段的仪表，一般只要在过程输入通道的模拟量部分取出信号并送入指示表即可，无需软件管理。

对于数字式显示，根据硬件方案的不同，软件显示管理方法也不同。例如，采用可编程显示接口电路与采用一般锁存电路（用静态或动态扫描法），其显示驱动方式大不相同，软件管理方法自然也不一样，所以不同的智能仪表的具体软件管理方式是不一样的，下面给出通用的方法。

一般来说，大多数智能仪表显示管理软件的基本任务有如下 3 个方面。

（1）显示更新的数据

当输入通道采集了一个新的过程参数，仪表操作人员键入一个参数，或仪表与系统出现异常情况时，显示管理软件应及时调用显示驱动程序模块，以更新当前的显示数据或显示特征符号。

为了使过程信息、按键内容与显示缓冲区衔接，设计人员可在用户 RAM 区开辟一个参数区域，作为显示管理模块与其他功能模块的数据接口。

（2）多参数的巡测和定点显示管理

对于一个多回路仪表，每一个回路都有一个实测值。由于仪表不可能为每一个回路的所有参数都设计一组显示器，因此通常都采用巡回显示并辅以定点显示的方法，即在一般情况下，仪表作巡回显示，而当操作人员对某一参数特别感兴趣时，中止巡回方式，进入定点跟踪方式，方式的切换由面板按键控制。

在巡回显示方式的显示管理软件中，每隔一定时间（如 2s）更换一个新的显示参数，并显示该值。值得指出的是，延时时间一般不采用软件延时的方法，因为在软件延时期间，主机不能做其他事情，这将影响仪表的实时处理能力。因此要采用一定的软件技巧来解决这一问题，有关这方面的内容放在实时时钟部分再作介绍。

在定点显示方式中，显示管理软件只是不断地把当前显示参数的更新值送出显示，而不改换通道或参数。

（3）指示灯显示管理

为了报警或使按键操作参数显示醒目，智能仪表常在面板上设置一定数量的晶体指示灯（发光二极管）。指示灯的管理很简单，通常可由与某一指示灯有关的功能模块直接管理（例如上、下限报警模块直接管理上、下限报警指示灯），也可在用户 RAM 中开辟一个指示灯状态映像区，由各功能模块改变映像区的状态，该模块由监控主程序中的显示管理模块来管理。

7.2.6 中断管理

为了使仪表能及时处理各种可能事件，提高实时处理能力，所有的智能仪表几乎都具有中断功能，即允许被控过程的某一状态、实时时钟或键操作中断仪表正在进行的工作，转而处理该过程的实时问题。当这一处理工作完成后，仪表再回到原来的中断点继续执行原先的任务。一般地，未经事先"同意"（开放中断），仪表不允许过程或实时时钟等申请中断。在智能仪表中能够发出中断请求信号的外设或事件包括：过程通道、实时时钟、面板按键、通信接口、系统故障等。

智能仪表在开机时一般处于自动封锁中断状态，待初始化结束、监控主程序执行一条"开放中断"的命令后才使仪表进入中断允许的工作方式。

在中断过程中，通常包括如下操作要求。

① 必须暂时保存程序计数器的内容，使 CPU 在中断服务程序执行完时能返回到它在产生中断之前所处的状态。

② 必须将中断服务程序的入口地址送入程序计数器。这个服务程序能够准确地完成申请中断的设备或事件所要求的操作。

③ 在服务程序开始时，必须将服务程序需要使用的 CPU 寄存器（如累加器、进位位、专用的暂存寄存器等）的内容暂时保存起来，并在服务程序结束时再恢复其内容。否则，当服务程序自身使用这些寄存器后，会改变这些寄存器原来的内容。那么当 CPU 返回到被中断的程序时就会发生混乱。

④ 对于引起中断而将 $\overline{\text{INT}}$ 变为低电平的设备，仪表或系统必须进行适当的操作使 $\overline{\text{INT}}$ 再

次变为高电平。

⑤ 如果允许继续发生中断，则必须将允许中断触发器再次置位。

⑥ 最后，恢复程序计数器原先被保存的内容，以便返回到被中断的程序断点。

以上介绍的是只有一个中断源的情况。事实上，在实际系统中往往有多个中断源，因此仪表的设计者要根据仪表的功能特点确定多个中断源的优先级，并在软件上做出相应的处理。在运行期间，若多个中断源同时提出申请时，主机应识别出哪些中断源在申请中断，并辨别和比较它们的优先级，使优先级别高的中断请求被优先响应。另外，当仪表在处理中断时，还要能响应更高优先级的中断请求，而屏蔽掉同级或较低级的中断请求，这就要求设计者精心安排多中断源的优先级别及响应时间，使次要工作不致影响主要工作。

中断是一个十分重要的概念，不同微处理器的中断结构不同，处理方法也各不相同。软件设计人员应充分掌握仪表所选用的微处理器的中断结构，以便设计好相应的中断程序模块。中断模块分为中断管理模块和中断服务模块两部分。微处理器响应中断后所执行的具体内容由仪表的功能所决定。与前面的中断过程相对应，中断管理软件模块流程见图7.8，通常应包括以下功能：断点现场保护；识别中断源；判断优先级；如果允许中断嵌套，则需再次开放中断；中断服务结束后恢复现场。

通常，系统掉电总是作为最高级中断源，至于其他中断源的优先级，则由设计人员根据仪表的功能特点来确定。各类单片机都有自己管理中断优先级的一套方法，下面以 MCS-51 单片机为例，说明多中断源中断管理模块的设计。

MCS-51 单片机有两个外部中断输入端，当有两个以上中断源时，可以采用如下两种方法。

① 利用定时/计数器的外部事件计数输入端（T0 或 T1）作为边沿触发的外部中断输入端，这时定时/计数器应工作于计数方式，计数寄存器应预置满度数。

② 每个中断源都接在同一个外部中断输入端（$\overline{INT0}$ 或 $\overline{INT1}$）上，同时利用输入口来识别某装置的中断请求，具体电路见图7.9。

图7.9 所示的电路中外部中断输入引脚 $\overline{INT0}$ 上接有 4 个中断源，集电极开路的非门构成或非电路，无论哪个外部装置提出中断请求，都会使 $\overline{INT0}$ 引脚变低。究竟是哪个外部装置申请的中断，可以通过软件查询 P1.4～P1.7 的逻辑电平获知，这 4 个中断源的优先级由软件设定。下面是有关的程序片段，中断优先级按装置 1 至装置 4 由高到低顺序排列。

```
            LJMP   INTRPT
            ......
INTRPT:     PUSH   PSW
            PUSH   ACC
            JB     P1.7,   DINTR1
            JB     P1.6,   DINTR2
            JB     P1.5,   DINTR3
            JB     P1.4,   DINTR4
BACK:       POP    ACC
            POP    PSW
            RETI
DINTR1:     ......                   ; 装置 1 中断服务程序
            AJMP   BACK
DINTR2:     ......                   ; 装置 2 中断服务程序
            AJMP   BACK
```

```
DINTR3:   ......                              ;装置 3 中断服务程序
          AJMP   BACK
DINTR4:   ......                              ;装置 4 中断服务程序
          AJMP   BACK
```

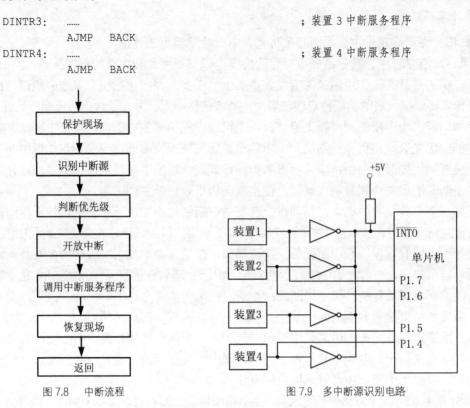

图 7.8　中断流程　　　　　　　　　　图 7.9　多中断源识别电路

7.2.7　时钟管理

时钟是智能仪表中不可或缺的组成部分。智能仪表中的时钟主要作为定时器，并应用于以下 7 个方面。

① 过程输入通道的数据采样周期的定时。

② 带控制功能的智能仪表控制周期的定时。

③ 参数修改按键数字增/减速度的定时（对一些采用△/▽两个按键来修改参数的仪表，通常总是先慢加/减几步，然后快加/减或呈指数变化）。

④ 多参数巡回显示时显示周期的定时。

⑤ 动态保持方式输出过程通道的动态刷新周期的定时。

⑥ 电压-频率型 A/D 转换器定时电路的定时。

⑦ 程序运行监视系统（WATCHDOG）的定时。

要实现上述各种定时，不外乎软、硬两种方法。

硬件方法是采用可编程定时/计数器接口电路（如 CTC 8253）以及单片机内的定时电路。使用时只要在监控主程序的初始化程序或时钟管理程序中对其进行工作方式和时间常数预置即可。但由于受到硬件条件的限制，这种定时方法的定时时间不可能很长，也难以用 1～2 个定时器来实现多种不同时间的定时。软件延时方案虽然简单，仅需编写一段程序，但要占用大量 CPU 时间，且实时性差，定时精度低，是一种不可取的方法。因此，在智能仪表中广泛采用的是软件与硬件相结合的定时方法。这种方案几乎不影响仪表的实时响应，而且能实现多种不同时间的定时。

在软件与硬件相结合的定时方法中,首先由定时电路产生一个基本的脉冲,当硬件定时时间到时产生一个中断信号,监控主程序随即转入时钟中断管理模块,软件时钟分别用累加或递减的方法计时,并由软件来判断是否溢出或回零(即定时时间到)。在设计仪表软件结构时,可串行或并行地设置几个软件定时器(在用户 RAM 区),若一个定时时间是另一个的整数倍,软件定时器可设计成串行的,若不是整数倍,则可设计成并行的。在软、硬件相结合的定时方法中,软件定时程序一般不会很长,故对仪表的实时性影响很小,同时还可方便地实现多个定时器功能。

时钟管理模块的任务仅仅是在监控程序中对各定时器预置初值,以及在响应时钟中断过程中判断是否时间到,一旦时间到,则重新预置初值,并建立一个标志,以提示应该执行前述 7 种功能中的某个服务程序。服务程序的执行一般都安排在时钟中断返回以后进行,由查询中断中建立的标志状态来决定该执行哪个功能。

7.2.8 手-自动控制

与常规控制仪表一样,手-自动控制是智能控制仪表必须具备的一个功能。智能控制仪表的基本工作方式是自动控制。但在仪表调试、测试和系统投运时,往往要用手操方式来调整输出控制值。手-自动控制的基本功能如下。

① 在手操方式时,能通过一定的手动操作来方便地、准确地调整输出值。

② 能实现手-自动的无扰动切换。

实现手动操作有硬件和软件两种方法。目前大多数智能仪表采用软件方法,即由仪表面板上的几个按键来实现该功能。这几个键分别是手-自动切换键、手操输出加键和手操输出减键。

监控程序通过判断手-自动切换键的状态来确定是否进入手操方式。在手操方式时,仪表的控制功能暂停,改由面板上输出加、减两键来调整输出值。应当指出的是在进行手-自动切换时,必须保证实现无扰动切换,这一点在智能仪表中是很容易实现的。软件设计人员只要在用户 RAM 区中开辟一个输出控制值单元(若输出数字量超过 8 位则用两个单元),作为当前输出控制量的映像,无论是手操还是自动控制,都是对这一输出值的映像单元进行加或减,在输出模块程序的作用下,输出通道把该值送到执行机构中。由于手动和自动操作都是针对同一输出控制量单元进行操作,因此当操作方式从自动切换到手动时,手操的初值就是切换前自动调节的结果;而从手动切换到自动时,自动调节的初值就是原来手操时的结果,无需作任何特别的处理,这样就用极其简单的方法实现了无扰动切换。

7.2.9 自诊断处理

自诊断与故障监控是智能仪表应具有的基本功能之一,也是提高仪器设备可靠性和可维护性的重要手段。仪表进行自诊断时不应影响它的正常操作。

1. 自诊断的类型

常见的自诊断可分为以下 3 种类型。

① 开机自诊断:每当电源接通或复位后,仪表即进行一次自诊断,主要检查硬件电路是否正常,有关插件是否插入,ROM、RAM 等是否正常。如果自诊断中没有发现任何问题,则自动进入测量程序;如果发现问题,则显示故障代码并报警。

② 周期性自诊断:智能仪表除了在开机时需要进行开机自诊断外,为了使仪表一直处于

良好的工作状态，还要在仪表运行过程中不断地、周期性地进行自诊断。由于这种诊断是自动进行的，所以不为操作人员所觉察（除非发生故障而报警）。

③ 键控自诊断：有些仪表在面板上设计了一个"自诊断按键"，可由操作人员控制，操作人员若对测量结果有怀疑，则可以通过该键启动一次自诊断过程。

软件设计人员在编制自诊断程序时，可以给各种不同的故障原因设定不同的故障代码。在仪表在自诊断过程中发现故障后，即通过其面板上的显示器显示相应的故障代码，往往还会用发光二极管伴以闪烁信号或音响报警信号以示提醒。

仪表自诊断的内容很多，通常包括 ROM、RAM、显示器、插件和过程通道等器件的自诊断。

2．自诊断的方法

（1）ROM 的自诊断

由于 ROM 中存储着智能仪表的系统程序、各类重要数据以及表格等，ROM 内容的正确与否将直接关系着整个系统能否正常工作，所以对 ROM 的检测非常重要。目前，ROM 的类型主要有 EPROM、E2PROM 等。使用这些 ROM 时，一旦检测到有已损坏的存储单元就不能再使用了。对 ROM 的自诊断一般采用"校验和"的方法。其设计思想是：在将编制好的程序固化到 ROM 中的时候，留出一个单元（一般是程序结束后的后继单元）写入"校验字"，"校验字"应该满足 ROM 中所有单元的每一列都具有奇数个"1"。自诊断程序的任务就是对 ROM 中的每一列进行异或运算，如果 ROM 无故障，则各列的运算结果都应该为"1"，即校验和为 FFH。当结果不为 FFH 时，说明 ROM 的某单元有故障，应给出故障指示。校验和算法示例见表 7.1。自诊断算法的程序流程见图 7.10。

表 7.1　　　　　　　　　　　校验和算法

ROM 地址	ROM 中的内容	备　　注
0	10001100	—
1	10100010	—
2	00011001	—
3	11000011	—
4	00110000	—
5	10110000	—
6	00000001	—
7	10001010	校验字
	11111111	校验和

（2）RAM 的自诊断

RAM 是系统工作时中间结果和最终结果的存储单元，所以应该保证任何时候都能够对 RAM 进行正确的读/写操作，就 RAM 读/写的内容来说，每个字节的每一位不外乎是"0"或"1"。根据对原有存储单元的内容是否被破坏，可将对 RAM 的自诊断分为破坏性自诊断和非破坏性自诊断两种。

① 破坏性自诊断。破坏性自诊断的思想是：选择一些有代表性的特征字，分别对 RAM 的每一个单元执行先写入后读出的操作，如果读出和写入的内容不同，则认为 RAM 有故障。一般选择"55H"和"AAH"为检测特征字，因为检查字"55H"和"AAH"为相邻位电平

相反，且互为反码。这样操作一遍即可完成对 RAM 中所有字节各位写"1"、读"1"和写"0"、读"0"的操作，实现对 RAM 的完全自诊断。智能仪表刚开机时，RAM 被视为无内容，即为空白（即使有内容，也是与系统不相关的内容），这时对 RAM 的自诊断方法采用破坏性自诊断。其流程图见图 7.11。

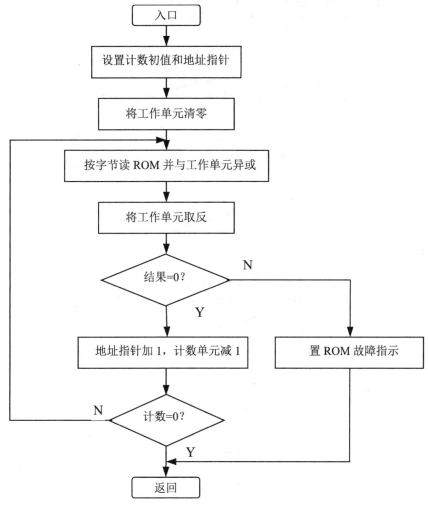

图 7.10 ROM 自诊断程序流程

② 非破坏性自诊断。智能仪表开始工作之后，RAM 中已存有系统运行的有用信息，上述方法对 RAM 中的数据具有破坏性，所以不再适用，这时对 RAM 的自诊断应该采用非破坏性的方法，其原理如下。

设 RAM 中某单元原来的内容为

$$D = b_7 b_6 b_5 b_4 b_3 b_2 b_1 b_0 = 10100100B \tag{7-1}$$

假设由于某种原因该单元的 b_3 位发生了"固定 1"故障，当从该单元读取数据时，读出的内容为

$$D_r = 10101100B \tag{7-2}$$

将读出的内容取反可得

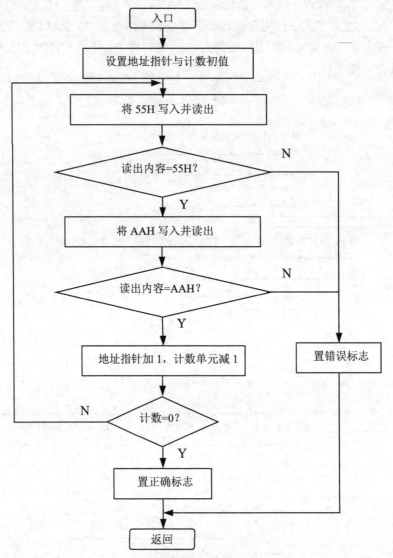

图 7.11 RAM 的破坏性自检程序流程

$$\overline{D}_r = 01010011B \tag{7-3}$$

再将式（7-3）的内容写入该单元，然后再读出可得

$$(\overline{D}_r)_r = 01011011B \tag{7-4}$$

将 D_r 与 $(\overline{D}_r)_r$ 异或后再取反可得

$$F = \overline{D_r \oplus (\overline{D}_r)_r} = 00001000B \tag{7-5}$$

从式（7-5）可以看出，F 中出现"1"的位就是故障位，故也称 F 为故障定位字。如果没有故障，则 $F=00000000B$，这时可将该单元内容读出并取反后再写入该单元就可恢复其原来的内容。其程序流程图见图 7.12。

（3）显示器和键盘的自诊断

键盘、显示器等智能仪表的数字 I/O 设备的诊断往往采用与操作者合作的方式进行。诊断程序进行一系列预定的 I/O 操作，由操作者对这些 I/O 操作的结果进行验证，如果一切都与预定的结果一致，就认为 I/O 的功能正常，否则就认为 I/O 的相应部分有故障，应该对 I/O 的有关部分进行检修。

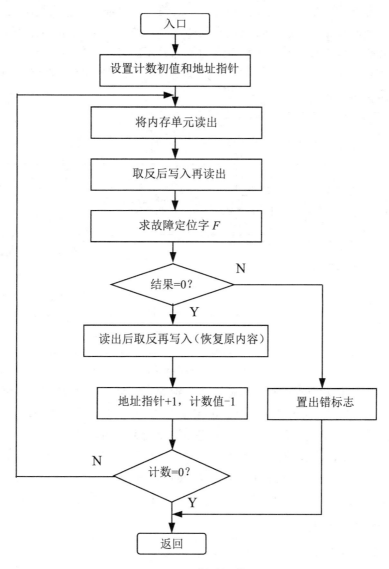

图 7.12　RAM 非破坏性自检流程

　　键盘的诊断方法是在操作者按下键后，如果 CPU 能获得此信息，就说明键盘工作正常。常用的诊断方法是：CPU 每取得一个按键闭合的信号，就反馈一个信息（常常是声光输出），如果按下某一键后无反馈信息，则说明该键接触不良，如果按某一排键均没有反馈信息，则与其对应的扫描信号或电路有问题。

　　显示器的诊断一般在开机时进行。常用的有两种方法：一种是让显示器所有字段全部点亮，再使显示器全部熄灭，然后按下任意键脱离自检方法；另一种是让显示器显示某些特征字符，一般是控制系统的名称或代号，持续几秒钟后自动进入其他操作状态。

（4）总线的自诊断

智能仪表中的微处理器总线一般是经过缓冲器再与各 I/O 器件和插件等相连接的。总线自检就是检测经过缓冲器的外部总线传递的信息是否正确。由于总线本身没有记忆能力，所以需要设置锁存器来记忆地址总线和数据总线上的信息，总线检测原理见图 7.13。先对每一个锁存器执行一条输出指令，将地址总线和数据总线上的信息保存到相应的锁存器中，再对锁存器进行读操作，使地址总线和数据总线的信息重新被读入 CPU 中，与 CPU 原来分别输出到地址总线和数据总线的信息进行比较，如果结果一致，则说明外部总线正常，反之则说明外部总线出现故障。

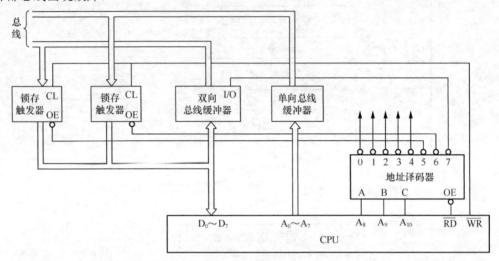

图 7.13　总线检测电路

总线自检时，应该对总线的每一根信号线分别进行检测。使被检测的每根信号线依次为"1"，其余信号线为"0"。如果某条信号线停留在"0"或"1"状态，则说明有故障存在。总线故障一般是由印刷线路板工艺不佳使两线相碰等原因引起的。

另外，对于插件或过程通道的自诊断，通常要增加一些硬件。例如，为插件设计一应答信号，然后由自诊断程序对插件进行寻址，以判断插件是否插入或是否有效；为过程输入通道设计一标准信号源，由自诊断程序启动一段输入采样程序，对标准信号源进行 A/D 转换，可以检查过程输入通道是否正常，等等。

3. 自诊断的软件设计

智能仪表的各自检项目一般被分别编成子程序，以便需要自检时调用。开机自检是在智能仪表工作之前对各有关部分进行检测，所以应该进行尽量多的检测项目；而周期性自检是在测量间隙进行的，为了不影响仪表的正常工作，有些项目不宜安排周期性检测（如显示器周期性自检、破坏性 RAM 周期性自检等）。由于两次测量循环之间的时间有限，所以每次只插入一项自检内容，如果有故障，就进入故障显示操作，显示故障代码，操作人员得到信息后按下任意键，则脱离故障显示状态，多次测量之后完成仪器的周期性自检。

周期性自检一般是这样进行的。设各项检测程序的入口地址为 TSTi（i=0,1,2,…），对应的故障代码为 TNUM（0,1,2,…），这样，相应检测程序的首地址就与 TNUM 相对应。利用测试指针来找寻某一项自检程序的入口，测试指针表见表 7.2，周期性自检程序流程见图 7.14。

表 7.2   测试指针表

测 试 指 针	入 口 地 址	故 障 代 号	地址偏移量
TSTPT	TST0	0	TNUM
	TST1	1	
	TST2	2	
	TST3	3	
	...	...	

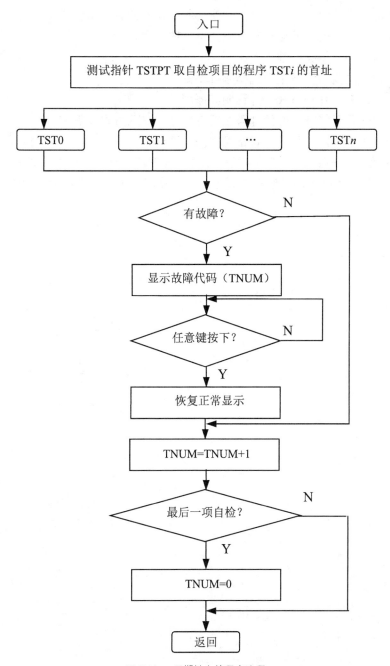

图 7.14   周期性自检程序流程

各个仪表的功能、结构不一样，具体的自诊断内容也因此不同，设计人员应根据所设计仪表的具体要求和实际情况确定自诊断的内容和方法。

习题与思考题

7-1　智能仪表的软件开发一般要经历哪几个阶段？

7-2　简述智能仪表的软件设计思想。

7-3　在智能仪表的设计中，软件测试有哪些方法？并分别予以说明。

7-4　智能仪表软件的初始化管理一般包括哪些内容？

7-5　软件测试须遵循哪些基本原则？

7-6　智能仪表的监控程序主要包括哪几个部分？

7-7　键盘管理有哪几种方式？并说明其原理。

7-8　智能仪表显示管理软件的任务主要有哪些？显示方式有哪些？

7-9　智能仪表的中断过程通常包括哪些操作要求？

7-10　智能仪表的时钟管理任务主要有哪些？一般通过什么方法来实现？

7-11　智能仪表的手-自动控制要实现哪些基本功能？无扰动切换如何实现？

7-12　智能仪表常见的自诊断管理有哪几种类型？

第8章 智能仪表的测量与控制算法

测量与控制算法程序是智能仪表软件系统的重要组成部分，主要用于实现仪表的测量与控制功能，它由描述一种或多种测控算法（如数字滤波、PID 算法等）的功能模块构成，通常为实时中断程序所调用。

算法是程序设计的核心，在具体编程前应先确定算法。与监控程序一样，测控算法程序的设计也采用结构化、模块化的设计方法。

8.1 测量算法

测量是智能仪表必不可少的功能之一。同时，数据的正确采集也是实现控制的重要前提。对于数据采集有多种技术要求，其中最难满足而又最为重要的是测量的精确性和可靠性。仪表智能化以后，许多原来靠硬件电路难以实现的信号处理方法，已有可能通过软件算法而得到解决，从而克服或弥补了包括传感器在内的各测量环节硬件本身的缺陷和弱点，提高了仪表的综合性能。

所谓测量算法是指直接与测量技术有关的算法，它所涉及的内容较为广泛。本节主要介绍测量技术中较为重要的算法问题，包括随机误差的克服、系统误差的消除、量程的自动切换及工程量变换等，并给出部分实用子程序。

8.1.1 克服随机误差的软件算法

随机误差是由窜入仪表的随机干扰所引起的，这种误差的特点是：在相同条件下测量同一变量时，其大小和符号作无规则的变化，因而无法预测，但在多次测量中符合一定的统计规律。为了克服随机干扰引入的误差，可以采用第 6 章介绍的硬件方法，也可按统计规律用软件算法来实现。克服随机误差的软件算法也称为数字滤波算法，也就是说智能仪表可采用数字滤波方法来有效抑制信号中的干扰成分，消除随机误差，同时对信号进行必要的平滑处理，以保证仪表及系统的正常运行。

采用数字滤波算法克服随机干扰引入的误差具有如下优点。

① 数字滤波无需硬件，它只是一个计算过程的软件实现，因此可靠性高，不存在阻抗匹配等问题。只要适当改变软件滤波器的滤波程序或运算参数，就能方便地改变滤波特性，这样，数字滤波算法就可以对频率很高或很低的信号进行滤波，这是模拟滤波器所不及的。而

且，这种算法对于脉冲干扰、随机噪声也特别有效。

② 采用数字滤波算法时，多个输入通道可以共用一个软件"滤波器"，从而降低仪表的成本。

常用的数字滤波算法有程序判断、中位值滤波、算术平均滤波、递推平均滤波、加权递推平均滤波、一阶惯性滤波和复合滤波等算法。

1. 程序判断法

程序判断法又称限幅滤波法，由于测控系统存在随机脉冲干扰，或由于变送器不可靠而将尖脉冲干扰引入输入端，从而造成测量信号的严重失真。对于这种随机干扰，限幅滤波是一种十分有效的方法。其基本思想是比较相邻两个时刻（n 和 $n-1$ 时刻）的采样值 y_n 和滤波值 $\overline{y}_{n-1}$，如果它们的差值过大，超过了参数可能的最大变化范围，则认为发生了随机干扰，并视后一次采样值 y_n 为非法值，予以剔除。y_n 作废后，可以用 $\overline{y}_{n-1}$ 替代 $\overline{y}_n$，或采用递推方法，由 $\overline{y}_{n-1}$、$\overline{y}_{n-2}$（$n-1$、$n-2$ 时刻的滤波值）来近似推出 $\overline{y}_n$，其相应算法为

$$\overline{y}_n = \begin{cases} y_n & , \quad \Delta y_n = |y_n - \overline{y}_{n-1}| \leqslant \alpha \\ \overline{y}_{n-1}或\overline{y}_n = 2\overline{y}_{n-1} - \overline{y}_{n-2}, & \Delta y_n = |y_n - \overline{y}_{n-1}| > \alpha \end{cases} \tag{8-1}$$

式（8-1）中，α 表示相邻两个采样值之差的最大可能变化范围。

上述限幅滤波算法很容易用程序判断的方法实现，故称程序判断法。

使用该方法的关键在于阈值 α 的选择。由于过程的动态特性决定了其输出参数的变化速度，因此，通常按照参数可能的最大变化速度 V_{max} 及采样周期 T 来确定 α 值，即

$$\alpha = V_{max} \cdot T \tag{8-2}$$

下面用 MCS-51 汇编程序实现式（8-1）给出的算法，对本节中所介绍的各种算法大多会给出用汇编语言所编写的程序实例。

设用 2EH 和 2FH 分别动态存放最近一次的滤波值 $\overline{y}_{n-1}$ 和本次采样值 y_n，计算结束后的滤波值 $\overline{y}_n$ 也存入 2FH 单元中（这里假设所有采样值均为单字节）。据此设计的 MCS-51 程序如下。

```
PRODET: MOV   A, 2FH
        CLR   C
        SUBB  A, 2EH
        JNC   PRODT1        ; 若 y_n - ȳ_{n-1} ≥ 0 转 PRODT1
        CPL   A             ; 若 y_n - ȳ_{n-1} < 0 则求补
        INC   A
PRODT1: CJNE  A, #α, PRODT2  ; 若 |y_n - ȳ_{n-1}| ≠ α 转 PRODT2
        AJMP  DONE
PRODT2: JC    DONE          ; 若 |y_n - ȳ_{n-1}| < α 转 DONE
        MOV   2FH, 2EH      ; 否则 ȳ = ȳ_{n-1}
DONE:   RET
```

2. 中位值滤波法

中位值滤波就是对某一被测参数连续采样 n 次（一般 n 取奇数），然后把 n 次采样值按从大到小（也可从小到大）的顺序进行排列，取中间值为本次采样值。中位值滤波能有效地克服因偶然因素引起的波动或采样器不稳定引起的误码等造成的脉冲干扰。对温度、液位等缓

慢变化的被测参数采用此法能收到良好的滤波效果，但对于流量、压力等快速变化的参数一般不宜采用中位值滤波算法。

设 30H 为存放采样值（单字节）的内存单元首址，2EH 为存放滤波值的内存单元地址，N 为采样值个数。MCS-51 程序如下。

```
FILTER: MOV  R3,  # N-1          ; 置循环初值
SORT:   MOV  A,   R3
        MOV  R2,  A              ; 循环次数送 R2
        MOV  R0,  #30H           ; 采样值首址送 R0
LOOP:   MOV  A,   @R0
        INC  R0
        CLR  C
        SUBB A,   @R0            ; yₙ − yₙ₋₁ → A
        JC   DONE                ; yₙ < yₙ₋₁ 转 DONE
        ADD  A,   @R0            ; 恢复 A
        XCH  A,   @R0            ; yₙ ≥ yₙ₋₁，交换数据
        DEC  R0
        MOV  @R0, A
        INC  R0
DONE:   DJNZ R2,  LOOP           ; R2 ≠ 0，继续比较
        DJNZ R3,  SORT           ; R3 ≠ 0，继续循环
        MOV  A,  # N-1
        CLR  C
        RRC  A
        ADD  A,  #30H            ; 计算中值地址
        MOV  R0,  A
        MOV  2EH, @R0            ; 存放滤波值
        RET
```

3．算术平均滤波法

算术平均滤波法是连续取 N 个采样值进行算术平均。其数学表达式为

$$\bar{y} = \frac{1}{N}\sum_{i=1}^{N} y_i, \quad (i = 1, 2, \cdots, N) \tag{8-3}$$

式中：　N——采样值的个数；

　　　　$\bar{y}$——当前 N 个采样值经滤波后的输出；

　　　　y_i——未经滤波的第 i 个采样值。

算术平均滤波法适用于对具有随机干扰的一般信号进行滤波。这种信号的特点是有一个平均值，信号在某一数值范围附近作上下波动，在这种情况下仅取一个采样值作依据显然是不准确的。算术平均滤波法对信号的平滑程度取决于 N。当 N 较大时，平滑度高，但灵敏度低；当 N 较小时，平滑度低，但灵敏度高。N 的选取应视具体情况而定，尽量做到既少占用计算时间，又能达到最好的效果。一般地，对于流量测量，通常取 $N = 12$；若为压力，则取 $N = 4$。

算术平均滤波程序可直接按式（8-3）编制，只需注意两点：一是 y_i 的输入方法，对于定时测量，为了减少数据的存储容量，可对测得的 y_i 值直接按上式进行计算，但对于某些应用场合，为了加快数据测量的速度，可采用先测量数据，并把它们存放在存储器中，测量完 N 个点后，再对测得的 N 个数据进行平均值计算。二是选取适当的 y_i、$\bar{y}$ 的数据格式，即 y_i、

$\bar{y}$ 是定点数还是浮点数。采用浮点数计算比较方便，但计算时间较长；采用定点数可加快计算速度，但是必须考虑累加时是否会产生溢出。

设 N 为采样值个数。30H 为存放双字节采样值的内存单元首址，且假定 N 个采样值之和不超过 16 位。滤波值存入 2EH 开始的两个单元中。DIV21 为双字节除以单字节子程序，（R7、R6）为被除数，（R5）为除数，商在（R7、R6）中。MCS-51 程序如下。

```
ARIFIL:   MOV    R2, # N          ;置累加次数
          MOV    R0, # 30H        ;置采样值首地址
          CLR    A
          MOV    R6, A            ;清累加值单元
          MOV    R7, A
LOOP:     MOV    A, R6            ;完成双字节加法
          ADD    A, @R0
          MOV    R6, A
          INC    R0
          MOV    A, R7
          ADDC   A, @R0
          MOV    R7, A
          INC    R0
          DJNZ   R2, LOOP
          MOV    R5, # N          ;数据个数送入 R5
          ACALL  DIV21            ;除法，求滤波值
          MOV    2E+1, R7
          MOV    2E, R6
          RET
```

本程序在求平均值时，调用了除法子程序 DIV21。应当指出，当采样数为 2 的幂时，可以不调用除法子程序，而只需对累加结果进行一定次数的右移，这样可大大节省运算时间，当采样次数为 3，5…时，同样可以应用下式

$$\frac{1}{3} = \frac{1}{4} + \frac{1}{16} + \frac{1}{64} + \frac{1}{256} + \dots$$

$$\frac{1}{5} = \frac{1}{8} + \frac{1}{16} + \frac{1}{128} + \frac{1}{256} + \dots \tag{8-4}$$

对累加结果进行数次右移，然后将每次右移结果相加。当然，这样做会造成一定的舍入误差。

4. 递推平均滤波法

前面介绍的算术平均滤波法，每计算一次数据，需测量 N 次。对于测量速度较慢或要求数据计算速度较高的实时系统，该方法是不适用的。例如，某 A/D 芯片转换速率为每秒 10 次，而要求每秒输入 4 次数据时，则 N 不能大于 2。下面介绍一种只需进行一次测量就能得到当前算术平均滤波值的方法——递推平均滤波法。

递推平均滤波法是把 N 个测量数据看成一个队列，队列的长度固定为 N，每进行一次新的测量后，就把新的测量结果收入队尾，并扔掉原来队首的一次数据，这样在队列中始终有 N 个"最新"的数据。计算滤波值时，只要把队列中的 N 个数据进行算术平均就可得到新的滤波值。这样，每进行一次测量就可计算得到一个新的平均滤波值。这种滤波算法称为递推平

均滤波法，其数学表达式为

$$\overline{y}_n = \frac{1}{N}\sum_{i=0}^{N-1} y_{n-i} \qquad (8\text{-}5)$$

式中：N——递推平均项数；

　　　$\overline{y}_n$——第 n 次采样值经滤波后的输出；

　　　y_{n-i}——未经滤波的第 $n{-}i$ 次采样值。

即第 n 次采样的 N 项递推平均值是 n, $n{-}1$, $\cdots$, $n{-}N{+}1$ 次采样值的算术平均，与算术平均法相似。递推平均滤波算法对周期性干扰有良好的抑制作用，平滑度高，灵敏度低；但对偶然出现的脉冲干扰的抑制作用差，不易消除由脉冲干扰引起的采样值偏差，因此它不适用于脉冲干扰比较严重的场合，而适用于高频振荡的系统。通过观察不同 N 值下递推平均的输出响应来选取 N 值，尽量做到既少占用计算机时间，又能达到最好的滤波效果。表 8.1 所示为 N 值的工程经验参考值。

表 8.1　　　　　　　　　　　　　　　工程经验值参考表

参　数	流　量	压　力	液　面	温　度
N 值	12	4	4~12	1~4

对照式（8-5）和式（8-3）可以看出，递推平均滤波法与算术平均滤波法在数学处理上是相似的，只是这 N 个数据的实际意义不同而已，递推平均滤波法在程序上与算术平均滤波法并没有很大区别，故不再赘述。

5．加权递推平均滤波法

在算术平均滤波法和递推平均滤波法中，N 次采样值在输出结果中所占的权重是均等的（即 $\frac{1}{N}$）。用这样的滤波算法，对于时变信号会引入滞后。N 越大，滞后越严重。为了增加最近采样数据在递推平均结果中的权重，以提高系统对当前采样值中所含干扰的灵敏度，可以采用加权递推平均滤波算法。该算法是递推平均滤波算法的改进，它给不同时刻的数据赋予不同的权值，通常越接近现时刻的数据，权值选取得越大。N 项加权递推平均滤波算法的公式为

$$\overline{y}_n = \sum_{i=0}^{N-1} C_i y_{n-i} \qquad (8\text{-}6)$$

式中：N——递推平均项数；

　　　$\overline{y}_n$——第 n 次采样值经滤波后的输出；

　　　y_{n-i}——未经滤波的第 $n{-}i$ 次采样值。

C_0，C_1，$\cdots$，C_{N-1} 为常数，且满足如下条件：

$$C_0 + C_1 + \cdots + C_{N-1} = 1$$
$$C_0 > C_1 > \cdots > C_{N-1} > 0 \qquad (8\text{-}7)$$

常系数 C_0，C_1，$\cdots$，C_{N-1} 的选取有多种方法，其中最常用的是加权系数法。设 τ 为对象的纯滞后时间，且

$$\delta = 1 + e^{-\tau} + e^{-2\tau} + \cdots + e^{-(N-1)\tau} \tag{8-8}$$

则

$$C_0 = \frac{1}{\delta}, \quad C_1 = \frac{e^{-\tau}}{\delta}, \cdots, \quad C_{N-1} = \frac{e^{-(N-1)\tau}}{\delta} \tag{8-9}$$

由式（8-9）可知，τ 越大，δ 越小，故赋予新近采样值的权系数越大，而赋予先前采样值的权系数越小，这样可提升新近采样值在平均过程中的地位。所以加权递推平均滤波算法适用于有较大纯滞后时间常数 τ 的对象和采样周期较短的系统；而对于纯滞后时间常数较小、采样周期较长、变化缓慢的信号，则不能迅速反应系统当前所受干扰的严重程度，故滤波效果稍差。

6．一阶惯性滤波法

在模拟量输入通道等硬件电路中，常用一阶惯性 RC 模拟滤波器来抑制干扰，当用这种模拟方法来实现对低频干扰的滤波时，首先遇到的问题是要求滤波器有大的时间常数和高精度的 RC 网络。时间常数 T_f 越大，要求 R 值越大，其漏电流也随之增大，从而使 RC 网络的误差增大，降低了滤波效果；而一阶惯性滤波算法是一种以数字形式通过软件来实现动态的 RC 滤波方法，它能很好地克服上述模拟滤波器的缺点，在滤波常数要求大的场合，此方法更为适用。一阶惯性滤波算法为

$$\bar{y}_n = (1-a)y_n + a\bar{y}_{n-1} \tag{8-10}$$

式中：$\bar{y}_n$ ——第 n 次采样值经滤波后的输出；

y_n ——未经滤波的第 n 次采样值；

a ——由实验确定，只要使被检测的信号不产生明显的纹波即可。

$$a = \frac{T_f}{T + T_f}$$

式中：T_f ——滤波时间常数；

T ——采样周期。

当 $T \ll T_f$ 时，即输入信号的频率很高，而滤波器的时间常数 T_f 较大时，上述算法便等价于一般的模拟滤波器。

一阶惯性滤波算法对周期性干扰具有良好的抑制作用，适用于波动频繁的参数滤波。其不足之处是带来了相位滞后，灵敏度低。滞后的程度取决于 a 值的大小。同时，它不能滤除频率高于采样频率二分之一（称为奈奎斯特频率）的干扰信号。即如果采样频率为 100Hz，则它不能滤去 50Hz 以上的干扰信号，对于高于奈奎斯特频率的干扰信号，还得采用模拟滤波器。

一阶惯性滤波一般采用定点运算，由于不会产生溢出问题。a 常选用 2 的负幂次方，这样在计算 ay_n 时只要把 y_n 向右移若干位即可。

设 $\bar{y}_{n-1}$ 在 30H 为首地址的单元中，y_n 在 60H 为首地址的单元中，均为双字节。取 $a = 0.75$，滤波结果存放在 R6、R7 中。MCS-51 程序如下。

```
FOF:  MOV   R0,  # 30H
      MOV   R1,  # 60H
      CLR   C                      ; 0.5ȳₙ₋₁，存入 R2、R3 中
      INC   R0
```

```
MOV    A,   @R0
RRC    A
MOV    R3, A
DEC    R0
MOV    A,   @R0
RRC    A
MOV    R2,   A
MOV    A,   @R0              ; $y_n + \overline{y}_{n-1}$
ADD    A,   @R1
MOV    R6,   A
INC    R0
INC    R1
MOV    A,   @R0
ADDC   A,   @R1
RRC    A                     ; $(y_n + \overline{y}_{n-1}) * 0.5$ 存入 R6、R7 中
MOV    R7,   A
MOV    A,   R6
RRC    A
MOV    R6,   A
CLR    C                     ; $(y_n + \overline{y}_{n-1}) * 0.25$
MOV    A,   R7
RRC    A
MOV    R7,   A
MOV    A,   R6
RRC    A
ADD    A,   R2               ; $0.25 * (y_n + \overline{y}_{n-1}) + 0.5 * \overline{y}_{n-1}$，存入 R2、R3 中
MOV    R2,   A
MOV    A,   R7
ADDC   A,   R3
MOV    R3,   A
RET
```

7. 复合滤波法

智能仪表在实际应用中所遇到的随机扰动往往不是单一的，有时既要消除脉冲扰动，又要做数据平滑。因此，常常可以把前面介绍的两种或两种以上的方法结合起来使用，形成复合滤波。例如，防脉冲扰动平均值滤波算法就是一种应用实例。这种算法的特点是先用中位值滤波算法滤掉采样值中的脉冲性干扰，然后把剩余的各采样值进行递推平均滤波。其基本算法如下。

如果 $y_1 \leqslant y_2 \leqslant \cdots \leqslant y_n$，其中 $3 \leqslant n \leqslant 14$（$y_1$、$y_n$ 分别是所有采样值中的最小值和最大值），则

$$\overline{y}_n = (y_2 + y_3 + \cdots + y_{n-1})/(n-2) \tag{8-11}$$

由于这种滤波方法兼容了递推平均滤波算法和中位值滤波算法的优点，所以无论对缓慢变化的过程变量还是快速变化的过程变量都能起到较好的滤波效果，从而提高控制质量。

这种算法程序是中位值滤波法和递推平均滤波法中所给程序的组合，故这里不再给出程序实例。

上面介绍了几种在智能仪表中使用较普遍的克服随机干扰的软件算法。在一个具体的仪表

中究竟应选用哪些滤波算法，取决于仪表的应用场合及使用过程中可能含有的随机干扰情况。

8.1.2 克服系统误差的软件算法

仪表的系统误差是指在相同条件下，多次测量同一变量时其大小和符号保持不变或按一定规律变化的误差。恒定不变的误差称为恒定系统误差，例如校验仪表时标准表存在的固有误差、仪表的基准误差等。按一定规律变化的误差称为变化系统误差，例如仪表零点和放大倍数的漂移、热电偶的参比端随室温变化而引入的误差等。克服系统误差与抑制随机干扰不同，系统误差不能依靠概率统计方法来消除或削弱，不像抑制随机干扰那样能找出一些普遍适用的处理方法，而只能针对某一具体情况，在测量技术上采取一定的措施。本节介绍一些常用且有效的测量校准方法，以消除和削弱系统误差对测量结果的影响。

另外，克服系统误差与克服随机干扰在软件处理方法上也有所不同。后者的基本特征是随机性，其算法往往是仪表测控算法的一个重要组成部分，实时性很强，常用汇编语言编写。而前者是恒定的或有规律的，因而通常采用离线方法来处理，确定校正算法和数学表达式，在线测量时则利用所确定的校正算式对系统误差做出修正。离线处理的算法属数值计算方法的范畴，大多采用高级语言编程，在系统机上执行，且只需计算一次。这些算法都有成熟的程序库，所以本节着重介绍设计方法。

1. 系统误差的模型校正法

在某些情况下，通过对仪表的系统误差进行理论分析和数学处理，可以建立起仪表的系统误差模型。一旦有了模型，就可以确定校正系统误差的算法和表达式。例如，MC14433 双积分型 A/D 转换器是输入通道中常用的器件。这种器件在输入信号发生极性变化时，要占用一次转换周期的时间，从而使信号的有效转换延迟一个周期。当仪表中采用这种 A/D 转换器对单极性信号进行转换时，如果输入信号较小，则一个负脉冲干扰就可能使极性发生变化，从而导致不希望出现的转换延迟，特别是在仪表具有多个输入通道而有些通道又暂时不用（接零信号）时，这种延迟会影响到下一个通道的正确转换。为了克服这一问题，通常可以在输入信号端叠加一个小的固定的正信号，从而使信号不会由于干扰而变为负极性。假设这一附加信号的转换结果是 a，则有效信号转换结果 y 应是 A/D 转换器的输出值 x 减去 a，即

$$y = x - a \tag{8-12}$$

式中 a 可视为一个固定的系统误差，则式（8-12）就是这一系统误差的校正算式。

又如，在仪表中用运算放大器测量电压时，常会引入零位和增益误差。设测量信号 x 与真值 y 是线性关系，即 $y = a_1 x + a_0$，为了消除这一系统误差，可以用这一部分电路分别去测量一个标准电势 V_R 和一个短路电压信号，以获得由两个误差方程构成的方程组，即式（8-13）。

$$\begin{cases} V_R = a_1 x_1 + a_0 \\ 0 = a_1 x_0 + a_0 \end{cases} \tag{8-13}$$

解这个方程组，即可求得

$$a_1 = \frac{V_R}{x_1 - x_0}, \quad a_0 = \frac{V_R x_0}{x_0 - x_1} \tag{8-14}$$

从而可得到校正算式

$$y = \frac{x - x_0}{x_1 - x_0} \cdot V_{\mathrm{R}} \tag{8-15}$$

仪表在实际测量中，可在每次测量之初先求取现时刻的校正方程系数，再进行采样，然后再按式（8-15）进行校正，从而可实时地消除系统误差。

上述两个例子都是比较简单的，实际情况往往要复杂得多。用模型方法来校正系统误差的最典型应用是非线性校正。传感器的输出与被测参数间或多或少地存在着非线性关系，为了提高测量精度，仪表必须具有线性化处理的功能。只要建立了校正模型，智能仪表就能方便地、实时地进行系统误差的校正处理。

校正系统误差的关键是建立误差模型。但是在许多情况下，事先并不知道误差模型，设计者只能通过测量获得一组反映被测变量的离散数据，然后利用这些离散数据来建立起一个反映测量值变化的近似数学模型（即校正模型）。另一方面，有时即使有了数学模型（例如 n 次多项式），但因其次数过高，计算太复杂、太费时，往往需要从仪表和系统的实际精度要求出发，用逼近法来降低一个已知非线性特性函数的次数，以简化数学模型，便于计算和处理。因此，误差校正模型的建立，包括了由离散数据建立模型和由复杂模型建立简化模型两层含义。建模和简化的方法很多，本节介绍常用的代数插值法、函数逼近法和最小二乘法等。

（1）代数插值法

设有 $n+1$ 个离散点，$(x_0, y_0), (x_1, y_1), \cdots, (x_n, y_n)$，$x \in [a, b]$ 和未知函数 $f(x)$，并有

$$f(x_0) = y_0, f(x_1) = y_1, \cdots, f(x_n) = y_n$$

现在要设法找到一个函数 $g(x)$，使 $g(x)$ 在 $x_i (i = 0, \cdots, n)$ 处与 $f(x_i)$ 相等，这就是插值问题。满足这个条件的函数 $g(x)$ 称为 $f(x)$ 的插值函数，x_i 称为插值节点。有了 $g(x)$，在以后的计算中就可以用 $g(x)$ 在区间 $[a, b]$ 上近似代替 $f(x)$。

在插值法中，$g(x)$ 有多种选择方法，如倒数函数、幂函数、对数函数以及多项式函数等。由于多项式是最容易计算的一类函数，所以一般常选择 $g(x)$ 为 n 次多项式，并记 n 次多项式为 $P_n(x)$，这种插值方法就叫做代数插值法，也叫做多项式插值法。

现要用一个次数不超过 n 的代数多项式

$$P_n(x) = a_n x^n + a_{n-1} x^{n-1} + \ldots + a_1 x + a_0 \tag{8-16}$$

去逼近 $f(x)$，使 $P_n(x)$ 在节点 x_i 处满足

$$P_n(x_i) = f(x_i) = y_i, \qquad i = 0, 1, \cdots, n$$

由于多项式 $P_n(x)$ 中的未定系数有 $n+1$ 个，而它所对应满足的条件式（8-16）也有 $n+1$ 个。因此系数 $a_n, \cdots, a_1, a_0$ 应满足的方程组为

$$\begin{cases} a_n x_0^{\,n} + a_{n-1} x_0^{\,n-1} + \cdots + a_1 x_0 + a_0 = y_0 \\ a_n x_1^{\,n} + a_{n-1} x_1^{\,n-1} + \cdots + a_1 x_1 + a_0 = y_1 \\ \qquad\qquad\qquad \vdots \\ a_n x_n^{\,n} + a_{n-1} x_n^{\,n-1} + \cdots + a_1 x_n + a_0 = y_n \end{cases} \tag{8-17}$$

这是一个含 $n+1$ 个未知数 $a_n, a_{n-1}, \cdots, a_1, a_0$ 的线性方程组。可以证明，当 $x_0, x_1, \cdots, x_n$ 互异时，方程组（8-17）有唯一的一组解。因此一定存在一个唯一的 $P_n(x)$ 满足所要求的插值条件。

因此，只要对已知的 x_i 和 $y_i (i = 0, 1, \cdots, n)$ 去求解方程组（8-17），就可以求出 $a_i (i = 0, 1, \cdots, n)$，

从而得到 $P_n(x)$ ，这是求取插值多项式的最基本方法。

由于在实际问题中， x_i 和 y_i 总是已知的，所以可先通过离线求出 a_i ，然后按所得到的 a_i 编出一个计算 $P_n(x)$ 的程序，就可以对各输入值 x_i 近似地实时计算 $f(x) \approx P_n(x)$ ，实现对系统误差的校正。

通常，给出的离散点数量总是多于求解插值方程组所需要的离散点数，因此，在用多项式插值方法求解离散点的插值函数时，必须先根据所需要的逼近精度来决定多项式的次数。它的具体次数与所要逼近的函数有关，例如，函数关系接近近似线性的，可从中选取两点，用一次多项式（ $n=1$ ）来逼近；接近抛物线的可从中选取三点，用二次多项式（ $n=2$ ）来逼近，依此类推。同时，多项式次数还与自变量的范围有关，一般来说，自变量的允许范围越大（即插值区间越大），达到同样精度时的多项式次数也越高。对于无法预先决定多项式次数的情况，可采用试探法，即先选取一个较小的 n 值，看看逼近误差是否接近所要求的精度，如果误差太大，则把 n 加 1 ，再试一次，直到误差接近精度要求为止。在满足精度要求的前提下，n 不应取得太大，以免计算时间过长，影响算法的实时性。

① 连续函数插值。

最常用的多项式插值是线性插值和抛物线插值，下面将分别予以介绍。

a. 线性插值。

线性插值是在一组数据 (x_i, y_i) 中选取两个有代表性的点 (x_0, y_0)、(x_1, y_1) ，然后根据插值原理，求出插值方程

$$P_1(x) = \frac{(x - x_1)}{(x_0 - x_1)} y_0 + \frac{(x - x_0)}{(x_1 - x_0)} y_1 = a_1 x + a_0 \tag{8-18}$$

式（8-18）中的待定系数 a_1 和 a_0 为

$$a_1 = \frac{y_1 - y_0}{x_1 - x_0}, \qquad a_0 = y_0 - a_1 x_0 \tag{8-19}$$

当 (x_0, y_0)、(x_1, y_1) 取在非线性特性曲线 $f(x)$ 或数组的两端点 A、B （见图 8.1）时，线性插值就是最常用的直线方程校正法。

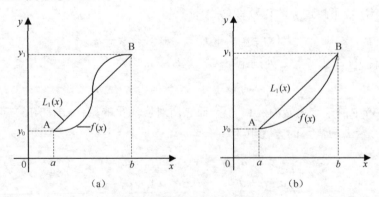

图 8.1　非线性特性的直线方程校正

设 A、B 两点的数据分别为 $(a, f(a))$、$(b, f(b))$ ，则根据式（8-18）、式（8-19）就可以求出其校正方程 $P_1(x) = a_1 x + a_0$ ，式中 $P_1(x)$ 表示对 $f(x)$ 的近似值。当 $x_i \neq x_0, x_1$ 时， $P_1(x_i)$ 与 $f(x_i)$ 有拟合误差 V_i ，其绝对值为

$$V_i = |P_1(x_i) - f(x_i)|, \quad i = 1, 2, \cdots, n$$

在全部 x 的取值区间 $[a,b]$ 上，若始终有 $V_i < \varepsilon$ 存在，ε 为允许的拟合误差，则直线方程 $P_1(x) = a_1 x + a_0$ 就是理想的校正方程。实时测量时，每采样一个值，就用该方程计算 $P_1(x)$，并把 $P_1(x)$ 当作被测量值的校正值。

下面以镍铬-镍铝热电偶为例，说明这种方程的具体应用。

例 8.1 表 8.2 所示为镍铬-镍铝热电偶在 0～490（℃）的分度表。现要求用直线方程进行非线性校正，允许误差小于 3℃。

表 8.2   镍铬-镍铝热电偶分度表

温度（℃）	0	10	20	30	40	50	60	70	80	90
	热电势（mV）									
0	0.00	0.40	0.80	1.20	1.61	2.02	2.44	2.85	3.27	3.68
100	4.10	4.51	4.92	5.33	5.73	6.14	6.54	6.94	7.34	7.74
200	8.14	8.54	8.94	9.34	9.75	10.15	10.56	10.97	11.38	11.80
300	12.21	12.62	13.04	13.46	13.87	14.29	14.71	15.13	15.55	15.97
400	16.40	16.82	17.24	17.67	18.09	18.51	18.94	19.36	19.79	20.21

解： 根据题意，从表中取 $A(0,0)$ 和 $B(20.21,490)$ 两点，按式（8-19）可求得

$$a_1 \approx 24.245, \quad a_0 = 0$$

即可得直线校正方程

$$P_1(x) = 24.245x$$

可以验证，在两端点，拟合误差为 0，而在 $x = 11.38$(mV) 时，$P_1(x) = 275.91$℃，误差为 4.09 ℃达到最大值。在 240～360（℃）范围内，拟合误差均大于 3℃，可以看出，用一条直线不能满足误差校正要求。

b. 抛物线插值。

抛物线插值的多项式阶数是 2，是在数据中选取三点 (x_0, y_0)、(x_1, y_1)、(x_2, y_2) 来建立插值方程，为

$$P_2(x) = \frac{(x-x_1)(x-x_2)}{(x_0-x_1)(x_0-x_2)} y_0 + \frac{(x-x_0)(x-x_2)}{(x_1-x_0)(x_1-x_2)} y_1 + \frac{(x-x_0)(x-x_1)}{(x_2-x_0)(x_2-x_1)} y_2 \qquad （8-20）$$

其几何意义见图 8.2。

现仍以表 8.2 所示的数据为例，说明这种方法的具体应用。

例 8.2 针对表 8.2 的数据，现要求用抛物线方程进行非线性校正，允许误差小于 3℃。

解： 根据题意，从表中选择三个节点（0，0）、（10.15，250）和（20.21，490）。根据式（8-20）可求得抛物线校正方程为

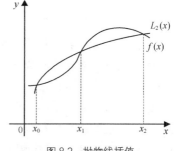

图 8.2 抛物线插值

$$P_2(x) = \frac{x(x-20.21)}{10.15(10.15-20.21)} \times 250 + \frac{x(x-10.15)}{20.21(20.21-10.15)} \times 490$$

$$= -0.038x^2 + 25.02x$$

可以验证，用这一方程对前面镍铬-镍铝热电偶的例子进行非线性校正时，每一点的误差

均不大于 3℃，最大误差发生在 130℃处，误差值为 2.277℃。也就是说，针对同一组数据，利用直线方程校正不能满足要求，而采用抛物线插值就可能满足要求。

多项式插值的关键是决定多项式的次数，这往往需要根据经验、描点观察数据的分布或试凑。在决定多项式次数 n 后，应选择 $n+1$ 个自变量 x 和函数值 y。由于一般给出的离散数组函数关系的数量均大于 $n+1$，故应选择适当的插值节点 x_i 和 y_i。实践经验表明，插值节点的选择与插值多项式的误差大小有很大关系。在同样的 n 值条件下，选择合适的 (x_i, y_i) 值可减小误差。在开始实施时，可先选择等分值的 (x_i, y_i)，以后再根据误差的分布情况改变 (x_i, y_i) 的取值。考虑到实时计算，多项式的次数一般不宜选得过高。对于一些难以靠提高多项式次数来提高拟合精度的非线性特性，可采用分段插值的方法加以解决。

② 分段函数插值。

显然，对于非线性程度严重或测量范围较宽的非线性特性，采用上述一个代数插值方程进行校正往往难以满足仪表的精度要求，这时可采用分段函数插值方法来进行校正。

a. 分段直线校正。

分段直线校正是用一条折线来取代实际的曲线，这是分段拟合中最简单的一种。分段以后的每一段非线性曲线用一个直线方程来校正，即

$$P_{1i}(x) = a_{1i} + a_{0i}, i = 1, 2, \cdots, N \tag{8-21}$$

式（8-21）中的下标 i 表示折线的第 i 段。

通常折线的节点有等距与非等距两种取法。

等距节点分段直线校正法：等距节点的方法适用于非线性特性曲率变化不大的场合，每一段曲线都用一个直线方程代替。分段数 N 取决于非线性程度和仪表的精度要求。非线性越严重，仪表的精度要求越高，则 N 越大。为了实时计算方便，常取 $N = 2^m, m = 0, 1, \cdots$。式（8-21）中的 a_{1i} 和 a_{0i} 可离线求得。采用等分法，每一段折线的拟合误差 V_i 一般各不相同。拟合结果应保证各段拟合误差的最大值小于系统的允许拟合误差，即

$$\max[V_{\max i}] \leqslant \varepsilon, i = 1, 2, 3, \cdots, N \tag{8-22}$$

$V_{\max i}$ 为第 i 段的最大拟合误差。将求得的参数 a_{1i} 和 a_{0i} 存入仪表的 ROM 中。实时测量时只要先用程序判断输入 x 位于折线的哪一段，然后取出该段对应的 a_{1i} 和 a_{0i} 进行计算即可得到被测量的相应近似值。

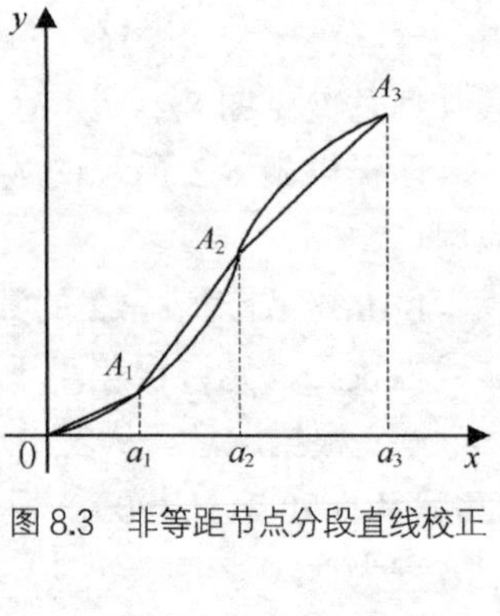

非等距节点分段直线校正法：对于曲率变化大、切线斜率大的非线性特性，若采用等距节点的方法进行校正，欲使最大误差满足精度要求，分段数 N 就会变得很大，而误差分配却不均匀。同时，N 增加会使 a_{1i} 和 a_{0i} 的数量相应增加，从而占用更多内存，这时宜采用非等距节点分段直线校正法。在线性较好的部分，节点间距离取得大些，反之则取得小些，从而使误差均匀分布，见图 8.3。图中用不等分的三段折线

图 8.3 非等距节点分段直线校正

$$P_1(x) = \begin{cases} a_{11}x + a_{01}, & 0 \leqslant x < a_1 \\ a_{12}x + a_{02}, & a_1 \leqslant x < a_2 \\ a_{13}x + a_{03}, & a_2 \leqslant x \leqslant a_3 \end{cases} \tag{8-23}$$

可达到较好的校正精度。但是若采用等距节点方法，很可能要用四段、五段折线才能取得同

样的精度。

下面仍以表 8.2 所示的数据为例来说明分段直线校正方法的具体应用。

例 8.3　针对表 8.2 所示的数据，现要求用分段直线校正方法进行非线性校正，并验证误差的大小。

解：根据题意，从表 8.2 所示的数据中取等距的三点（0，0）、（10.15，250）和（20.21，490），现用经过这三点的两段直线方程来近似代替整个表格，可求得对应的校正方程为

$$P_1(x) = \begin{cases} 24.63x, & 0 \leqslant x < 10.15 \\ 23.86x + 7.85, & 10.15 \leqslant x \leqslant 20.21 \end{cases} \tag{8-24}$$

可以验证，用式（8-24）对表 8.2 所示的数据进行非线性校正，每一点的误差均不大于 2℃。第一段的最大误差发生在 130℃ 处，误差值为 1.278℃；第二段的最大误差发生在 340℃ 处，误差值为 1.212℃。

在利用非等距节点分段直线校正法时，由于非线性特性的不规则，在两个端点中间取的第三点有可能不合理，导致误差分布不均匀。尤其是当非线性严重，仅用一段或两段直线方程进行拟合无法保证拟合精度时，往往需要通过增加分段数来满足拟合的精度要求。在这种情况下，应当合理确定分段数和分段节点。

b．分段抛物线校正。

分段抛物线校正是用多段抛物线来拟合输入输出特性的非线性曲线（例如一个非线性曲线，见图 8.4）。

根据曲线的形状，我们选用 6 段抛物线来近似代替该曲线所描述的输入输出关系，利用式（8-20），可得校正方程

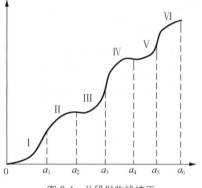

图 8.4　分段抛物线校正

$$P_2(x) = \begin{cases} a_{21}x^2 + a_{11}x + a_{01}, & 0 \leqslant x \leqslant a_1 \\ a_{22}x^2 + a_{12}x + a_{02}, & a_1 \leqslant x \leqslant a_2 \\ a_{23}x^2 + a_{13}x + a_{03}, & a_2 \leqslant x \leqslant a_3 \\ a_{24}x^2 + a_{14}x + a_{04}, & a_3 \leqslant x \leqslant a_4 \\ a_{25}x^2 + a_{15}x + a_{05}, & a_4 \leqslant x \leqslant a_5 \\ a_{26}x^2 + a_{16}x + a_{06}, & a_5 \leqslant x \leqslant a_6 \end{cases} \tag{8-25}$$

每一段在所给的数据对中选取 3 点，就可求出每一段中的系数 a_{2i}、a_{1i}、a_{0i}（$i = 1, 2, \cdots,$ 6）。在设计软件时，将前面所求得的系数以及分界点 0、a_1、a_2、a_3、a_4、a_5、a_6 的值一起存放在存储器中，实时测量时，只要根据测量的值判断属于哪一段，就可以从存储器中调出相应的系数并根据式（8-25）来对实际值进行校正。

由于直线校正存储的系数少，且运算速度快，所以在实际应用中应优先选用连续直线校正以及分段直线校正，在精度要求比较高，直线校正不能满足要求的情况下才会选择抛物线校正，而且在确定分段数时只要能满足要求即可。

（2）最小二乘法

运用代数插值法对非线性特性曲线进行逼近，可以保证在 $n+1$ 个节点上校正误差为零，

即逼近曲线（或 n 段折线）恰好经过这些节点。但是如果这些数据是实验数据，含有随机误差，则这些校正方程并不一定能反映出实际的函数关系；即使能够实现，有时候由于次数太高，使用起来也不方便。因此对于含有随机误差的实验数据的拟合，通常选择"误差平方和为最小"这一标准来衡量逼近结果，使逼近模型更加符合实际关系，在形式上也尽可能地简单，这一逼近想法的数字描述如下。

设被逼近函数为 $f(x)$，逼近函数为 $g(x)$，x_i 为 x 上的离散点，逼近误差为

$$V(x_i) = \left| f(x_i) - g(x_i) \right| \tag{8-26}$$

记

$$\varphi = \sum_{i=1}^{n} V^2(x_i) \tag{8-27}$$

令 $\varphi \to \min$，即在最小二乘意义上使 $V(x)$ 最小化，这就是最小二乘法原理。为了使逼近函数简单起见，通常选择 $g(x)$ 为多项式。

下面介绍用最小二乘法实现直线拟合和曲线拟合的方法。

① 直线拟合。

设有一组实验数据见图 8.5。现在要求一条最接近于这些数据点的直线。这样的直线可能有很多，关键是找一条最佳的。设这组实验数据的最佳拟合直线方程（回归方程）为

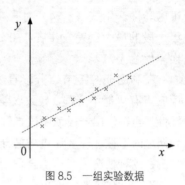

图 8.5 一组实验数据

$$y = a_0 + a_1 x \tag{8-28}$$

式中，a_0 和 a_1 称为回归系数。

令

$$\varphi_{a_0,a_1} = \sum_{i=1}^{n} V_i^2 = \sum_{i=1}^{n} [y_i - (a_0 + a_1 x)]^2 \tag{8-29}$$

根据最小二乘法原理，要使 φ_{a_0,a_1} 为最小，就要使式（8-29）对 a_0 和 a_1 的偏导数均为 0，故可得

$$\begin{cases} \dfrac{\partial \varphi}{\partial a_0} = \sum_{i=1}^{n} [-2(y_i - a_0 - a_1 x_i)] = 0 \\ \dfrac{\partial \varphi}{\partial a_1} = \sum_{i=1}^{n} [-2x_i(y_i - a_0 - a_1 x_i)] = 0 \end{cases} \tag{8-30}$$

整理上式可得如下正则方程组

$$\begin{cases} \sum_{i=1}^{n} y_i = na_0 + a_1 \sum_{i=1}^{n} x_i \\ \sum_{i=1}^{n} x_i y_i = a_0 \sum_{i=1}^{n} x_i + a_1 \sum_{i=1}^{n} x_i^2 \end{cases} \tag{8-31}$$

解之得

$$a_0 = \frac{\left(\sum_{i=1}^{n} y_i\right)\left(\sum_{i=1}^{n} x_i^2\right) - \left(\sum_{i=1}^{n} x_i y_i\right)\left(\sum_{i=1}^{n} x_i\right)}{n\left(\sum_{i=1}^{n} x_i^2\right) - \left(\sum_{i=1}^{n} x_i\right)^2} \tag{8-32}$$

$$a_1 = \frac{n\left(\sum\limits_{i=1}^{n} x_i y_i\right) - \left(\sum\limits_{i=1}^{n} x_i\right)\left(\sum\limits_{i=1}^{n} y_i\right)}{n\left(\sum\limits_{i=1}^{n} x_i^2\right) - \left(\sum\limits_{i=1}^{n} x_i\right)^2} \tag{8-33}$$

只要将各测量数据代入式（8-32）和式（8-33），就可求得回归方程的回归系数 a_0 和 a_1，从而得到这组测量数据在最小二乘意义上的最佳拟合直线方程。

② 曲线拟合。

为了提高拟合精度，通常对 n 个实验数据对 $(x_i, y_i)(i = 1, 2, \cdots, n)$ 选用 m 次多项式

$$y = a_0 + a_1 x + a_2 x^2 + \cdots + a_m x^m = \sum_{i=0}^{n} a_j x^j \tag{8-34}$$

作为描述这些数据的近似函数关系式（回归方程）。如果把 $(x_i, y_i)(i = 1, 2, \cdots, n)$ 代入多项式，就可得 n 个方程

$$y_1 - (a_0 + a_1 x_1 + \cdots + a_m x_1^m) = V_1$$
$$y_2 - (a_0 + a_1 x_2 + \cdots + a_m x_2^m) = V_2$$
$$\cdots \cdots$$
$$y_n - (a_0 + a_1 x_n + \cdots + a_m x_n^m) = V_n$$

简记为

$$V_i = y_i - \sum_{j=0}^{m} a_j x_i^j, (i = 1, 2, \cdots, n) \tag{8-35}$$

式中，V_i 为在 x_i 处由回归方程（8-34）计算得到的值与测量得到的值之间的误差。由于回归方程不一定通过该测量点 (x_i, y_i)，所以 V_i 不一定为零。

根据最小二乘原理，为求取系数 a_j 的最佳估计值，应使误差 V_i 的平方之和为最小，即

$$\varphi(a_0, a_1, \cdots, a_m) = \sum_{i=1}^{n} V_i^2 = \sum_{i=1}^{n} [y_i - \sum_{j=0}^{n} a_j x_i^j]^2 \to \min \tag{8-36}$$

由此可得如下正则方程组

$$\frac{\partial \varphi}{\partial a_k} = -2 \sum_{i=1}^{n} \left[\left(y_i - \sum_{j=0}^{m} a_j x_i^j \right) x_i^k \right] = 0 , \quad (k = 0, 1, \cdots, n) \tag{8-37}$$

即得计算 $a_0, a_1, \cdots, a_m$ 的线性方程组

$$\begin{bmatrix} m & \sum x_i & \cdots & \sum x_i^m \\ \sum x_i & \sum x_i^2 & \cdots & \sum x_i^{m+1} \\ \cdots & \cdots & \cdots & \cdots \\ \sum x_i^m & \sum x_i^{m+1} & \cdots & \sum x_i^{2m} \end{bmatrix} \begin{bmatrix} a_0 \\ a_1 \\ \cdots \\ a_m \end{bmatrix} = \begin{bmatrix} \sum y_i \\ \sum x_i y_i \\ \cdots \\ \sum x_i^m y_i \end{bmatrix} \tag{8-38}$$

式中，$\sum$ 为 $\sum\limits_{i=1}^{n}$。求解上式可得到 $m+1$ 个未知数 a_j 的最佳估计值。

拟合多项式的次数越高，拟合结果就越精确，但计算也越繁冗，所以一般取 $m < 7$。

下面仍以表 8.2 所示的数据为例来说明用最小二乘法建立校正模型的方法。

例 8.4　针对表 8.2 所示的数据，现要求用分段直线方程进行非线性校正，并要求用最小

二乘法建立校正模型，且验证校正误差的大小。

解：根据题意，从表 8.2 中选取三个等距节点 $(0,0)$、$(10.15, 250)$ 和 $(20.21, 490)$ 。设两段直线方程分别为

$$\begin{cases} y = a_{01} + a_{11}x, \ 0 \leqslant x < 10.15 \\ y = a_{02} + a_{12}x, \ 10.15 \leqslant x < 20.21 \end{cases}$$

根据式（8-32）和式（8-33），可分别求出 a_{01}、a_{11}、a_{02} 和 a_{12} 。

$$a_{01} = -0.122, \quad a_{11} = 24.57$$
$$a_{02} = 9.05, \quad a_{12} = 23.83$$

可以验证，第一段直线最大绝对误差发生在 130℃ 处，误差值为 0.836℃；第二段直线最大绝对误差发生在 250℃ 处，误差值为 0.925℃。与采用代数插值法分段直线校正中的两段折线校正的结果进行对比可知，采用最小二乘法所得的校正方程的绝对误差要小得多。

除用 m 次多项式来拟合外，也可以用其他函数（如指数函数、对数函数、三角函数等）来拟合。另外，拟合曲线时还可用这些实验数据点作图，从各个数据点的图形（称之为散点图）的分布形状来分析，选择适当的函数关系和经验公式来进行拟合。当函数类型确定后，函数关系中的一些待定系数，仍常用最小二乘法来确定。

2. 系统误差的标准数据校正法

对于复杂的仪器，往往不能充分了解其误差的来源，因而难以建立适当的误差校正模型。这时往往可以通过实验（即用实际的校正手段）来求得校正曲线，然后把曲线上的各个校正点的数据以表格形式存入仪表内存。一个校正点的数据对应一个（或几个）内存单元，在以后的实时测量中，通过查表来求得修正后的测量结果。

譬如对某一测量仪表的系统误差机理一无所知，但总可以在它的输入端逐次加入已知电压 $y_1, y_2, \cdots, y_n$，在它的输出端测出相应的结果 $x_1, x_2, \cdots, x_n$，可做出一条校正曲线（见图 8.6）。然后在内存中建立一张校正数据表，把 $x_i (i = 1, 2, \cdots, n)$ 作为 EPROM 的地址，把对应的 $y_i (i = 1, 2, \cdots, n)$ 作为内容存入这些 EPROM 中。实时测量时，若测得一个 x_i，就令仪表主机去访问 x_i 这个地址，读出它的内容 y_i，这个 y_i 就是被测量的真值。

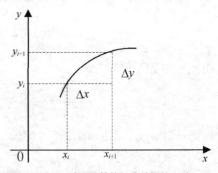

图 8.6 系统误差的标准数据校正法

这种方法的问题在于，当被测值 x 介于两个校正点 x_i 和 x_{i+1} 之间时，若仅是直接查表，则只能按其最接近 x_i 和 x_{i+1} 的单元查，这显然会引入一定的误差。此时的误差可作如下估计：设两校正点间的校正曲线为一直线段，其斜率为 $S = \Delta y / \Delta x$，并设最大斜率为 S_m，则由图 8.6 可见，可能的最大误差为

$$\Delta y_m = S_m \cdot \Delta x$$

考虑取双向误差时误差的绝对值可减半，则最大误差为

$$\pm \Delta y_m = \pm S_m \cdot \Delta x / 2$$

设 x 的量程为 X，校正时取等间隔的 N 个校正点，则

$$x_{i+1} - x_i = \Delta x = X / N$$

于是

$$\Delta y_m = S_m \cdot X / (2N)$$

显然，用校正数据校正误差，既取决于校正点数 N，也取决于运算时的字长，点数越多，字节越长，则精度越高，但是点数增多和字节变长都将大幅度增加存储容量。如果想减小存储容量，可在校正点之间进行插值，以达到既节约内存，又减少误差，提高测量精度的目的。

上述方法也叫查表法，使用时只是查表还是结合插值，可根据实际精度要求而定。

3. 仪表零位误差和增益误差的校正方法

智能仪表与常规仪表一样，传感器、测量电路、信号放大器等存在的不可避免的温度漂移和时间漂移，会给整个仪表引入零位误差和增益误差。这类误差均属系统误差，下面介绍这些误差的校正方法。

（1）零位误差的校正方法

智能仪表中零位校正的原理比较简单，需要做零位校正时，中断正常的测量过程，将输入端短路（即使输入为零），这时，包括传感器在内的整个测量输入通道的输出即为零位输出（由于存在零位误差，其值不为零），把这一零位输出保存在内存单元中。在正常测量过程中，仪表在每次测量后均从采样值中减去原先存入的零位输出值，从而实现零位校正。这种零位校正法在智能数字电压表、数字欧姆表等仪表中已得到广泛应用。

对于其他一些非电量测量仪表（如力、位移、速度、加速度和转速等仪表），同样可用上述原理实现零位校正。但对于有些非电量仪表（如温度、湿度和绝对压力等仪表），要实现零位校正就不那么容易了，因为这些物理量的"零"基准信号难以人为提供，对于这类仪表，其传感器零位漂移的补偿比较困难。

（2）增益误差的校正方法

在智能仪表的测量输入通道中，除了存在零位偏移外，放大电路的增益误差及器件的不稳定，也会影响测量数据的准确性，因而必须对这些误差进行校正。校正的基本思想是在仪表开机后或每隔一定时间去测量一次基准参数（如数字电压表的基准电压和零电压），然后用前面介绍的建立误差校正模型的方法，确定并存储校正模型的参数。在正式测量时，根据测量结果和校正模型求取校正值，从而消除误差。校正的方法多种多样，下面介绍两种较常用的方法。

① 全自动校正。全自动校正由仪表自动完成，无需人为介入，其电路结构见图 8.7。

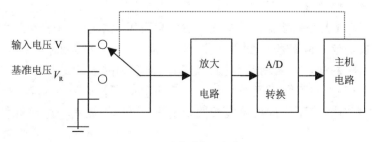

图 8.7　全自动校正电路

该电路的输入部分有一个多路开关，由仪表内部的主机电路控制。需要校正时，先把开关接地，测出这时的输出 x_0，然后把开关接到 V_R，测出输出值 x_1，并存放 x_0 和 x_1，从而得到式（8-13）所示的校正方程。

采用这种方法测得的信号与放大器的漂移和增益变化无关，与 V_R 的精度也无关，因而可大大提高测量精度，降低对电路器件的要求。

② 人工自动校正。全自动校正只适用于基准参数是电信号的场合，并且这种方法不能校正由传感器引入的误差，为了克服这一弱点，可采用人工自动校正。

人工自动校正的原理与全自动校正的原理差不多，只不过不是自动定时进行校正，而是由人工在需要时接入标准的参数进行校正测量，把测得的数据保存起来供以后使用。一般人工自动校正只测一个标准信号 y_R，零信号的补偿由数字调零来完成。设数字调零后测得的数据分别为 x_R（接标准输入 y_R 时）和 x（接被测输入 y 时），则可按下式来计算 y。

$$y = \frac{y_R}{x_R} \cdot x \tag{8-39}$$

如果在校准时，计算并存放 y_R / x_R 的值，则测量时只需一次乘法即可。

有时标准输入信号 y_R 不容易得到，这时可采用当时的输入信号 y_i，校正时测出当时的对应输入 x_i，而操作者此时可采用其他高精度仪器测出当时的 y_i，并输入仪表中，让仪表计算并存放 y_i / x_i 值，以取代前面的 y_R / x_R 作校正系数。

人工自动校正特别适用于传感器特性随时间变化的场合。如常用的湿敏电容等湿度传感器，其特性随时间变化而变化，一般一年以上的变化值会大于精度允许值，这时可采用人工自动校正，即每隔一定时间（例如一个月或三个月），用其他方法测出湿度值，然后把它作为校正值输入仪表。以后测量时，仪表将自动用该值对测量值进行校正。

8.1.3　量程自动切换与工程量变换

1. 量程自动切换

如果传感器和显示器的分辨率一定，而仪表的测量范围又很宽时，为了提高测量的精度，仪表应能自动切换量程。量程的自动切换有选用程控放大器和选用不同量程的传感器两条途径。

（1）采用程控放大器

当被测信号的幅值变化范围很大时，为了保证测量精度的一致性，可采用程控放大器。通过控制改变放大器的增益，对幅值小的信号采用大增益，对幅值大的信号改用小增益，使 A/D 转换器信号满量程达到均一化。程控放大器的反馈回路中包含一个精密梯形电阻网络或权电阻网络，使其增益可按二进制或十进制的规律进行控制。一个具有 3 条增益控制线 A_0、A_1 和 A_2 的程控放大器，具有 8 种可能的增益，见表 8.3。如果低于 8 种增益，则相应减少控制线，不用的控制线接固定电平。用程控放大器进行量程切换的原理图见图 8.8。

增 益	数 字 代 码		
	A_2	A_1	A_0
1	0	0	0
2	0	0	1
4	0	1	0
8	0	1	1
16	1	0	0
32	1	0	1
64	1	1	0
128	1	1	1

表 8.3 程控放大器 8 种增益

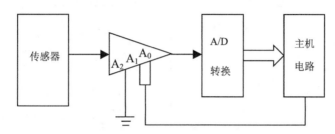

图 8.8　程控放大器量程切换原理图

图 8.8 所示的放大器采用两种增益，由仪表的主机电路控制。

现举例说明这种量程切换方案的适用性。

例 8.5　设图 8.8 所示的传感器为一个压力传感器，最大测量范围为 0～1MPa，相对精度为 ±0.1%，如把测量范围压缩到 0～0.1MPa，其相对精度仍可达到 ±0.2%。在这种情况下，可采用程控放大器来充分发挥这种传感器的性能。现在，A/D 转换器选用 $3\frac{1}{2}$ 位，仪表量程分为 0～1MPa 和 0～0.1MPa 两部分。在小量程时，传感器输出较小，可以通过提高程控放大器的增益来补偿，使单位数字量所代表的压力减小，从而提高数字计算的分辨率。

解：在 0～1MPa 量程时，程控放大器的增益为 1，控制线 $A_2A_1A_0 = 000\text{B}$，当被测压力为最大值时，A/D 转换器的输出为 1999。在这一量程内，一旦 A/D 转换器的输出小于 200，则经软件判断后自动转入小量程挡 0～0.1MPa，并使放大器的增益提高到 8，即令控制线 $A_2A_1A_0 = 011\text{B}$。类似地，小量程挡内若 A/D 转换器的输出大于 $200 \times 8 = 1600$ 时，软件判断后自动转入大量程挡，并使放大器的增益恢复到 1。上述自动切换功能的软件流程见图 8.9。图中 F_0 为标志位。

（2）自动切换不同量程的传感器

图 8.10 所示为另一种不同量程的切换方案，由主机电路通过多路转换器进行切换。$1^{\#}$ 传感器的最大测量范围为 M_1，$2^{\#}$ 为 M_2，且 $M_1 > M_2$，设它们的满量程输出是相同的。

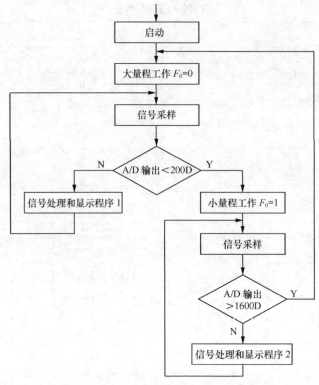

图 8.9　用程控放大器实现量程切换的程序流程

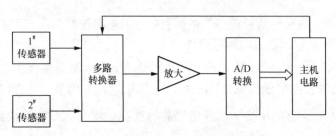

图 8.10　不同传感器的量程切换

量程切换的控制流程见图 8.11。启动时，总是 $1^{\#}$ 传感器先接入工作，$2^{\#}$ 处于过载保护，待软件判别确认量程后，再置标志位，选取 M_1 或 M_2。若传感器价格贵，则用这种方案实现量程切换的成本较高。

2. 标度变换技术

标度变换又称为工程量变换。智能仪表在读入被测模拟信号并转换成数字量后，往往要再转换成操作人员所熟悉的工程量，这是因为被测对象的各种数据的量纲与 A/D 转换的输入值不一样。例如，温度的单位为℃，压力的单位为 Pa，流量的单位为 m^3 / h，等等。这些参数经传感器和 A/D 转换后得到一系列数码，这些数码值并不等于原来带有量纲的参数值，它仅仅对应于参数的大小，故必须把它转换成带有量纲的数值后才能运算、显示或打印输出，这就是标度变换。标度变换有线性变换和非线性变换两种。

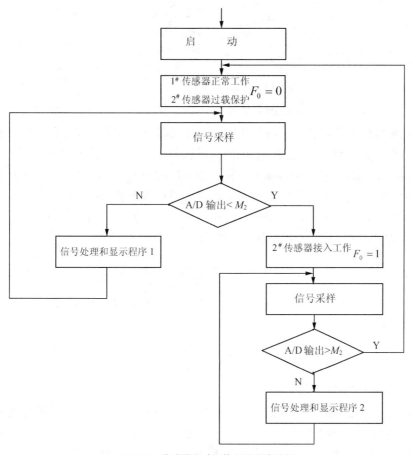

图 8.11 传感器自动切换量程程序流程

（1）线性标度变换

线性标度变换是较常用的标度变换方法，其前提条件是包括传感器在内的整个数据采集系统的输入输出是线性的，也就是说被测参数值与智能仪表经过 A/D 转换后得到的数值是线性的。

假设工艺过程中某被测变量的变化范围为 $A_{\min} \sim A_{\max}$，被测量的实际测量值为 A_x，被测量的下限值 $A_{\min}$ 对应的数字量为 $N_{\min}$，被测量的上限值 $A_{\max}$ 对应的数字量为 $N_{\max}$，A_x 对应的数字量为 N_x，则线性标度变换公式为

$$A_x = (A_{\max} - A_{\min}) \frac{N_x - N_{\min}}{N_{\max} - N_{\min}} + A_{\min} \tag{8-40}$$

例 8.6 假设某一数字温度仪的测量系统是线性的，温度测量范围为 $-50 \sim 150℃$，ADC 的分辨率为 12 位。如果被测温度对应的 ADC 的转换值为 D5EH，求其标度变换值。

解： 因为数字温度仪的测量系统是线性的，故可利用式（8-40）进行标度变换。由 ADC 的分辨率为 12 位可得与温度测量范围对应的 ADC 转换结果的范围为 $0 \sim$ FFFH，则 $A_{\min} = -50℃$，$A_{\max} = 150℃$，且当 $A_{\min} = -50℃$ 时，$N_{\min} = 0$；$A_{\max} = 150℃$ 时，$N_{\max} = 4095\mathrm{D}$，$N_x = \mathrm{D5EH} = 3422\mathrm{D}$，则

$$A_x = (A_{max} - A_{min}) \frac{N_x - N_{min}}{N_{max} - N_{min}} + A_{min}$$

$$= [150 - (-50)] \frac{3422 - 0}{4095 - 0} + (-50)$$

$$\approx 117.1℃$$

一般情况下，对某一固定被测参数的测量来说，A_{max}、A_{min}、N_{max} 和 N_{min} 都是常数，因此，可将这些参数事先存入智能仪表的内存中，测量时直接调用就可以得到实际被测量标度变换的值。如果是多参数测量或同一参数的多量程测量，不同参数或同一参数不同量程测量时，这些参数是不同的。在这种情况下，只要把多组这样的数值存入智能仪表的内存，在进行实际测量时，根据需要调用不同组的常数即可完成被测量的标度变换。

为了使程序设计变得简单，一般通过一定的处理使被测参数的下限值 A_{min} 对应的 ADC 的转换值 N_{min} 为 0，这样式（8-40）就可简化为

$$A_x = (A_{max} - A_{min}) \frac{N_x}{N_{max}} + A_{min} \tag{8-41}$$

在实际测量中，常常仪表的下限值 A_{min} 也为 0。这时，式（8-41）就可变成为更简单的形式，见式（8-42）。

$$A_x = A_{max} \frac{N_x}{N_{max}} \tag{8-42}$$

（2）非线性标度变换

如果包括传感器在内的整个数据采集系统的输入输出是非线性的，即被测参数值与智能仪表经过 A/D 转换后得到的数值是非线性关系，那么就不能使用前面介绍的线性标度变换方法进行被测量的标度变换。这时应该先进行非线性校正，再使用前面的线性标度变换方法。但是如果 A/D 转换后的数值与被测变量之间有明确的非线性数学关系，就不用那么麻烦，可直接利用该数学关系式进行标度变换，下面用一例子来说明这种方法。

例 8.7 利用差压式流量传感器系统测量流量时，流量与节流装置两端的压差之间的关系为

$$q = k\sqrt{\Delta p} \tag{8-43}$$

式中，q 为流量；Δp 为节流装置两端的压差；k 为系数，与流体的状态及节流装置的结构尺寸有关。

由式（8-43）可以看出，流体的流量与流体流过节流装置前后产生的压差的平方根成正比。智能仪表的前向通道对差压变送器的输出信号进行采集，如果采集的结果 N_x 与压差呈线性关系，即 $N_x = c\Delta p$，则被测流量 q 与采集结果 N_x 的关系为

$$q = K\sqrt{N_x} \tag{8-44}$$

式中，$K = k/\sqrt{c}$。

这样即可方便地得到利用差压式流量传感器系统测量流量时的标度变换公式

$$q_x = (q_{max} - q_{min}) \frac{\sqrt{N_x} - \sqrt{N_{min}}}{\sqrt{N_{max}} - \sqrt{N_{min}}} + q_{min} \tag{8-45}$$

式中：q_x——被测量的实际流量值；

q_{max}——被测流量的上限值；

q_{min}——被测流量的下限值；

N_x——差压变送器测得的压差值（数字量）；

N_{max}——差压变送器的上限所对应的数字量；

N_{min}——差压变送器的下限所对应的数字量。

对于流量仪表，一般下限为 0，即 $q_{min} = 0$，则式（8-45）可简化为

$$q_x = q_{max} \frac{\sqrt{N_x} - \sqrt{N_{min}}}{\sqrt{N_{max}} - \sqrt{N_{min}}} \tag{8-46}$$

如果在进行 A/D 转换时，差压变送器的下限所对应的数字量 N_{min} 也为 0，则式（8-46）可进一步简化为

$$q_x = q_{max} \frac{\sqrt{N_x}}{\sqrt{N_{max}}} \tag{8-47}$$

通常，测量系统的输出与被测变量之间的非线性关系不能用一个公式来表示，或者能够写出公式，但是计算起来非常困难。实际上，测量系统的输出与被测变量之间的非线性关系可以看成是智能仪表的一种系统误差，这样就可以采用前面介绍过的系统误差的校正方法来进行标度变换。

8.2　控制算法

控制算法是智能仪表软件系统的主要组成部分，整个仪表的控制功能主要由控制算法来实现。在传统的控制仪表中，主要采用 PID 控制规律，但由于受到各方面条件的限制，这类仪表的控制规律往往比较单一，适用面较窄。将微处理器引入仪表后，借助编程不仅可以实现比 PID 控制规律更为复杂的算法，而且，在同一仪表中可以配置多种控制算法以适应不同系统的应用需求，从而制成更为通用、功能更强的仪表。

目前可选用的控制算法很多，除常用的数字 PID 控制算法外，还有前馈、纯滞后、非线性、解耦、自适应以及智能控制算法等。

8.2.1　PID 控制算法

由于比例积分微分（PID）控制能够满足大部分工业对象的控制要求，所以到目前为止，PID 仍是过程控制中应用最广泛的一种控制规律。一个典型的 PID 单回路控制系统见图 8.12。图中　$c(t)$ 是被控变量，$r(t)$ 是给定值，$y(t)$ 是测量值，$u(t)$ 是控制变量，$q(t)$ 是操纵变量，$e(t)$ 为测量值与设定值的偏差。

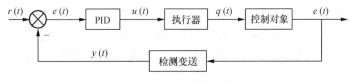

图 8.12　PID 单回路控制系统

PID 调节器的基本输入输出关系可表示为

$$u(t) = K_P \left[e(t) + \frac{1}{T_I} \int_0^t e(t)dt + T_D \frac{de(t)}{dt} \right] + u(0) \tag{8-48}$$

式中：$u(t)$——调节器的输出；

$u(0)$——调节器在静态时的输出值；

$e(t)$——调节器的输入偏差信号，$e(t) = r(t) - y(t)$；

K_P——比例增益；

T_I——积分时间；

T_D——微分时间。

式（8-48）用传递函数形式表示为

$$G_C(S) = K_P \left(1 + \frac{1}{T_I S} + T_D S \right) \tag{8-49}$$

由于智能仪表内部处理器的运算方式是数字量，所以需要将式（8-48）离散化。令 $t = nT$，T 为采样周期，且用 T 代替微分增量 dt，用误差的增量 $\Delta e(nT)$ 代替 $de(t)$，为书写方便，在不致引起混淆的场合，省略 nT 中的 T，则

$$\frac{de(t)}{dt} \rightarrow \frac{e(nT) - e[(n-1)T]}{T} = \frac{e(n) - e(n-1)}{T} = \frac{\Delta e(n)}{T}$$

$$\int_0^t e(t)dt \rightarrow \sum_{i=0}^n e(iT) \cdot T = T \cdot \sum_{i=0}^n e(i) \tag{8-50}$$

式中：n——采样序号；

$e(n)$——第 n 次采样的偏差值，$e(n) = r(n) - c(n)$。

于是式（8-48）可写成

$$u(n) = K_P \left\{ e(n) + \frac{T}{T_I} \sum_{i=0}^n e(i) + \frac{T_D}{T} [e(n) - e(n-1)] \right\} + u_0$$

$$= u_P(n) + u_I(n) + u_D(n) + u_0$$

上式中的第一项为比例控制作用，称为比例（P）项；第二项为积分控制作用，称为积分（I）项；第三项为微分控制作用，称为微分（D）项。u_0 是偏差为零时的初值。这三种作用可单独使用（微分作用与积分作用一般不单独使用）或合并使用，常用的组合有：P 控制、PI 控制、PD 控制和 PID 控制。

1. P 控制算法

数字 P 控制算法的算式为

$$u(n) = K_P e(n) + u_0 \tag{8-51}$$

式中，K_P 为比例增益。

由控制理论可知，对于没有积分环节的具有自衡性质的系统，静态放大系数 $K = K_0 K_P$（K_0 为对象增益）是个有限值，对于给定值的阶跃响应，稳态误差（静差）$e(\infty)$ 为

$$e(\infty) = \frac{1}{1+K} \Delta e$$

显然，只要 K 取得足够大，稳态误差就会变得很小。

对于含有一个积分环节的系统或含有 2 个（或 2 个以上）积分环节的具有非自衡性质的系统，稳态放大系数 $K \to \infty$，故 $e(\infty) = 0$。对于这类系统，P 控制算法可使其阶跃响应的稳态误差为 0。

另外需要指出的是，比例增益 K_P 并非越大越好，过大的 K_P 会导致系统振荡，破坏系统的稳定性。

2. PI 算法

数字 PI 控制算法的算式为

$$u(n) = K_P[e(n) + \frac{T}{T_I}\sum_{i=0}^{n}e(i)] + u_0 = u_P(n) + u_I(n) + u_0 \tag{8-52}$$

式中，T_I 为积分时间，T_I 越小，积分作用越强。通常 T_I 的范围从几秒到几十分。

积分作用的引入，有利于消除静差。但是，积分作用也会导致调节器的相位滞后，每增加一个积分环节就会使相位滞后 $90°$。另外，引入积分作用还会产生积分饱和问题，这些将在以后继续讨论。

3. PD 控制算法

数字 PD 控制算法的算式为

$$u(n) = K_P[e(n) + \frac{T_D}{T}\Delta e(n)] + u_0 = u_P(n) + u_D(n) + u_0 \tag{8-53}$$

式中，T_D 为微分时间，其范围从几秒到几十分。

微分作用是按偏差的变化趋势进行控制的。因此，微分作用的引入，有利于改善高阶系统的调节品质。同时微分作用会带来相位超前，每引入一个微分环节，相位就超前 $90°$，从而有利于改善系统的稳定性。但微分作用对输入信号的噪声很敏感，因此对一些噪声比较大的系统（如流量、液位控制系统），一般引入反微分作用以消除噪声。

另外，理想的微分控制规律在阶跃偏差信号作用下的开环输出特性是一个幅度无穷大、脉宽趋于零的尖脉冲，见图 8.13。由图 8.13 可知，微分控制规律的输出只与偏差的变化速度有关，而与偏差的存在与否无关，即偏差存在时，无论其数值多大，微分作用都无输出。因此，必须对上述微分作用做适当地改进。

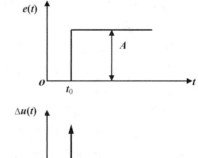

图 8.13 模拟理想微分作用的开环输出特性

4. 完全微分型 PID 控制算法

完全微分型 PID 又称理想 PID。在 8.2.1 小节的开始，我们推导了完全微分型的数字 PID 算式。根据系统中所采用的执行机构和不同的控制方式，该算式可以有位置型、增量型和速度型 3 种不同的差分方程形式。

（1）位置型算式

位置型算式的输出值与执行机构的位置（例如阀门的开度）相对应，表示为

$$u(n) = K_P\{e(n) + \frac{T}{T_I}\sum_{i=0}^{n}e(n) + \frac{T_D}{T}[e(n) - e(n-1)]\} + u_0 \tag{8-54}$$

（2）增量型算式

增量型算式的输出值与执行机构的变化量相对应，即为前后二次采样所计算的位置值之差。根据式（8-54）可得

$$\Delta u(n) = u(n) - u(n-1) = K_P \{[e(n) - e(n-1)] + \frac{T}{T_I}\left[\sum_{i=0}^{n} e(i) - \sum_{i=0}^{n-1} e(i)\right]$$

$$+ \frac{T_D}{T}[e(n) - 2e(n-1) + e(n-2)]\} \tag{8-55}$$

$$= K_P \{\Delta e(n) + \frac{T}{T_I} e(n) + \frac{T_D}{T}[\Delta e(n) - \Delta e(n-1)]\}$$

由增量式可得位置输出值为

$$u(n) = u(n-1) + \Delta u(n)$$

（3）速度型算式

速度型算式的输出值与执行机构位置的变化率（例如直流伺服电机的转动速度）相对应。它是由增量式除以 T 得到

$$u(n) = \frac{\Delta u(n)}{T} = K_P \{\Delta e(n) + \frac{T}{T_I} e(n) + \frac{T_D}{T}[\Delta e(n) - \Delta e(n-1)]\} \tag{8-56}$$

在位置型、增量型和速度型 3 种算式中，增量型是最基本的一种。为方便计算，该算式又可改写为

$$\Delta u(n) = a_0 e(n) + a_1 e(n-1) + a_2 e(n-2)$$

式中：

$$a_0 = K_P\left(1 + \frac{T}{T_I} + \frac{T_D}{T}\right)$$

$$a_1 = -K_P\left(1 + \frac{2T_D}{T}\right)$$

$$a_2 = K_P \frac{T_D}{T}$$

显然，按增量型 PID 算法计算 $\Delta u(n)$ 只需要保留现时刻及以前两个时刻的偏差值 $e(n)$、$e(n-1)$ 和 $e(n-2)$。初始化程序置初值 $e(n-1) = e(n-2) = 0$，由中断服务程序对过程变量进行采样，并根据参数 a_0、a_1、a_2 以及 $e(n)$、$e(n-1)$、$e(n-2)$ 计算出 $\Delta u(n)$。图 8.14 所示为完全微分增量型 PID 算法的程序流程。

应该指出，不论按哪种 PID 算法求取控制量 $u(n)$（或 $\Delta u(n)$），都可能使执行机构的实际位置达到上（或下）极限，而控制量 $u(n)$ 还在增加或（减少）。另外，仪表内的控制算法总是受到一定运算字长的限制，如对于 8 位 D/A 转换器，其控制量的最大数值就限制在 $0 \sim 255$ 之间。大于 255 或小于 0 的控制量 $u(n)$ 是没有意义的，因此，在算法上应对 $u(n)$ 进行限幅，即

$$u(n) = \begin{cases} u_{min}, & u(n) \leqslant u_{min} \\ u(n), & u_{min} < u(n) < u_{max} \\ u_{max}, & u(n) \geqslant u_{max} \end{cases} \tag{8-57}$$

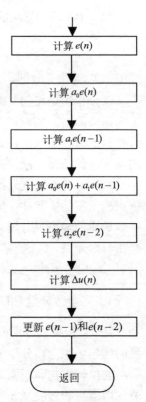

图 8.14 完全微分型 PID
算法程序流程

在有些系统中，即使 $u(n)$ 在 $u_{\min}$ 与 $u_{\max}$ 范围之内，但系统的工况不允许控制量过大。此时，不仅应考虑极限位置的限幅，还要考虑相对位置的限幅。限幅值一般通过仪表盘设定和修改。在软件上，只要用上、下限比较的方法就能实现。

5. 不完全微分型 PID 控制算法

由前面章节已知，完全微分（理想 D）作用对控制过程是无益的，而且这样的控制器在制造上也是很困难的，因此在实际控制系统中，人们对完全微分作用进行了改进，称为不完全微分作用或实际微分作用，模拟实际微分作用的开环输出特性见图 8.15。

在 PID 算法中，P、I 和 D 三个作用是独立的，故可在比例积分作用的基础上串接一个 $\dfrac{T_D S+1}{\dfrac{T_D}{K_D}S+1}$ 环节（K_D 为微分增益，通常取 5～10）构成实际的 PID 作用算法，见图 8.16。

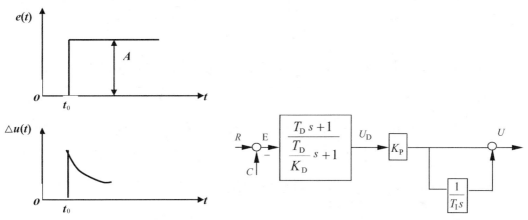

图 8.15 模拟实际微分作用的开环输出特性　　　　图 8.16 不完全微分型 PID 算法传递函数框图

因此，不完全微分型 PID 算法的传递函数为

$$G_C(s)=\left(\frac{T_D s+1}{\dfrac{T_D}{K_D}s+1}\right)\left(1+\frac{1}{T_I s}\right)K_P \tag{8-58}$$

完全微分和不完全微分作用的区别见图 8.17。引入不完全微分项后，系统的响应得到了改善。

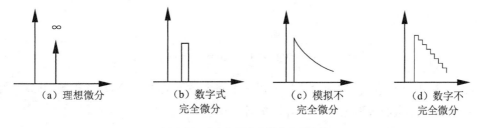

图 8.17 完全和不完全微分作用比较

同完全微分型一样，不完全微分型的数字 PID 算式也有位置型、增量型和速度型 3 种基本形式。下面介绍常用的增量型算式。

不完全微分的连续 PID 算式可用以下两式表示

$$U_D(s) = \frac{T_D s + 1}{\dfrac{T_D}{K_D} s + 1} E(s) \tag{8-59}$$

$$U(s) = K_P\left(1 + \frac{1}{T_I s}\right) U_D(s) \tag{8-60}$$

将式（8-59）化为微分方程，得

$$\frac{T_D}{K_D}\frac{\mathrm{d}u_D(t)}{\mathrm{d}t} + u_D(t) = T_D\frac{\mathrm{d}e(t)}{\mathrm{d}t} + e(t) \tag{8-61}$$

再将其差分化为

$$\frac{T_D}{K_D}\frac{u_D(n) - u_D(n-1)}{T} + u_D(n) = T_D\frac{e(n) - e(n-1)}{T} + e(n) \tag{8-62}$$

化简后得

$$u_D(n) = \frac{\dfrac{T_D}{K_D}}{\dfrac{T_D}{K_D} + T}u_D(n-1) + \frac{T_D}{\dfrac{T_D}{K_D} + T}[e(n) - e(n-1)] + \frac{T}{\dfrac{T_D}{K_D} + T}e(n)$$

$$ = u_D(n-1) + \frac{T_D}{\dfrac{T_D}{K_D} + T}[e(n) - e(n-1)] + \frac{T_D}{\dfrac{T_D}{K_D} + T}[e(n) - u_D(n-1)] \tag{8-63}$$

设 $K_{d1} = \dfrac{T_D}{\dfrac{T_D}{K_D} + T}$，$K_{d2} = \dfrac{T}{\dfrac{T_D}{K_D} + T}$，则上式可变为

$$u_D(n) = u_D(n-1) + K_{d1}[e(n) - e(n-1)] + K_{d2}[e(n) - u_D(n-1)] \tag{8-64}$$

同样，将式（8-60）化为微分方程，得

$$T_I\frac{\mathrm{d}u(t)}{\mathrm{d}t} = K_P T_I\frac{\mathrm{d}u_D(t)}{\mathrm{d}t} + K_P u_D(t) \tag{8-65}$$

再将其差分化，得

$$T_I\frac{u(n) - u(n-1)}{T} = K_P T_I\frac{u_D(n) - u_D(n-1)}{T} + K_P u_D(n) \tag{8-66}$$

化简后得

$$\Delta u(n) = K_P\frac{T}{T_I}u_D(n) + K_P[u_D(n) - u_D(n-1)] \tag{8-67}$$

将式（8-64）的 $u_D(n)$ 值代入上式即可得到不完全微分型数字 PID 算式输出的增量值。图 8.18 所示为不完全微分型数字 PID 算法的程序框图。

6．PID 算法的改进

（1）抗积分饱和

积分作用虽能消除控制系统的静差，但它也有一个副作用，会引起积分饱和，确切地说

是积分过量。这是由于在偏差长期存在的情况下，输出 $u(n)$ 将达到上、下极限值。此时虽然对 $u(n)$ 进行了限幅，但积分项 $u_1(n)$ 仍在累加，从而造成积分过量。当偏差方向改变后，因积分项的累积值很大，超过了输出值的限幅范围，故需经过一段时间后，输出 $u(n)$ 才脱离饱和区。这样就造成调节滞后，使系统出现明显的超调，大大降低了控制品质。这种由积分引起的过积分作用称为积分饱和现象。

下面介绍几种克服积分饱和的方法。

① 积分限幅法：消除积分饱和的关键在于不能使积分项过大。积分限幅法的基本思想是当积分项输出达到输出限幅值时，即停止积分项的计算，这时积分项的输出取上一时刻的积分值，其算法流程见图 8.19。

② 积分分离法：积分分离法的基本思想是在大偏差时不进行积分，仅当偏差的绝对值小于一预定的门限值 ε 时才进行积分累计。这样既防止了偏差大时有过大的控制量，也避免了过积分现象。其算法流程见图 8.20，由流程图可以看出，当偏差大于门限值时，该算法相当于比例微分（PD）控制器，只有在门限范围内，积分部分才起作用，以消除系统静差。

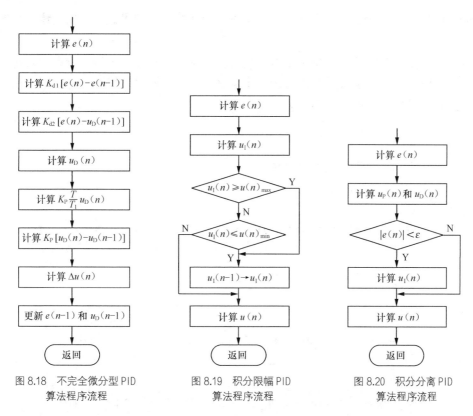

图 8.18　不完全微分型 PID　　图 8.19　积分限幅 PID　　图 8.20　积分分离 PID
　　算法程序流程　　　　　　　算法程序流程　　　　　　算法程序流程

③ 变速积分法：积分的目的是为了消除静差，这就要求在偏差较大时积分慢一些，使其作用相对弱一些，以免产生超调；而在偏差较小时，积分快一些，作用强一些，以尽快消除静差。基于这种想法的一种算法是对积分项中的 $e(n)$ 作适当变化，即用 $e'(n)$ 来代替 $e(n)$。

$$e'(n) = f\left(|e(n)|\right) \cdot e(n)$$

$$f\left(\left|e(n)\right|\right) = \begin{cases} \dfrac{A - \left|e(n)\right|}{A}, & \left|e(n)\right| < A \\ 0, & \left|e(n)\right| > A \end{cases} \tag{8-68}$$

式中，A 为一预定的偏差限。这种算法实际是积分分离法的改进。

（2）防止积分极限环的产生

智能仪表具有较高的控制精度，只要系统的偏差大于其精度范围，仪表就不断改变控制量。但是为了防止控制产生极限环（小幅度振荡），应对仪表输出增加一个限制条件，即如果 $\left|\Delta u\right| < \delta$（$\delta$ 是预先指定的一个相当小的常数，即所谓不灵敏区），则不输出。

（3）微分先行和输入滤波

微分先行是把对偏差的微分改为对被控变量的微分，这样，在给定值变化时，不会产生输出的大幅度变化，而且由于被控量一般不会突变，即使给定值已发生改变，被控量也是缓慢变化的，从而不致引起微分项的突变。微分项的输出增量为

$$\Delta u_{\mathrm{D}}(n) = \frac{K_{\mathrm{P}} T_{\mathrm{D}}}{T}\left[\Delta c(n) - \Delta c(n-1)\right] \tag{8-69}$$

按式（8-69）求取 $\Delta u_{\mathrm{D}}(n)$ 值并不困难，只是在基本 PID 算式中把求微分时的变量内容换一下而已。

克服偏差突变引起微分项输出大幅度变化的另一种方法是输入滤波。所谓输入滤波就是在计算微分项时，不是直接应用当前时刻的误差 $e(n)$，而是采用滤波值 $\overline{e}(n)$，即用过去和当前的 4 个采样时刻的误差的平均值，如

$$\overline{e}(n) = \frac{1}{4}\left[e(n) + e(n-1) + e(n-2) + e(n-3)\right] \tag{8-70}$$

然后再通过加权求和形式近似构成微分项，即

$$\begin{aligned} u_{\mathrm{D}}(n) &= \frac{K_{\mathrm{P}} T_{\mathrm{D}} \Delta \overline{e}(n)}{T} \\ &= \frac{K_{\mathrm{P}} T_{\mathrm{D}}}{4}\left[\frac{e(n) - \overline{e}(n)}{1.5T} + \frac{e(n-1) - \overline{e}(n)}{0.5T} + \frac{e(n-2) - \overline{e}(n)}{-0.5T} + \frac{e(n-3) - \overline{e}(n)}{-1.5T}\right] \\ &= \frac{K_{\mathrm{P}} T_{\mathrm{D}}}{6T}\left[e(n) + 3e(n-1) - 3e(n-2) - e(n-3)\right] \end{aligned} \tag{8-71}$$

其增量式为

$$\Delta u_{\mathrm{D}}(n) = \frac{K_{\mathrm{P}} T_{\mathrm{D}}}{6T}\left[\Delta e(n) + 3\Delta e(n-1) - 3\Delta e(n-2) - \Delta e(n-3)\right] \tag{8-72}$$

或

$$\Delta u_{\mathrm{D}}(n) = \frac{K_{\mathrm{P}} T_{\mathrm{D}}}{6T}\left[e(n) + 2e(n-1) - 6e(n-2) + 2e(n-3) + e(n-4)\right] \tag{8-73}$$

7. PID 调节器的参数整定及采样周期的选择

如何正确地选择 PID 调节器的结构及参数，使系统在受到扰动后仍保持稳定，并将误差保持在最小值，是 PID 调节器设计中的一个重要问题。

在选择调节器的参数之前，应首先确定调节器的结构。对于具有平衡性质的对象，应选

择有积分环节的调节器；对于具有纯滞后性质的对象，则往往应加入微分环节。调节器参数的选择，必须根据工程问题的具体要求来考虑，并通过试验确定，也可以通过凑试或按经验公式来选定。本节介绍与参数整定有关的控制度概念、采样周期的选择及参数整定方法。

（1）控制度

离散 PID 与连续 PID 算法相比，具有参数作用独立、可调范围大等优点。但是，理论分析和实际运行表明，如果采用等值 P、I、D 参数，离散 PID 控制的品质往往弱于连续控制。为此，引入了控制度这个概念，控制度定义为

$$
控制度 = \frac{\left[\min\int_0^\infty e^2 \mathrm{d}t\right]_{\mathrm{DDC}}}{\left[\min\int_0^\infty e^2 \mathrm{d}t\right]_{\mathrm{ANA}}} = \frac{\min(ISE)_{\mathrm{DDC}}}{\min(ISE)_{\mathrm{ANA}}} \tag{8-74}
$$

上式中的下标 DDC 和 ANA 分别表示直接数字控制与模拟连续控制，min 项是指通过参数最优整定而能达到的平方积分鉴定值。

对于同一过程，采样周期 T 取得越大，则控制的值越大，即离散 PID 控制的品质越差。这是因为离散 PID 控制算法的离散作用等效于在连续回路中串接一个 $\tau = T/2$ 的时滞环节。

（2）采样周期

数字 PID 控制要求采样周期与系统的时间常数相比足够小。由上分析可知：采样周期越小，控制效果越接近于连续控制。但采样周期的选择又受到多方面因素的影响。根据香农（Shannon）定理，采样周期只要满足

$$
T \leqslant \frac{1}{2f_{\max}} \tag{8-75}
$$

式中，$f_{\max}$ 为输入信号的上限频率，那么采样信号通过保持环节仍可复原为模拟信号而不会丢失任何信息。因此，香农定理给出了选择采样周期的上限，在此范围内，采样周期大些也不会丢失信号的主要特征。

从控制系统的性能要求来看，一般要求采样周期短些，这样，给定值的改变可以迅速地通过采样得到反映，而不致在随动控制中产生大的延迟。采用短的采样周期可以使之迅速地得到校正并产生较小的最大误差。

从计算机的工作量和每个调节回路的计算成本来看，则要求采样周期大些。特别是当计算机用于多回路控制时，必须使每个回路的控制算法程序都有足够的执行时间。因此，在用计算机对几个不同特性的回路进行控制时，可以充分利用计算机软件设计灵活的优点，对各路分别选用与各路参数相适应的采样周期。

从计算机的精度看，过短的采样周期是不合适的。在用积分部分消除静差的控制算法中，如果采样周期 T 太小，将会使积分项的系数 $\dfrac{T}{T_{\mathrm{I}}}$ 过小，当偏差小到一定限度以下时，增量算法中的 $\dfrac{T}{T_{\mathrm{I}}}e(n)$ 有可能受计算精度的限制而始终为零，导致积分部分不能起到消除静差的作用。因此，采样周期 T 的选择必须大到使计算精度造成的静差减小到可以接收的程度。

从以上分析中可以看出，各方面因素对采样周期的要求是不相同的，甚至是互相矛盾的，

必须根据具体情况和性能指标做出折中选择。在工业过程控制中，许多被控对象都具有低通的性质。图 8.21 所示为选择采样周期的经验公式，表 8.4 所示为常用被控变量的经验采样周期。

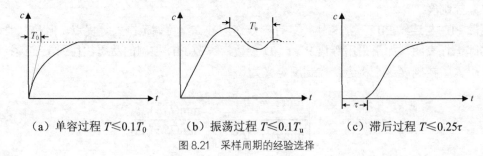

（a）单容过程 $T \leqslant 0.1T_0$　　（b）振荡过程 $T \leqslant 0.1T_u$　　（c）滞后过程 $T \leqslant 0.25\tau$

图 8.21　采样周期的经验选择

表 8.4　　　　　　　　　　　常见被控量的经验采样周期

被 控 量	采用周期 $T(s)$
流量	1
压力	5
液位	8
温度	20

（3）参数整定

模拟 PID 控制已经有不少行之有效的参数整定方法，例如衰减曲线法、临界比例度法、反应曲线法等。在 T 很小时，这些方法原则上都可用于离散 PID 控制度参数的整定。但是，当 T 较大时，就不能简单地使用这些方法，而必须综合考虑采样周期与控制度这两个因素。下面以增量型 PID 算法为例，介绍扩充临界比例度整定方法，具体步骤如下。

① 首先确定采样周期 T。对具有纯滞后的受控对象，T 应小于 τ（滞后时间）。对多个控制回路应保证在 T 时间内所有回路的控制算法均能完成。

② 确定临界比例增益和振荡周期。在单纯比例作用下（比例增益由小到大），使系统产生等幅振荡的比例增益称临界比例增益 K_U，这时的工作周期称为临界周期 T_U。

③ 根据式（8-74）确定控制度。

④ 根据控制度，按表 8.5 确定各参数：T、K_P、T_I、T_D。

表 8.5 所示为扩充临界比例度参数整定方法的具体参考值。

表 8.5　　　　　　　　　　　扩充临界比例度整定方法的参数参考值

控 制 度	控制算法	T	K_P	T_I	T_D
1.05	PI	$0.03\,T_U$	$0.53\,K_U$	$0.88\,T_U$	—
	PID	$0.14\,T_U$	$0.63\,K_U$	$0.49\,T_U$	$0.14\,T_U$
1.2	PI	$0.05\,T_U$	$0.49\,K_U$	$0.91\,T_U$	—
	PID	$0.043\,T_U$	$0.47\,K_U$	$0.47\,T_U$	$0.16\,T_U$
1.5	PI	$0.14\,T_U$	$0.42\,K_U$	$0.99\,T_U$	—
	PID	$0.09\,T_U$	$0.34\,K_U$	$0.43\,T_U$	$0.20\,T_U$

续表

控 制 度	控制算法	T	K_P	T_I	T_D
2.0	PI	$0.22\,T_U$	$0.36\,K_U$	$1.05\,T_U$	—
	PID	$0.16\,T_U$	$0.27\,K_U$	$0.40\,T_U$	$0.22\,T_U$
模拟控制器	PI	—	$0.57\,K_U$	$0.83\,T_U$	—
	PID	—	$0.70\,K_U$	$0.50\,T_U$	$0.13\,T_U$
临界比例度法	PI	—	$0.45\,K_U$	$0.83\,T_U$	—
	PID	—	$0.63\,K_U$	$0.50\,T_U$	$0.125\,T_U$

对于所选定的参数，在实际运行中要进行适当调整，通常是先加入比例和积分作用，然后再切入微分作用，使系统性能满足要求。也可以按 Ziegler-Nichols 提出的方法进行调整，令

$$T = 0.1T_U$$
$$T_I = 0.5T_U$$
$$T_D = 0.125T_U$$

于是式（8-55）可以写成为

$$\Delta u(n) = K_P[2.45e(n) - 3.5e(n-1) + 1.25e(n-2)] \tag{8-76}$$

从而使可调整的参数只有一个 K_P。

8.2.2 智能控制算法

智能控制的概念主要是针对被控对象、环境、控制目标或任务的复杂性而提出来的。被控对象的复杂性表现为模型的不确定性、高度非线性、分布式的传感器和执行器、动态突变、复杂的信息模式、庞大的数据量以及严格的特性指标等。由于传统的控制理论与对象的模型密切相关，人们在面对复杂的对象、环境和任务时，感到建立精确的数学模型十分困难，因而此时常规的控制算法难以实现有效的控制任务。

另一方面，人们在实践中发现：有些复杂的系统，凭人的直觉和经验能很好地进行操作并达到较为理想的结果。随着微电子、微处理器、人工智能等技术的迅速发展，在仪表中应用微处理器来模拟人的逻辑思维和判断决策成为可能。正是在这种情况下，借助人工经验和仿人思维的各种智能控制的软件算法应运而生，并受到了高度的重视。

智能控制算法也称仿人智能算法，它是建立在仪表工程师（专家）和熟练操作人员的控制经验（策略）基础上的软件算法。软件设计的任务，就是把这种用人类自然语言描述的经验和策略转化为仪表中微机能够接受的用计算机语言描述的软件算法，使仪表实时地模仿人的控制作用，完成控制任务。较之传统控制理论，智能控制对于环境、任务、对象的复杂性具有更高的适应能力，所以能在更广泛的领域中获得应用。

智能控制算法大体有 3 个层次。第一层次，算法是常规且固定的（如 PID 算法），但算法中的有关参数未定，可由仪表在线自动调整，使其达到最佳值。例如 PID 参数自整定就属于这一层次。第二层次是算法不固定，通常由一个决策集合来描述。例如用若干组 "If…Then…" 语句来描述控制规则。仪表根据采样时刻的波形特征和不同工况，在决策集合中选择适当的控制策略加到执行部件上去，或仪表在线辨识系统的数学模型，并根据获取的数学

模型调整控制算法，使系统控制品质保持最优。这些控制作用一般都具有非线性的特点。第三层次是高级的智能控制算法，这一层次的软件算法，不仅包含基本的控制决策，而且还具有自组织、自学习能力，能够使原来不够完善、比较粗糙的控制决策，在系统实时运行过程中，通过学习、获取知识和积累经验，形成仪表自身的专家知识库，从而不断调整仪表的控制策略，使系统运行在最佳状态。

智能控制算法一般不具有统一模式。对象不同，要求也不同，操作人员的经验也不一样，控制策略也就可能不同。但是不管采用何种智能算法，在设计时都要注意以下几点。

① 有效性：算法必须反映正确的思维、决策和操作经验，而不是随意选择几条规则，盲目拍板。

② 易实现性：对于智能仪表，算法必须能较容易地用汇编语言程序来实现。再好的算法，如果不易用仪表中的微机来实现，则会失去意义。

③ 实时性：设计算法时必须注意实时性，使仪表能在较短的时间（一般为 ms 级）内完成逻辑推理、判断和实时处理等工作。

本节以 PID 参数自整定、模糊控制算法和人工神经网络技术为例，介绍智能控制算法是如何实现的。

1. PID 参数自整定

PID 参数自整定又称参数自寻优、参数自校正，即利用最优化技术，根据过程特性和负荷变化等实际情况，求出在某一确定性能指标下的 PID 参数的最佳整定值。将微机引入仪表后，使仪表能模拟人的整定经验，实现参数自整定。

PID 参数自整定的方法很多，过去使用较多的是模型辨识法，即仪表首先通过一定的手段来辨识对象的模型参数（如 K、T、τ），然后根据经验公式确定 K_p、T_I 和 T_D。也可以用现代控制理论中介绍的一些方法来辨识模型、整定参数。

随着微机技术和人工智能技术的发展，出现了多种形式的专家调节器。人们自然也想到用专家经验来建立 PID 参数，这就是专家参数自整定算法。本节介绍这种参数自整定算法的基本原理。

一个熟练的控制工程师或操作人员，根据记录仪记录的曲线和调节器操作的动作，观察到由于给定值变更或负载变化而引起的测量信号的变化。并根据各种调整规则，设置新的 PID 参数值。反复进行上述操作，即可得到最佳 PID 值。PID 参数自整定，就是把上述人员的整定经验，转化成微处理器能实现的算法并存于仪表之中，使仪表能自动根据工况和负荷调整参数。参数自整定的框图见图 8.22，仪表不断观察测量值、给定值和输出信号的变化情况，得到响应特性曲线，并把特性曲线归纳为若干种基本响应曲线存于仪表中。需要整定时，可将这些特性与实际观测得到的特性曲

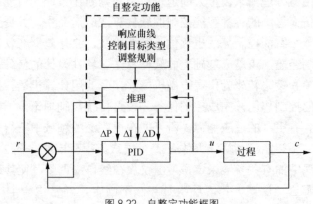

图 8.22　自整定功能框图

线进行对照，使之归入某一类型。测量值响应特性曲线的识别见图 8.23。

控制测量信号模式的指标有超调量、面积比和振荡周期。这些量可根据两个偏差峰值自动进行计算（见图 8.23）。面积比是表征响应波形振动衰减度的指标，其特点是即使在噪声重叠的情况下也不易受到干扰的影响。同时，根据不同过程把控制目标也分成若干种不同类型，例如表 8.6 把控制目标分成 4 种类型。

根据实际响应曲线和对控制目标的要求，就可制定出一套调整规则，使参数逼近最佳值，响应趋向预定目标。

图 8.24 所示为测量信号特性曲线和调整规则的一个实例。

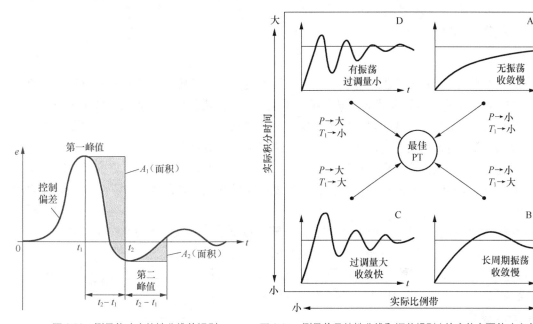

图 8.23　测量值响应特性曲线的识别　　图 8.24　测量信号特性曲线和调整规则（给定值变更的响应实例）

其中：

波形 A 是完全无振荡的波形，由于响应迟缓，适用于 P（比例带）小、T_I（积分时间）小的规则；

波形 B 由于振荡周期长、整定慢，适用于 P 小、T_I 大的规则；

波形 C 由于持续产生振幅较大的振荡，所以适用于 P 大、T_I 大的规则；

波形 D 由于持续产生周期的振荡，所以适用于 P 大、T_I 小的规则。

以上简单介绍了参数自整定的思想方法。按照这一思路，可编写出相应的自整定算法程序。

表 8.6　　　　　　　　　　　　　　　　控制目标类型

类　型	特　点	评　价　式
0	超调量：无	超调量：0
1	超调量：小（约 5%） 整定时间：短	ITAE 值：最小 $\min\int_0^\infty \lvert e\rvert t\, dt$

续表

类　型	特　点	评　价　式
2	超调量：中（约10%） 整定时间：稍快	ITA 值：最小 $$\min \int_0^\infty |e| \mathrm{d}t$$
3	超调量：大（约15%） 整定时间：快	ISE 值：最小 $$\min \int_0^\infty e^2 \mathrm{d}t$$

2. 模糊控制算法

（1）概述

模糊控制（FC，Fuzzy Control）算法是在模糊集合论的基础上发展起来的一种智能控制算法。自 1965 年美国加利福尼亚大学教授 L.A.Zadeh 提出模糊集概念以来，模糊集合理论发展极为迅速，并在许多领域中得到广泛应用。模糊产品不仅应用于工程，而且大量进入人类日常生活领域（例如洗衣机、电冰箱、空调、照相机、摄像机等）。

模糊控制对于难以建立数学模型、非线性、大滞后的控制对象具有很好的适应性。这是由于模糊控制是模仿人的操作经验，依据控制规则对过程进行控制的，它不依赖于对象的数学模型。

现举一个例子予以说明。图 8.25 所示为一液位控制系统，具有可变水位 L，调节阀 a 可以向容器内注水，也可以向容器外排水，现要把水位 X 稳定在点 O 所代表的值附近。假定容器中水位变化的原因不详。按照操作人员的经验，有如下粗略的控制规则。

若水面高于 O 点则排水，高出越多，排水越快；若水面低于 O 点则注水，低得越多，注水越快……

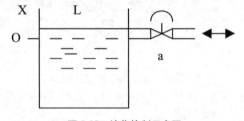

图 8.25　液位控制示意图

现在将上述一系列控制经验，用模糊集合论这一工具进行加工，可设计成一个模糊控制器，这一控制系统便是模糊控制系统。

模糊控制系统与一般控制系统在整体结构上没有什么根本的差异，只是把一般系统中的调节器（控制器）换成了模糊控制器。

目前模糊控制器主要有两类：一类是通用模糊控制器，输入、输出均为标准信号（1～5V，4～20mA）；另一类是专用模糊控制器，它是为特定的控制对象所设计的，可用单片机或 PC 实现。

模糊控制器自诞生以来，其控制算法已经有了很大的发展。不少算法在基本模糊控制算法的基础上做了许多改进和提升，例如带修正因子的模糊控制算法、复合型模糊控制算法、自适应模糊控制算法、自学习模糊控制算法等。为了区别于这些改进了的算法，把采用最基本的模糊算法的模糊控制器称为基本模糊控制器。

典型的基本模糊控制器结构见图 8.26。图中，$e(n)$ 为偏差，相应的量化因子（Scaling Factor）为 K_e；$ec(n)$ 为偏差变化，相应的量化因子为 K_{ec}；$Q(n)$ 为控制的决策值（增量型），

相应的比例因子为 K_u；实际输出控制量为 $u(n)$，其初值为 u_0。

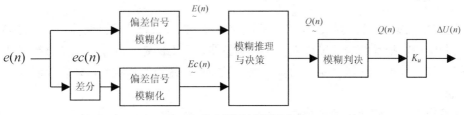

图 8.26 基本模糊控制器结构图

（2）控制算法结构的设计

设计模糊控制算法的关键是确定其算法结构，算法结构的统计有以下 4 步。

① 定义描述输入/输出的模糊语言变量。设系统的输入量（n 维）和输出量（1 维）都是离散的、有限的，并分别定义在 $n+1$ 个论域上，记做

$$X_1 = \{x_1\}, \{X_2\} = \{x_2\}, \cdots, X_n = \{X_n\}, X_{n+1} = \{X_{n+1}\}$$

由于人在操作过程中，对一个观测量一般只能做出二阶以下的判断，超过二阶，人是不易感知的。因此，对一个变量，通常就选用偏差 E 和偏差变化 Ec 作为输入量。为了便于用规范的语言词汇来描述控制规则，使之适合于模糊集合的运算，必须事先规定描述输入量偏差、偏差变化和输出量的语言变量（模糊状态）。例如，定义"负大（NB）"，"负中（NM）"，"负小（NS）"，"负零（NZ）"，"正零（PZ）"，"正小（PS）"，"正中（PM）"，"正大（PB）" 8 个语言变量为描述偏差 $\underset{\sim}{E}$ 的模糊状态。

这里需要指出两点。

a. 选择语言词汇不一定就是上述 8 个，可根据实际需要进行选择。选择较多的词汇，即对每个变量用较多的状态来描述，制定规则时就比较灵活，规则也比较细致，控制作用细腻，控制精度高，但也使规则变得复杂了，制定起来就比较困难；选择较少词汇，规则相应变少，制定规则方便了，但过少的规则会使控制作用变得粗糙而达不到预期的效果。因此，在选择模糊状态时要兼顾简单性和灵活性，一般每个变量采用 2～10 个模糊状态。

b. 上述 8 个词汇中的"零"并非精确数字中的"0"，而是表示极小，接近于"0"。从数轴上看，一个变量既可以从正方向逼近绝对"0"，也可以从负方向逼近绝对"0"，为了区别这两种情况，使所描述的规则较准确，从而有"正零"、"负零"之说。

在本节中，偏差 e 定义为测量值与给定值之差；$e(n) = c(n) - r(n)$，并定义偏差 $\underset{\sim}{E}$ 的论域为 X，则

$$X = \{x\} = \{-6, -5, -4, -3, -2, -1, -0, 0, 1, 2, 3, 4, 5, 6\} \tag{8-77}$$

共 14 级。

同样定义描述偏差变化的 $\underset{\sim}{Ec}$ 和决策值 $\underset{\sim}{Q}$ 的模糊状态。偏差变化的模糊状态为 $\underset{\sim}{NB}$、$\underset{\sim}{NM}$、$\underset{\sim}{NS}$、$\underset{\sim}{Z}$、$\underset{\sim}{PS}$、$\underset{\sim}{PM}$ 和 $\underset{\sim}{PB}$ 7 个，其论域为

$$Y = \{y\} = \{-6, -5, -4, -3, -2, -1, 0, 1, 2, 3, 4, 5, 6\} \tag{8-78}$$

共 13 级。

决策值 $\underset{\sim}{Q}$ 的模糊状态为 NB、NM、NS、Z、PS、PM 和 PB 7 个，其论域为

$$Z = \{z\} = \{-7, -6, -5, -4, -3, -2, -1, 0, -1, 2, 3, 4, 5, 6, 7\} \tag{8-79}$$

共 15 级。

② 确定控制策略。确定控制策略是关键的一步，即经过调查、讨论搜集到的经验，以及总结分析归纳后，把有经验的操作人员的控制策略，用上面定义的模糊状态进行描述。为了获得较好的控制效果，既保证响应的快速性，又能保证系统的稳定性，通常控制决策按下面两种形式给出。

当偏差很大时，控制决策以绝对位置形式给出，即满输出或零输出；

当偏差不大时，控制决策以增量形式给出。

对于单输入、单输出，且只考虑输入变量的偏差和偏差变化的系统，描述增量型控制策略（规则）的典型句型如下：

$$R_1: \quad \text{IF} \quad E = \underset{\sim}{NB} \quad \text{AND} \quad EC = \underset{\sim}{NB} \quad \text{THEN} \quad Q = \underset{\sim}{PB}$$

$$R_2: \quad \text{IF} \quad E = \underset{\sim}{NZ} \quad \text{AND} \quad EC = \underset{\sim}{Z} \quad \text{THEN} \quad Q = \underset{\sim}{Z}$$

表 8.7 所示为一个典型的用模糊状态描述的控制策略集合。

表 8.7　　　　　　　　　　　模糊控制决策状态表

Q	NB	NM	NS	Z	PS	PM	PB
NB		PB			PM		Z
NM							
NS	PM		PM		Z		NS
NZ							
PZ		PS	Z		NS		NM
PS	PS	Z		NM			
PM	Z	NM		NB			
PB							

③ 定义各模糊状态的隶属函数。前面描述的控制策略仅是用语言变量描述的，微机无法接收和处理。为了把这些控制策略转化为仪表内微机能接收和处理的软件算法，必须借助于模糊集合论的数学处理。

在经典集合论中，一个元素 x 与一个集合 Y 的关系，可用简单的特征函数 $\mu_Y(x)$ 来描述，即

$$\mu_Y(x) = \begin{cases} 1, & x \in Y \\ 0, & x \notin Y \end{cases} \tag{8-80}$$

$\mu_Y(x)$ 仅在 $\{0,1\}$ 上取值。但事实上，当讨论一个状态 x 与一个集合 Y 的隶属关系时，往往不能做绝对的肯定或否定，而只能判断 x 与 Y 的大致符合程度，这一符合程度用 $[0,1]$ 闭区间上的一个实数来度量，记做 $\mu_Y(x)$，表示 x 对 Y 的隶属度。这种没有明确外延的概念，称为模糊概念。当 $\mu_Y(x)$ 随 x 的变化而变化时，$\mu_Y(x)$ 即为隶属函数。隶属函数的概念是模糊集合论的基础和核心，模糊子集的运算实际上就是隶属函数的运算。因此在进行模糊集合运算前，必须先定义各模糊状态对应于其论域的隶属函数。

定义隶属函数也是一个模糊的逐步摸索的过程。在定义时要注意以下几点。

a．隶属函数的形状：图 8.27 所示为两种不同形状的隶属函数。图中，模糊子集 $\underset{\sim}{A}$ 是高分辨率的，模糊子集 $\underset{\sim}{B}$ 是低分辨率的，这两种模糊子集将导致不同的控制特性。

当输入偏差在高分辨率的模糊子集上变化时，它所引起的输出变化就比较剧烈，控制器的灵敏度较高；而采用低分辨率模糊子集时，情况正好相反，控制特性较为平缓。因此一般在偏差较大时采用低分辨率的模糊子集，其隶属函数的形状比较平坦；而在偏差接近 0 时采用高分辨率的模糊子集，其隶属函数的形状比较陡峭。

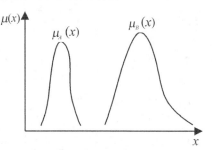

图 8.27　模糊子集隶属函数的分辨率

b．模糊子集对论域的覆盖度：在确定描述某一变量的各模糊子集时，要考虑它们对整个论域的覆盖程度，即所定义的模糊子集应使论域上的任何一点对这些模糊子集的隶属度的最大值均不能太小，否则在这些点上会导致失控。

c．模糊子集相互间的影响：在定义模糊子集的隶属函数时，要考虑到各模糊子集间的相互影响。通常，用这些模糊子集中任意两个子集之交集的隶属度的最大值 β 来描述这一影响。β 较小时控制较灵敏，β 较大时控制器对对象参数变化的适应性较强，即所谓"鲁棒性"较好，一般取 $\beta = 0.4 \sim 0.7$。β 过大将使两个模糊状态无法区分。

根据以上 3 点，可以在论域 X 上定义描述 E 的隶属函数：

$$\mu_{\underset{\sim}{PB}}(x) = \begin{cases} 1 & x > 6 \\ e^{-0.23(x-6)^2} & x \leqslant 6 \end{cases} \tag{8-81}$$

$$\mu_{\underset{\sim}{PM}}(x) = e^{-0.4(x-4)^2} \tag{8-82}$$

$$\mu_{\underset{\sim}{PS}}(x) = \begin{cases} e^{-0.6(x-2)^2} & x \geqslant 2 \\ e^{-0.28(x-2)^2} & x < 2 \end{cases} \tag{8-83}$$

$$\mu_{\underset{\sim}{PZ}}(x) = \begin{cases} e^{-0.5x^2} & x \geqslant 0 \\ 0 & x < 0 \end{cases} \tag{8-84}$$

$$\mu_{\underset{\sim}{NZ}}(x) = \begin{cases} 0 & x > 0 \\ e^{-0.5x^2} & x \leqslant 0 \end{cases} \tag{8-85}$$

$$\mu_{\underset{\sim}{NS}}(x) = \begin{cases} e^{-0.6(x+2)^2} & x \leqslant -2 \\ e^{-0.28(x+2)^2} & x > -2 \end{cases} \tag{8-86}$$

$$\mu_{\underset{\sim}{NM}}(x) = e^{-0.4(x+4)^2} \tag{8-87}$$

$$\mu_{\underset{\sim}{NB}}(x) = \begin{cases} 1 & x < -6 \\ e^{-0.23(x+6)^2} & x \geqslant -6 \end{cases} \tag{8-88}$$

式（8-81）至式（8-88）所描述的隶属函数可用图 8.28（纵坐标左右对称，左面略）和表 8.8 表示。

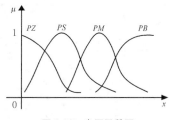

图 8.28　隶属函数图

表 8.8 偏差 E 的赋值表

	−6	−5	−4	−3	−2	−1	−0	+0	+1	+2	+3	+4	+5	+6
PBe	0	0	0	0	0	0	0	0	0	0	0.1	0.4	0.8	1.0
PMe	0	0	0	0	0	0	0	0	0	0.2	0.7	1.0	0.7	0.2
PSe	0	0	0	0	0	0	0	0.3	0.8	1.0	0.5	0.1	0	0
PZe	0	0	0	0	0	0	0	1.0	1.6	0.5	0	0	0	0
NZe	0	0	0	0	0.1	0.6	1.0	0	0	0	0	0	0	0
NSe	0	0	0.1	0.5	1.0	0.8	0.3	0	0	0	0	0	0	0
NMe	0.2	0.7	1.0	0.7	0.2	0	0	0	0	0	0	0	0	0
NBe	1.0	0.8	0.4	0.1	0	0	0	0	0	0	0	0	0	0

用同样的方法可以在论域 Y 和 Z 上定义用来描述偏差变化和决策值的隶属函数。

④ 确定算法结构。把所有控制策略通过隶属函数 μ 的并交模糊逻辑运算，离线算出模糊关系矩阵 $\underset{\sim}{R}$：

$$\underset{\sim}{R}_k = \underset{\sim}{E}_i \times \underset{\sim}{EC}_i \times \underset{\sim}{Q}_{ij} \Leftrightarrow \mu_{Ri} = [\mu_{Ei}(x)^{\mathrm{T}} \times \mu_{Ejc}(y)]^{\mathrm{T}} \times \mu_Q(\tilde{z}) \quad （\text{T 表示转置}） \quad （8\text{-}89）$$

$$\underset{\sim}{R} = \overset{n}{\underset{k=1}{\vee}} \underset{\sim}{R}_k$$

并（∨）、交（∧）、直积（×）运算的定义如下：设给定论域 X，A、B 为 X 上的两个模糊子集：

$$\vee： \underset{\sim}{C} = \underset{\sim}{A} \vee \underset{\sim}{B} \Leftrightarrow 对于 x \in X, \mu_C(x) = \max[\mu_A(x), \mu_B(x)]$$

$$\wedge： \underset{\sim}{D} = \underset{\sim}{A} \wedge \underset{\sim}{B} \Leftrightarrow 对于 x \in X, \mu_D(x) = \min[\mu_A(x), \mu_B(x)]$$

$$\times： \begin{array}{l} \underset{\sim}{R} = \underset{\sim}{A} \times \underset{\sim}{B} \Leftrightarrow 对于 [(x_i, x_j) \,|\, x_i \in X, x_j \in X] \\ \mu_R(x_i, x_j) = \min[\mu_A(x_i), \mu_B(x_j)] = \mu_A(x_i) \wedge \mu_B(x_j) \end{array} \quad （8\text{-}90）$$

$\underset{\sim}{R}$ 是一个十分庞大的模糊关系矩阵。基于不同的实际系统，这一关系矩阵有以下几种实现方法。

如果模糊控制系统是一个基于 PC 的控制系统，由于这类计算机具有很快的计算速度和很大的内存容量，关系矩阵 $\underset{\sim}{R}$ 可直接用软件（如 C 语言）写成。

对于以单片机为主的智能仪表，进行大量实时矩阵运算是不切实际的。可以事先把关系矩阵 $\underset{\sim}{R}$ 离线计算好，制成如表 8.9 所示的控制决策表。

表 8.9 控制决策表

Q E	Ec	偏 差 变 化												
		−6	−5	−4	−3	−2	−1	0	1	2	3	4	5	6
偏差	−6	7	6	7	6	7	7	7	4	4	2	0	0	0
	−5	6	6	6	5	6	6	6	4	4	2	0	0	0
	−4	7	6	7	6	7	7	7	4	4	2	0	0	0
	−3	7	6	6	6	6	6	6	3	2	0	−1	−1	−1
	−2	4	4	4	5	4	4	4	1	0	0	−1	−1	−1

Q　E	Ec	偏 差 变 化												
		−6	−5	−4	−3	−2	−1	0	1	2	3	4	5	6
偏差	−1	4	4	4	5	4	4	1	0	0	0	−3	−2	−1
	−0	4	4	4	5	1	1	0	−1	−1	−1	−4	−4	−4
	0	4	4	4	5	1	1	0	−1	−1	−1	−4	−4	−4
	1	2	2	2	2	0	0	−1	−4	−4	−3	−4	−4	−4
	2	1	2	1	2	0	−3	−4	−4	−4	−3	−4	−4	−4
	3	0	0	0	0	−3	−3	−6	−6	−6	−6	−6	−6	−6
	4	0	0	0	−2	−4	−4	−7	−7	−7	−6	−7	−6	−7
	5	0	0	0	−2	−4	−4	−6	−6	−6	−6	−6	−6	−6
	6	0	0	0	−2	−4	−4	−7	−7	−7	−6	−7	−6	−7

模糊控制算法也可用硬件实现。近年来，国外一些厂商已推出能实现模糊逻辑推理的芯片。这类芯片具有很强的推理能力和极快的推理速度，用户只需选择适当的隶属函数，用填表方式输入模糊规则集，无需编程就可以完成应用软件的开发，从而节省了大量的软硬件开发时间。

（3）模糊控制实时算法

模糊控制的实时算法，就是对采样所得之 e 和 ec ，根据已经获得的模糊关系 $\underset{\sim}{R}$ ，推算出应采取的控制策略。

模糊控制的实时算法一般也分为 4 步。

① 计算当前的偏差 $e(n)$ 和偏差变化 $ec(n)$ 。偏差和偏差变化由下列两式求得

$$e(n) = c(n) - r(n) \tag{8-91}$$

$$ec(n) = e(n) - e(n-1) \tag{8-92}$$

注意，这里的 $e(n)$ 和 $ec(n)$ 是清晰量（精确量）。

② 模糊化。模糊化就是将偏差 e 和偏差变化 ec 转化为模糊量。

通常，称变量在系统中的实际变化范围为基本论域。当系统中只考虑偏差 e 和偏差变化 ec 时，基本论域就是这两个变量在系统中各自的实际变化范围。由于事先对系统了解不多，开始时基本论域只能粗略地给出。

本节前面已经定义了语言变量的论域及语言变量与其相应论域的对应关系——隶属函数。正是隶属函数这一重要概念的引入，才使一个模糊的语言变量能转化为论域上的一个具有最大符合程度的数值。但是，通常过程控制中的变量，一方面具有确定性，另一方面它们的基本论域与所定义的模糊状态的论域也不一致，实际变量的模糊化过程如下。

设偏差的基本论域为 $[-e_m, e_m]$ ，偏差变化的基本论域为 $[-ec_m, ec_m]$ ，偏差模糊状态的论域为 $[-n,n]$ ，偏差变化模糊状态的论域为 $[-m,m]$ ，则量化因子 K_e 和 K_c 的取值范围由以下两式决定

$$K_e = \frac{e_m}{n} \tag{8-93}$$

$$K_c = \frac{ec_m}{m} \tag{8-94}$$

有了量化因子 K_e 和 K_c ，可将 e 和 ec 按下列两式进行模糊化

$$E(n) = \frac{e(n)}{K_e} \tag{8-95}$$

$$Ec(n) = \frac{ec(n)}{K_c} \tag{8-96}$$

需要说明的是：经过式（8-95）和式（8-96）运算后的值不一定是整数，而模糊化后的输入量应该为整数，所以取最近的数。

下面举例说明模糊化的过程。

例 8.8 假设某一系统的偏差 e 的实际变化范围经过 A/D 转换后为[-1500,+1500]，而定义的描述偏差模糊状态的论域是[-7,7]；偏差变化 ec 的实际变化范围经过 A/D 转换后是[-60,60]，而定义的描述偏差变化模糊状态的论域是[-6,6]，如果测量系统得到的实际 e 的值为 1200，ec 的值为 20，要求分别对 e 和 ec 进行模糊化。

解： 根据题意，设偏差的量化因子为 K_e，偏差变化的量化因子为 K_c，则根据式（8-93）和式（8-94）可分别得到

$$K_e = \frac{e_m}{n} = \frac{1500}{7}$$

$$K_c = \frac{ec_m}{m} = \frac{60}{6} = 10$$

则对于实际变量 $e = 1200$，根据式（8-95）可得

$$E(n) = \frac{e(n)}{K_e} = \frac{1200}{\dfrac{1500}{7}} = 5.6$$

对于实际变量 $ec = 20$，根据式（8-96）可得

$$Ec(n) = \frac{ec(n)}{K_c} = \frac{20}{10} = 2$$

由于偏差 e 经过模糊化公式运算后的值为 5.6，不是整数，但它距 6 最近，所以偏差 e 模糊化后的值取 6；而偏差变化 ec 经过模糊化公式运算后的值刚好是整数，所以偏差变化 ec 模糊化后的值取 2，这样就实现了对实际测量数据的模糊化。

③ 按推理合成规则进行模糊决策。求得 $E(n)$ 和 $Ec(n)$ 后，就可以根据所求得的模糊关系矩阵 R 进行实时决策，即根据当前 nT 时刻的 $E(n)$ 和 $Ec(n)$，由控制器推理判断出该用决策集中的哪一条决策。具体计算由下列推理合成运算实现

$$Q(n) = [E(n) \times Ec] \circ R \tag{8-97}$$

式中"。"为合成运算，即

$$Q(n) = [E(n) \times Ec] \circ R \Leftrightarrow \mu_Q(z) = \bigvee_{\substack{x \in X \\ y \in Y \\ z \in Z}} \mu_R(x,y,z) \wedge \mu_E(x) \wedge \mu_{Ec}(y) \tag{8-98}$$

前面已经指出，关系矩阵 R 可通过软件实时运算得到（基于 PC 系统）；也可事先离线计算制成决策表，将实时决策简化为简单的查表操作，例如，当 $E(n) = -5$，$Ec(n) = -2$ 时，$Q(n) = 6$。后者的优点是结构简单、决策迅速，缺点是调整控制规则困难。如采用模糊推理芯片，则整个推理过程在硬件电路中完成，速度更快，使用起来更方便。

④ 判决（精确化）。式（8-98）运算结果 $\underset{\sim}{Q}(n)$ 仍是一个模糊子集，它包含决策值的各种信息，是反映控制语言规则不同取值的一种集合。而被控对象只能接收一个确切的控制信号，因此必须从决策值的模糊集合中判决出一个精确量，然后再加到被控对象上去。简而言之，判决就是从模糊集合到普通集合的一个映射，是将一个模糊量变换成清晰量的过程。

最常用的判决方法是最大隶属度法。最大隶属度法就是在决策值集合中，取隶属度最大的那个元素 Z^* 作为最终决策值，即 $Q(n) = Z^*$。例如，决策值模糊集 $Q(n)$ 为 {0/−7, 0/−6, 0/−5, 0/−4, 0.5/−3, 0.7/−2, 0/−1, 0/0, 0/1, 0.3/2, 0.5/3, 0.7/4, 1/5, 0.7/6, 0.2/7}，则 $Q(n) = 5$，即取使隶属度最大的那个元素 5 作为最终决策值。

由 n 时刻 Z 的模糊子集得到清晰量 $Q(n) = 5$ 后，还不能直接加到被控对象上，因为 $Q(n)$ 是在模糊论域，还需要转换到实际论域，才可以经过 D/A 转换后去对工业变量进行控制。因此，需再引入一个比例因子 K_u。

被控制对象实际所要求的控制量的变化范围，称为模糊控制器输出变量的基本论域。假设实际控制量的基本论域取为 $[-\Delta u_m, \Delta u_m]$，而控制量的模糊子集的论域取为 {$-l, -l+1,...,0, ...,l-1,l$}，则 K_u 可按下式计算

$$K_u = \frac{\Delta u_m}{l} \quad (8\text{-}99)$$

有了比例因子 K_u，就可以将控制器的输出量从模糊论域转换到实际论域了，转化公式为

$$\Delta u = Q(n)K_u \quad (8\text{-}100)$$

例 8.9　假设某一系统实际控制量增量范围的数字形式为 [−200,+200]，模糊控制器输出量的模糊论域为 [−7,7]，如果模糊控制器经过运算得到的输出量为 5，试将其转换到实际论域。

解：根据题意及式（8-99），可得比例因子 K_u

$$K_u = \frac{\Delta u_m}{l} = \frac{200}{7}$$

再由式（8-100）可得

$$\Delta u(n) = Q(n)K_u = 5 \times \frac{200}{7} \approx 142.85 \quad （因为是数字量，所以取 143）$$

得到实际论域的控制量 $\Delta u(n)$ 后，就可以去控制工业变量了。

由前面可知 $\qquad\qquad\qquad u(n) = u(n-1) + \Delta u(n)$

又 $\qquad\qquad\qquad\qquad u(n-1) = u(n-2) + \Delta u(n-1)$

于是有 $\qquad\qquad u(n) = \sum_{i=1}^{n} K_u^* Q(i) + u_0 = K_u \sum_{i=1}^{n} Q(i) + u_0 \quad (8\text{-}101)$

同时根据系统实际情况对 $u(n)$ 作必要的限幅，例如，对于 8 位字长的 D/A 转换器，$u_0 \leqslant u(n) \leqslant 255$，所以模糊控制器的最终输出 $u(n)$ 为

$$u(n) = \begin{cases} \sum_{i-1}^{n} Ku * Q(i), & u_0 < u(n) < 255 \\ 255, & u(n) \geqslant 255 \\ u_0, & u(n) \leqslant u_0 \end{cases} \quad (8\text{-}102)$$

根据系统要求，D/A 转换器可选择 8 位、10 位或更多位，此时的输出上、下限值也应做出相应的选择和调整。

3．人工神经网络技术

（1）概述

人们对人工神经网络的研究已有较长的历史，早在 20 世纪 40 年代心理学家 W. S. McCulloch 和数学家 W. Pitts 就合作提出了形式神经元的数学模型（称为 MP 模型）。经过许多学者的不懈努力，到了 20 世纪 80 年代，神经网络领域在多层前馈网络和反馈网络方面取得了突破性进展。最具代表性的有 Hopfield 网络模型、多层网络 BP 算法、ART 自适应共振理论、SOM 自组织特征映射模型等。

人工神经网络具有良好的非线性映射能力、自学习适应能力和并行信息处理能力，它为解决高度非线性和严重不确定性复杂系统的建模与控制问题提供了新的思路，开辟了新的途径。神经网络控制的基本思想是从仿生学的角度对人脑的神经系统进行模拟，使机器具有人脑那样的感知、学习、推理等能力。它将控制系统看成是一个由输入到输出的映射，利用神经网络的学习能力和适应能力实现系统的映射特性，从而完成对系统的建模与控制。目前，人工神经网络控制已发展成为智能控制的重要分支。

（2）神经网络基本概念

人工神经网络（简称神经网络，NN）是由人工神经元（简称神经元）互连组成的网络，它是人脑的某种抽象、简化与模拟，能够反映人脑功能的基本特性，它的基本处理单元是神经元。多年来，研究人员建立了多种神经网络模型。通常，决定其整体性能的 3 大要素有：神经元（信息处理单元）特性；神经元之间的互连方式，即网络的拓扑结构；网络学习规则。

① 神经元及其特性。神经元一般是一个多输入、单输出的非线性器件，其结构模型见图 8.29。其中 U_i 为神经元的内部状态，Q_i 为阈值，x_i 为输入信号，w_i 表示其他神经元与 U_i 连接的权值。

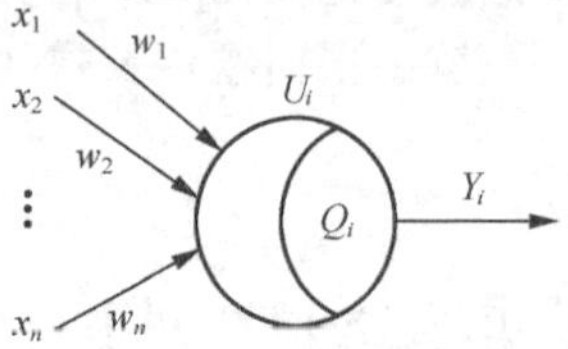

图 8.29　神经元结构模型图

上述模型可用数学公式描述为

$$U_i = f\left(\sum_{i=1}^{n} w_i x_i - Q_i\right) \tag{8-103}$$

$$Y_i = g(U_i) \tag{8-104}$$

当神经元没有内部状态时，可令 $Y_i = U_i$。上式中 f 是神经元的非线性特性函数，又称为激励函数，常见的有如下几种。

a．阈值型：神经元没有内部状态，而且 f 为一阶跃函数，见图 8.30（a）。

b．分段线性型：见图 8.30（b）。

c．S 型：它一般没有内部状态并连续取值，其函数常用对数或正切等 S 形曲线来表示（如 $X_i = \dfrac{1}{[1 + \exp(-x)]}$），见图 8.30（c）。

② 神经网络拓扑结构。神经网络的互连结构有以下一些类型。

（a）不含反馈的前向网络，见图 8.31（a）。神经元分层排列，由输入层、隐层（亦称中间层，可有若干层）和输出层组成。

（b）从输出层到输入层有反馈的前向网络，见图 8.31（b）。

（c）层内有相互结合的前向网络，见图 8.31（c）。

（d）任意两个神经元之间都有可能连接的相互结合型网络，见图 8.31（d）。

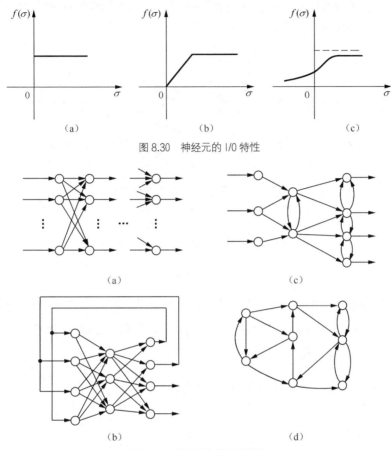

图 8.30　神经元的 I/O 特性

图 8.31　神经网络的互连结构

③ 学习规则。神经网络具有自学习能力，其学习方式主要有 3 种。

有导师学习：也称监督学习，它能根据期望值与实际网络输出间的差值来调整神经元之间的连接权值。期望输出被称为导师信号，它是评价学习的标准。

无导师学习：也称无监督学习，它无需知道期望输出，网络能根据其特有的结构和学习规则自动调整连接权值。此时网络的学习评价标准隐含于其内部。

强化学习：也称再励学习，是有导师学习的特例，它无需导师给出目标输出，而是采用一个"评论员"来评价与给定输入相对应的神经网络输出的优度（质量因素）。遗传算法（GA）就属于强化学习算法。

神经网络的工作方式由两个阶段组成。

学习期：神经元之间的连接权值，可由学习规则进行修改，以使目标函数达到最小。

工作期：连接权值不变，由网络的输入得到相应的输出。

（3）神经网络模型及其学习算法

目前在控制领域中应用最为广泛的神经网络结构是多层前馈神经网络（又称为前向网

络），见图 8.31（a），其中具有代表性的网络有 BP 网络、RBF 网络、Adaline 网络等。

① BP 神经网络（BPN）。

a．网络结构：通常将多层前馈网络中采用反向误差传播学习（BP）算法的网络称为 BP 网络。BP 网络结构可分为输入层、隐含层和输出层，其中隐含层可为一层或多层，一个三层 BP 网络的网络结构见图 8.32。

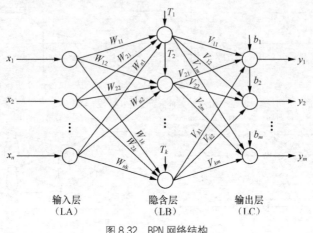

图 8.32　BPN 网络结构

在上述神经网络模型中，同层节点间无关联，异层节点间前向连接。w_{ij} 为 LA 层至 LB 层神经元间的连接权值，T_i 为 LB 层神经元的阈值，v_{ij} 为 LB 层至 LC 层神经元间的连接权值，b_i 为输出层神经元的阈值，则有

隐含层各节点输出为：$\quad OB_j = f\left(\sum w_{ij} \cdot x_i + T_j\right) \qquad \left(\begin{matrix} i = 1, \cdots, n \\ j = 1, \cdots, k \end{matrix}\right)$　　　（8-105）

输出层各节点输出为：$\quad y_j = f\left(\sum v_{ij} \cdot OB_i + b_j\right) \qquad \left(\begin{matrix} i = 1, \cdots, k \\ j = 1, \cdots, m \end{matrix}\right)$　　　（8-106）

其中 $f(\cdot)$ 为 BPN 的传递函数，对象特性为非线性时，通常采用收敛的 S 型函数。例如

logsig 函数：$f(x) = \dfrac{1}{1 + \mathrm{e}^{-x}} \qquad \left(f(x) \in (0,1)\right)$

tansig 函数：$f(x) = \dfrac{\mathrm{e}^x - \mathrm{e}^{-x}}{\mathrm{e}^x + \mathrm{e}^{-x}} \qquad \left(f(x) \in (-1,1) \quad 或\ f(x) = \dfrac{1 - \mathrm{e}^{-x}}{1 + \mathrm{e}^{-x}}\right)$

b．网络学习算法：BP 网络采用有导师的学习算法——反向传播学习算法（BP 算法）。其基本思想是将在网络学习时输出结果与期望值（即导师信号）之间的误差通过输出层节点反向逐层传向输入层，通过逐层调整神经元的连接权值和阈值，使网络的全局误差趋向最小，即网络趋向收敛。该算法的学习过程由正向传播和反向传播组成，在正向传播过程中，输入信息从输入层经隐含层节点逐层处理，并传向输出层，每一层神经元的状态只影响下一层神经元的状态。如果在输出层不能得到期望的输出，则转入反向传播，将误差信号沿原来的连接通路返回，通过修改各神经元的权值，使得目标函数最小。

标准的 BP 算法采用梯度下降法调整权值。设目标函数为

$$E(w) = \frac{1}{2}\left\| Y - \hat{Y} \right\|^2 = \frac{1}{2}\sum\left(Y - \hat{Y} \right)^2 \qquad (8\text{-}107)$$

若设 w 是网络所有权值组成的向量，$E(w)$ 为实际输出 $\hat{Y}(k,w)$ 与期望值 $Y(k)$ 的偏差。算法基本思想是沿 $E(w)$ 的负梯度方向不断修正权值 $w(k)$ 值，直到目标函数 $E(w)$ 达到最小值，数学表达式为

$$w(k+1) = w(k) + \eta\left(-\frac{\partial E(w)}{\partial w} \right)\Bigg|_{w = w(k)} \qquad (8\text{-}108)$$

式中：$\Delta w(k) = -\eta\dfrac{\partial E(w)}{\partial w}$——权值修正率；

$\dfrac{\partial E(w)}{\partial w}$——误差 E 关于 $w(k)$ 的梯度；

η——步长或学习率；

k——学习迭代次数，$k = 0,1,\cdots$。

BP 定理已证明：给定足够的隐含层神经元，一个三层前馈 BP 网络可以实现以任意精度逼近任意一个连续非线性函数。但是上述的 BP 算法实际上是一种简单的最速下降静态寻优算法，由于没有利用 $\Delta w(k)$ 过去积累的任何经验，即没有 $\Delta w(k-1)$ 项，因而对于某些复杂形状的误差超曲面，常常发生剧烈的振荡，从而无法稳定在极小点邻域，收敛速度特别缓慢且容易陷入局部最小，这是 BP 算法最致命的弱点。对于多极值网络易陷于局部极小的问题，可采用一些最优化算法来解决，常用的全局最优算法有模拟退火、遗传算法和单纯形法等。

② RBF 神经网络（RBFN）。

a. 网络结构：径向基函数（RBF）网络是由 J. Moody 和 C. Darken 等人于 20 世纪 80 年代末提出的一种神经网络，由于它模拟了人脑中局部调整、相互覆盖接收域（或称感受野）的神经网络结构，因此如给予足够多的隐含层神经元，RBFN 能以任意精度逼近任意一个连续函数。

RBF 网络是具有单隐层的三层前向网络，包括输入层、隐含层和输出层，见图 8.33。隐含层节点（即 RBF 节点）由常见的类似高斯核函数的辐射状作用函数构成，输出层节点通常由简单的线性函数构成。隐含层节点的高斯核函数对输入数据将在局部产生响应，即当输入数据靠近高斯核函数的中央范围时，隐层节点将产生较大的输出。反之，则产生较小的输出。因此 RBF 网络有时也被称为局部感知场网络。

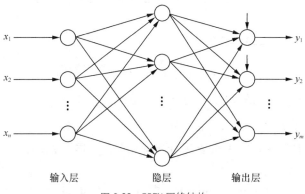

图 8.33　RBFN 网络结构

高斯函数可表示为： $$\phi(x) = \exp\left(\frac{-\|x - c_i\|^2}{2\sigma^2}\right), \quad \sigma > 0 \tag{8-109}$$

隐含层输出为： $$u_j = \exp\left(-\|x - c_j\|^2 / 2\sigma_j^2\right), \quad j = 1, 2, \cdots, N_n \tag{8-110}$$

式中：u_j——第 j 个隐含层节点的输出，$u_j \in [0,1]$；$X = (x_1, x_2, \cdots, x_n)^{\mathrm{T}}$ 是输入样本；

$\quad\quad c_j$——高斯核函数的中心值；

$\quad\quad \sigma_j$——对应于 c_j 的控制参数；

$\quad\quad N_n$——是隐含层节点数。

输出层输出为： $$y_i = \sum w_{ij} u_j + \theta, \quad i = 1, 2, \cdots, m \tag{8-111}$$

式中：y_i——第 i 个输出层节点的输出；

$\quad\quad \theta$——输出层神经元的阈值；

$\quad\quad w_{ij}$——输出层神经元权值。

RBFN 的输出可表示为隐含层节点输出的线性组合，即

$$y_i = \boldsymbol{W}_i^{\mathrm{T}} \boldsymbol{U} \tag{8-112}$$

式中，$\boldsymbol{W}_i = (w_{i1}, w_{i2}, \cdots, w_{iNn}, \theta)^{\mathrm{T}}$，$\boldsymbol{U} = (u_1, u_2, \cdots u_{N_n}, 1)^{\mathrm{T}}$。

径向基神经网络的学习过程可以分为两个阶段，首先根据所有输入样本决定隐含层各节点的高斯核函数中心值 c_j 和控制参数 σ_j，然后再根据期望输出确定输出层的权值 W_i。

b. 网络学习算法：RBF 网络学习方法主要有 Poggio 方法、Moody-Darken 方法、局部学习方法、正交最小二乘法以及聚类与 Givens 最小二乘联合迭代法等。

Moody-Darken 算法的整个训练过程分为非监督学习和监督学习两个阶段。非监督学习阶段采用 K-means 聚类方法对训练样本的输入量进行聚类，找出聚类中心 c_i 及参数 σ_i，在确定参数 c_i、σ_i 后，由于隐含层至输出层采用线性函数，因此可采用最小二乘法求解网络的输出权值 w_i。

正交最小二乘法（OLS）是目前训练 RBF 网络应用较多的一种方法，其基本思想是：当选用高斯核函数作为隐层传递函数时，首先选取输入的样本数作为隐含层节点数（即中心数目），函数中心值取训练样本中输入数据的数值，这样隐含层中的 c_i 及 σ_i 确定下来后，则隐含层输出也可确定，从隐含层到输出层之间可用线性方程组表示为

$$D = P \cdot w + E \tag{8-113}$$

式中，$D = [d_1, d_2, \cdots, d_n]$，为期望输出阵；

$\quad\quad P = [p_1, p_2, \cdots, p_n]$（$p_i = \left[p_{i(1)}, \cdots, p_{i(n)}\right]^{\mathrm{T}}$），为隐含层输出阵；

$\quad\quad w = [w_1, w_2, \cdots, w_n]^{\mathrm{T}}$，为隐含层到输出层权矩阵；

$\quad\quad E = [e_1, e_2, \cdots, e_n]^{\mathrm{T}}$，为学习后的误差矩阵。

OLS 算法在训练过程中，首先对 P 进行奇异值分解，得到 $P = W \cdot A$，W 为正交矩阵，A 为上三角阵，代入式（8-113），可得

$$D = W \cdot A \cdot w + E = W \cdot g + E, \quad A \cdot w = g$$

由此，可求得 g 和 w 的估计值为

$$\hat{g} = W^{-1}D , \quad \hat{w} = A^{-1}g$$

在对 P 进行 QR 分解时所得到的 W 的秩（ $\text{rank}(W)$ ）不一定为 N，这说明中心数 N 是多余的，通过正交优选方法可确定最佳的隐含层中心数。OLS 在训练过程不断采用新的样本进行训练，直到输出满足系统所要求的精度，此时算法终止，同时还可得到网络的输出层权值和最佳隐含层中心数。

OLS 算法简单易行、运算速度快，并且能够在训练中选取最合适神经元数目而不必事先选定隐含层神经元数目，但 OLS 也存在着局限性，即初始中心数（隐含层神经元）过多；中心值采用输入样本数据，难以反映系统的真实输入输出关系；训练过程中没有对输出层权值进行约束，造成权值可能偏大从而导致网络性能变差；当输入有微小波动时，网络输出可能会出现很大变化，从而影响网络的泛化能力；不适合递推运算。

RBF 网络是一种性能良好的前向网络，它不仅有全局逼近性质，而且具有最佳逼近性能，训练方法快速易行，不存在局部最优问题，这是它优于 BPN 的地方。但在实际应用中，RBF 也存在一些需要进一步研究和解决的问题，如隐含层中心数的确定、隐节点控制参数 σ_i 的选择、RBF 网络的泛化能力的提高等。

（4）神经网络 PID 控制

PID 控制是工业控制领域最常用的一种控制方法，这是因为 PID 控制器结构简单、实现容易，且能对相当一些工业对象（或过程）进行有效的控制。但常规 PID 控制的局限性在于当被控对象具有复杂的非线性特性和环境不确定性时，往往难以达到满意的控制效果。将神经网络技术与 PID 控制相结合是针对上述问题提出的一种控制策略。

① 单神经元 PID 控制。人工神经元具有很强的自学习和自适应能力，且单个神经元的学习收敛速度较快，运用于非快速的控制领域可增强其鲁棒性。现介绍一种单神经元 PID 学习控制算法。

由前面的介绍可知，PID 调节器的增量算式为

$$\Delta u(n) = K_{\text{P}}\left\{\left[e(n)-e(n-1)\right] + \frac{T}{T_{\text{I}}}e(n) + \frac{T_D}{T}\left[e(n)-2e(n-1)+e(n-2)\right]\right\} \quad （8\text{-}114）$$

令 $K_i = K_{\text{P}}\dfrac{T}{T_{\text{I}}}$， $K_d = K_{\text{P}}\dfrac{T_D}{T}$，则式（8-114）可改写为

$$\Delta u(n) = K_{\text{P}}\left[e(n)-e(n-1)\right] + K_i e(n) + K_d\left[e(n)-2e(n-1)+e(n-2)\right] \quad （8\text{-}115）$$

由单个神经元构成的 PID 控制系统类似于图 8.12，神经元调节器的输出为

$$Y = \Delta u(n) = f\left(\sum_{i=1}^{n} W_i X_i\right) \quad （8\text{-}116）$$

假如输出特性近似线性，并取 $n=3$，则有

$$\Delta u(n) = W_1 X_1 + W_2 X_2 + W_3 X_3 \quad （8\text{-}117）$$

对照式（8-114）可知

$$W_1 = K_{\text{P}} , \quad W_2 = K_i , \quad W_3 = K_d ,$$
$$X_1 = e(n)-e(n-1) , \quad X_2 = e(n) , \quad X_3 = e(n)-2e(n-1)+e(n-2)$$

神经元的学习功能是通过改变权系数 W_i 来实现的。通过神经元的自学习来调整权值 W_i，其实质是对 PID 调节器中的 K_p、K_i 及 K_d 进行调整，从而达到自适应控制的目的。

如何有效地调整 W_i 是算法的核心，下面给出采用梯度法时的具体实施方法。

由被控对象的期望输出 r 和实际输出 y 之差 e，沿整个系统误差函数相应于 W_i 的负梯度方向来调整权系数，使 e 快速趋于 0。

若设

$$E(k) = \left[r(k) - y(k) \right]^2 / 2 = e^2(k)/2 \tag{8-118}$$

则有

$$W_i(k+1) = W_i(k) - \eta e(k) \frac{\partial e(k)}{\partial W_i(k)}, \quad i = 1, \ 2, \ 3 \tag{8-119}$$

其中

$$\frac{\partial e(k)}{\partial W_i(k)} = -\frac{\partial y(k)}{\partial W_i(k)} = -\frac{\partial y(k)}{\partial u} \cdot \frac{\partial u}{\partial W_i(k)} \tag{8-120}$$

$$\frac{\partial e(k)}{\partial W_1(k)} = -\frac{\partial y(k)}{\partial u} \left[e(k) - e(k-1) \right] \tag{8-121}$$

$$\frac{\partial e(k)}{\partial W_2(k)} = -\frac{\partial y(k)}{\partial u} e(k) \tag{8-122}$$

$$\frac{\partial e(k)}{\partial W_3(k)} = -\frac{\partial y(k)}{\partial u} \left[e(k) - 2e(k-1) + e(k-2) \right] \tag{8-123}$$

式中，$\dfrac{\partial y(k)}{\partial u}$ 这一项由对象特性确定。η 为学习速率，$0 < \eta < 1$，若 η 足够小，则可证明下式成立。

$$e^2(k)/2 < e^2(k-1)/2$$

上式即表示随着 k 值增大，$e(k)$ 趋于 0，学习算法收敛。

② 基于 BP 网络的参数自学习 PID 控制。BP 神经网络具有逼近任意非线性函数的能力，且其结构和学习算法简单明确，基于 BP 网络的 PID 控制其目的就是通过神经网络自身的学习，找到某一最优控制率下的 PID 参数，控制系统结构见图 8.34。

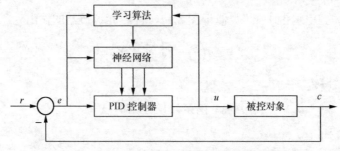

图 8.34 基于 BP 神经网络的 PID 控制系统结构

控制器由两部分组成：其一是经典的 PID 控制器，它直接对被控对象进行闭环控制，其

中 K_P、 K_I、 K_D 3 个参数为在线整定；其二是 BP 神经网络（BPN），它根据系统的运行状态调节 PID 控制器的参数，以达到对系统某种性能指标的最优化。即使输出层神经元的输出状态对应于 PID 控制器的 3 个可调参数 K_P、 K_I、 K_D，通过神经网络的自学习调整权系数，使其稳定状态对应于某种最优控制率下的 PID 控制参数。

经典增量式数字 PID 控制算式为

$$\Delta u(n) = K_P \left[e(n) - e(n-1) \right] + K_I e(n) + K_D \left[e(n) - 2e(n-1) + e(n-2) \right] \tag{8-124}$$

式中， K_P、 K_I、 K_D 分别为比例、积分、微分系数。将其视为依赖于系统运行状态的可调系数时，式（8-124）可描述为

$$\Delta u(n) = f \left[K_P, K_I, K_D, e(n), e(n-1), e(n-2) \right] \tag{8-125}$$

式中， $f[\bullet]$ 是与 K_P、 K_I、 K_D、 $e(k)$ 等有关参数的非线性函数，可以用 BP 神经网络通过训练和学习来找到这样一个最佳控制规律。

设 BP 网络为一单隐含层的三层网络，其结构可参照图 8.32，其中输入节点数为 n，隐含层节点数为 m，输出节点数为 3。输入节点对应所选的系统运行状态量（如系统不同时刻的输入量和输出量等），必要时应进行归一化处理。输出节点分别对应 PID 控制器的 3 个可调参数。由于 K_P、 K_I、 K_D 不能为负值，所以输出层神经元的激励函数取非负的 Sigmoid 函数，而隐含层神经元的激励函数可取正负对称的 Sigmoid 函数。

BP 网络输入层节点的输出为

$$O_j^{(1)} = x_j = e(k-j), \qquad j = 0, 1, 2 \cdots, n-1 \tag{8-126}$$

式中，输入层节点的个数取决于系统的复杂程度。

网络隐含层的输入、输出分别为

$$net_i^{(2)}(k) = \sum_{j=0}^{n-1} w_{ij}^{(2)} O_j^{(1)}(k) + T_i \tag{8-127}$$

$$O_i^{(2)}(k) = f \left[net_i^{(2)}(k) \right], \quad i = 0, 1, \cdots, m-1 \tag{8-128}$$

式中， $w_{ij}^{(2)}$ 为隐含层权系数， T_i 为隐含层神经元阈值， $f[\bullet]$ 为激励函数，令 $f[\bullet] = \tan(x)$ 。

网络输出层的输入、输出分别为

$$net_l^{(3)}(k) = \sum_{i=0}^{m-1} w_{li}^{(3)} O_i^{(2)}(k) + b_l \tag{8-129}$$

$$O_l^{(3)}(k) = g \left[net_l^{(3)}(k) \right], \quad l = 0, 1, 2 \tag{8-130}$$

式中， $w_{li}^{(3)}$ 为输出层权系数， b_l 为输出层神经元阈值， $g[\bullet]$ 为激励函数，取 $g[\bullet] = \frac{1}{2} \left[1 + \tan(x) \right]$ 。

因输出节点分别对应 3 个 PID 参数，则有

$$\begin{aligned} O_0^{(3)} &= K_P \\ O_1^{(3)} &= K_I \\ O_2^{(3)} &= K_D \end{aligned} \tag{8-131}$$

其中上标（1）、（2）、（3）分别对应输入层、隐含层和输出层。

取评定网络学习性能的目标函数为

$$J(k) = \left[r(k) - y(k) \right]^2 \Big/ 2 = e^2(k)/2 \qquad (8\text{-}132)$$

采用最速下降法修正网络权值，即按函数 J 对权系数的负梯度方向搜索调整，并附加一使搜索快速收敛并获取全局极小值的动量项，则有

$$\Delta w_{li}^{(3)}(k+1) = -\eta \frac{\partial J}{\partial w_{li}^{(3)}} + \alpha \Delta w_{li}^{(3)}(k) \qquad (8\text{-}133)$$

式中，η 为学习速率，α 为动量因子。其中

$$\frac{\partial J}{\partial w_{li}^{(3)}} = \frac{\partial J}{\partial y(k+1)} \cdot \frac{\partial y(k+1)}{\partial \Delta u(k)} \cdot \frac{\partial \Delta u(k)}{\partial O_l^{(3)}(k)} \cdot \frac{\partial O_l^{(3)}(k)}{\partial net_l^{(3)}(k)} \cdot \frac{\partial net_l^{(3)}(k)}{\partial w_{li}^{(3)}} \qquad (8\text{-}134)$$

由于 $\partial y(k+1)/\partial \Delta u(k)$ 未知，所以近似用符号函数 $\mathrm{sgn}\left[\partial y(k+1)/\partial \Delta u(k)\right]$ 替代，由此带来的不精确的影响可通过调整学习速率 η 来补偿。由式（8-123）可求得

$$\begin{cases} \dfrac{\partial \Delta u(k)}{\partial O_0^{(3)}(k)} = e(k) - e(k-1) \\[2mm] \dfrac{\partial \Delta u(k)}{\partial O_1^{(3)}(k)} = e(k) \\[2mm] \dfrac{\partial \Delta u(k)}{\partial O_2^{(3)}(k)} = e(k) - 2e(k-1) + e(k-2) \end{cases} \qquad (8\text{-}135)$$

因此，可得 BP 网络输出层的权系数计算公式为

$$\begin{cases} \Delta w_{li}^{(3)}(k+1) = \eta \delta_l^{(3)} O_i^{(2)}(k) + \alpha \Delta w_{li}^{(3)}(k) \\[2mm] \delta_l^{(3)} = e(k+1) sgn\left(\dfrac{\partial y(k+1)}{\partial \Delta u(k)} \right) \cdot \dfrac{\partial u(k)}{\partial O_l^{(3)}(k)} g'\left[net_l^{(3)}(k) \right] \\[2mm] l = 0,1,2 \end{cases} \qquad (8\text{-}136)$$

根据上述方法，可求得隐含层权系数的计算公式为

$$\begin{cases} \Delta w_{li}^{(2)}(k+1) = \eta \delta_i^{(2)} O_j^{(1)}(k) + \alpha \Delta w_{ij}^{(2)}(k) \\[2mm] \delta_i^{(2)} = f'\left[net_i^{(2)}(k) \right] \sum\limits_{l=0}^{2} \delta_l^{(3)} w_{li}^{(3)}(k) \\[2mm] i = 0,1,\cdots,m-1 \end{cases} \qquad (8\text{-}137)$$

式中

$$\begin{aligned} g'[\cdot] &= g(x)\left[1 - g(x)\right] \\ f'[\cdot] &= \left[1 - f^2(x)\right]\Big/2 \end{aligned} \qquad (8\text{-}138)$$

基于 BP 网络的 PID 控制算法可归纳如下。

a. 首先选定 BP 网络结构，即确定输入层、隐含层节点数，并给出各层权系数的初值；给定学习速率和动量因子的值，令 $k = 1$。

b. 采样得到 $r(k)$ 和 $y(k)$，计算 $e(k) = r(k) - y(k)$。

c. 对 $r(i)$、$y(i)$、$e(i)(I = k, k-1, \cdots, k-p)$ 进行归一化处理，然后作为网络的输入。

d. 根据式（8-126）至式（8-130），前向计算出网络各层节点的输入和输出，其中输出层的输出即为 PID 控制器的 3 个可调参数。

e. 根据式（8-124），计算出 PID 控制器的控制输出 $\Delta u(k)$，计算目标函数判断是否符合精度要求。如符合则推出，如不符则继续修正。

f. 由式（8-136）计算修正后输出层的权系数 $w_{li}^{(3)}$。

g. 由式（8-137）计算修正后隐含层的权系数 $w_{ij}^{(2)}$

h. 置 $k = k+1$，返回到步骤 b。

除了神经网络 PID 控制外，神经网络控制还包括神经网络自适应控制、神经网络内模控制、神经网络预测控制等，在这里就不再一一列出了。

目前，人们对神经网络控制的研究已取得了可喜的进展。一些厂商推出了神经网络处理芯片，该芯片能方便地连至 PC 上运行、开发，它与模糊逻辑推理芯片共同使用，可制成神经模糊控制器（NFC）。有关神经网络的研究目前已引起了包括控制科学、计算机科学、微电子学、生物神经学、心理学、认知科学、物理学和数学等方面的专家学者的全面重视。随着神经网络理论和研究方法的完善，以及神经网络的模拟 VLSI、光学与分子器件等硬件实现技术的发展与商品化，神经网络及其控制系统将会得到更为广泛的应用。

习题与思考题

8-1 什么是仪表的系统误差？克服系统误差的常用方法有哪些？它们分别有什么特点？

8-2 什么是仪表的随机误差？克服随机误差的常用方法有哪些？它们分别有什么特点？

8-3 采用数字滤波算法克服随机误差有哪些优点？

8-4 通常，克服随机误差的数字滤波算法有哪些？它们分别有什么特点？分别适用于什么场合？

8-5 什么是积分饱和？它有哪些不良影响？克服积分饱和的方法有哪几种？

8-6 说明 P、PI、PD 调节规律的特点以及它们在控制系统中的作用。

8-7 某一数字温度计，测量范围为-100～200℃，其对应的 A/D 转换器输出范围为 0～2000，求当 A/D 输出为 1000 时对应的实际温度值（设标度变换为线性）。

8-8 在仪表中用运算放大器测量电压时，会引入零位和增益误差。设测量信号 x 与真值 y 是线性关系。采用模型校正法校正时，常用仪表中这一部分电路分别去测量一标准电压 V_R 和一短路电压信号，试建立其校正方程。

8-9 简述模糊控制算法的思想。叙述模糊控制器的主要设计步骤。

第9章 智能仪表设计实例

研制智能仪表是一项复杂而细致的工作，如前所述，先按仪表功能要求拟定总体设计方案，并论证方案的正确性并做出初步评价，然后分别进行硬件、软件的具体设计工作。就硬件而言，选用已有的单片机或嵌入式系统和其他大规模集成电路制成功能模板，以满足仪表的各种需要；至于智能仪表的性能指标和操作功能的实现，还必须依赖于软件的设计，这是智能仪表有别于普通仪表设计的重要区别。鉴于设计一台智能仪表要涉及硬件和软件技术，因此设计人员应有较广博的知识和全面的技能，具备良好的技术素质。同时，在仪表研制中设计人员还必须遵循若干准则，提出解决问题的办法，这样才能设计出符合要求的智能仪表。

本章先给出若干设计准则，然后通过几个设计实例说明整台仪表的设计过程和方法。

9.1 设计准则

设计智能仪表一般应遵循如下准则。

（1）从整体到局部（自顶向下）的设计原则

在硬件或软件设计时，应遵循从整体到局部（即自顶向下）的设计原则，力求把复杂的、难处理的问题，分为若干个简单的、容易处理的问题，再逐个加以解决。开始时，设计人员应根据仪表功能和实际要求提出仪表设计的总任务，并绘制硬件和软件总框图（总体设计）；然后将总任务分解成一批可以独立表征的子任务，这些子任务还可以再向下细分，直到每个低级的子任务足够简单，可以直接而且容易地实现为止。低级子任务可用前几章介绍的模块方法实现，这些低级模块相对简单，可以采用某些通用化的模块（模件），也可作为单独的实体进行设计和调试，并对它们进行各种试验和改进，从而能够以最低的难度和最大的可靠性组成高一级的模块。将各种模块有机地结合起来便可完成原设计任务。

（2）经济性要求

为了获得较高的性能价格比，设计仪表时不应盲目追求复杂、高级的方案。在满足性能指标的前提下，应尽可能采用简单的方案，因为方案简单意味着使用元器件少、可靠性高，从而也就比较经济。

智能仪表的造价取决于研制成本和生产成本。研制成本只花费一次，就第一台样机而言，主要的花费在于系统设计、调试和软件研制，样机的硬件成本不是考虑的主要因素。当样机投入生产时，生产数量越大，则每台产品的平均研制费用就越低，在这种情况下，生产成本就成为仪表造价的主要因素，显然仪表硬件成本对产品的成本有很大的影响。如果硬件成本低、生产量大，则仪表的造价就越低，在市场上就越有竞争力。相反，当仪表产量较小时，研制成本则成了决定仪表造价的主要因素，在这种情况下，宁可多花费一些硬件开支，也要尽量降低研制经费。

在考虑仪表的经济性时，除造价外还应顾及仪表的使用成本，即使用期间的维护费、备件费、运转费、管理费、培训费等，必须综合考虑后才能估算出真正的经济效果，从而做出选用方案的正确决策。

（3）可靠性要求

所谓可靠性是指产品在规定的条件下和规定的时间内完成规定功能的能力。可靠性指标除了可用完成规定功能的概率表示外，还可用平均无故障时间、故障率、失效率或平均寿命等来表示。

对于智能仪表或系统来说，无论在原理上如何先进，在功能上如何全面，在精度上如何高级，如果可靠性差、故障频繁、不能正常运行，则该仪表或系统就没有使用价值，更谈不上经济效益。因此在智能仪表的设计过程中，对可靠性的考虑应贯穿于每个环节，采取各种措施提高仪表的可靠性，以保证仪表能长时间稳定工作。

就硬件而言，仪表所用器件质量的优劣和结构工艺是影响可靠性的重要因素，故应合理地选择元器件并采用极限情况下试验的方法。所谓合理地选择元器件是指在设计时对元器件的负载、速度、功耗、工作环境等参数应留有一定的安全量和余度，并对元器件进行老化和筛选；极限情况下的试验是指在研制过程中，一台样机要承受低温、高温、冲击、振动、干扰、烟雾和其他试验，以证实其对环境的适应性。为了提高仪表的可靠性，还可采用"冗余结构"的方法，即在设计时安排双重结构（主件和备用件）的硬件电路，这样当某部件发生故障时，备用件自动切入，从而可保证仪表的可靠连续运行。

对软件来说，应尽可能地减少故障发生概率。如前所述，采用模块化设计方法，易于编程和调试，可减少故障进而提高软件的可靠性。同时，对软件进行全面测试也是检查错误、排除故障的有效手段。与硬件类似，也要对软件进行各种"应力"试验，例如提高时钟速度，增加中断请求率以及子程序的百万次重复等，甚至还要进行一定的破坏性试验。虽然这要付出一定代价，但必须经过这些试验才能验证所设计的仪表是否合格。

随着智能仪表在各行各业中的广泛应用，仪表可靠性已逐渐地被提到重要的位置上来。人们对可靠性的评价不能仅仅停留在定性的概念分析上，而是应该科学地进行定量计算，以此来指导可靠性设计，这对较复杂的仪表尤为必要。

（4）操作和维护的要求

在仪表的硬件和软件设计时，应当考虑操作的方便性，尽量降低对操作人员的专业知识要求，以便于产品的推广应用。仪表的控制开关和按钮不能太多、太复杂，操作程序应简单明了，输入输出应采用十进制数表示，使操作者无需专业训练便能掌握仪表的使用方法。

智能仪表还应具有很好的维护性，为此仪表结构要规范化、模块化，并配有现场故障诊断程序，一旦发生故障时，能保证对故障进行有效的定位，以便更换相应的元器件或模件，使仪表尽快地恢复正常运行。为了便于现场维修，近年来广泛使用专业分析仪器，它要求在研制仪表电路板时，在有关结点上注明"特征"（通常是 4 位十进制数字），现场诊断时就利用被监测仪表的微处理器产生激励信号。采用这种方法进行检测（直到元器件级），可以迅速发现故障，从而使故障维修时间大为减少。

除上述这些基本准则外，在设计时还应考虑仪表的实时性要求。由于智能测控仪表直接应用于工业过程，故应能及时反映工业对象中工艺参数的变化情况，并能立即进行实时处理和控制。为能对各种实时信号（A/D 转换结束信号、可编程器件的中断信号、实时开关信号、掉电信号等）迅速做出响应，应采用中断功能强的单片机，并编制相应的中断服务程序模块。

此外，仪表造型设计亦极为重要。总体结构的安排，部件间的连接关系，细部美化等都必须认真考虑，最好由专业人员设计，使产品造型优美、色泽柔和、美观大方、外廓整齐、细部精致。

9.2 设计实例

本节通过对智能仪表、现场总线智能仪表、无线智能仪表设计实例的介绍，分析设计中所用到的相关芯片和技术支持，探讨其硬件设计原理和软件设计方法。

9.2.1 温度程序控制仪的设计

程序升、降温是科研和生产中经常遇到的一类控制。为了保证生产过程正常安全地进行，提高产品质量和数量，减轻工人的劳动强度，节约能源，往往要求加热对象（例如电炉）的温度按某种指定的规律变化。

微机温度程控仪就是这样一种能对加热设备的升、降温度速率和保温时间实现严格控制的面板式控制仪表，它将温度变送、显示和数字控制集合于一体，用软件实现程序升、降温的 PID 调节。

1. 设计要求

对温度程控仪的测量、控制要求如下。

① 实现 n 段（$n \leqslant 30$）可编程调节，程序设定曲线见图 9.1，有恒速升温段、保温段和恒速降温段 3 种控温线段。操作者只需设定转折点的温度 T_i 和时间 t_i，即可获得所需的程控曲线。

② 具有 4 路模拟量（热电偶 mV）输入，其中第 1 路用于调节；设有冷端温度自动补偿，热电偶线性化处理和数字滤波功能，测量精度达 ±0.1%，测量范围为 0～1100℃。

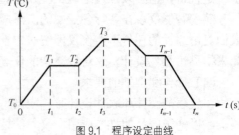

图 9.1 程序设定曲线

③ 具有 1 路模拟量（0～10mA）输出和 8 路开关量输出，能按时间顺序自动改变输出状态，以实现系统的自动加料、放料，或者用作系统工作状态的显示。

④ 采用 PID 调节规律，且具有输出限幅和防积分饱和功能，以改善系统动态调节品质。

⑤ 采用 6 位 LED 显示，2 位用于显示参数类别，4 位用于显示数值。任何参数在显示 5s 后，会自动返回被调温度的显示。运行开始后，可显示瞬时温度和总时间值。

⑥ 具有超限报警功能。超限时，发光管以闪光形式报警。

⑦ 输入、输出通道和主机都用光电耦合器进行隔离，使仪表具有较强的抗干扰能力。

⑧ 可在线设置或修改参数和状态，例如程序设定曲线转折点温度 T_i 和转折点时间 t_i 值、PID 参数、开关量状态、报警参数和重复次数等。并可通过总时间 t 值的修改，实现跳过或重复某一段程序的操作。

⑨ 具有 12 个功能键。其中 10 个是参数命令键，包括测量值键（PV）、T_i 设定键（SV）、t_i 设定键（TIME1）、开关量状态键（VAS）、开关量动作时间键（TIME2）、PID 参数设置键（PID）、偏差报警键（AL）、重复次数键（RT）、输出键（OUT）和启动键（START）；2 个参数修改键，即递增（△）键和递减（▽）键，参数增减速度由慢到快。此外还设置复位键（RESET）、手、自动切换开关，以及正、反作用切换开关。

⑩ 仪表具有掉电保护功能。

2. 系统组成和工作原理

加热炉控制系统见图 9.2。控制对象为电炉，检测元件为热电偶，执行器为可控硅电压调整器（ZK-0）和可控硅器件。图中虚线框内是温度程控仪，它包括主机电路、过程输入输出通道、键盘、显示器及稳压电源。

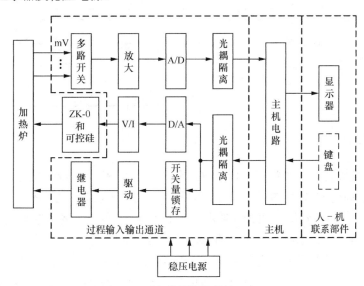

图 9.2 加热炉控制系统框图

控制系统工作过程如下：炉内温度由热电偶测量，其信号经多路开关送入放大器，毫伏信号经放大后由 A/D 电路转换成相应的数字量，再通过光电耦合器隔离，进入主机电路。由主机进行数据处理、判断分析，并对偏差按 PID 规律运算后输出数字控制量。数值信号经光电隔离，由 D/A 电路转换成模拟量，再通过 V/I 转换得到 0～10mA 的直流电流。该电流送入可控硅电压调整器（ZK-0），触发可控硅，对炉温进行调节，使其按预定的升、降曲线规律变化。另一方面，主机电路还输出开关量信号，发出相应的开关动作，以驱动继电器或发光二极管。

3. 硬件结构和电路设计

硬件结构框图见图 9.2 虚线框内的部分，下面分别就各部分电路设计作具体说明。

（1）主机电路及键盘、显示器接口

按仪表设计要求，可选用指令功能丰富、中断能力强的 MCS-51 单片机作为主机电路的核心器件。由 8031 单片机构成的主机电路见图 9.3。

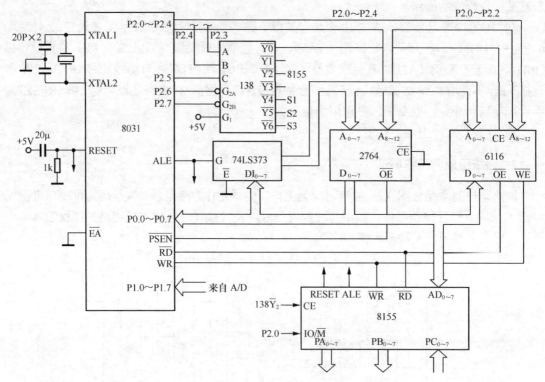

图 9.3　由 8031 构成的主机电路

主机电路包括单片机及外接存储器、I/O 接口电路。程序存储器和数据存储器容量的大小与仪表数据处理和控制功能有关，设计时应留有余量。本仪表程序存储器容量 8KB（选用一片 2764），数据存储器容量为 2KB（选用一片 6116）。并行 I/O 接口电路（本仪表为 8155）的选用与输入输出通道、键盘、显示器的结构和电路形式有关。

图 9.3 所示的主机电路采用全译码方式，由 3:8 译码器的 $\overline{Y_0}$、$\overline{Y_2}$、S_2、S_1 和 S_3 选通存储器 6116、扩展器 8155 以及 D/A 转换器和锁存器 I、II。低 8 位地址信号由 P0 口输出，锁存在 74LS373 中；高位地址（P2.0～P2.4）由 P2 口输出，直接连至 2764 和 6116 的相应端。8155 用作键盘、显示器的接口电路，其内部的 256B 的 RAM 和 14 位的定时/计数器也可供使用。A/D 电路的转换结果直接从 8031 的 P1 口输入。

掉电保护功能的实现有两种方案：一是选用 EEPROM（2816 或 2817 等），将重要数据置于其中；二是添加备用电池，见图 9.4。稳压电源和备用电池分别通过二极管接于存储器（或单片机）的 V_{CC} 端，当稳压电源电压大于备用电池电压时，电池不供电；当稳压电源掉电时，备用电池工作。

仪表内还应设置掉电检测电路（见图 9.4），以便在一旦检测到掉电时，将断点（PC 及各种寄存器）内容保护起来。图中 CMOS555 接成单稳形式，掉电时 3 端输出低电平脉冲作为中断请求信号。

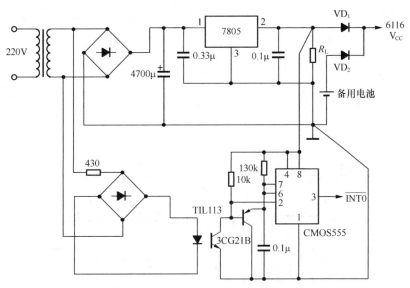

图 9.4 备用电池的连接和掉电检测电路

光电耦合器的作用是防止因干扰产生误动作。在掉电瞬间，稳压电源在大电容支持下，仍维持供电（约几十毫秒），在这段时间内，主机执行中断服务程序，将断点和重要数据存入 RAM。

与 8031 连接的键盘、显示器接口及工作原理详见 4.2.3 小节。

（2）模拟量输入通道

模拟量输入通道包括多路开关、热电偶冷端温度补偿电路、线性放大器、A/D 转换器和隔离电路，见图 9.5。

测量元件为镍铬-镍铝（K）热电偶，在 0～1100℃测量范围内，其热电势为 0～45.10mV。多路开关选用 CD4051（或 AD7501），它将 5 路信号依次送入放大器，其中第 1～4 路为测量信号，第 5 路（TV）来自 D/A 电路的输出端，供自诊断用。多路开关的接通由主机电路控制，选择通道的地址信号锁存在 74LS273（I）中。

冷端温度补偿电路是一个桥路，桥路中铜电阻 R_{Cu} 起补偿作用，其阻值由桥臂电流（0.5mA）、电阻温度系数（α）和热电偶热电势的单位温度变化值（K）算得。算式为

$$R_{Cu}=K/(0.5\alpha)$$

例如，镍铬-镍铝热电偶在 20℃附近的平均 K 值为 0.04mV/℃，铜电阻 20℃时的 α 为 0.00396/℃，可求得 20℃时的 R_{Cu}=20.2Ω。

运算放大器选用低漂移高增益的 7650，采用同相输入方式，以提高输入阻抗。输出端加接阻容滤波电路，可滤去高频信号。7650 的连接线路参见 3.1.3 小节。放大器的输出电压为 0～2V（即 A/D 转换器的输入电压），故放大倍数约为 50 倍，可用 W_2（1kΩ）调整之。放大器的零点由 W_1（100Ω）调整。

按仪表设计要求，选用双积分型 A/D 转换器 MC14433。该转换器输出 $3\frac{1}{2}$ BCD 码，相当于二进制 11 位，其分辨率为 1/2000。A/D 转换的结果（包括结束信号 EOC）通过光耦隔离后输入到 8031 的 P1 口。图 9.5 所示的缓冲器（74LS244）是专为驱动光耦而设置的。而单稳的加入是为了加宽 EOC 脉冲宽度，使光耦能正常工作。

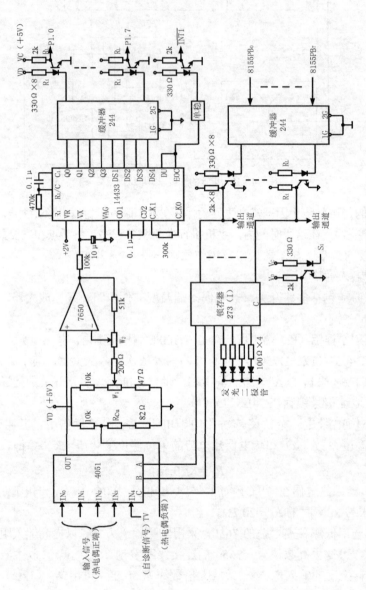

图 9.5 模拟量输入通道逻辑电路图

主机电路的输出信号经光耦隔离（在译码信号 S_1 控制下）锁存在 74LS273（Ⅰ）中，以选通多路开关和点亮 4 个发光二极管。发光管用来显示仪表的手动或自动工作状态和上、下限报警。

隔离电路采用逻辑型光电耦合器，该器件体积小、耐冲击、绝缘电压高、抗干扰能力强，其原理及线路已在 6.2.3 小节中作过介绍，本节仅对其参数选择作一说明。光电器件选用 GO103（或 TIL117），发光管在导通电流 I_F=10mA 时，正向压降 V_F=1.4V，光敏管导通时的压降 V_{CE}=0.4V，取其导通电流 I_C=3mA，则 R_i 和 R_L 的计算如下：

$$R_i = (5-1.4)/10 = 360\Omega$$

$$R_L = (5+0.4)/3 = 1.8k\Omega$$

（3）模拟量和开关量输出通道

模拟量输出电路由隔离电路、D/A 转换器、V/I 转换器组成；开关量输出通道由隔离电路、输出锁存器及驱动器组成，见图 9.6。

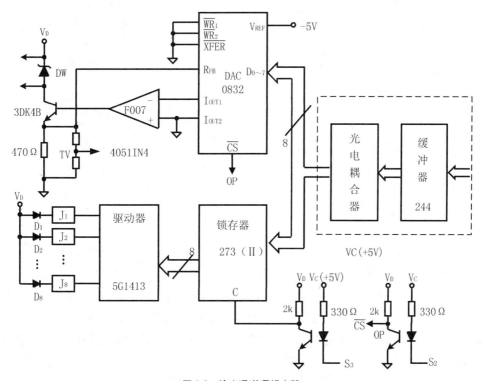

图 9.6　输出通道逻辑电路

D/A 转换器选用 8 位、双缓冲的 DAC0832，该芯片将调节通道的输出转换为 0～5V 的模拟电压，再经 V/I 电路（3DK4B）输出 0～10mA 电流信号。

8 位开关量信号锁存在 74LS273（Ⅱ）中，通过 5G1413 驱动继电器 J_1～J_8 和发光二极管 D_1～D_8。继电器和发光二极管分别用来接通阀门和指示阀的启、闭状态。

图中虚线框中的隔离电路部分与输入通道共用，即主机电路的输出经光电耦合器分别连至锁存器 273（Ⅰ）、273（Ⅱ）和 DAC0832 的输入端，信号打入哪一个器件则由主机的输出信号 S_1、S_3 和 S_2（经光耦隔离）来控制。

4．软件结构和程序框图

温度程控仪的软件设计采用结构化和模块化设计方法。温控软件分为监控程序和中断服务程序两大部分，每一部分又由许多功能模块构成。

（1）监控程序

监控程序包括初始化模块、显示模块、键扫描与处理模块、自诊断模块和手操处理模块。监控主程序以及自诊断程序、键扫描与处理程序的框图分别见图 9.7、图 9.8 和图 9.9。

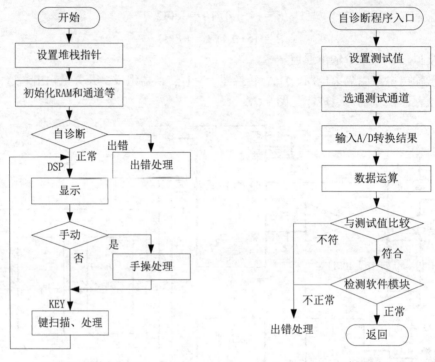

图 9.7 监控程序框图　　　　图 9.8 自诊断程序框图

仪表上电复位后，程序从 0000H 开始执行，首先进入系统初始化模块，完成设置堆栈指针、初始化 RAM 单元和通道地址等任务。接着程序执行自诊断模块，检查仪表硬件电路（输入通道、主机、输出通道、显示器等）和软件部分运行是否正常。在该程序中，先设置一测试数据，由 D/A 电路转换成模拟量（TV）输出，再从多路开关 IN4 通道输入（见图 9.5），经放大和 A/D 转换后送入主机电路，通过换算，判断该数据与原设置值之差是否在允许范围内，若超出这一范围，表示仪表异常，即予报警，以便及时做出处理。同时，自诊断程序还检测仪表各种软件模块的功能是否符合预定的要求。若诊断结果正常，程序便进入显示模块、键扫描与处理模块，判断手动并进入手操处理模块的循环圈中。

在键扫描与处理模块中，程序首先判断是否有命令键入，若有，随即计算键号，并按键编号转入执行相应的键处理程序（KS$_1$～KS$_{11}$）。键处理程序完成参数设置、显示和启动程控仪控温的功能。按键中除"△"和"▽"键在按下时执行参数增、减命令外，其余各键均在按下又释放后才起作用。

图 9.10～图 9.13 所示为参数增、减键处理程序（KS$_1$）、测量值键处理程序（KS$_2$）、温度设定键处理程序（KS$_3$）和启动键处理程序（KS$_{11}$）的框图。其余的键处理程序与 KS$_3$ 程序

类似，故它们的框图不再逐一画出。

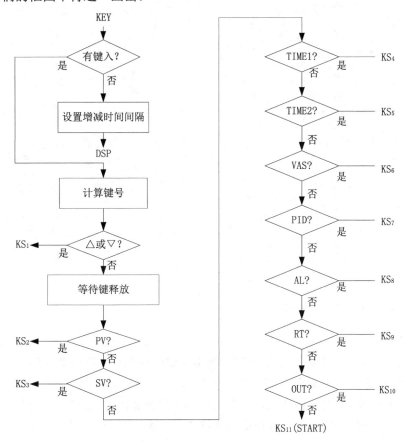

图 9.9 键扫描与处理程序框图

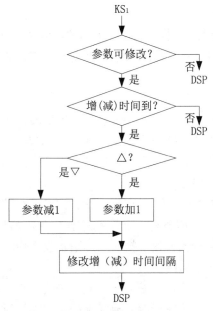

图 9.10 参数增、减键程序框图

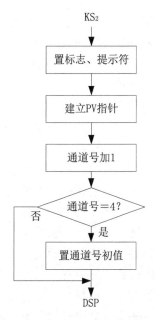

图 9.11 测量值键处理程序框图

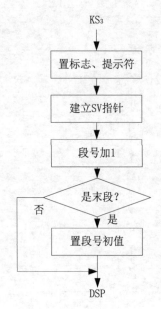

图 9.12　温度设定键处理程序框图

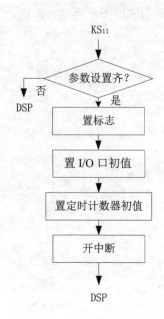

图 9.13　启动键处理程序框图

KS$_1$ 程序的功能是在 "△" 或 "▽" 键按下时，参数自动递增或递减（速度由慢到快），直至键释放为止。该程序先判断由上一次按键所指定的参数是否可修改（PV 值不可修改，SV、PID 等值可修改），以及参数增、减时间是否已到，然后再根据按下的 "△" 或 "▽" 键确定参数加 1 或减 1，并且修改增、减时间间隔，以便逐渐加快参数的变化速度。

KS$_2$ 和 KS$_3$ 程序的作用是显示各通道的测量值和设置各段转折点的温度值。程序中的置标志、提示符和建立参数指针用以区分键命令、确定数据缓冲器，以便显示和设置与键命令相应的参数。通道号（或段号）加 1 及判断是否结束等框，则用来实现按一下键自动切至下一通道（或下一段）的功能，并可循环显示和设置参数。

KS$_{11}$ 程序首先判断参数是否置全，置全了才可转入下一框，否则不能启动，应重置参数。程序在设置 I/O 口（8155）的初值、定时计数器（8031 的 T1 和 T0）的初值和开中断之后，便完成了启动功能。

（2）中断服务程序

中断服务程序包括 A/D 转换中断程序、时钟中断程序和掉电中断程序。A/D 转换中断程序的任务是采入各路数据；时钟中断程序确定采样周期，并完成数据处理、运算和输出等一系列功能。14433 A/D 转换中断程序已在 3.1.2 小节中作过详细介绍，掉电中断程序的功能也在本节硬件部分作了说明，本节主要介绍时钟中断程序。

时钟中断信号由 CTC 发出，每 0.5s 一次（若硬件定时不足 0.5s，可采用 7.2.7 小节中所述软、硬件结合的定时方法）。主机响应后，即执行中断服务程序。服务程序由数字滤波、标度变换和线性化处理、判通道、计算运行时间、计算偏差、超限报警、判断正反作用和手动操作、PID 运算以及输出处理等模块组成，其框图见图 9.14。

数字滤波模块的功能是滤除输入数据中的随机干扰分量，采用 4 点递推平均滤波方法。

由于热电偶 mV 信号和温度之间呈非线性关系，因此在标度变换（工程量变换）时必须考虑采样数据的线性化处理。有多种处理方法可供使用（参见 8.1 节），现采用折线近似的方法，把 K 型热电偶 0～1100℃范围内的热电特性分成 7 段折线进行处理，这 7 段分别为 0～200℃、200～350℃、350～500℃、500～650℃、650～800℃、800～950℃和 950～1100℃。处理后的最大误差在仪表设计精度范围之内。

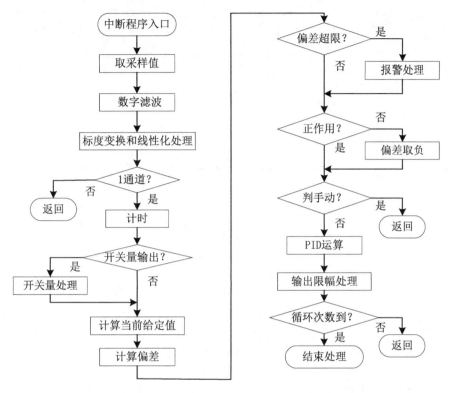

图 9.14　中断程序框图

标度变换公式为

$$T_{PV} = T_{\min} + (T_{\max} - T_{\min}) \frac{N_{PV} - N_{\min}}{N_{\max} - N_{\min}}$$

式中，N_{PV}、T_{PV} 分别为某折线段 A/D 转换结果和相应的被测温度值；$N_{\min}$、$N_{\max}$ 分别为该线段 A/D 转换结果的初值和终值；$T_{\min}$、$T_{\max}$ 分别为该段温度的初值和终值。

图 9.15 所示为线性化处理的程序框图，程序首先判断属于哪一段，然后将相应段的参数代入公式，便可求得该段被测温度值。为区分线性化处理的折线段和程控曲线段，框图中的折线段转折点的温度用 $T_0'～T_7'$ 表示。

仪表的第 1 通道是调节通道，其他通道不进行控制，故在求得第 2～4 通道的测量值后，即返回主程序。

计时模块的作用是求取运行总时间，以便确定程序运行至哪一段程控曲线段，何时输出开关量信号。

由于给定值随程控曲线而变，故需随时计算当前的给定温度值，计算公式如下：

$$T_{SV} = T_i + (T_{i+1} - T_i) \frac{t - t_i}{t_{i+1} - t_i}$$

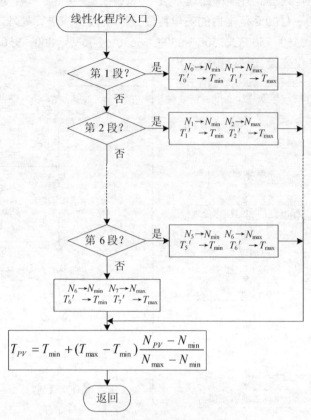

图 9.15　线性化处理程序框图

式中，T_{SV}、t 分别为当前的给定温度值和时间；T_i、T_{i+1} 分别为当前程控曲线段的给定温度初值和终值；t_i、t_{i+1} 分别为该段的给定时间初值和终值。

T_{SV} 计算式虽然与上述线性化处理计算式的参数含义和运算结果不一样，但两者在形式上完全相同，故在计算 T_{SV} 时可调用线性化处理程序。

仪表控制算法采用不完全微分型 PID 控制算法，其传递函数为

$$\frac{U(s)}{E(s)}=\left(\frac{T_{\mathrm{D}}s+1}{\dfrac{T_{\mathrm{D}}}{K_{\mathrm{D}}}s+1}\right)\left(1+\frac{1}{T_{\mathrm{I}}s}\right)K_{\mathrm{P}}$$

差分化后可得到输出增量算式为

$$\Delta u(n)=K_{\mathrm{P}}\left[u_{\mathrm{D}}(n)-u_{\mathrm{D}}(n-1)\right]+K_{\mathrm{P}}\frac{T}{T_{\mathrm{I}}}u_{\mathrm{D}}(n)$$

其中

$$u_{\mathrm{D}}(n)=u_{\mathrm{D}}(n-1)+\frac{T_{\mathrm{D}}}{\dfrac{T_{\mathrm{D}}}{K_{\mathrm{D}}}+T}\left[e(n)-e(n-1)\right]+\frac{T}{\dfrac{T_{\mathrm{D}}}{K_{\mathrm{D}}}+T}\left[e(n)-u_{\mathrm{D}}(n-1)\right]$$

上式中各参数的意义及计算输出值的程序框图见 8.2 节。

程控仪的输出值（包括积分项）还可进行限幅处理，以防积分饱和，故可获得较好的调节品质。

9.2.2 远程智能数据采集装置的设计（基于 Neuron 芯片的现场总线仪表设计之一）

现场总线控制网络作为综合自动化系统的基础，已被楼宇控制、能源管理、工厂自动化、仪器设备及电信等领域广泛应用。LonWorks 技术为设计和生产具有低成本、智能化的远程监控产品，组建造价低廉、具有智能分布和远程测控功能的现场总线控制网络提供了极大的便利。

Neuron 芯片作为一种超大规模集成电路，片上集成有 3 个 CPU、存储器、I/O 接口等部件，它有效集成了通信、控制、调度和 I/O 等功能，与专为 LonWorks 制定的 7 层网络协议 LonTalk 一起，组成了 LonWorks 技术的核心。控制网络中的每个远程监控装置（或现场总线仪表）均可使用这种芯片，由其提供的 I/O 接口来实现与传感器、执行器或外部设备之间的数据输入/输出，实现各种现场所需的数据处理和控制算法，并通过嵌入的 LonTalk 协议固件和适用于不同通信介质的收发器模块，在网络上实现数据通信。

Neuron 芯片的 CP0～CP4 是 5 个通信引脚，可提供单端、差分和专用模式等多种网络通信方式；IO0～IO10 是 11 个 I/O 引脚，通过编程可配置成 34 种不同的 I/O 对象，其中的全双工同步串行（Neurowire）I/O 接口对象，方便地支持了能直接与 SPI^{TM}、QSPI^{TM} 及 Microwire^{TM} 器件（如 MAX186 串行 A/D 转换设备等）相连接的 4 线串行接口。

MAX186 芯片是由美国 MAXIM 公司提供的，它内含 8 通道多路切换开关、高带宽跟踪/保持器、12 位逐次逼近式 A/D 转换器、串行接口电路等，具有变换速率高（最高可达 133kbit/s）、功耗低等特点。该器件自带 4.096V 参考基准源，本身即为一个完整的单片 12 位数据采集系统，其 4 线串行接口可直接接到 SPI^{TM}、QSPI^{TM} 和 Microwire^{TM} 器件而无需外加逻辑电路，与 Neuron 芯片连接相当方便。

1. MAX186 的工作方式和数据采集操作

（1）MAX186 的工作方式

MAX186 提供了 $\overline{SHDN}$ 引脚和两种软件可选关断模式，使它能通过在两次转换之间处于关断模式而使功耗达到最低。其模拟输入可由软件设置为单极性/双极性、单端/差分工作方式。处于单端方式时，模拟输入端 IN$_+$ 在内部转接到 CH$_0$~CH$_7$，IN$_-$ 转接到 AGND；处于差分方式时，在 CH$_0$/CH$_1$、CH$_2$/CH$_3$、CH$_4$/CH$_5$、CH$_6$/CH$_7$ 这些对中选择 IN$_+$ 和 IN$_-$。

由于 MAX186 具有片内时钟电路和外部串行时钟信号输入端，允许用户根据需要选择外部时钟模式或内部时钟模式。选择外部时钟模式，逐次逼近式 A/D 转换和数据的输入/输出均由外部串行时钟信号完成；选择内部时钟模式，采用内部时钟信号完成逐次逼近式 A/D 转换，而数据的输入/输出则由外部串行时钟信号完成。图 9.16 所示为控制字中的 D1 和 D0 位可用于设定所需的时钟模式。无论 MAX186 工作于内部或外部时钟模式，对 A/D 转换控制字的移入和变换结果的移出，均需在外部时钟 SCLK 的控制下进行。MAX186 可使用单一+5V 或双±5V 电源供电，在便携式数据采集，高精度过程控制，自动测试，医用仪器等方面有着广泛应用。

（2）MAX186 的数据采集操作

要启动 MAX186 进行一次数据采集（即 A/D 转换），首先需要把图 9.16 所示的 1 个控制字与时钟同步送入 DIN。当 $\overline{CS}$ 为低电平时，SCLK 的每一个上升沿把 1 个位从 DIN 送入 MAX186 的内部移位寄存器。在 $\overline{CS}$ 变低后第一个到达的逻辑"1"定义控制字节的最高有效位，在此之前与时钟同步送入 DIN 的任意个逻辑"0"位均无效。一个 8 位控制字的格式及意义见图 9.16。

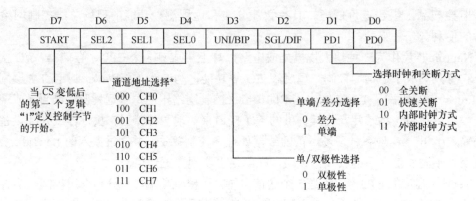

注*：此图中所列的通道地址是单端输入方式下的选择；差分输入方式下的通道地址选择可查阅有关手册。

图 9.16 控制字格式

一般来说，使用典型电路时的最简单软件接口只需传送 3 个字节即可完成 1 次 A/D 转换，其中传送的第一个 8 位（A/D 转换控制字）用来配置 ADC，向 MAX186 器件发启动转换命令和通道选择命令，选择单极性/双极性转换模式、单端/差分转换模式、内/外部时钟模式等。另外，后续两个 8 位用来保证与时钟同步，以输出 12 位变换结果。

2．MAX186 与 Neuron 芯片的接口

基于 Neuron 芯片的远程数据采集装置，作为分布在现场总线上的远程智能设备，不仅需要接收和处理来自传感器的输入数据，而且还需要执行通信任务。因此，在这种采集装置上，必须考虑通信问题。而利用收发器模块及 LonTalk 协议固件，可方便地与 LonWorks 现场总线网络接口。此时，开发者除关心数据采集和处理功能外，还可通过网络变量或显式报文等方式实现数据发送等网络通信功能。

（1）基本硬件电路结构

图 9.17 所示为满足上述要求而设计的基本电路结构图。由于 Neuron 芯片的 Neurowire I/O 对象是一个全双工的同步串行接口，它可在 IO8 脚输出的时钟信号作用下，由 IO9 和 IO10 两个引脚同步地实现将 A/D 通道地址信息移出和把对应通道的转换数据移入的功能。这种 I/O 对象类型能进行同步串行数据格式传输的特点，对提供 4 线串行接口的外设特别有用。而 MAX186 这种 12 位、多通道、全双工的串行 A/D 集成芯片正好与其兼容，它在 SCLK 时钟信号的作用下，可同步实现将通道地址信息移入芯片和将转换好的数据移出芯片的功能。因此，Neuron 芯片提供的 Neurowire I/O 对象，可方便地与 MAX186 接口。

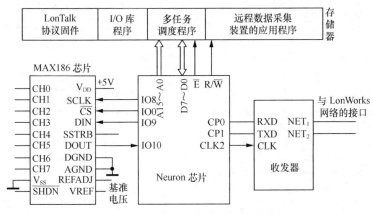

图 9.17　远程数据采集装置的基本电路

在将 Neurowire I/O 对象配置为主模式（master）时，Neuron 芯片的 IO0～IO7 中的任何一个或多个引脚可被用作对 MAX186 的片选信号。因此，允许多个这样的设备连在 IO8～IO10 这 3 根线上。在图 9.17 中，Neuron 芯片的 IO0 用于对 MAX186 的片选，IO8 提供时钟信号输出，IO9 用于串行数据输出，IO10 用于串行数据输入。

（2）数据采集程序

用软件方式控制 1 次数据采集（即 A/D 转换）的操作步骤可归纳为

① 设置图 9.16 所示的控制字 TB_1；

② 使 MAX186 的 $\overline{CS}$ 变低；

③ 发送 TB_1，并接收一个需忽略的字节 RB_1；

④ 发送全零字节，同时接收 RB_2；

⑤ 发送全零字节，同时接收 RB_3；

⑥ 将 MAX186 的 $\overline{CS}$ 拉高。

上述过程得到的字节 RB_2、RB_3 是 A/D 转换的结果。在单极性输入方式下，得到的是标准二进制数；在双极性输入方式下得到的是模 2 补码。两者所表示的数据均以最高有效位在前的格式输出。由于在 RB_2、RB_3 两个字节所表示的二进制数据格式中，包含有 1 个前导零和 3 个结尾零，因此实际转换结果为

$$ADV = RB_2 \times 32 + RB_3 \div 8$$

下面所列的 Neuron C 程序，对定时实现数据巡回采集的操作方法作了描述。

```
IO_0 output bit ADC_CS = 1;              //定义 IO_0 为位输出对象，作片选信号
IO_8 neurowire master select(IO_0) ADC_IO;   //定义神经元 I/O 对象，用作双向串行接口
unsigned short C[8] = {0, 4, 1, 5, 2, 6, 3, 7};    //顺序定义 ADC 的通道选择地址
mtimer tmAD = 500;                       //定义毫秒定时器，以 500ms 为数据采集的间隔
msg_tag mess_out;                        //定义报文标签
:
when(timer_expires(tmAD))                //当定时间隔 500ms 到时，驱动该事件处理程序
{
  int i,temp;
  unsigned int adc_info;
  unsigned long ADH;
```

```
unsigned long ADL;
unsigned long ADV[8];
for (i = 0; i < 8 ; i ++)                       //依次对 8 个通道进行数据采集
{
 //数据采集部分
 adc_info = (C[i] + 8) * 16 + 14;               //设置 A/C 变换控制字 TB₁
 io_out(ADC_IO, &adc_info, 8);                  //发送 TB₁, 忽略第一个字节 RB₁
 adc_info = 0x00;                               //设置全零字节
 io_out(ADC_IO, &adc_info, 8);                  //发送全零字节
 ADH = adc_info;                                //接收第二个字节 RB₂
 adc_info = 0x00;                               //设置全零字节
 io_out(ADC_IO, &adc_info, 8);                  //发送全零字节
 ADL = adc_info;                                //接收第三个字节 RB₃
 ADV[i] = ADH * 32 + ADL / 8;                   //对本次采集数据进行换算
 }
 tmAD = 500;                                     //设置 500ms 间隔
}
```

从上述程序中可以看出，利用 LonWorks 技术提供的核心技术，设计从事数据采集的远程智能装置和数据采集程序并非是一件难事。基于 Neuron 芯片的远程数据采集装置得到了 LonWorks 技术的有效支持，因此它不仅可以像一般的数据采集系统那样，独立地承担现场数据的采集和处理任务，而且还能通过收发器模块和内嵌的 LonTalk 协议固件，方便地实现与 LonWorks 现场总线控制网络的接口，无疑可成为分布在现场的远程智能设备。

9.2.3　用于高压断路器的现场智能仪表的设计（基于 Neuron 芯片的现场总线仪表设计之二）

1. 功能与结构概述

用于高压断路器的现场智能仪表以 MC143150 为核心，外加 24 位高精度 A/D 转换电路、多路选择器以及显示电路等组成。其主要功能是针对高压断路器工作时，将 SF_6 气体在充气和排气过程中气体的温度和压力，通过温度和压力变送器传送到仪表输入端，Neuron 芯片通过多路选择器和 A/D 转换电路对两路信号进行采样，然后根据 SF_6 气体密度算法进行计算，计算结果通过 LED 在现场智能仪表上显示，同时现场智能仪表把原始数据和计算结果通过 LonWorks 现场总线网络，发送到监控计算机进行监控。当有报文信息到达时，Neuron 芯片接收监控系统发送到智能节点的参数设置报文，根据用户设置的参数和现场采集的数据计算结果，判断高压断路器工作过程中 SF_6 气体是否发生泄漏事故，一旦发生事故现场智能仪表可提供 3 路继电器输出，供报警和现场继电保护使用。

该现场智能仪表的硬件框图见图 9.18，从图中可以看出，其硬件大体由数据采集模块、Neuron 芯片模块、显示模块等组成。

① Neuron 芯片：主要用于提供对现场智能仪表的控制，实现与 LonWorks 测控网络的通信，以及支持对现场信息的输入/输出等应用服务。它既是现场智能仪表的处理器，又是其他处理器或控制器的接口。

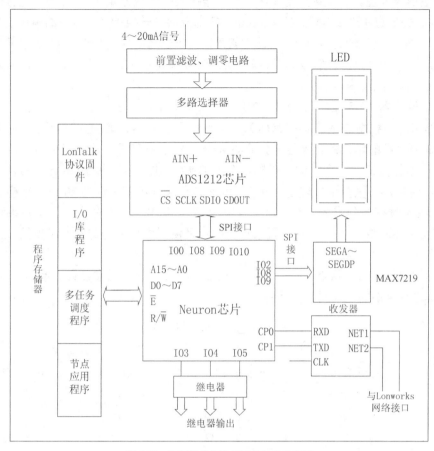

图 9.18 现场智能仪表的硬件结构示意图

② 数据采集模块：主要用于对现场设备（高压断路器）工作过程中数据的采集、干扰的处理，提供现场智能仪表所需的实时数据。

③ 显示电路：把智能仪表采集到的现场设备（高压断路器）的工作参数在 LED 上显示，便于现场调试和记录。

④ 通信电路：通信电路中的收发器是现场智能仪表与 LonWorks 测控网络之间的接口。Echelon 公司和其他开发商均可提供用于多种通信介质的收发器模块。智能仪表中采用了以双绞线作为通信介质的收发器模块。

2．节点硬件设计

根据现场智能节点的总体结构设计，以下对节点硬件的实现分成数据采集模块、Neuron 控制模块和显示电路等 3 大功能模块进行分别介绍。

（1）数据采集模块

数据采集模块由 A/D 转换器、多路开关、调零和调量程电路、滤波电路，光电耦合器等组成，考虑到系统要求和转换精度，数据采集模块中采用了一片 24 位的高精度 A/D 转换器 ADS1212。

① 前端信号处理。从现场温度和压力变送器接入的信号为 4～20mA 差分电流信号，接入仪表后，首先经过 100Ω 电阻，把 4～20mA 的电流信号转换为 0.4～2V 的电压信号，考虑到现场环境中干扰信号较为复杂，在电路中接入两个 RC 滤波器，分别由 10kΩ 电阻与 0.1μF、100μF 电容组成，然后经过调零和调量程电路把信号调成 0～2.5V 的电压信号，接入多路选择器，供 A/D 转换器采样。

② A/D 转换器 ADS1212。ADS1212 是 Texas Instruments 公司的 24 位高精度 A/D 转换器，其内部由可编程增益放大器（PGA）、二阶 Δ-Σ 调制器、调制控制单元、可编程数字滤波器、微控制器单元、寄存器组（指令寄存器、命令寄存器、数据寄存器、校准数据寄存器）、一个串行接口、一个时钟电路和一个内部 2.5V 电压基准等部分组成。其特点如下：Δ-Σ 型 A/D 转换器；采样数据输出速率在 10Hz 时有效分辨率可达到 20 位，采样数据输出速率在 1000Hz 时有效分辨率可达 16 位；低功耗为 1.4mW；差分输入；具有可编程增益放大器；SPI 兼容 SSI 接口；可编程设置采样频率；可使用内部或外部的参考电压；具有芯片自校准功能。

可编程增益放大器的增益（G）可设为 1、2、4、8、16，增益设置的不同使 ADS1212 的输入量程也有所不同，其对应关系见表 9.1。

表 9.1 放大器增益与参考电压关系

增 益 设 置	2.5V 参考电压		内部参考电压	
	全量程（V）	电压范围（V）	全量程（V）	电压范围（V）
1	10	0～5	40	±10
2	5	1.25～3.75	20	±5
4	2.5	1.88～3.13	10	±2.5
8	1.25	2.19～2.81	5	±1.25
16	0.625	2.34～2.66	2.5	±0.625

加速因子（TMR）也可以设置为 1、2、4、8、16，但是二者乘积必须小于等于 16。加速因子的设定值决定了采样频率的快慢，同时也影响了采样精度，其关系为

$$f_{\text{SAMP}} = \frac{f_{\text{XIN}} \cdot TMR \cdot G}{128}$$

式中，f_{SAMP} 为 ADS1212 的采样频率，f_{XIN} 为 ADS1212 的输入时钟频率。

在现场智能仪表的硬件设计中，ADS1212 与 Neuron 芯片接口电路见图 9.19。使用时，只需正确设置 ADS1212 内部的寄存器即可，ADS1212 内部有 5 种功能寄存器。其中指令寄存器（INSR）和命令寄存器（CMR）用于控制转换器的操作。数据输出寄存器（DOR）用于存放最新的转换结果。零点校准寄存器（OCR）和满量程寄存器（FCR）用于对转换结果进行校准。值得注意的是，由于具有了零点校准和满量程寄存器，就可以通过软件的设置完成零点和满量程的校准，从而可以省略硬件电路中的调零点和满量程电路，无疑简化了硬件的设计。

指令寄存器 INSR 是一个 8 位寄存器，对 ADS1212 的每一步操作都是从它开始的。具体格式如下：

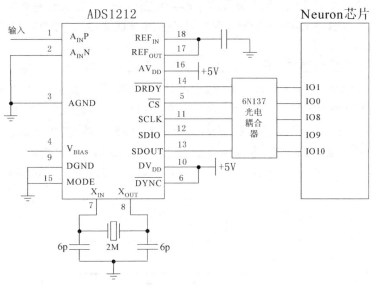

图 9.19 ADS1212 和 Neuron 芯片的硬件接口

高位							低位
R/W	MB1	MB0	0	A3	A2	A1	A0

R/W 是读写控制位。"1"为读操作,"0"为写操作;MB1 和 MB0 是欲读写的字节数;A3~A0 是欲读写寄存器的地址。

命令寄存器 CMR 是一个 32 位寄存器,共 4 个字节,分别为 Byte3、Byte2、Byte1 和 Byte0,通过对它的操作可以设置 ADS1212 的各种工作模式,在此对 Byte3 和 Byte2 作一介绍,Byte3 和 Byte2 的格式见表 9.2。

表 9.2   **命令寄存器格式**

Byte 3

BIAS	REFO	DF	U/B	BD	MSB	SDL	DSYNC/$\overline{DRDY}$	
0:off	1:on	0	0	0	0	0	0	缺省值

Byte 2

MD2 MD1 MD0	G2 G1 G0	CH1 CH0	
000 正常模式	000 增益为 1	00 通道 1	缺省值

BIAS 是参考电压输出开关位;REFO 是基准电压输入开关位,"1"为使用内部基准,"0"为使用外部基准;DF 是采样数据输出形式位,"0"为补码形式输出,"1"为原码形式输出;U/B 是数据极性输出,"0"为双极性数据输出,"1"为单极性数据输出;BD 是读字节的顺序位,"0"为从高字节到低字节,"1"为从低字节到高字节;MSB 是位的顺序位,"0"为从高位到低位,"1"为从低位到高位;SDL 是数据输出线选择位,"0"为用"SDIO"输出,"1"为用"SDOUT"输出;$\overline{DRDY}$ 是只读位,"0"表示输出数据准备好,"1"表示输出数据没有准备好;DSYNC 是只写位,同 DRDY 共用一位,"0"表示不改变调制器的计数器值,"1"表示将调制器的计数器值复位至"0"。

MD2～MD0 是模式设置位，用于设置芯片的各种工作模式；G2～G0 是增益设置位，用于对输入信号设置增益；CH1～CH0 是通道选择位，只适用于 ADSl213，而 ADSl212 只有一个通道。

（2）显示电路

显示电路由 1 片 LED 显示驱动器 MAX7219 和 2 片 LED 数码显示管组成，由 MAX7219 驱动显示 4 位数字（带小数点），用于在智能仪表上显示断路器工作过程 SF$_6$ 气体的压力和密度。MAX7219 是一种高集成化的串行输入/输出的共阴极 LED 显示驱动器。每片可驱动 8 位 7 段加小数点的共阴极数码管，可以数片级联，而与微处理器的连接可通过 SPI 方式，只需要 3 根线。MAX7219 内部设有扫描电路，除了更新显示数据时从 Neuron 芯片接收数据外，平时独立工作，这样可节省 Neuron 芯片的运行时间和程序资源。它与 Neuron 芯片的连接电路见图 9.20。

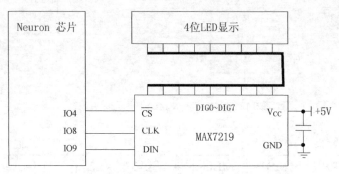

图 9.20　显示电路接口示意图

MAX7219 芯片上包括 BCD 译码器、多位扫描电路、段驱动器、位驱动器、用于存放每个数据位的 8×8 静态 RAM 以及数个工作寄存器。通过指令设置这些工作寄存器，可以使 MAX7219 进入不同的工作状态。MAX7219 有 5 个工作状态寄存器，分别是译码方式选择、亮度调节、扫描位数设定、待机开关、显示器检测。除空指令外，7219 的所有操作指令都是 2 个字节，前一个是操作代码，后一个是操作数。

系统上电时，MAX7219 所有寄存器都被复位，MAX7219 处于停机状态，此时所有 LED 显示器都关闭。要使 MAX7219 正常工作必须按以下步骤操作。

① 设置开、关机寄存器，其操作码为"0CH"，操作数为 0 或 1，其中，开机操作数为"01H"。

② 设置译码方式寄存器，其操作代码为"09H"，常用操作数为"00H"与"0FFH"中的一个。选中"00H"则不使用 BCD 译码器，在显示数字或符号时，按每段点亮与否编排传送码。而选中"0FFH"时，则按 8421 标准二进制编码来代表相应的显示数字。需要说明的是，无论译码与否，操作数的最高位 D7 均为小数点，"1"为亮，"0"为灭。

③ 设置显示位数寄存器，其操作代码为"0BH"，操作数为"00H"～"07H"代表 0 到 7 个显示位数。如果所用的显示器少于 8 位，则应通过这条指令设置相应的位数。因为设置的位数如果比实际使用的位数大，就会形成"虚位"，而一旦对"虚位"进行操作，将会引起整个显示器的混乱。另外，扫描位数的设置，会影响到扫描频率的变化，相应地，显示器亮度也会随着变化，所以应先确定扫描位数，再设置显示器亮度。

④ 设置亮度寄存器，其操作码为"0AH"，操作数为"00H"～"0FH"，通过设置亮度寄存器可以调节显示器的亮度，改变其操作数可以改变 MAX7219 内部扫描脉冲的宽度，从而使电流的平均值有所变化，这个电流平均值可以从最小的 1/32 至最大的 31/32 之间进行 16

级调节。MAX7219 还提供了一种硬件调整显示器亮度的方式，即通过第 18 管脚的 ISET 和 V_{CC} 之间跨接的一个电阻来调节其亮度，段驱动平均电流大约为流过此电阻电流的 100 倍，实际应用中常用十几千欧的电阻直接接入即可。

⑤ 显示数据，设置完毕显示控制寄存器后，即可向 MAX7219 传送数据，使其在 LED 数码管中显示。传送数据时，每一个 CLK 时钟信号上升沿来临时 DIN 信号线上的数据就进入 MAX7219 内部的移位寄存器中，其数据传送格式如下：

D15	D14	D13	D12	D11	D10	D9	D8	D7	D6	D5	D4	D3	D2	D1	D0
XXXX				ADDRESS				MSB			DATA				LSB

其中 ADDRESS 为显示数据的位置，对应内部 RAM 地址，地址 01H～08H 分别对应 MAX7219 显示数字位的 DIG0～DIG7。

3．节点算法分析

高压断路器灭弧室中 SF_6 气体密度不能直接检测，而是间接通过灭弧室内压力和温度检测，通过温度补偿算法，转换成 20℃时的压力值，并与标准曲线进行比较，从而得出 SF_6 气体在当前温度压力下的密度值。

（1）测量原理

根据理想气体状态方程：$pV = \dfrac{M}{\mu}RT$

可得：$p = \dfrac{M}{\mu V}RT$

式中，M 为气体的质量；μ 为一个摩尔气体的质量；V 为气体体积；R 为气体常数；T 为气体温度；p 为气体压力。

$\dfrac{M}{\mu V}$ 为单位体积内气体的摩尔数，即气体的密度。

由上式可知，断路器气体灭弧室内的压力（即气体压力）p 为气体密度 $\dfrac{M}{\mu V}$ 和气体温度 T 的双变量函数。气体温度引起的压力变化可根据 SF_6 气体压力-温度变化曲线（见图 9.21）给出准确补偿，得到气体压力与温度变化的等密线（见图 9.22），这时气体密度 $\dfrac{M}{\mu V}$ 成为导致仪表显示值变化的唯一变量，经过换算后的压力值就等于被测控气体的密度。

由于 SF_6 气体是非理想气体，其压力变化特性与理想气体压力变化特性相差甚大，按上述计算出来的结果与实际结果有较大的误差。

（2）气体状态参数曲线换算

在实际应用中，通常先按照温度补偿算法把当前压力值换算成标准状况下 20℃时的压力值，再根据气体状态参数曲线查表得到当前的密度值。温度补偿算法也根据不同厂家生产仪器的不同而有所不同，在此，所采用的温度补偿以修正压力的公式为

$$p_{20} = \frac{p}{(t-20)*0.005+1} \tag{9-1}$$

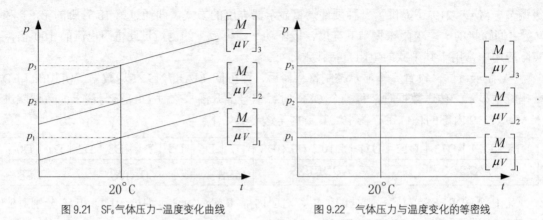

图 9.21 SF₆气体压力−温度变化曲线   图 9.22 气体压力与温度变化的等密线

式中：p——0～1MPa 的压力测量值；

t——−40～70℃的温度测量值。

在气体密度一定的情况下，温度发生变化时压力也随之改变，不同密度对应的变化曲线也各不相同，其变化规律见图 9.23。

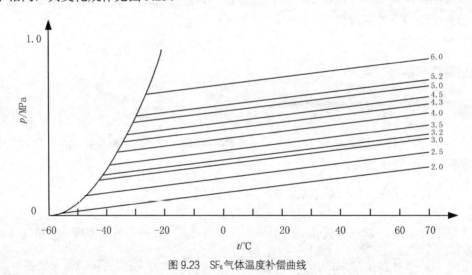

图 9.23 SF₆气体温度补偿曲线

利用该曲线将不同温度下校验测得的 SF₆ 气体压力修正值与标准值比较，以得到当前状况下的气体密度值。这种方法是通过多组曲线直接查找换算，具有明了、方便的优点，但同时由于曲线的准确性也限制了换算的准确度，如曲线上没有该设备当时的气体密度线，而是介于两条密度线之间，这时只能以插值法确定该密度线的值。

（3）用 Beattlie-Bridgman 公式进行换算

事实上，能够准确反应 SF₆气体状态参数的经验公式是 Beattlie-Bridgman 公式：

$$p = [0.58 \times 10^{-3} r^2 T(1+B) - r^2 A] \times 98 \tag{9-2}$$

式中：$A = 0.764 \times 10^{-3}(1 - 0.727 \times 10^{-3} r^2)$；

$B = 2.51 \times 10^{-3} r^2(1 - 0.864 r)$；

p 为 SF₆气体的压力值；r 为额定压力时气体的密度值；T 为 SF₆气体的温度。

对于式（9-2），当 T_{20}=293K 时，则有

$$p_{20} = [0.58 \times 10^{-3} r_{20}^2 T(1+B) - r_{20}^2 A] \times 98 \qquad (9-3)$$

当环境温度为 T_k 时，由于是等体积变化，密度 r_{20} 不变，则有

$$p_T = [0.58 \times 10^{-3} r_{20}^2 T_k(1+B) - r_{20}^2 A] \times 98 \qquad (9-4)$$

由式（9-3）和式（9-4）整理得

$$p_T - p_{20} = K(T_k - T_{20}) \qquad (9-5)$$

式中：$K = 5.8 r_{20}(1+B) \times 10^{-2}$。$K$ 通常称为压力换算系数，即温度变化 1K 时压力的变化量。r_{20} 为 20℃，压力 p_{20} 时 SF$_6$ 气体的密度，是一个常量。

4. 仪表软件开发

现场智能仪表软件可采用 Neuron C 程序编写，主要完成数据采集处理、数据显示以及数据通信协议的处理。以下将对软件流程与软件实现详细进行介绍。

（1）仪表软件流程

该仪表软件所需完成的主要任务有以下几点。

① 上电复位初始化。包括本仪表子网号、节点号的设置以及对 MAX7219、ADS1212 的初始化。

② 向网络适配器发送本节点的设置参数。该设置参数保存在节点的 EEPROM 中，掉电后不会丢失，发送设置参数用以完成监控计算机的初始化。

③ 定时采集 A/D 转换数据，进行数据处理和显示，并根据实时数据的大小，完成继电器的输出控制。

④ 把 A/D 转换器采集的数据组成报文，并发送到监控计算机。包括 A/D 转换的实时数据，继电器的输出状态等。

⑤ 当网络适配器的参数设置报文到达时，判断是否为本节点的参数，如果是，则保存参数设置。软件设计的基本流程见图 9.24。

（2）仪表软件实现

根据图 9.24 所示的软件流程，仪表工作软件中的主要程序实现如下。

① 数据采集。数据采集过程中，Neuron 芯片对 A/D 转换器 ADS1212 的操作包括初始化和读取转换数据两部分。Neuron 程序中首先定义一个神经元 I/O 对象，用作双向 SPI 接口，通过这个对象实现对 ADS1212 的读写操作：

IO_8 neurowire master select(IO_7)   ADC_IO

对 ADS1212 的初始化过程包括对指令寄存器和命令寄存器的设置，首先程序要设置指令寄存器 INSR，按照指令寄存器操作数的格式，其操作数为 "01100100"，Neuron 程序按 SPI 方式传送数据的语句为：

ADC_Buffer=0x64;

io_out(ADC_IO,&ADC_ Buffer,8);

上述语句可实现对 ADS1212 的命令寄存器的写操作，写入数据的初始地址为命令寄存器的 Byte3，写入数据的位数为 4 个字节。指令寄存器接收到以上命令后，程序即可对芯片的命令寄存器进行设置，设置的顺序从高到低，首先设置的是 Byte3，其操作数为 "01100010"

（意义为参考电压输出关，使用内部基准 2.5V，原码形式输出，双极性数据输出，读字节顺序为从高到低，位顺序为从高到低，使用"SDOUT"输出，不改变调制器的计数值），Byte2 操作数为"00000100"（意义为正常模式，增益是 2），Byte1 操作数"000000000"（意义为加速因子被设置为默认值 1），Byte0 操作数为"00010111"（意义为采样频率设置为默认值 326Hz）。其传送方式都是使用 neurowire 对象 ADC_IO，按 SPI 方式传送。

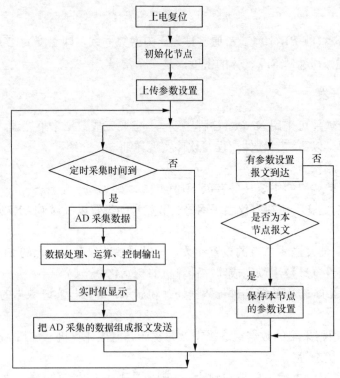

图 9.24　智能节点软件流程图

对命令寄存器设置以上参数后，ADS1212 按照命令寄存器中的参数进行正常的 A/D 数据采集，Neuron 程序可以定时获得 A/D 转换结果，读取转换数据部分的程序段如下。

```
do
    IsReady=io_in(DRDY);
while(IsReady);                        //等待 DRDY 为低
ADC_info=0xc0;                         //配置 INSR，从高位开始读 3 个字节
io_out(ADC_IO,&ADC_ Buffer,8);
io_out(ADC_IO, temp,24);              //读转换好的数据，共 24 位
for(i=0;i<3;i++)
    ADC_data[i]= temp[i];             //保存数据
```

程序操作的过程为 3 个步骤：其一判断 $\overline{\text{DRDY}}$ 是否为低电平，如果不是则说明 A/D 转换数据未准备好，程序进入等待状态，当 DRDY 变为高电平后进行读数操作；其二设置指令寄存器 INSR 为"11000000"，意义为从转换结果的高位开始读入 3 个字节；其三读入 3 个字节，保存数据。

② SF_6 气体密度计算与监控。智能仪表读取 A/D 转换器转换结果后，按照前述的计算方法计算气体密度，计算过程中涉及浮点数的运算。虽然，Neuron C 编译程序不直接支持 C 语

言的浮点算术与比较运算，但提供了一个完整的浮点算术函数库。这些函数有：二元算术运算函数、一元算术运算函数、比较运算函数、与整型数或 ASCⅡ字符串相互转换的函数，以及其他浮点函数等。

Neuron C 语言中浮点数结构 float_type 以 typedef 形式定义在 \<float.h\> 中，它有 1 个符号位、8 个指数位（exponent）和 23 个尾数位（mantissa），并且以 Motorola（big-endian）顺序存储。

```
Typedef struct{
    Unsigned int                :1;         //0=positive,1=negative
    Unsigned int MS_exponent    :7;
    Unsigned int LS_exponent    :1;
    Unsigned int MS_manissa     :7;
    Unsigned long LS_mantissa;
}float_type;
```

气体密度计算过程用到的浮点运算函数有：

```
fl_from_ulong(signed long arg1,float_type *arg2)
fl_add(const float_type *arg1,const float_type *arg2,float_type arg3)
fl_sub(const float_type *arg1,const float_type *arg2,float_type arg3)
fl_mul(const float_type *arg1,const float_type *arg2,float_type arg3)
fl_div(const float_type *arg1,const float_type *arg2,float_type arg3)
```

fl_from_ulong 为浮点数转换函数，功能是把长整型变量 arg1 转换成为浮点型变量 arg2，而 **fl_add**、**fl_sub**、**fl_mul** 和 **fl_div** 分别是浮点数的加减乘除运算函数，其源操作数为 arg1 和 arg2，计算结果保存在目的操作数 arg3 中。

密度计算程序如下：首先程序把 A/D 转换器采集到的压力和温度转换结果（数值为 0～32767）转换成相应的压力和温度值，压力转换为 0～1MPa，温度转换为-40～70℃。

```
ad_p=adData[0]*256+adData[1];        //压力转换结果，取高16位计算
fl_from_ulong(ad_p,&ad_fp);
fl_div(&ad_fp,&ad_full,&ad_temp);
fl_mul(&ad_temp,&p_range,&ad_temp);
fl_add(&ad_temp,&p_min,&ad_fp);      //压力转换为0～1MPa
……
ad_t=adData[0]*256+adData[1];        //温度转换结果，取高16位计算
fl_from_ulong(ad_t,&ad_ft);
fl_div(&ad_ft,&ad_full,&ad_temp);
fl_mul(&ad_temp,&t_range,&ad_temp);
fl_add(&ad_temp,&t_min,&ad_ft);      //温度转换为-40～70℃
```

转换后，按照温度补偿公式 $p_{20}=\dfrac{p}{(t-20)\times 0.005+1}$ 将压力转换成对应的 20℃时的压力值，取得对应的密度值。转换程序如下

```
fl_sub(&ad_ft,&con_20,&ad_temp);
fl_mul(&ad_temp,&con_a,&ad_temp);
fl_add(&ad_temp,&fl_one,&ad_temp);
fl_div(&ad_fp,&ad_temp,&p20);
```

经过计算得到 SF_6 气体密度后，程序要根据用户设置的参数控制执行器动作，提供继电保护和报警输出功能，其继电器动作程序段如下

```
fl_add(&alarm1,&delt,&pg);                      //充气过程中，加入回差值
fl_sub(&alarm1,&fl_zero,&pl);                   //排气过程，不需加入回差
if(fl_lt(&p20,&pl)||fl_gt(&p20,&pg)){           //继电器动作判断
```

```
    if(fl_gt(&p20,&pg))
        io_out(IO2,1);                                          //继电器输出
  if(fl_lt(&p20,&pl))
        io_out(IO2,0);                                          //继电器输出
}
```

③ 数据通信。仪表的数据通信包括两个方面的内容，一方面当监控计算机需要对仪表参数设置时，由监控计算机组成参数报文发送到智能仪表中，仪表负责接收参数报文，并对相应参数进行设置，其数据帧格式定义为：

接收仪表编号	报文类型 （参数型）	第一报警值 （共 32 位）	第二报警值 （共 32 位）	第三报警值 （共 32 位）	报警回差值 （共 32 位）

接收报文的数据帧存放于 msg_in 对象中，当参数报文传送到智能仪表时，Neuron C 程序的 msg_arrives 事件被触发，程序首先判断仪表编号是否与当前仪表编号相符，如果相符则说明监控系统是对本仪表的参数进行设置，此时程序读取 msg_in 对象的 data 区中的数据，并按照以上数据帧的格式把参数转换成相应类型的数据后保存到 EEPROM 的参数区中。

另一方面，当智能仪表定时采集压力和温度数据并进行相应的数据处理后，智能仪表可通过显式报文的形式发送到监控计算机，向监控计算机提供仪表运行的实时信息。数据传送帧格式如下：

发送节点号	报文类型 （数据型）	采样温度值 （低 8 位）	采样温度值 （高 8 位）	采样压力值 （低 8 位）	采样压力值 （高 8 位）

系统定义了一个 msg_out 对象用于构造显式发送报文，发送数据时把节点采集的数据按照以上数据帧的格式存入 msg_out 对象的数据区中：

```
msg_out.data[0]=DATA_TYPE;                                      //报文类型命令字
msg_out.data[1]=low_byte(ad_t);                                 //填入数据
msg_out.data[2]=high_byte(ad_t);
......
```

发送报文组成后，程序通过 msg_send()函数将报文发送到 LonWorks 网络中，监控计算机可根据发送报文的类型来识别数据报文，并予以接收和处理。

9.2.4 无线空气质量检测仪表的设计（基于 ZigBee 技术的无线智能仪表设计之一）

1. 系统功能

（1）功能需求

随着人们对健康、安全、环境等因素关注程度的不断提高，需要对石化企业、矿区等场所进行空气质量的监测。为此，人们提出了 HSE 管理体系，HSE 是健康（Health）、安全（Safety）和环境（Environment）三位一体的管理体系。而空气质量监测系统作为此管理体系的"实施和监测"环节，需要考虑以下几方面因素。

① 测量参数多。系统作为对空气质量环境的综合评价，不应该只是针对某一种气体浓度的检测，而是要能够检测出空气中多种气体参数的含量，来比较全面地反映周围空气质量的

真实状况。

② 测量精度高。系统主要用于有毒、有害气体的监测，空气中微量的有毒气体都会对人体造成伤害，只有精度高的监测系统才能真实地反映周围空气质量微小的变化状况。

③ 响应速度快。系统各模块的处理能力应适应周围空气质量的变化状况，一旦发现空气质量异常，能够快速地作出响应，及时产生报警等有效措施。因此，需要系统的参数检测、数据处理和结果输出满足一定时限要求。

④ 监测范围广。HSE 管理网络主要用于大型企业的管理，其覆盖面积非常广泛，系统作为 HSE 管理体系的"实施和监测"环节，要求能够实现大面积的监测范围，为 HSE 管理网络实时地提供各区域的空气质量状况。

⑤ 网络容量大。在大型石油化工企业中，需要安装大量的检测仪表（或终端节点）才能真实地反应现场各个区域的空气质量状况。因此，要求网络能够容纳大量的检测仪表（或终端节点）并具备较强的承载能力。

⑥ 系统可靠性高。工业现场环境复杂，设备安装不易且设备数量较多，一旦出现问题，解决起来非常麻烦。因此，要求系统正常工作后人为干预少，抗干扰能力强，能够保证长时间稳定可靠地工作。

⑦ 经济实用性强。系统在大范围监测时，需要的设备数量比较多，尤其是检测仪表等终端设备。因此，要求系统在满足质量指标的前提下，综合权衡系统质量和系统造价，提升系统的性价比，使系统具有较强的经济实用性和市场竞争力。

⑧ 使用简单方便。系统的使用者希望系统在符合指定监测要求的前提下，系统安装方便，操作尽量简单，易于上手和掌握。因此，要求系统在设计阶段就充分考虑到后续使用和维护方面的问题。

（2）功能分析

影响空气质量状况的气体种类有很多，目前，国家对于空气质量监测系统也没有统一的技术标准，因此在参考一些石化企业提出的若干种气体测量要求进行系统设计的同时，适当预留一些扩展接口，让用户可以根据具体需求添加相应的传感器模块，来实现特定的检测要求。

基于 ZigBee 短程无线通信技术的空气质量监测系统，涉及的主要监测参数为 5 个，有 CO 含量、CO_2 含量、空气质量等级、温度值和湿度值。系统主要完成对这些参数的数据采集、处理和传输，以及监测结果显示和气体超限报警等功能。

① 数据采集：用于实时采集空气中的 CO 含量、CO_2 含量、空气质量、温度和湿度参数值。

② 数据处理：数据处理包括现场设备（空气质量检测仪表）数据处理和上位机数据处理两部分。现场设备数据处理实现对现场采集到的数据进行工程量转换和数据补偿矫正，上位机数据处理实现对数据包中数据信息的解析。

③ 数据传输：数据传输包含 ZigBee 无线传输和 USB 有线传输两部分。分布在监测区域的空气质量检测仪表均需要采用 ZigBee 无线通信方式，将其检测到的空气质量状况传送到监控中心的网关上；USB 有线传输完成网关与上位机之间的通信，实现将网关接收到的现场数据上传给 PC。

④ 监测结果显示：上位机在接收到现场空气质量的参数后，通过图形和文字的方式将结

果直观地显示给用户。

⑤ 气体超限报警：当某些现场的空气质量状况出现异常时，系统自动产生有效的报警信号来警示工作人员采取快速正确的解决措施。

（3）主要技术指标

基于 ZigBee 的空气质量监测系统的技术指标，主要包括设备供电电源、空气质量参数测量范围和测量精度、无线通信距离、设备工作环境条件等。具体工作参数如下：

供电电源：检测终端 AC220V 功耗＜5W

路由器 AC220V 功耗＜2W

网关 USB 供电功耗＜2W

测量范围：一氧化碳 0～250 ppm

二氧化碳 0～3000 ppm

空气质量"优"、"良"、"中"、"差"共 4 挡

温度 0～100℃

湿度 0～100%RH

测量精度：一氧化碳±2%重复性

二氧化碳±2%满量程

温度±1℃

湿度±3.5%RH

通信距离：两点间无线距离≤100m

工作环境条件：气温 0～100℃，相对湿度 0～100%RH

2. 系统设计

（1）系统总体结构设计

空气质量监测系统作为 HSE 管理体系的"实施和监测"环节，实时监测所在场所的空气质量状况，并实时传送到工厂的管理网络中，为 HSE 管理体系提供实时的、真实的现场数据。

采用 ZigBee 树形网络拓扑结构构建的无线空气质量监测系统结构见图 9.25。系统主要由空气质量检测仪表（简称检测终端）、ZigBee 无线路由器、ZigBee 无线网关和上位机组成。

系统的工作原理分为如下 4 个步骤。

① ZigBee 无线网关组建网络，形成本网络特定的网络 ID，ZigBee 无线路由器和检测终端自动搜索网络，找到与自身匹配的网络 ID 后加入网络；

② 检测终端实时检测所处环境的温度、湿度、CO 含量、CO_2 含量以及空气质量，并将检测结果通过无线方式直接发送给网关，或通过无线路由器转发给无线网关；

③ 无线网关接收到各个检测终端发来的数据包后，依次将数据包通过 USB 口上传给 PC；

④ PC 对接收到的数据作进一步处理，实时显示各个现场的空气质量状况，一旦发现空气质量异常，则及时产生报警信号警示现场工作人员。

图 9.26 所示为一个以室内空气质量检测为应用背景的企业 HSE 管理系统。

（2）系统硬件设计方案

室内空气质量检测系统由室内空气质量检测仪表、ZigBee 无线路由器和 ZigBee 无线网关这 3 类设备组成。其中的检测仪表实时检测室内的空气质量状况，以无线传输方式传送给

ZigBee 无线路由器和（或）ZigBee 无线网关，网关再将检测到的空气质量参数上传到 PC。下面分别叙述这 3 类设备的硬件设计方案。

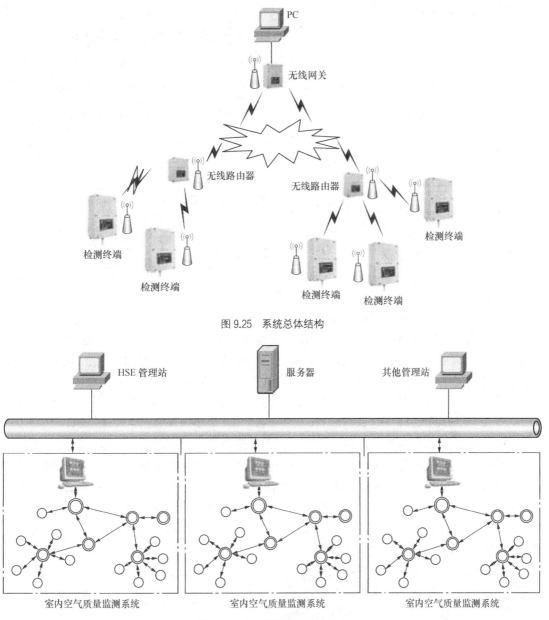

图 9.25　系统总体结构

图 9.26　企业 HSE 管理系统组成

① 检测仪表的硬件设计方案。室内空气质量检测仪表的主要功能是检测室内空气中的 CO 含量、CO_2 含量、空气质量、温度值以及湿度值，并将检测到的数据实时地通过 ZigBee 无线传感网络发送给无线路由器或无线网关设备。检测仪表的硬件结构见图 9.27。

检测仪表主要由核心板模块、气体传感器采集模块、LCD 显示模块、电源模块、轴流风扇模块、LED 指示电路以及拨码开关电路组成。其中，核心板模块中包含有微处理器最小系统和无线射频模块；气体传感器采集模块由各传感器和信号调理电路组成。

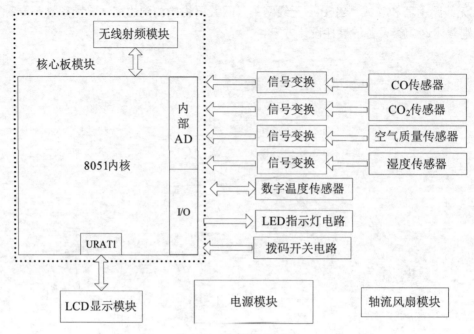

图 9.27 检测终端硬件结构

检测仪表工作时，各传感器将检测到的 CO 含量、CO_2 含量、空气质量、温度和湿度值等参量经信号变换以及 A/D 转换后，由微处理器读入并进行工程量转换，再通过 ZigBee 无线方式发送给网关；LCD 显示模块可以在线显示当前的空气质量状况；LED 指示电路用于指示设备的电源是否正常工作、通信是否正常，并完成气体超值报警等功能；拨码开关电路用于设置检测仪表的网络编号和仪表本身地址；传感器和电子部件均装在一个通风的仪表外壳内，为了能更快地和周围空气保持流通，仪表内还装有微型轴流风扇以加强通风。

② ZigBee 无线路由器硬件设计方案。由于建筑物结构空间、距离，以及房间之间墙体结构不同，在检测仪表与网关之间，可能存在无线信号一次接收不到的情况，这时就需要增设无线路由器设备。根据室内分布和墙体的具体情况，需要安装 1 台或多台带有 ZigBee 模块的路由器节点。检测仪表中的数据，通过无线通道被发到所属的路由器节点，路由器节点通过路由把数据传送至无线网关。这种传输方式结构简单，形成簇状形网络拓扑结构，易于实现。ZigBee 无线路由器硬件结构见图 9.28。

ZigBee 无线路由器主要由核心板模块、电源模块、LED 指示电路和拨码开关电路组成。其中，核心板模块又由微处理器最小系统和无线射频模块两部分组成。核心板模块用于接收检测仪表或相邻路由器发来的无线信号，并将信号以无线形式转发给无线网关或下一个相邻路由器；LED 指示电路指示路由器设备当前工作电压、运行方式和无线通信是否正常；通过使用拨码开关电路设置路

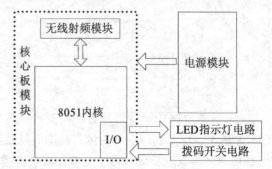

图 9.28 ZigBee 无线路由器硬件结构

由器特定的网络编号和路由器 MAC 地址，以此来区分不同网络编号和不同 MAC 地址的路

由器设备。

③ ZigBee 无线网关硬件设计方案。ZigBee 无线网关实际上担当着 ZigBee 网络中的协调器角色。协调器是整个 ZigBee 网络的中心，它具有建立、维护和管理网络，以及分配网络地址等功能。本系统的无线网关负责将接收到的数据通过 USB 接口上传给上位机 PC。ZigBee 无线网关的硬件结构见图 9.29。

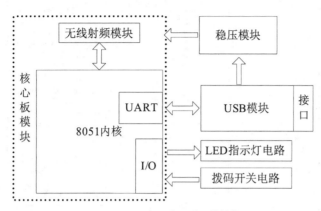

图 9.29　ZigBee 无线网关硬件结构

ZigBee 无线网关主要由核心板模块、USB 模块、电源转换模块、LED 指示电路和拨码开关电路组成。核心板模块由微处理器最小系统和无线射频模块组成。无线射频模块用于接收同一网络编号内检测仪表或路由器发来的无线信号；微处理器最小系统对接收进来的无线信号进行处理，通过微处理器自带串口将数据包转发给 USB 模块；USB 模块将串行数据包格式转换为 USB 格式后上传给上位机 PC，同时 USB 接口还提供+5V 的电源电压；稳压模块将 USB 电压转换为核心板模块工作所需的电压；LED 指示电路用于指示网关电压、系统运行、无线通信的工作状态；使用拨码开关电路设置网关的网络编号，使其在指定的网络编号上组建网络，以避免同一区域多个网关同时工作时相互干扰，方便检测仪表和路由器加入某个特定的无线网络。

（3）系统软件设计方案

系统硬件方案确定后，整个系统的功能实现就依赖系统的软件了。软件是整个系统的"灵魂"，一款好的软件程序，不仅能实现系统所需的各个功能，更能提高系统的运行效率和系统的稳定性。基于 ZigBee 的室内空气质量监测系统软件设计，包括检测仪表、路由器、网关等现场设备软件设计和上位机监控软件设计两部分。现场设备软件完成现场各功能模块的初始化以及空气质量参数采集、处理和传输等工作；上位机监控软件接收现场设备发送来的数据后，对其进一步处理和分析，将检测结果以直观的形式反馈给用户，方便用户掌握现场的空气质量状况。

① 现场设备软件设计方案。系统的现场设备由室内空气质量检测仪表（也称检测终端）、ZigBee 无线路由器和 ZigBee 无线网关 3 类设备组成，这 3 类设备各自实现特定的功能。因此，系统需分别对这 3 类设备的软件进行方案设计，从而完成整个系统的任务。具体设计方案见图 9.30。

检测终端软件主要实现对设备各硬件模块和操作系统初始化、ZigBee 无线网络的自动搜索和可用网络的自动加入、空气质量参数的实时采集和处理、终端 LCD 结果在线显示和空气质量检测结果无线发送等功能。

无线路由器软件程序实现对设备各外部端口和操作系统的初始化、当前可用网络的搜索和连接、路由表的管理和维护、数据包的无线接收和转发等功能。

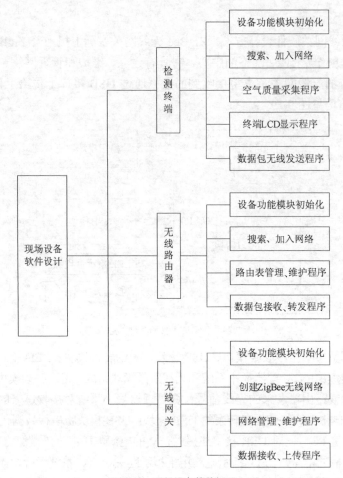

图 9.30　现场设备软件框图

无线网关软件主要实现对设备各硬件模块和操作系统的初始化、ZigBee 无线网络的建立和维护、对终端发来数据包的接收、将数据包上传给 PC 处理等功能。

现场 3 类设备的软件都可在公开的 Z-Stack 协议栈基础上开发，通过在 Z-Stack 协议栈应用层内编写各自的功能模块程序来实现所需的应用。

② 上位机监测软件设计方案。上位机监控软件是安装在 PC 上的应用程序，用户通过对程序内各功能模块的使用和查看，就能直观地了解各个室内的空气质量状况。监控软件通过 USB 接口与无线网关进行通信，来获得各个室内的空气质量参数，并且通过调用各功能模块函数来显示和监控当前的空气质量状况。上位机监控软件设计方案见图 9.31。

图 9.31　上位机监测软件框图

上位机监控软件主要包括界面设计、通信功能实现、系统参数配置、实时数据处理、检测结果显示和气体超限报警等功能模块。程序通过对各功能模块的编程以及相互间的调用，来实现整个上位机监控软件的功能。

上位机监控软件可采用 VB、VC++、Delphi 等基于 Windows 系统的集成开发环境来设计和编写，也可采用组态软件的方式来开发。

3. 空气质量检测仪表的硬件设计

硬件是系统的基础，系统软件只有在硬件所支持的平台上才能发挥其功能。好的硬件设计不仅能使系统稳定可靠、长时间高效率地工作，更能使企业在大批量生产时节约成本，使用户能选到物美价廉的产品，满足市场的需求。

下面主要针对室内空气质量检测系统中的无线检测仪表的硬件设计加以介绍并展开讨论。

空气质量检测仪表是整个系统的信息输入通道，系统通过检测仪表内置的各个功能传感器模块来获得周围空气中的一些重要气体参量。

检测仪表的硬件具体包括核心板模块、传感器采集模块、LCD 显示模块、电源电路、LED 指示电路、拨码开关电路以及风扇电路等。下面将分别对各功能模块电路原理进行介绍。

（1）核心板模块设计

核心板模块是整个设备的核心部分，由微处理器模块和无线射频模块组成。核心板模块选用的是 CC2530EM 模块，是基于 TI 公司 CC2530 处理器芯片开发的。CC2530 在 CC2430 的基础上，根据 CC2430 实际应用中的一些问题，在内存、尺寸、RF 性能等方面做了改进，其缓存更大，存储容量最大支持 256KB，不用再为存储容量小而对代码进行限制。CC2530 微处理器是 QFN40 封装，体积很小，功耗非常低，工作频率为 2.4GHz。其特点包括：兼容 Z-Stack 协议栈，方便后续软件的顺利下载和运行；芯片内部自带 8 路可配置的 12 位 ADC、8051 内核、256KB 在线可编程 Flash、8KB 的 RAM 内存，因此无需外扩 A/D 转换电路和存储器芯片，简化了硬件电路，有效节约了成本；芯片内部还自带看门狗电路，能够在系统出现故障时自动重启设备，减少人为干预，提高设备运行时的稳定性；此外，芯片还支持 CSMA/CA，精确数字化的接收信号强度指示（RSSI）/链路质量指示（LQI）等功能，使无线数据通信稳定可靠。

CC2530EM 核心板模块是将 CC2530 最小系统和射频模块组合起来，引出 20 个引脚作为外部接口。这 20 个引脚由 P0 端口的 8 个引脚（分别为 P0.0、P0.1、P0.2、P0.3、P0.4、P0.5、P0.6、P0.7）、P1 端口的 6 个引脚（分别为 P1.2、P1.3、P1.4、P1.5、P1.6、P1.7）、P2 端口的 3 个引脚（分别为 P2.0、P2.1、P2.2）、1 个 RESET 以及电源和数字地组成。

检测仪表的核心板模块电路连接见图 9.32。P0 口内的 P0.0、P0.1、P0.2、P0.3 被配置成 12 位的 A/D 转换口，命名为 AIN0、AIN1、AIN2 和 AIN3，分别与传感器采集模块中的 CO_2 检测电路、湿度检测电路、空气质量检测电路以及 CO 检测电路相连接；P0.5 被定义为 I/O 口，与数字温度传感器相连接；P0.4 与 P1.7 与 LCD 显示器相连，作为 LCD 显示模块的命令口和数据口；P0.6、P0.7、P1.2、P1.3、P1.4、P1.5 用作拨码开关电路的输入口；P2.0、P2.1、P2.2 作为 LED 指示电路的控制口；核心板模块的工作电压为+3.3V。

（2）传感器采集模块设计

传感器采集模块是检测仪表的主要外部电路，用于检测空气中某些气体的成分和含量。传感器采集模块由 CO_2 检测电路、CO 检测电路、空气质量检测电路、温度和湿度检测电路组成。

CO_2 检测电路由 CO_2 传感器模块、运放电路和稳压保护电路组成，其原理图见图 9.33。

CO_2 传感器选用的是韩国 SOHA 公司的双光束红外二氧化碳传感器模块，型号为 SH-300-ND，量程为 0～3000ppm，经模块内部处理后，对应输出 0～3V 的线性直流电压；运放电路相当于一个电压跟随器，稳定传感器模块输出的电压；稳压保护电路由 3.3V 的稳压管和电阻构成，如遇某些干扰使 AIN0 输入端超过微处理器容限的最大阈值时，可以使 AIN0 端口稳压在 3.3V，保护 CC2530 微处理器不被烧坏。CO_2 传感器使用双光束红外测量技术，比普通的红外测量法具有更高的测量精度和准确度。

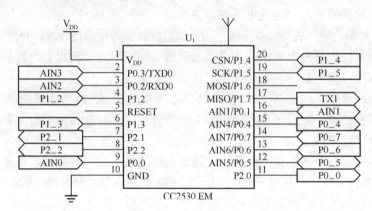

图 9.32 核心板模块电路

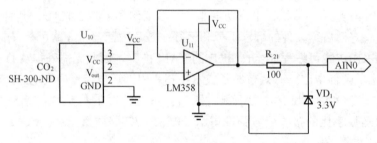

图 9.33 CO_2 检测电路

CO 检测电路由 CO 传感器、恒电位电路、二级运放电路以及稳压保护电路组成，其原理图见图 9.34。

图 9.34 所示的 CO 传感器选用的是日本 NEMOTO 公司生产的、型号为 NE-CO-BL 的一氧化碳电化学传感器。电化学测量法是目前市场上测量有毒气体的主流方法。该款 CO 传感器能将检测到的 CO 浓度值转化为与之成正比的电流值，其公式可表达为

$$I_{sensor} = \frac{55}{1000} \times \rho_{co} \qquad (9\text{-}6)$$

式中，I_{sensor} 是 CO 传感器输出的电流值，单位为 μA；ρ_{co} 是检测到的浓度值，单位为 ppm。

CO 传感器输出电流经恒电位电路处理后，输出与电流成正比的电压信号，其计算公式为

$$\begin{aligned} V_1 &= I_{sensor} \times R9 \\ &= \frac{55}{1000} \times \rho_{co} \times 10 \\ &= 0.55\rho_{co} \end{aligned} \qquad (9\text{-}7)$$

式中，V_1 为 CO 传感器经恒电位电路处理后的电压值，单位为 mV；$R9$ 的电阻值为10kΩ。

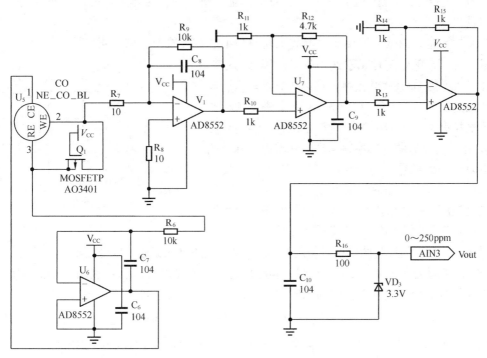

图 9.34　CO 检测电路

V_1 输出电压再经过二级同相比例运放电路后，其输出电压值可表示为

$$V_{out} = 0.55\rho_{co} \times 5.7 \times 4$$
$$= 12.54\rho_{co}$$

(9-8)

对于量程为 0～250ppm 的 CO 浓度测量范围，其对应输出电压值为 0～3135mV。当测量浓度超过量程时，其输出电压将受到稳压保护电路的限制。

空气质量检测电路由空气质量传感器、负载电阻和稳压保护电路组成，其原理图见图 9.35。

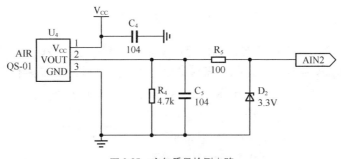

图 9.35　空气质量检测电路

图 9.35 所示的空气质量传感器是一款半导体气体传感器，其型号为 QS-01。该款传感器对空气中的多种有毒或可燃气体都具有一定的灵敏性，例如氢气、一氧化碳、甲烷、异丁烷、乙醇和氨气。当空气中这些气体的浓度或成分发生变化时，空气质量传感器感知这些变化后，其内部电阻值将发生改变。通过测量负载电阻 R4 上的电压值变化，就能计算出

空气质量传感器内部电阻值的变化，从而推算空气质量的优劣程度，并对空气质量进行分等级定性判定。

温度检测电路由数字温度传感器和上拉电阻组成，其原理图见图9.36。

图9.36所示的温度传感器选用的是美国Dallas半导体公司生产的DS18B20数字式温度传感器。传感器测量范围为-55～+125℃，精度为±0.5℃，满足指标要求的测量精度（在0～100℃的量程范围内，误差允许±1℃）。该款传感器的外部电路简单，只需一个3kΩ的上拉电阻，传感器通过1个单线（1-Wire）接口发送或接收信息，来获得当前的温度值。

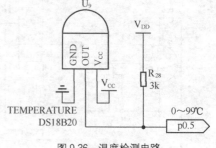

图9.36 温度检测电路

湿度检测电路由湿度传感器、分压电路、单个运放电路和稳压保护电路组成，其原理图见图9.37。

图9.37所示的湿度传感器选用美国Honeywell公司生产的集成湿度传感器，其型号为HIH-4000-003，量程为0～100%RH，在最佳拟合状态下，其精度可达±3.5%RH。该款湿度传感器能将检测到的相对湿度值转化为相应的电压值。其转化关系式如下

$$V_1 = V_{供电} \times [0.0062(传感器RH) + 0.16] \tag{9-9}$$

式中，V_1为传感器输出电压，其单位为V；$V_{供电}$为传感器工作电压，为+5V。

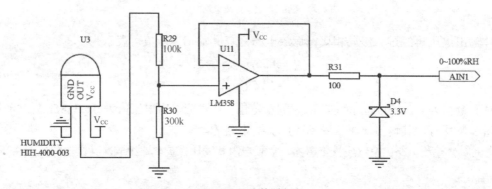

图9.37 湿度检测电路

当传感器湿度值为100%RH时，输出电压就等于+3.9V，超过A/D端的最大输入电压，不能对其进行100%模数转化。因此，需对输出电压进行分压，当传感器输出电压分别经过分压电路和电压跟随器后，其输出电压与相对湿度值的关系式如下

$$
\begin{aligned}
V_{out} &= 0.75 \times V_1 \\
&= 0.75 \times 5 \times [0.0062(传感器RH) + 0.16] \\
&= 0.02325 \times 传感器RH + 0.6
\end{aligned}
\tag{9-10}
$$

对于量程为0～100%RH的湿度测量范围，其对应输出电压为0.6～2.925V，在A/D转换电路要求的电压范围内能进行满量程模数转化。

（3）LCD显示模块设计

LCD显示模块选用的是北京铭正同创公司生产的一款2.4英寸（240×320）彩色TFT显示模块，型号为MZTH24V10。MZTH24V10的特点是：与处理器之间通过串口UART

接口通信，占用处理器端口少；自带 4 种字号的 ASCII 码西文字库；自带基本绘图 GUI 功能，包括画点、画直线、矩形、圆形等；自带整型数显示功能，直接输入整型数显示，无需作变换；模块内部有 4MB 的资源存储器，资源存储器支持 GBK2312 的二级（包含一级和二级）汉字库、BMP 位图、ASCII 码西文字库。因此，该款 LCD 显示模块使用非常简单，只需对其输入一些控制命令，就能调用库内的汉字、ASCII 码西文以及图形图片等资源，有效地减少了串口数据传输和 CC2530 的数据处理工作，能够满足检测结果实时显示的性能要求。

LCD 显示模块电路连接见图 9.38。显示模块 RST 复位口与 CC2530 处理器的 P0.4 相连接，根据 LCD 显示模块的复位时序，P0.4 提供有效的复位信号；微处理器通过 UART1 的 TX1 口给 LCD 显示模块发送控制命令，使其正确地显示 CO_2、CO、空气质量等级、温度和湿度这 5 个检测参数等信息。

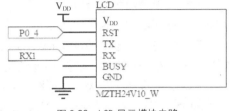

图 9.38 LCD 显示模块电路

（4）电源电路设计

电源电路的作用是将外部输入电源转换为内部所需的各类工作电压。电源电路设计的好坏将影响到整个设备。电源电路设计不当，将导致整个电路不能正常工作，甚至被烧坏。设计好的电源电路能为设备的运行提供稳定的工作电压。

检测仪表的电源电路主要由 AC/DC 稳压电源和稳压芯片等元器件组成。稳压电源选用的是金升阳公司的产品，型号为 LB05-10B05；输入为 100～240V 的交流电压，输出为 5V/1000mA 的直流电压，最大输出功率为 5W。选择这款稳压电源的原因主要有两方面：设备内部有+5V 和+3.3V 两种工作电压；设备最大运作功率为 4 瓦多。

电源电路的原理图见图 9.39。

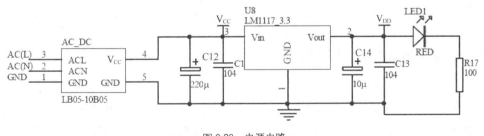

图 9.39 电源电路

稳压电源输入 220V 交流电压后，输出+5V 直流电压，为传感器采集模块提供正常的工作电压；+5V 直流电压经滤波电容和 LM1117_3.3 稳压芯片后，输出+3.3V 的直流电压，为核心板模块和 LCD 显示模块提供所需的工作电压。

（5）LED 指示电路设计

LED 指示灯可以直观地告诉用户设备处于何种状态、工作是否正常等信息。根据仪表需要提供的信息，选择合适的 LED 灯颜色和数量，使仪表在使用时更加方便。

检测仪表的 LED 指示电路包含 3 盏指示灯。其中，一盏红色的 LED 灯在电源电路里已经给出，用于指示当前设备电源是否正常工作；另外两盏指示灯见图 9.40。

图 9.40 中，LED2 是绿色通信指示灯，当终端设备与网关建立无线网络并能正常传输数据时，通信指示灯每隔 1s 闪烁一次；当终端设备无网络连接时，指示灯熄灭。LED3 是红绿双色指示灯，用于气体超限报警功能，当空气质量正常时，指示灯为绿色；一旦空气中某个检测参数超标，指示灯立刻变为红色，警示现场工作人员及时采取措施。

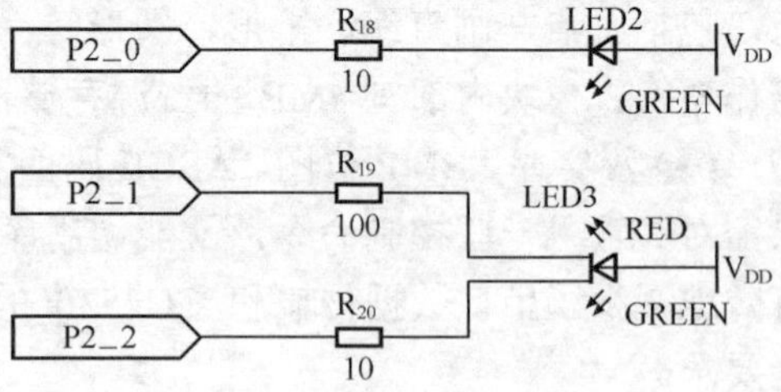

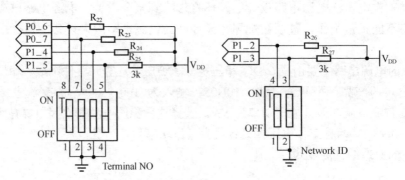

图 9.40　LED 指示电路

（6）拨码开关电路设计

拨码开关电路是设备的人-机输入接口，使用它可以控制一些开关量的状态，使仪表以合适的工作方式运行。检测仪表拨码开关电路原理图见图 9.41。

图 9.41 中，左侧的 Terminal NO 拨码开关电路用于设置检测仪表的 MAC 地址，总共有 4 位拨码开关，最多可以设置 16 个不同地址编号的仪表，目的在于使网关在接收仪表信息时能区分数据来自哪个仪表；右侧的 Network ID 拨码开关电路用于设置 ZigBee 的网络编号（简称 PANID），总共有 2 位拨码开关，最多可以设置 4 个不同的 PANID，目的在于使同一无线区域内不同 PANID 的仪表等终端设备能够正常通信，不会相互干扰。

图 9.41　拨码开关电路

4．空气质量检测仪表的软件设计

整个空气质量监测系统的软件由空气质量检测仪表软件、通信软件和上位机监控软件等构成。其中，空气质量检测仪表软件具有数据采集、处理等功能；通信软件包括检测仪表、无线路由器和无线网关等 3 类设备之间的通信以及无线网关与上位机的通信；上位机监控软件负责接收来自各场所的空气质量数据，并对数据作进一步地处理，最终将检测结果在计算机上实时显示，在线监控各个场所的空气质量状况。下面主要围绕无线空气质量检测仪表的软件设计细节进行介绍和讨论。

（1）开发工具

空气质量检测仪表的软件实现主要包含 3 个部分，即各类设备的初始化软件、检测仪表数据采集模块软件、无线数据传输软件。其软件开发工具包括 IAR System 集成开发环境和 TI 公司开发的 Z-Stack CC2530 协议栈程序。具体操作为：将这两款开发工具分别安装在 PC 上，然后在 IAR System 开发环境内打开 Z-Stack 协议栈内的样例程序，其效果见图 9.42。

图 9.42 中，开发环境左侧是整个 Z-Stack 协议架构，其目录含义如下。

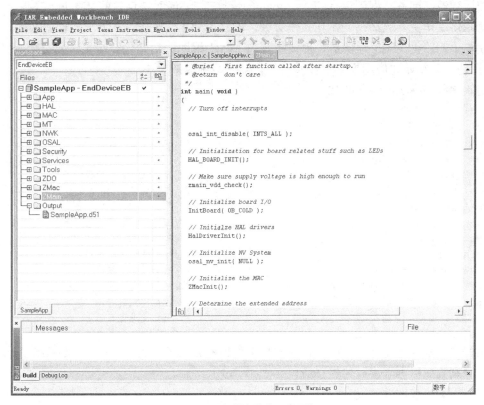

图 9.42 现场设备软件开发环境

① APP：应用层目录，创建新项目时用于存放具体任务事件处理函数的地方；

② HAL：硬件层目录，存放系统公用文件、驱动文件和各个硬件模块的头文件；

③ MAC：MAC 层目录，存放 MAC 层参数配置文件和 LIB 库的函数接口文件；

④ MT：监控调试层目录，用于调试目的，通过串口调试各层，与各层进行交互；

⑤ NWK：网络层目录，存放网络层配置文件、网络层和 APS 层库函数接口文件；

⑥ OSAL：操作系统目录，存放协议栈操作系统文件；

⑦ Profile：AF 层目录，存放 AF 层处理函数接口文件；

⑧ Security：安全层目录，存放安全层处理函数接口文件；

⑨ Services：地址处理函数目录，包括地址模式的定义和地址处理函数；

⑩ Tools：工程配置目录，包括空间划分和 Z-Stack 相关配置信息；

⑪ ZDO：ZigBee 设备对象目录，一种公共的功能集；

⑫ ZMac：ZMAC 目录，存放 MAC 导出层接口文件和网络层函数；

⑬ ZMain：Zmain 目录，包含整个项目的入口函数 main( )函数；

⑭ Output：输出文件目录，EW8051 IDE 自动生成的执行文件。

通过对样例程序各目录内文件的修改，在协议栈内编写硬件模块驱动函数、任务处理函数以及修改一些配置参数，可完成无线仪表等设备的软件设计，实现其所需的功能。

（2）初始化过程设计

仪表等设备上电后需要完成硬件平台和软件架构所需各功能模块的初始化工作，为操作系统的运行做好准备。程序运行的入口 main( )函数在 Z-Stack 协议栈的 ZMain.c 文件下。

初始化工作主要包括：初始化系统时钟，检测芯片工作电压，初始化堆栈，初始化各个硬件模块，初始化 Flash 存储器，形成芯片的 MAC 地址，初始化一些非易失变量，初始化 MAC 层协议，初始化应用框架层以及初始化操作系统等。

初始化程序模块的源代码如下：

```
osal_int_disable( INTS_ALL );            // 关闭所有中断
HAL_BOARD_INIT();                        // 初始化系统时钟
zmain_vdd_check();                       // 检测芯片电压是否正常
InitBoard( OB_COLD );                    // 初始化 I/O 口，配置系统定时器
HalDriverInit();                         // 初始化硬件各个模块
osal_nv_init( NULL );                    // 初始化 Flash 存储器
zmain_ext_addr();                        // 形成芯片的 MAC 地址
zgInit();                                // 初始化一些非易失变量
ZMacInit();                              // 初始化 MAC 层
afInit();                                // 初始化应用框架层
osal_init_system();                      // 初始化操作系统
osal_int_enable( INTS_ALL );             // 打开全部中断
InitBoard( OB_READY );                   // 初始化按键
zmain_lcd_inil();                        // 初始化液晶显示屏
WatchDogEnable( WDTIMX );                // 开启看门狗电路
```

当程序依次执行完上述代码后，初始化工作也就完成了，紧接着应去执行操作系统内的代码，分别完成数据采集和传输任务。

（3）检测仪表的软件设计

检测仪表软件的主要功能是：通过驱动其气体传感器检测模块的硬件电路来采集室内空气中的 CO_2 含量、CO 含量、空气质量、温度和湿度值。其数据采集软件由两部分程序组成，即各传感器驱动函数和采集模块任务处理函数。

传感器驱动函数由 CO_2 采集函数（CO2_sensor(0)）、CO 采集函数（CO_sensor(3)）、空气质量采集函数（AIR_sensor(2)）、湿度采集函数（Humidity_sensor(1)）和温度采集函数（Temperature_sensor( )）这 5 个程序组成。其中，CO_2、CO、空气质量和湿度传感器检测模块的信号输出是模拟量，软件上通过读入 A/D 转换后的数字量，就能算出所测数据的量值，因此，采集函数的格式是类似的。此处以 CO_2 采集函数为例，列出其程序源代码如下。

```
uint16 CO2_sensor(uint8 channel){
uint8 i,j;                               // 定义无符号整型变量
uint16 result,collect[20],t;
uint32 adc=0;
float data;
for(i=0;i<20;i++){                       // 连续 20 次读所选通道的 A/D 转换值
    collect[i]=HalAdcRead(channel,HAL_ADC_RESOLUTION_14);
}
for(i=0;i<19;i++){                       // 将上述 20 个转换值由小到大排序
    for(j=0;j<19-i;j++){
        if(collect[j]>collect[j+1]) {
            t = collect[j];
            collect[j] = collect[j+1];
            collect[j+1] = t;
}}}
```

```
for(i=5;i<15;i++){                          // 丢去头尾各 5 个数后, 将中间 10 个数累加
    adc+=collect[i]; }
adc/=10;                                     // 对累加结果取平均值
data=(adc*3.3/8192-0.5)*5000/4;              // CO₂ 算法, 算出 CO₂ 含量值
result=data;                                 // 对 CO₂ 含量值取整
return result;                               // 返回 CO₂ 含量值
}
```

上述 CO_2 采集函数中采用了软件滤波的方法, 将 A/D 转换结果进行多次测量后, 从小到大排序, 删除头尾的部分值, 最后对剩余测量值求平均值, 使测量结果更加准确。

由于温度传感器输出的是数字量, 故其采集函数与模拟量有所不同。下面所列的是温度采集函数的程序源代码清单。

```
uint8 ReadTemperature(void)
{
uint8 a=0,b=0,tem=0;
uint16 t=0;
Init_DS18B20();                             // 调用复位函数, 使 DS18B20 处于数据接收状态
WriteOneChar(0xcc);
WriteOneChar(0x44);                         // 给 DS18B20 写一个字节的温度转换命令
Init_DS18B20();
WriteOneChar(0xcc);
WriteOneChar(0xbe);
a=ReadOneChar();                            // 读取转换结束后的数字量
b=ReadOneChar();
t=b;
t<<=8;
t=t|a;
if(t>0xfff)
return(0);                                  // 最小温度值为 0 度
else{
t*=0.0625;                                  // 计算温度值
tem=t
if(tem>99) tem=99;                          // 最大温度值为 99 度
return(tem);                                // 返回所测得温度值
}
}
```

由于 DS18B20 温度传感器是单线数字量输出, 因此其采集函数是依据其提供的手册, 并按照其读写工作时序编写的。

传感器驱动函数设计完成后, 需要采集模块任务处理函数对其进行调用, 才能真正地实现数据采集的任务。

采集模块任务处理函数是在应用层任务处理事件函数下执行的, 其数据采集部分程序流程见图 9.43。上述提及的 5 个采集函数被依次调用, 最后将采集到的结果保存好后等待发送。由于应用层任务事件处理函数是定时 (如周期为 5s) 被调用一次, 因此采集模块任务处理函数也将定时被调用, 空气质量状况将被不停地检测, 空气质量参数也将被实时更新。

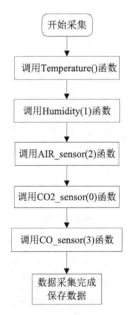

图 9.43　数据采集部分流程图

（4）无线数据传输软件设计

无线数据传输软件, 其部分程序模块分别存储在检测仪表、无线路由器和无线网关中,

实现由检测仪表发送数据，再到无线路由器转发数据，最后到无线网关接收数据的整个无线数据传输过程。其传输线路见图 9.44。

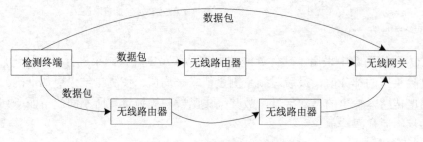

图 9.44 无线数据传输线路

无线数据包可能从检测仪表发出直接由网关接收，也有可能经过一级或多级无线路由器转发后实现传输。数据要想按照上述线路正常传输，其前提是各类设备必须处在同一无线网络中。使设备同处一个无线网络的配置参数是 PANID。设备的 PANID 值是通过对程序中的 zgConfigPANID 参数设置来实现的。无线网关首先以特定的 PANID 参数建立网络，检测仪表和无线路由器需配置成与无线网关相同的 PANID 值，这样在无线网关成功建立网络后，检测仪表和无线路由器就会以这个网络编号加入到特定的无线网络中，成功实现系统的组网。

PANID 参数配置程序源代码如下。

```
uint8 NetID1, NetID2, NetID;
P1SEL &= 0XE3;                          // P1_2, P1_3 口为输入口
P1DIR &= 0XE3;
NetID1 = 1^P1_2;                        // 读取 P1_2 口的状态值，并对该值取反
NetID2 = 1^P1_3;
NetID= NetID2*2+NetID1;                 // 获得 P1_2, P1_3 口设置的状态值
zgConfigPANID = NetID;                  // 将状态值设置为 PANID 值
```

通过以上程序，就能实现设备由硬件拨码开关电路设置，到软件实现特定的网络编号，设备最多可设置 4 个 PANID 值。

无线网关、无线路由器和检测仪表处于同一个 ZigBee 无线网络后，就可实现数据采集、发送、转发和接收等过程，其软件工作流程如下。

① 在检测终端应用层任务处理函数 HSE_ProcessEvent( )中通过调用函数 osal_start_timerEx (HSE_TaskID, HSE_SEND_MSG_EVT, HSE_SEND_MSG_TIMEOUT)来定时（如周期为 5s）触发 HSE_SEND_MSG_EVT 事件；

② 在该事件内通过调用 ReNewNodeMessage( )函数，在该函数下分别调用数据采集部分的 5 个采集函数，并将采集的结果保存到 HSE_RfTx.TxBuf[ ]发送缓存器内；

③ 通过调用 HSE_SendTheMessage(HSE_ RfTx.TxBuf, 0x0000, 30)函数将数据包通过无线方式发送出去，HSE_SendTheMessage( )函数具有返回值，若该函数内 AF_DataRequest( ) 值等于 afStatus_SUCCESS，则返回值为 1，说明发送成功，否则返回值为 0，发送失败，需重新发送；

④ 当数据包成功发送出去后，无线网关对数据进行接收，方法是通过在应用层触发 AF_INCOMING_MSG_CMD 事件；

⑤ 在该事件内通过调用 HSE_MessageMSGCB(MSGpkt)函数，对数据进行类型判断和解析；

⑥ 调用 osal_memcpy(&HSE_UartTxBuf.TxBuf[1], &HSE_RfRx.RxBuf[0], 30)函数，将接收到的数据包保存到串口发送缓冲区；

⑦ 通过调用 HalUARTWrite(SERIAL_APP_PORT, HSE_UartTxBuf.TxBuf, 33)函数，将串口发送缓冲区的数据发送给 USB 模块，USB 芯片对数据进行格式转换后，最终将数据以 USB 格式上传给 PC。

系统经过上述步骤即可实现数据采集和传输，后续工作则是等待上位机对数据包作进一步处理和显示。

9.2.5　无线温度变送器的设计（基于 ZigBee 技术的无线智能仪表设计之二）

无线通信技术和无线传感器网络的工业应用，使构成测控系统变得更为灵活、方便。无线温度检测网络需要由无线温度变送器（也称终端节点）、路由节点以及协调器构成。采用 ZigBee 协议支持的网状网（Mesh）拓扑结构，可通过自组织方式以及无线路由功能所提供的多个数据通信路径进行无线通信，当最优的通信路径发生故障时，网状网会在冗余的其他路径中选择最合适的路径供数据通信。因此，网状网有效地缩短了信息传输时延，并提高了网络通信的可靠性。图 9.45 所示为采用网状网拓扑结构的无线温度检测网络。

图 9.45 中，分布在现场的各个终端节点采集温度数据并加以处理计算后，以多跳的方式将数据发送给协调器，协调器将温度数据打包处理后经串口发送到上位机。协调器负责管理整个无线网络，它既要接收和上传每个终端节点的温度数据，又要与上位机通信，将控制命令发送到对应的终端节点。路由节点主要是负责数据或命令的转发。上位机则通过相应的监控软件来实现对现场各个温度采集

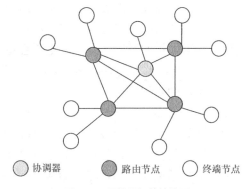

图 9.45　网状网拓扑结构图

点的监控，并根据需要发送数据采集命令、标定命令或参数设置命令。下面着重以无线温度变送器终端节点为例，详细介绍其硬件设计思路，分别对由电源电路、基准电路、测温电阻网络、放大电路、A/D 转换及接口电路等构成的采集模块以及射频模块进行说明和分析。

1. 无线温度变送器的硬件电路设计

就硬件结构而言，无线温度变送器主要由数据采集模块、射频模块及仿真器接口构成，它的硬件电路框图见图 9.46。其中的稳压芯片为变送器的各个芯片提供工作电压。基准芯片通过电压跟随器为测温电阻网络提供电源，同时为 A/D 芯片提供比较基准。PT100 热电阻通过测温电阻网络将现场的温度信号转换成电压信号，经放大器放大后送至 A/D 芯片。A/D 芯片将接收到的电压信号转换成数字量后通过 SPI 接口发送至 CC2430 的 8051 MCU。8051 MCU 将数据计算处理后转化为 ZigBee 通信协议包，最后通过射频天线无线发送出去。另外，按键、LED 显示用于提供人-机接口，仿真器接口用来下载程序以及调试软件，扩展的 Flash 用于储存 OAD（一种用于软件空中无线下载的 IAP 技术）下载时的镜像程序。

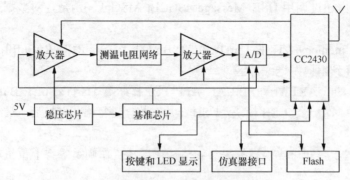

图 9.46　终端节点硬件电路框图

（1）无线温度变送器的采集模块设计

无线温度变送器的采集模块主要负责现场温度信号的采集，并把与温度相关的模拟电压信号转换成数字信号发送给射频模块。采集模块包括电源电路、基准电路、测温电阻网络、放大电路、A/D 转换器、按键、LED 显示、仿真器接口、Flash 存储器以及与射频模块连接的接口电路等。

① 电源部分及基准电路的设计。

作为无线温度变送器，它通常可由锂电池等供电，电压转换是必不可少的。电源电路的稳定性对整个系统工作的稳定起着决定性作用。并且，电源电路一直处于工作状态，而外接的电池随着能量的消耗，提供的电压会逐渐降低。为了使电源电路工作稳定、消耗能量少，尽可能延长电池的使用时间，在选择电源管理芯片时，应考虑选择具有稳定输出、超低功耗、允许低电压输入的芯片。

组成无线温度变送器的所有芯片中，其核心是 CC2430 芯片，它对工作电压的要求为 $2.0\sim3.6V$，因此，可选择能够输出 3.3V 直流电压的电源管理芯片。据此，可以 3.3V 为基准工作电压来选择其他芯片，以避免不必要的电压转换。CC2430 的发射接收功耗都是 27mA，若其他外围芯片都选用低功耗芯片的话，每片一般不会超过 0.5mA，累加后整个系统的电流消耗应小于 30mA，考虑到一定的余量，设定电源管理芯片供电应大于 80mA。综合以上分析，可选用 Maxim 的 MAX8881。它的输入电压范围是 $2.5\sim12V$，输出电压 3.3V，最大输出电流 200mA，输出精度±1.5%，拥有超低功耗 3.5μA（在 12V 输入的情况下），具有电源反接保护、过热关断、负载短路保护等功能，可满足无线温度变送器设计的要求。

电源部分的原理图见图 9.47。JP2 为电池盒的接线端子，C_1 为输入端的滤波电容。MAX8881 的 $\overline{\text{SHDN}}$ 引脚用于控制该芯片的开启和关断，为了实现定时采集温度的功能，不能停止对射频芯片 CC2430 的供电，MAX8881 必须一直处于工作状态。所以，$\overline{\text{SHDN}}$ 引脚通过 $100\,k\Omega$ 的电阻连接到输入端 IN，使该电源管理芯片处于常通状态，并通过串联 $100\,k\Omega$ 的电阻实现电池反接保护功能。C_2 为输出端的滤波电容，选用 4.7μF 的钽电容，使 MAX8881 的最大输出电流能达到 200mA。OUT 端输出稳定的 3.3V 电压。

由于 CC2430 需要一直供电，而采集板上的芯片并不是一直处于工作状态，为了尽可能地延长电池的使用寿命，在不需要采集温度的时候，可以停止对采集模块的供电。因此，可采用对采集模块和射频模块分开供电的方式。射频模块、仿真器接口和 Flash 芯片由 MAX8881 的输出直接对它们供电。采集模块中芯片的供电与否，可通过 PMOS 管由 CC2430 的 I/O 口控制。为此，采用一款阈值电压非常低的 PMOS 管 AO3415，它的阈值电压 $V_{GS(th)}$ 为 $-0.55V$，导通电阻 $R_{DS(ON)}$ 低于 43 mΩ （当 $V_{GS(th)}$ =$-4.5V$ 时），因而导通压降非常小。它的源极与 MAX8881 的输出相连，栅极通过 100 kΩ 的限流电阻和 1nF 的滤波电容连到 CC2430 的 P0.3 口。当 P0.3 口为逻辑"1"电平，即栅极电位为 3.3V 时，V_{GS} =0V，PMOS 管关断，停止对采集模块的供电；当 P0.3 口为逻辑"0"电平，即栅极电位为 0V 时，V_{GS} =$-3.3V$，PMOS 管导通，PMOS 管的漏极向采集模块提供 3.3V 电压。C$_3$、C$_4$ 为滤波电容。

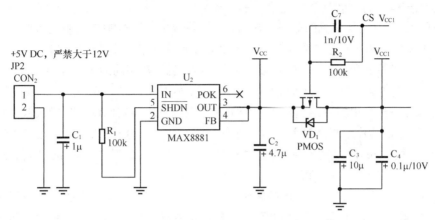

图 9.47　电源电路原理图

基准芯片主要为 A/D 芯片提供比较的基准，为运算放大器提供参考电压，为测温电阻网络提供工作电压。在此选择稳定性好、精度高、温漂小的基准芯片 ADR127，它能稳定地输出 1.25V 的电压，精度为 $\pm0.12\%$，最大温漂 9ppm，工作电流仅 85μA。基准电路的原理图见图 9.48。输入电压 VCC1 由 PMOS 管的漏极输出电压经电容 C3、C4 滤波提供，VOUT 引脚的输出电压经电容 C$_5$、C$_6$ 滤波后提供稳定的 1.25V 参考电压。

② 测温电阻网络的设计。

热电阻是一种电阻值随温度变化而变化的温度传感器。它能够将温度量转换成电阻量。但是电阻量没有办法直接测量，通常是通过给热电阻施加一个已知的激励电流，测量热电阻两端的电压从而计算出热电阻的阻值，再将电阻值转换成温度值，实现温度的测量。热电阻和温度变送器之间有 3 种接线方式，即二线制、三线制、四线制。

a．二线制。二线制的接线方法见图 9.49。R_t 为 PT100 热电阻，R_L 为热电阻引线的等效电阻，I 表示恒流源给定的电流，V_1、V_2 表示这两点的电位。

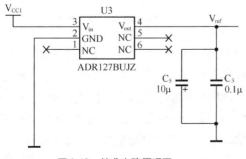

图 9.48　基准电路原理图

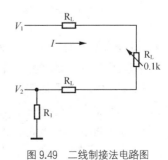

图 9.49　二线制接法电路图

从图 9.49 可以看出，虽然二线制的接线方式比较简单，但测得的电压(V_1-V_2)包含了热电阻两条引线上的电压。所以，计算出的电阻值 $R_x = (V_1-V_2)/I = R_t + 2 \times R_L$，即引入了热电阻两条引线的电阻值所产生的误差。在实际应用中，为了使仪表上的芯片处于正常的工作环境温度，引线通常具有一定的长度使仪表远离测量点，它的电阻值对测量结果的影响往往不能忽略。比如，PT100 的热电阻在 100℃时的电阻温度系数为 0.38 Ω/℃，假设此时每条引线上的电阻为 0.5 Ω，则将引起 2.63℃的测量误差。由此可见，热电阻的引线所引起的测量误差是非常大的，若需要高精度的温度测量，此误差不可忽略。

b. 三线制。工业上最常见的是三线制接法，见图 9.50。三线制接法通过增加一根引线来补偿热电阻的引线电阻所引起的测量误差，但是它要求这三根引线具有相同的电阻值。因此，热电阻的三根引线的长度、线径、材质必须完全一致，且处在相同的工作环境温度中。图 9.50 中，恒流源电流的方向是从 V_1 流入经热电阻 R_t 流到 V_3 再流入地。需要通过测量 V_1、V_2、V_3 三点的电位来计算出热电阻的阻值。为了测量这三点的电位，它们通常被接入放大器或者直接被接入 A/D 转换芯片这些高输入阻抗的器件，因此 V_2 所对应的引线几乎没有电流流过，也就是说不会对主干路的电流形成分流。根据以上条件，可计算出热电阻的阻值 $R_x = [(V_1-V_3)-2 \times (V_2-V_3)]/I = (V_1+V_3-2 \times V_2)/I = R_t$。

从上述分析计算可以看出，热电阻的阻值 R_t 与 V_1、V_2、V_3 这三点的电位成线性关系，与它的引线电阻 R_L 没有任何关系。由此可得三线制的接法补偿了热电阻的引线电阻所带来的测量误差。

c. 四线制。四线制的接法通常用于实验室等需要精密测量的场合，见图 9.51。恒流源提供的电流 I 从 V_1 流入经热电阻 R_t 流到 V_4 再流入地。V_2、V_3 所对应的引线由于接入高输入阻抗器件，所以这两根引线中没有电流流过。因此，可测得热电阻的阻值 $R_x = (V_2-V_3)/I = R_t$。这种接线方式完全不受热电阻的引线电阻的影响。

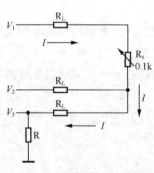

图 9.50　三线制接法电路图

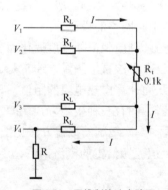

图 9.51　四线制接法电路图

d. 接线方法选择。上述 3 种接线方法，三线制和四线制的接线方式都能消除引线电阻带来的测量误差，但是这都是基于已知恒流源电流 I 的情况下分析得到的结果。如果要应用在实际场合中，必须使用高精度的恒流源，才能保证测量的精度。但是，这样做势必会提高成本、增加额外的功耗。因此，实际设计时可采用一种改进的三线制接法。它利用电路中现有的基准芯片输出的 1.25V 电压作为测温电阻网络的激励信号，并且该激励信号又是 A/D 转换芯片的基准电压，从而可消除基准芯片输出电压的误差对温度测量的影响。其原理图见图 9.52。

图 9.52 中，R_t 表示 PT100 热电阻，R_L 表示引线电阻。采用具有掉电模式的运算放大器 OPA334 和一个 1N4148 的二极管构成一个电压跟随器，为测温电阻网络提供 1.25V 的电压。其一，可提高基准芯片带负载的能力；其二，可对放大器输入失调电压、输入失调电流以及接触热电势造成的误差进行补偿。二极管 D_1 和电阻 R_3 的作用是在放大器 OPA334 关断时（即高阻状态下）减小放大器漏电流对测量的影响，使二极管 D_1 处于反偏状态。OPA334 的 Enable 引脚由 CC2430 的 P1.3 口来控制。当 P1.3 口输出逻辑"1"，放大器 OPA334 工作；当 P1.3 口输出逻辑"0"，放大器 OPA334 处于高阻状态。

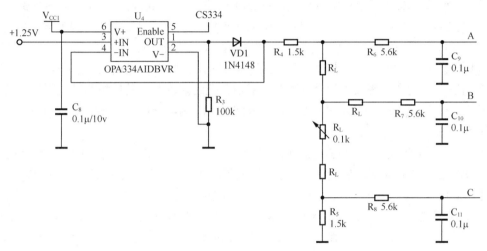

图 9.52　测温电阻网络电路图

电阻 R_4、R_5 和 PT100 热电阻 R_t 串联构成了对 1.25V 激励信号的分压网络。电阻 R_4、R_5 的阻值都是 1.5kΩ，总共有 3kΩ 的阻值，使经过 PT100 热电阻的电流维持在 0.4mA 左右，以降低热电阻产生的自热对温度检测的影响。R_4、R_5 采用高精度、低温漂的贴片电阻，其精度可达±0.1%，R_4 温漂为+5ppm，R_5 温漂为−5ppm，从而抵消了温漂对阻值（R_4+R_5）的影响。热电阻 R_t 采用三线制接法以消除引线电阻 R_L 带来的测量误差。R_6C_9、R_7C_{10}、R_8C_{11} 构成 3 个低通滤波器，抑制高频噪声对电压测量的影响。

e．热电阻阻值的测量方法。从图 9.52 可以看出，AC 两端的电压 V_{ac} 包含了热电阻 R_t 和它的两根引线电阻 R_L 所分得的电压，AB 两端的电压 V_{ab} 就是引线电阻 R_L 所分得的电压，那么热电阻 R_t 两端的电压就是（$V_{ac}-2\times V_{ab}$）。流过热电阻 R_t 的电流 $I=(1.25-V_{ac})/(R_4+R_5)$。因此，热电阻 R_t 的电阻值计算公式可表示为

$$R_t = \frac{V_{ac}-2\times V_{ab}}{I} = (R_4+R_5)\times\frac{V_{ac}-2\times V_{ab}}{1.25-V_{ac}} \tag{9-11}$$

从式（9-11）可以看出，热电阻 R_t 的阻值与引线电阻 R_L 没有任何关系，它只跟 AC 两端的电压 V_{ac} 和 AB 两端的电压 V_{ab} 有关。所以，只需测量 V_{ac} 和 V_{ab} 就能计算出热电阻 R_t 的阻值。但是，在实际测量的 V_{ac}、V_{ab} 信号中，还会包含放大器输入失调电压、输入失调电流以及接触热电势等噪声信号。

接触热电势主要是由热电阻、主干路的两条引线、接线端子之间的材质不同以及它们所

处环境温度不同引起的。若热电阻采用 PT100 铂电阻，引线为银线，这两个接点为铂-银接点；若两条导线又连接在铜合金的接线端子上，又增加了两个银-铜合金接点；接线端子通过 PCB 板上的铜质走线引入放大器，又增加了一对铜合金-铜接点。这些成对的接点所处位置的温度可能会略有不同，因而会带来额外的热电势。

由于 V_{ac}、V_{ab} 两路电压是先引入放大器 AD627 放大后再送入 A/D 芯片的，放大器 AD627 的失调电压和失调电流也会对测量精度带来一定影响。AD627 的输入失调电压最大为 150μV，输入失调电流最大为 1nA，它们将会给电压测量带来误差，且这个误差还会随工作环境的温度变化。

因此，必须采取补偿措施才能测得正确的电压信号。以 AC 两端电压的测量为例，先使 OPA334 的 ENABLE 端为 "1"，对测温电阻网络提供 1.25V 的电压，此时测得 AC 两端电压为 $V_{ac1}=V_{ac}+V_{ac2}$，其中 V_{ac} 为 AC 两端电压的真实值，V_{ac2} 为噪声信号的总和；再使 OPA334 的 ENABLE 端为 "0"，停止对测温电阻网络的供电，此时测得 AC 两端电压 V_{ac2} 就是接触热电势、AD627 的输入失调电压等噪声信号的总和。然后，把这两次测量的结果相减就得到了 AC 两端电压的真实值 $V_{ac}=V_{ac1}-V_{ac2}$。同理，可以得到 AB 两端电压的真实值，再通过式（9-11）就能计算出热电阻的阻值 R_t。

③ 放大电路的设计。温度变送器测温范围是 −200～850℃，对应热电阻的阻值变化范围是 18.52～390.48Ω，假设每根引线的阻值为 0.5Ω，那么 AC 两端电压 V_{ac} 的变化范围是 8.081～144.288 mV，AB 两端电压 V_{ab} 的变化范围是 0.184～0.207 mV。而 A/D 芯片使用的基准电压是 1.25V，采用单极性输入时，A/D 芯片的输入范围是 0～1.25V。为了充分利用 A/D 芯片的量程，提高系统的分辨率，可选用放大器 AD627 对 V_{ac}、V_{ab} 进行放大。

AD627 是一款高精度、低功耗、轨到轨输出摆幅的仪表放大器。它可以在单电源供电的情况下实现差分输入，单电源供电电压范围 2.2～36V，最大功耗 85μA，最大输入失调电压 125μV，输入失调电压温漂 1μV/℃，最大输入失调电流 1nA，共模抑制比 $CMRR= 96dB(G=5)$。它仅需一个外接电阻就能实现 5～1000 倍的增益，并且在 5 倍增益时精度达 0.06%，在 100 倍增益时精度达 0.25%。放大电路的原理图见图 9.53。

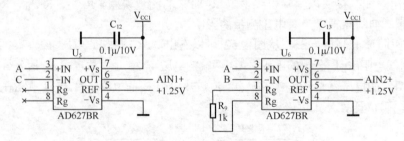

图 9.53　放大电路原理图

图 9.53 所示的电路使用了两片 AD627 放大器 U_5、U_6 分别对 V_{ac}、V_{ab} 进行放大。电源输入正端 +V_s 由 MAX8881 输出的 3.3V 电压经过 PMOS 管提供，通过 0.1μF 的电容去耦。电源输入负端 −V_s 接地。REF 参考电压输入端接基准芯片 ADR127 输出的 1.25V 电压，抬高输出电压的范围。U_5、U_6 的 OUT 端输出放大后的电压 V_{ac}'、V_{ab}'，它们分别被接到 A/D 芯片的 AIN1+ 和 AIN2+ 输入端。AD627 的 PIN1 脚和 PIN8 脚用来与外接电阻连接，设置放大倍数。

放大倍数 *Gain* 与外接电阻 R_g 的关系式如下

$$Gain = 5 + \frac{200\text{k}\Omega}{R_g} \tag{9-12}$$

可以根据 A/D 芯片的输入电压范围与放大器输入端信号范围之比来估计所需的放大倍数，再根据该放大倍数计算出外接电阻的阻值，由式（9-12）反推实际的放大倍数。若将本仪表中 V_{ac} 的放大倍数选取 5 倍，无需外接电阻，即 $R_g = \infty$；V_{ab} 的放大倍数选取 205 倍，外接电阻 $R_g = R_9 = 1\text{k}\Omega$。由于电阻 R_9 的精度会直接影响到放大倍数的精度，因此选用高精度、低温漂的贴片电阻，其精度为±0.1%，温漂为 5ppm。

④ A/D 转换电路的设计。

a. A/D 芯片的选取。PT100 热电阻经测温电阻网络将温度信号转换成微弱的电压信号后，进行滤波、放大，得到具有一定幅值的连续变化的模拟电压信号。该信号必须转换成数字量后，才能与射频芯片 CC2430 进行通信。为此，需选择一款合适的 A/D 芯片来完成 A/D 转换电路的设计。通常，在选取 A/D 芯片时需考虑分辨率、转换精度和转换速率等因素。

分辨率是指 A/D 芯片输出数字量变化一个相邻数码所需输入的模拟电压的变化量。它可以用如下算式来衡量

$$V_i = \frac{V_{\text{ref}}}{2^N - 1} \tag{9-13}$$

式中，V_i 表示 A/D 芯片所能分辨的最小模拟电压变化量；V_{ref} 表示参考电压；N 表示 A/D 芯片的位数。A/D 芯片的位数越多，V_i 越小，表示 A/D 芯片的分辨率越高，就越容易识别微小的模拟输入量。但是分辨率太高容易引入输入端的干扰信号，甚至淹没实际的输入信号。因此，应当根据需要合理选择 A/D 芯片的位数。

A/D 芯片的转换精度是指 A/D 任何数码所对应的模拟电压与实际模拟输入电压之间的最大偏差与最大量程之比的百分数。在 A/D 芯片手册上通常以积分非线性度（Integral Nonlinearity）来表示。选用高精度的 A/D 芯片当然有利于提高整个系统的测量精度，但是成本也会相应提高，应结合预期的技术指标及成本综合考虑。

转换速率是指在单位时间内完成转换的次数。通常逐位比较式 A/D 的转换速率较高，双积分式 A/D 的转换速率较低。应当根据被测信号的频率和所需的采集周期来选择 A/D 芯片的转换速率。

AD 公司的 16 位 $\sum$-$\triangle$ A/D 转换器 AD7792，其工作电压范围是 2.7～5.25V，工作电流仅 110μA（在 3V 工作电压、非缓冲输入模式、外部参考电压的情况下），掉电模式下电流消耗不足 1μA，对 50Hz、60Hz 的工频干扰具有一定抑制能力。由式（9-13）可以算出，AD7792 对放大器输出电压的分辨率为 19.1μV。由于测温电阻网络 AC 端的电压被放大了 5 倍，则 AD7792 对 V_{ac} 的分辨率为 3.8μV。测温电阻网络主干路的电流通常为 0.4mA 左右，对热电阻的电阻值分辨率约为 9.525mΩ，转换成对温度的分辨率为 0.025℃（按 PT100 热电阻在 100℃时的电阻温度系数 0.38Ω/℃估算），可满足精度要求。另外，由于工业现场温度的变化通常比较缓慢，对温度的采集周期定为 5s 一次，AD7792 的数据刷新率为 4.17～500Hz，足以满足对采集周期的需求。AD7792 的精度也非常高，它在满量程范围内的积分非线性度为 15ppm，即 1LSB，能实现 16 位数据无误码输出。正是因为 AD7792 具有高分辨率、高

精度、低功耗、自校准、宽动态范围以及优良的抗噪性能等优点，所以它非常适合应用在智能仪表设计中。

b．AD7792 的功能及操作。AD7792 在使用外部参考电压时，可以接收 2 路全差分输入信号。它内置的可编程增益放大器（PGA），能实现 1～128 倍共 8 种不同倍数的增益，通过写配置寄存器操作可以对增益倍数进行设置。在量程较小的情况下，可以通过设置 PGA 的倍数来进一步提高系统的分辨率。在本仪表设计中，AD7792 的工作电压为 3.3V，外部参考电压为 1.25V，这样，它就能接收 0～9.8mV 至 0～1.25V 范围内的单极性信号，或±9.8mV 至±1.25V 范围内的双极性信号。由于本仪表采用单极性的输入方式，则 AD7792 的输出数码 $Code$ 与模拟量输入 AIN 的关系式如下

$$Code = \frac{2^N \times AIN \times GAIN}{V_{\text{ref}}} \tag{9-14}$$

式中，$Code$ 为 AD7792 的转换数码，N 表示 AD7792 的位数，AIN 为差分模拟输入信号即 $AIN(+)-AIN(-)$，$GAIN$ 为 PGA 的增益倍数，V_{ref} 为参考电压。在实际应用中，可以根据得到的转换数码由式（9-14）计算出输入模拟量的值。

AD7792 提供了自校准和系统校准两种校准方式。采用自校准方式时，AD7792 内部会自动将输入端连接到零输入和满量程输入信号。采用系统校准方式时，需外接零输入和满量程输入信号。由于本仪表采用的是自校准方式，需要在输入通道、PGA 的增益倍数等参数改变时，对零输入和满量程输入点进行自校准，并将校准得到的数据分别存入零标度寄存器和满量程标度寄存器中，这样能保证在之后进行的每一次 A/D 转换时，其转换结果都会被零标度寄存器和满量程标度寄存器的系数修正后再存入数据寄存器，以减小转换误差。

AD7792 芯片中包含有多个寄存器，需要对他们进行初始化配置。应用中主要涉及的寄存器及其功能如下。

通信寄存器（8 位）：用于指定配置哪一寄存器，读还是写。

状态寄存器（8 位）：芯片转换结束标志，ADC 转换时的通道号。

模式寄存器（16 位）：工作模式，芯片时钟的选择，滤波器更新速率。

配置寄存器（16 位）：单极性还是双极性，通道选择，增益放大倍数。

数字寄存器（16 位）：A/D 转换结果。

因此，AD7792 在进行每一次操作前，一般应先配置通信寄存器，后配置其他相应寄存器。对 8 位通信寄存器进行设置，可决定下一次操作的类型以及操作的对象。通信寄存器的 BIT7 为写使能位，该位必须置"0"，数据才能被写入通信寄存器；BIT6 规定了下一次的操作类型为读还是写；BIT5～BIT3 规定了下一次的操作对象，即访问的寄存器类型，比较常用的有通信寄存器（000）、模式寄存器（001）、配置寄存器（010）与数据寄存器（011）。

AD7792 的 16 位配置寄存器主要针对输入方式、PGA 增益倍数等参数进行配置。BIT12 用于选择单极性或双极性输入方式；BIT10～BIT8 为 PGA 增益倍数选择位；BIT7 用于选择使用外部参考电压或内部参考电压；BIT4 配置是否选择 PGA 进行放大，当增益倍数大于 2 时，该位被自动置"1"；BIT2～BIT0 为输入通道选择位。

AD7792 的 16 位模式寄存器的 BIT15～BIT13 为操作模式选择位，有单次转换、低功耗、零位自校准、满量程自校准等工作模式；BIT7～BIT6 对时钟进行配置；BIT3～BIT0 为数据刷新率选择位。当模式寄存器写入操作成功之后，AD7792 对应通道的 A/D 转换被

立即启动，转换结束后 DOUT/$\overline{\text{RDY}}$ 引脚被置为低电平，此时可以从 16 位数据寄存器中读取转换结果。

c. A/D 转换电路。A/D 转换电路的原理图见图 9.54。经放大电路放大后的端电压 $V_{ac'}$、$V_{ab'}$ 分别被连接到 AIN1+、AIN2+，而 AIN1-、AIN2- 与参考电压正端 REF+ 相连，抬高了通道 1 和通道 2 的共模输入电压，满足 AD7792 对共模输入电压的要求。模拟、数字电源输入端连到经 PMOS 管控制的 3.3V 电源端，通过电容 C14 去耦。片选 $\overline{\text{CS}}$、串行时钟 SCLK、数据输入 DIN 以及状态信号和数据输出复用引脚 DOUT/$\overline{\text{RDY}}$ 为 AD7792 提供了 SPI 接口，分别将它们连接至 PCB 板上的接插件，通过接插件与 CC2430 的 I/O 口连接以实现两者之间的通信。参考电压负端 REF-、接地引脚 GND 及未使用的 IOUT1、IOUT2 分别连接至模拟地。

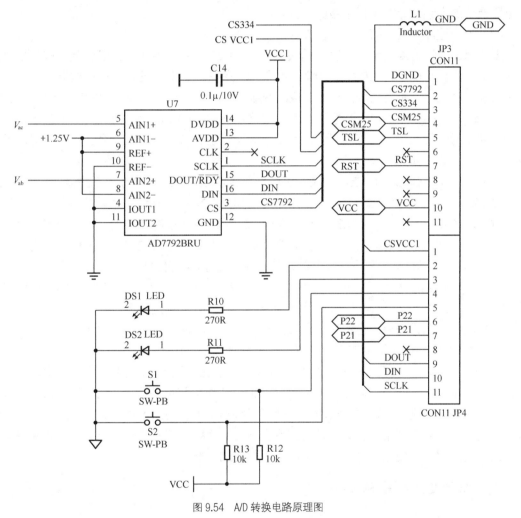

图 9.54　A/D 转换电路原理图

⑤ 接口电路的设计。接口电路的设计包括按键、LED 显示、仿真器接口以及采集模块与射频模块间接口电路的设计。

按键和 LED 显示部分负责提供人-机接口，其原理图见图 9.54。操作人员可以通过按键 S1 强制节点进入休眠状态或者唤醒处于休眠状态的节点；通过按键 S2 给网络中的其他节点发送绑定命令。而网络状况和系统的工作状况可以通过 LED 显示。LED1 常亮表示系统已经上电并初始化完成，进入正常工作状态；LED2 闪烁表示节点收到其他节点发送过来的信息，网络连接处于正常状态。需要强调的是，考虑到功耗的问题，这里的按键信号采用中断的方式传递给 CC2430 的 I/O 口。CC2430 默认处于休眠状态，当按键中断信号到来时，CC2430 执行相应的中断服务程序，执行完毕后再次进入休眠状态。

仿真器接口是为了给 CC2430 提供下载、调试程序的接口。它只需要将 CC2430 的 P2.1 口、P2.2 口、复位引脚 RST 以及电源 VCC、接地 GND 这 5 个引脚引出即可。

采集模块与射频模块间的接口采用两排 11 脚的接插件实现连接，见图 9.54。该接口电路包括 AD7792、OPA334、Flash 芯片的片选信号、PMOS 管的控制信号、AD7792 的 SPI 接口、电源信号 VCC 以及地信号等的连接。其中地信号通过磁珠将模拟地和数字地分开，防止数字电路部分的高频信号对模拟电路的干扰。

（2）无线温度变送器的射频模块设计

无线温度变送器终端节点的射频模块主要有 CC2430 射频芯片、天线以及一些外围电路构成，它的主要功能是将 AD7792 传送过来的电压值进行计算、处理，转换成温度值后组成 ZigBee 协议数据包，再发送给无线温度检测网络中的协调器或路由器。它的电路图见图 9.55。CC2430 是一款 ZigBee 的单芯片解决方案。它符合 IEEE 802.15.4 规范，内含 2.4 GHz 射频收发器，并将射频单元与一块符合工业标准的增强型低功耗 8051MCU 集成在一起，提高了集成度，减小了芯片间的干扰。

图 9.55 中，XOSC_Q1、XOSC_Q2 引脚连接 8051MCU 的 32 MHz 主晶振，P2.3、P2.4 口连接 32.768 kHz 辅助晶振。TXRX_SWITCH 和 RF_N 引脚分别为射频发射和接收引脚。C20、C21、C22、C23 和 L2、L3、L4 组成与阻抗为 50Ω 天线的匹配电路，其中的电容、电感取值可参考 CC2430 数据手册上的推荐数值。由于温度变送器需安装在金属表壳内，不宜采用 PCB 板载天线，而应采用单级天线，用连接导线将天线引出至表壳外，确保无线通信的质量。P1.7～P1.4 口设为普通 I/O 口，作为与 AD7792 通信的 SPI 接口。P1.3 口用于 OPA334 的使能信号，P1.2 口为 Flash 芯片的片选信号。P2.1、P2.2 分别为下载程序时的数据输入与时钟信号，要求在系统初始化程序中配置为输入属性。电路中未使用的 I/O 口通过上拉电阻连接到 3.3V 电源，在初始化程序中配置为输出属性并置"1"。

在 PCB 结构上，将具有数据采集功能的器件集成在一块 PCB 板上作为采集模块，把射频部分、天线单独制作成射频模块，中间采用两排 11 脚的接插件连接。这样做可以带来以下几点好处：其一，避免了射频模块的高频信号对数据采集模块的干扰；其二，缩小了整个系统的横向面积，充分利用了表壳的纵向深度；其三，将射频部分单独定制成嵌入式模块有助于提高它的通用性，使它可以应用在不同类型的无线智能仪表中。

2. 无线温度变送器的软件设计

（1）Z_Stack 协议栈

无线温度变送器的软件设计可在 Figure8 公司提供的 Z-Stack（一种 Zigbee 协议栈）基础上进行。Z-Stack 协议栈以部分开放源代码的方式给开发者提供简单、有效的开发方式，并提供了大量的 API 函数以满足不同层次开发者的实际需求，可帮助开发者有效缩短开发周期。Z-Stack 协议栈以 OSAL 操作系统为核心，采用事件触发机制来执行对应任务的事件处理函数。该协议栈的每一层就相当于一个任务，每个任务都有对应的事件处理函数，并且每个任务中包含多个事件，用 events 变量的不同位来表示不同的事件。OSAL 操作系统的流程见图 9.56。

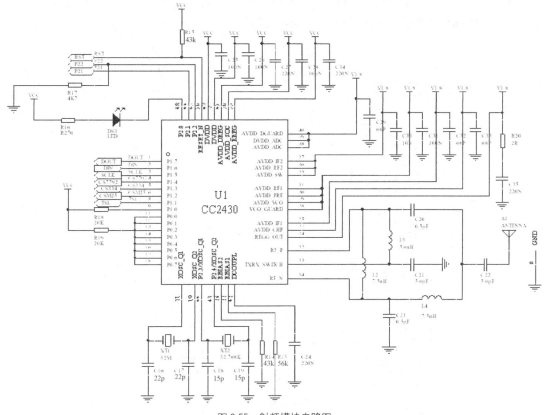

图 9.55 射频模块电路图

下面将着重介绍无线温度变送器的软件设计。

（2）无线温度变送器的程序设计

① 无线温度变送器主程序。

无线温度变送器主要负责温度的定时采集，同时能响应协调器发送来的各类命令，它的主程序流程图见图 9.57。无线温度变送器在初始化并加入无线网络后，首先需查询协调器的信标。若不是自己的信标则进入定时采集程序，待温度数据采集、处理、发送完毕后进入休眠状态，直到休眠定时器产生溢出中断后再次查询协调器的信标；如果是自己的信标，则读取协调器的请求信息，并返回确认帧，进入消息接收事件处理函数，判断该信息的类型是标定命令、还是参数设置命令。如果是标定命令，则读取该命令中的偏差量，写入 Flash 中对应的地址；若是参数设置命令，则读取相应的数据，并对 CC2430 的休眠时间和 AD7792 的 PGA 增益进行设置，待标定命令或参数设置命令执行完成后再进入定时采

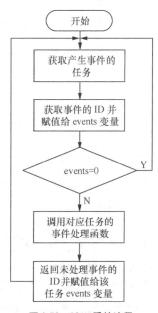

图 9.56 OSAL 系统流程

集程序。在定时采集程序中，首先初始化 AD7792 进行数据采集，接着对采集的数据进行滤波、计算、线性化等处理后转化成温度值，再取出存储在 Flash 中对应的偏差量，将偏差量作为修正值与该温度值相加后发送给协调器，如未收到协调器的确认帧，则重新发送数据，直到收到确认帧为止，最后进入定时休眠状态。

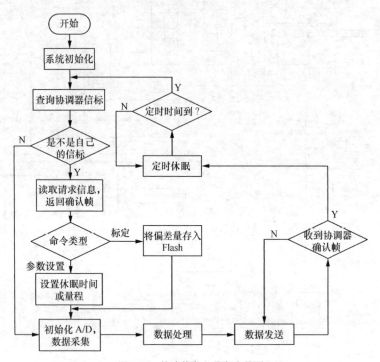

图 9.57 终端节点主程序流程图

在系统初始化程序中，首先对工作电源进行检测，供电满足要求后，对堆栈、I/O 口、Flash、AD7792、网络参数等进行设置，然后扫描信道，接收到协调器信标后申请加入网络，在收到网络短地址后，点亮 LED1 表示系统已上电并初始化成功。值得注意的是，在首次使用 ZigBee 模块时，需要对其 IEEE 地址进行配置。配置程序如下。

```
static byte NodeAddr[8]={0x13,0x00,0x00,0x00,0x04,0x4b,0x12,0x00};  //给数组赋
IEEE 地址
osal_nv_item_init(ZCD_NV_EXTADDR, Z_EXTADDR_LEN, &NodeAddr[0] );  //Flash 初始化
osal_nv_write(ZCD_NV_EXTADDR, 0, Z_EXTADDR_LEN, &NodeAddr[0] );  //把 IEEE 地址写
入 Flash 首地址开始的 8 个字节
osal_nv_read(ZCD_NV_EXTADDR, 0, Z_EXTADDR_LEN, &aExtendedAddress );  //将 IEEE 地
址赋值给 aExtendedAddress 数组
```

② 温度采集子程序。

温度信号的采集是无线温度变送器的主要功能。这里采用休眠 5s 后进行温度采集，然后再休眠 5s，如此循环往复的定时采集方法。温度采集子程序的流程图见图 9.58。该子程序先对变量、数组初始化，接着调用 AD7792 初始化程序进行零位和满量程自校准，控制 PMOS 管导通、电压跟随器 OPA334 工作，测量 AC、AB 两端的电压 V_{ac1}、V_{ab1}，然后控制 OPA334 进入掉电模式，使电压跟随器停止对测温电阻网络的供电，再次测量由放大器失调电压、接触热电势等噪声引起的 V_{ac2}、V_{ab2}。连续对 V_{ac1}、V_{ab1}、V_{ac2}、V_{ab2} 测量多次（若设定 20 次）

后，采集任务结束，关断 PMOS 管对采集电路的供电以降低功耗。计算（$V_{ac1}-V_{ac2}$）和（$V_{ab1}-V_{ab2}$）后得到实际 AC、AB 两端的电压 V_{ac} 和 V_{ab}，通过式（9-11）求出热电阻的阻值，最后对热电阻的阻值进行相应处理后即转换成对应的温度值。

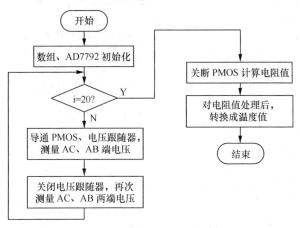

图 9.58　温度采集子程序流程图

在测量端电压时，由于 AD7792 输出的数码并不是一个稳定的值，可采用多次对端电压测量、使用中位值平均滤波法，来消除脉冲干扰和随机误差对测量结果的影响，从而得到一个相对稳定和准确的转换数码，其滤波程序如下。

```
Sort(Data7792,20);              //对 20 次 A/D 转换结果进行排序
for(i=0;i<16;i++)               //剔出 2 个最大值和 2 个最小值，并对剩余的 16 个数据求和
    Sum+=Data7792[2+i];
AC_DATA=Sum/16;                 //对这 16 个数据求平均值，并将滤波后的数据存入相应的变量
```

通过多次采样、数字滤波得到端电压的测量值，并由式（9-11）计算出热电阻的阻值。出于对热电阻的阻值可能超出量程范围或处于边界值的考虑，通常需要对热电阻的阻值进行判别后，再将其转换成温度值。对应的热电阻阻值处理程序如下。

```
if(R_DAT>=18.44&&R_DAT<=18.49)    // R_DAT 表示热电阻 Rt 的阻值，为 double 型变量
    R_DAT=-200.0;                 //Rt 在-200 度对应阻值误差范围内，视为-200 度
else if(R_DAT>=390.48&&R_DAT<=390.53)
    R_DAT=650.0;                  //Rt 在 850 度对应阻值误差范围内，视为 850 度
else if(R_DAT<18.44||R_DAT>390.53)
    R_DAT=-300.0;                 //阻值超出查表的范围，赋值-300 度
else  //阻值在量程范围内，查表并计算温度值
    R_T(R_DAT);                   //调用电阻值-温度转换子程序
```

为了将热电阻的阻值转换成温度值，可采用查表法。先在程序中建一张分度表。PT100热电阻的分度表中，电阻值通常是用带有两位小数的浮点数表示的，若用 float 型的数组存储分度表，每个电阻值数据需占用 4 个字节，比较浪费存储空间。为节省存储空间，可将分度表中所有电阻值的小数点向右移 2 位，即乘以 100，这样就可以用 uint 型的数组来存储分度表，以节省一半的空间。由于分度表以 1℃为分度来表示 PT100 电阻值和温度之间的关系，所以为了得到高精度、高分辨率的温度值，需要采取一定的措施来计算出温度值的小数部分。在本仪表中，配合采用分段线性化的方法，即在热电阻的温度-电阻值特性曲线上，相邻两个整数温度值之间的数据采用直线来近似代替非线性的特性曲线。于是，只要先通过

二分法查表确定电阻值对应的温度处于哪两个相邻的整数温度值之间，就能通过线性的计算公式解得被测温度值的小数部分。PT100 热电阻的线性度较好，所以采用这种近似的方法可消除误差。具体的程序如下。

```
void R_T(float R_DAT)                      //电阻-温度值转换子程序
{
 int low,mid,high;                         // R_DAT 为测得的 PT100 热电阻的阻值
 uint16 R_VOLUME,x1,x2;                     // x1,x2 分别为目标温度值相邻两个整数点的温度
 R_VOLUME=R_DAT*100;                        //将电阻值小数点右移 2 位
 if((R_DAT*100-R_VOLUME)>=0.5)             //若千分位上的数>=5,则向百分位进 1
     R_VOLUME++;
 mid=low=0;                                 //进行二分法查表
 high=1051;
 while(1)
 {
   mid=(low+high)/2;                        //确定中点位置
   if(R_VOLUME>RtoT[mid])                   //若小于中点的电阻值,则待查电阻值在右半区间
   {
     if(R_VOLUME<=RtoT[mid+1])             //若<= mid+1,则找到了温度区间
       {x1=mid;x2=mid+1;break;}            //记录相邻两点的温度值
     else                                   //未找到,确立新的查找区间
       {low=mid+1;continue;}
   }
   else                                     //若待查电阻值在左半区间
   {
     if(R_VOLUME>=RtoT[mid-1])             //若>= mid-1,则找到了温度区间
       {x1=mid-1;x2=mid;break;}            //记录相邻两点的温度值
     else                                   //未找到,确立新的查找区间
       {high=mid-1;continue;}
   }
 }
 Temperature=(float)x1+(float)(R_VOLUME-RtoT[x1])/((float)(RtoT[x2]-RtoT[x1]))
-200.0;   //用线性化公式计算温度值
 }
```

③ 数据发送子程序。

每一次执行温度采集子程序后，都会把采集到的温度数据储存在 float 型全局变量 Temperature 中，由数据发送子程序将温度数据无线发送给路由节点或协调器。发送数据的格式为：HDR(1) + CMD(1) + LEN(1) + MacAddr(8) + Data(2)，括号内的数字表示字节数；HDR 表示节点的类型，热电阻温度变送器用 0X05 表示；CMD 表示发送数据的类型，0X02 表示温度数据；LEN 为发送数据的长度，以字节为单位计算；MacAddr 为本仪表的 IEEE 地址；Data 表示温度数据，第一个字节表示温度数据的整数部分，第二个字节的最高位表示温度的正负号（0 表示正，1 表示负），其余位表示小数部分的温度数据。其程序流程图见图 9.59。

子程序开始先将表示节点类型、数据类型的编号以及数据长度、IEEE 地址赋值给数组 theMessageData。接着，判断温度值是否超出了量程，若超出了量程，给数组 theMessageData 赋值字符"ER"表示出错，说明热电阻可能没连接好；若在量程范围内，则根据温度值所在的标定区间取出 Flash 中对应的标定数据与温度值相加，修正测量误差，然后对温度值的千

分位四舍五入保留两位小数，并分别取出温度值的整数部分和小数部分写入数组 theMessageData 中，如温度值为负数，则将表示温度值小数部分的字节的最高位置"1"。至此，待发送的数据已全部写入数组 theMessageData 中，调用 API 提供的数据发送函数 AF_DataRequest，如果发送失败，则再次调用该函数，直到发送成功，子程序结束。

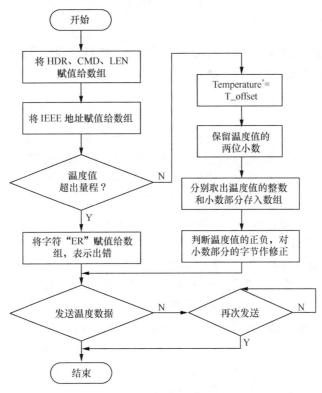

图 9.59　数据发送子程序流程图

④ CC2430 的休眠。

CC2430 提供了 4 种工作模式来支持对时钟源和内部数字稳压源的管理。当 CC2430 工作在 PM0 活动模式时，其功耗最高，此时 CC2430 内部 1.8V 的数字稳压电源打开，高速时钟源和低速时钟源都处在工作状态。当 CC2430 工作在 32MHz 频率时，CC2430 接收数据的电流消耗为 27mA，发送数据的电流消耗为 25mA。当 CC2430 工作在 PM1 模式时，CC2430 内部的数字稳压电源打开，高速时钟源被关闭，低速时钟源仍处于工作状态，这时 CC2430 的功耗降至 296μA。PM2 模式在 PM1 模式的基础上关闭了 CC2430 内部的数字稳压电源，使 CC2430 在此模式下的电流消耗只有 0.9μA。PM3 模式是这 4 种工作模式中功耗最低的模式，在该模式下，所有的时钟源都被关闭，数字稳压电源也被关闭，这时 CC2430 的电流消耗仅为 0.6μA。虽然 PM3 模式的功耗最低，但是在该模式下，系统需要外部信号触发中断来唤醒 CC2430，这种需要人工干预的工作模式不符合仪表的应用实际。因此，采用 PM2 模式作为休眠方式较妥，由于该模式下低速时钟源仍在工作，因而可以通过定时器的溢出中断唤醒 CC2430，符合定时温度采集的应用要求。

在 CC2430 进入 PM2 模式休眠之前，首先关闭射频电路部分的供电，随后将系统的主时钟设置为高速 RC 时钟源，降低仪表的动态功耗，然后将休眠定时器的定时时间设置为 5 s

（设定的休眠周期和温度采集周期），再把 CC2430 设置为 PM2 模式，此时 CC2430 内部数字部分电路的稳压电源被关闭，休眠定时器被打开。待休眠结束后先将系统时钟恢复为 32MHz 的石英晶振，再打开射频电路的电源。

9.3 仪表调试

调试的目的是排除硬件和软件的故障，使研制的样机符合预定设计指标。本节就智能仪表研制中常见的故障和调试方法作一概述。

9.3.1 常见故障

在智能仪表的调试过程中，经常出现的故障有下列几种。

① 线路错误。硬件的线路错误往往是在电路设计或加工过程中造成的。这类错误包括逻辑出错、开路、短路、多线粘连等，其中短路是最常见且较难排除的故障。智能仪表的体积一般都比较小，印制板的布线密度很高，由于工艺原因，经常造成引线与引线之间的短接。开路则常常是由于金属化孔不好，或接插件接触不良造成。

② 元器件失效。元器件失效的原因有两个方面：一是元器件本身损坏或性能差，诸如电阻、电容、电位器、晶体管和集成电路的失效或技术参数不合格；二是装接错误造成的元件损坏，例如电解电容、二极管、三极管的极性错误，集成块安装方向颠倒等。此外，电源故障（例如电压超出正常值、极性接错、电源线短路等），也可能损坏器件，对此须予以特别注意。

③ 可靠性差。样机不稳定即可靠性差的因素有以下几点：焊接质量差、开关或插件接触不良所造成的时好时坏；滤波电路不完善（例如各电路板未加接高、低频滤波电容）等因素造成的仪表抗干扰性能差；器件负载超过额定值引起逻辑电平的不稳定；电源质量差、电网干扰大、地线电阻大等原因导致仪表性能的降低。

④ 软件错误。软件方面的问题往往是由程序框图或编码错误造成的。计算程序和各种功能模块要经过反复测试后才能验证它的正确性。有些程序（例如输入、输出程序）要在样机调试阶段才能发现其故障所在。

有的软件错误比较隐蔽，容易被忽视，例如忘记清"进位位"。有的故障查找起来往往很费时，例如程序的转移地址有错、软件接口有问题、中断程序中的错误，等等。

此外，判断错误是属于软件还是硬件，也是一件困难的事情，这就要求研制者具有丰富的微机硬件知识和熟练的编程技术，才能正确断定错误的起因，迅速排除故障。

9.3.2 调试方法

调试包括硬件调试、软件调试和样机联调，调试流程见图 9.60。

由于硬件和软件的研制是相对独立地平行进行，因此软件调试是在硬件完成之前，而硬件也是在无完整的应用软件情况下进行调试的。它们需要借助于另外的工具为之提供调试的环境。硬、软件分调完毕，还要在样机环境中运行软件、进行联调。在调试中找出缺陷，判断故障源，对硬、软件作出修改，反复进行这一过程，直至确信没有错误之后才能进入样机研制的最后阶段：固化软件，组装整机，全面测试样机性能，并写出技术文件。

调试可分静态调试和动态调试两个步骤进行。

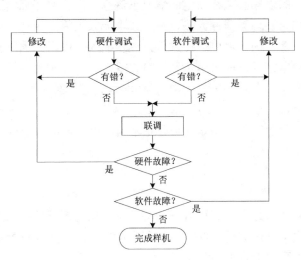

图 9.60 智能仪表调试流程

1. 静态调试

静态调试的流程如图 9.61 所示。集成电路器件未插上电路板之前，应该先利用蜂音测试器或欧姆表仔细检查线路，在排除所有的线路错误之后再接上电源，并用电压表测试加在各个集成电路器件插座上的电压，特别要注意电源的极性和量程。

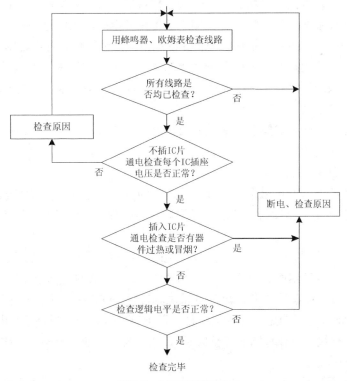

图 9.61 静态调试流程图

插入集成电路器件的操作必须在断电的情况下进行，而且要仔细检查插入位置和引脚是否正确，然后通电。如果发现某器件太热、冒烟或电流太大等，应马上切断电源，重新查找故障。为谨慎起见，器件的插入可以分批进行，逐步插入，以避免大面积损坏器件。

器件插入电路并通电之后，便可用示波器检查噪声电平、时钟信号和电路中其他脉冲信号。还可利用逻辑测试笔测试逻辑电平，用电压表测量元器件的工作状态等。如果发现异常，应重新检查接线，直至符合要求，才算完成了静态测试。

通过检查线路来排除故障并不困难，但是很浪费时间，必须十分仔细，反复校核，才能查出错误。

2．动态调试

通过静态调试排除故障之后，就可进行动态调试。动态调试的有力工具是联机仿真器。如果没有这种工具，也可使用其他方法，例如利用单板机或个人计算机进行调试。

（1）通过运行测试程序对样机进行测试

预先编制简单的测试程序，这些程序一般由少数指令组成，而且具有可观察的功能。也就是说，测试者能借助适当的硬件感知到运行的结果。例如检查微处理器时，可编制一个自检程序，让它按预定的顺序执行所有的指令。如果微处理器本身有缺陷，便不能按时完成操作，此时，定时装置就自动发出报警信号。也可以编制一个连续对存储单元读写的程序，使机器处于不停的循环状态。这样就可以用示波器观察读写控制信号、数据总线信号和地址信号，检查系统的动态运行情况。

从一个输入口输入数据，并将它从一个输出口输出，可用来检验 I/O 接口电路。利用 I/O 测试程序可测试任意输入位，如果某一输入位保持高电平，则经过测试程序传送后，对应的输出位也应为高电平；否则，说明样机的 I/O 接口电路或微处理器存在故障。

总之，研制人员可根据需要编制各种简单的测试程序。在简单的测试通过之后，便可尝试较大的调试程序或应用程序（参见硬件电路设计的章节），在样机系统中运行，排除种种故障，直至符合设计要求为止。

采用上述办法时，把测试程序预先写入 EPROM 或 EEPROM 中，然后插入电路板让 CPU 执行，也可借助计算机和接口电路来测试样机的硬件和软件。

（2）对功能块分别进行调试

对较复杂样机的调试，可以采用"分而治之"的办法，把样机分成若干功能块（例如主机电路、过程通道、人-机接口等）分别进行调试，然后按先小后大的顺序逐步扩大，完成对整机的调试。

对于主机电路，测试其数据传送、运算、定时等功能是否正常，可通过执行某些程序来完成。例如检查读写存储器时，可将位图形信号（如 55H、AAH）写入每一个存储单元，然后读出它，并验证 RAM 的写入和读出是否正确。检查 ROM 时，可在每个数据块（由 16、32、64、128 和 256 个字节组成）的后面加上一字节或两字节的"校验和"。执行一测试程序，从 ROM 中读出数据块，并计算它的"校验和"，然后与原始的"校验和"比较。如果两者不符，说明器件出了故障。

调试过程输入通道时，可输入一标准电压信号，由主机电路执行采样输入程序，检查 A/D 转换结果与标准电压值是否相符；调试输出通道则可测试 D/A 电路的输出值与设定的数字值是否对应，由此断定过程通道工作正常与否。

调试人-机接口（例如键盘、显示器接口）电路时，可通过执行键盘扫描和显示程序来检测电路的工作情况，若键输入信号与实际按键情况相符，则电路工作正常。

（3）联机仿真

联机仿真是调试智能仪表的先进方法。联机仿真器是一种功能很强的调试工具，它用一个仿真器代替样机系统中实际的 CPU。使用时，将样机的 CPU 芯片拔掉，用仿真器提供的一个 IC 插头插入 CPU（对单片机系统来说就是单片机芯片）的位置。对样机来说，它的 CPU虽然已经换成了仿真器，但实际运行工作状态与使用真实的 CPU 并无明显差别，这就是所谓"仿真"。由于联机仿真器是在开发系统控制下工作的，因此，就可以利用开发系统丰富的硬件和软件资源对样机系统进行研制和调试。

联机仿真器还具有许多功能，包括：检查和修改样机系统中所有的 CPU 寄存器和 RAM单元；能单步、多步或连续地执行目标程序，也可根据需要设置断点，中断程序的运行；可用主机系统的存储器和 I/O 接口代替样机系统的存储器和 I/O 接口，从而使样机在组装完成之前就可以进行调试。另外，联机仿真器还具有一种往回追踪的功能，能够存储指定的一段时间内的总线信号，这样在诊断出错误时，通过检查出错之前的各种状态信息去寻找故障的原因是很方便的。

习题与思考题

9-1　设计智能仪表应遵循的准则有哪些？

9-2　简单阐述智能仪表设计的主要流程及注意事项。

9-3　说明智能仪器硬件设计时需要考虑的主要问题。

9-4　说明仪表调试过程中常见故障及解决方法。

9-5　分别说明仪表调试的静态及动态调试流程。

9-6　试设计一种采用热电偶为温度检测元件的单片机温度控制装置，给出硬件原理图及主程序流程图。

9-7　智能仪表是如何对温度进行补偿的？

9-8　A/D 芯片的选择主要考虑哪几方面的因素？如何对其进行性能评价？

9-9　某温度控制装置要求温度上升速度为 5℃/min，温度控制误差小于 0.5℃。试问该装置中的 A/D 转换器是否可以采用 14433 组件？简要说明理由。

9-10　现场总线智能仪表与一般智能仪表相比，其主要的异同点体现在哪些方面？

9-11　现场总线智能仪表的设计主要包括哪几个方面？试说明其设计过程。

9-12　无线智能仪表与现场总线智能仪表的共性体现在哪些方面？两者在通信技术上需要注意和解决哪些关键问题？

9-13　简述无线智能仪表的基本组成结构，说明其设计过程。

参 考 文 献

[1] 凌志浩. 智能仪表原理与设计技术（第二版）. 上海：华东理工大学出版社，2008.

[2] 史健芳. 智能仪器设计基础. 北京：电子工业出版社，2007.

[3] 王选民. 智能仪器原理及设计. 北京：清华大学出版社，2008.

[4] 刘大茂. 智能仪器原理与设计. 北京：国防工业出版社，2008.

[5] 赵茂泰. 智能仪器原理及应用（第 3 版）. 北京：电子工业出版社，2009.

[6] 凌志浩，张建正. AT89C52 单片机原理与接口技术. 北京：高等教育出版社，2011.

[7] Chipcon Corp. Smart RF CC2430 Preliminary. 2005.

[8] 基于 CC2430 和 ZigBee2006 协议栈的通信模块设计. 单片机与嵌入式系统应用，2010，(2)：26-29.

[9] 凌志浩. Neuron 多处理器芯片及其应用. 单片机与嵌入式系统应用，2001，(2)：38-41.

[10] 高光天. 模数转换器应用技术. 北京：科学出版社，2001.1.

[11] 易继锴，侯援彬等. 智能控制技术. 北京：北京工业大学出版社，1999.

[12] 何立民. 单片机应用系统设计. 北京：北京航空航天大学出版社，1990.

[13] 阳宪惠. 现场总线技术及应用. 北京：清华大学出版社，1999.

[14] 宋真君，凌志浩. 基于 PC-104 的嵌入式控制系统的通信研究. 华东理工大学学报，2001.10.

[15] 凌志浩. ZigBee 无线通信协议的技术支持及其应用前景（上）. 世界仪表与自动化，2006，10 (1)：44-47.

[16] 林国荣. 电磁干扰及控制. 北京：电子工业出版社，2003.6.

[17] 焦李成. 神经网络的应用与实现. 西安：西安电子科技大学出版社，1995.

[18] 李昌禧. 智能仪表原理与设计. 北京：化学工业出版社，2005.3.

[19] 金锋. 智能仪器设计基础. 北京：清华大学出版社，北京交通大学出版社，2005.

[20] 杨欣荣. 智能仪器原理、设计与发展. 长沙：中南大学出版社，2003.

[21] 凌志浩. ZigBee 无线通信协议的技术支持及其应用前景（下）. 世界仪表与自动化，2006，10 (2)：55-56.

[22] 周怡颋，郑丽国，凌志浩. 基于短程无线通信技术的水表设计与实现. 南开大学学报，2007，40（增）：122-127.

[23] 卢胜利. 智能仪器设计与实现. 重庆：重庆大学出版社，2003.6.

[24] 方彦军. 智能仪器技术及其应用. 北京：化学工业出版社，2004.4.

[25] 苏凯. MCS-51 系列单片机系统原理与设计. 北京：冶金工业出版社，2003.

[26] 赵华，凌志浩. 热电阻无线温度变送器的设计. 南京信息工程大学学报：自然科学版，2009，1 (1)：89-92.

[27] Wang Wenhu, Ling Zhihao, Yuan Yifeng. The Research and Implement of Air Quality Monitoring System Based on ZigBee. Proceedings of The 7th International Conference on Wireless Communications, Networking and Mobile Computing, 2011.9, Wuhan.